AF643912

Mit digitalen Extras:
Exklusiv für Buchkäufer!

Ihre digitalen Extras zum Download:

- Aufgaben und Lösungen
- Übersichten und Checklisten

Den Link sowie Ihren Zugangscode finden Sie am Buchende.

Kosten- und Leistungsrechnung

Prof. Dr. Jörg Wöltje,
unter Mitarbeit von M.Sc. Timmo Wöltje

Kosten- und Leistungsrechnung

Alle Verfahren und Systeme auf einen Blick

3. Auflage

Haufe Group
Freiburg · München · Stuttgart

Bibliografische Information der Deutschen Nationalbibliothek

Die Deutsche Nationalbibliothek verzeichnet diese Publikation in der Deutschen Nationalbibliografie; detaillierte bibliografische Daten sind im Internet über http://dnb.dnb.de/ abrufbar.

Print: ISBN 978-3-648-16569-0 Bestell-Nr. 01267-0003
ePub: ISBN 978-3-648-16570-6 Bestell-Nr. 01267-0102
ePDF: ISBN 978-3-648-16571-3 Bestell-Nr. 01267-0152

Professor Dr. Jörg Wöltje
Kosten- und Leistungsrechnung
3. Auflage, August 2022

www.haufe.de
info@haufe.de

Bildnachweis (Cover): Ralf Geithe, Adobe Stock

Produktmanagement: Dipl.-Kfm. Kathrin Menzel-Salpietro
Lektorat: Helmut Haunreiter

Aus Gründen der besseren Lesbarkeit wird bei Personenbezeichnungen und personenbezogenen Hauptwörtern entsprechend den Empfehlungen des Rats für Deutsche Rechtschreibung und gemäß dem Amtlichen Regelwerk der deutschen Rechtschreibung in diesem Buch die männliche Form im Sinne des generischen Maskulinums verwendet. Entsprechende Begriffe beziehen sich ausdrücklich auf Personen jeglichen Geschlechts. Die verkürzte Sprachform hat nur redaktionelle Gründe und beinhaltet keine Wertung.

Inhaltsverzeichnis

Unseren Leserinnen und Lesern wünschen wir viel Freude und Erfolg beim Lesen des Buches und alles Gute für ihre Klausuren/Prüfungen.

Malsch, im April 2022

Jörg Wöltje

Vorwort zur 2. Auflage

Liebe Leserinnen und Leser,

in den wirtschaftswissenschaftlichen Studiengängen zählt die Kosten- und Leistungsrechnung zu den wegweisendsten Grundlagenveranstaltungen. Durch den verschärften globalen Wettbewerb sind die Unternehmen stets gezwungen, auf die Entwicklung der Kosten und deren Entstehung zu achten. Der Kostendruck, dem die Unternehmen im internationalen Wettbewerb ausgesetzt sind, wird nicht geringer, sondern nimmt ständig zu. Dies bedeutet, dass die Prozesse und Produktionsabläufe kontinuierlich überprüft, verbessert und modernisiert werden müssen, damit die Unternehmen sich weiterhin im Markt behaupten können. Somit ist eine gute und strukturiert aufgebaute Kosten- und Leistungsrechnung für jedes Unternehmen ein wesentliches Element für ein erfolgreiches Wirtschaften im globalen Markt. Die Kostenrechnung und das Kostenmanagement bietet den Unternehmen bedeutende Instrumente, um die Kostenstrukturen ihrer Produkte wettbewerbsfähig zu halten bzw. zu machen.

Um diesen Herausforderungen gerecht zu werden, wurden in der zweiten Auflage des Lehrbuchs alle Kapitel systematisch überarbeitet, eine Vielzahl von Ergänzungen und Änderungen vorgenommen sowie weitere Übersichtsschaubilder und Beispiele integriert, sodass die wichtigsten Instrumente der Kosten- und Leistungsrechnung sowie des Kostenmanagements in einer einfachen, aber fundierten Form dargestellt werden. Zahlreiche Übersichten, Tabellen, Zusammenfassungen, Beispiele und viele Übungsaufgaben mit Lösungen, die Ihnen online zur Verfügung stehen, erläutern die Thematik, zeigen praktische Anwendungsmöglichkeiten und dienen der Lernzielkontrolle.

Dieses Buch eignet sich sowohl für Studierende der Grundlagenfächer an Hochschulen, Berufs-, Wirtschafts- und Verwaltungsakademien sowie Weiterbildungsakademien als auch für Praktiker in Fortbildungsmaßnahmen.

Erneut bedanken möchte ich mich bei meinen Studierenden der Fakultät für Wirtschaftswissenschaften der Hochschule Karlsruhe für deren wertvolle Anregungen und Verbesserungsvorschläge, die zur Verbesserung der Verständlichkeit einzelner Themengebiete beitrugen. Ferner danke ich meinem Kollegen Prof. Dr. Hendrik Kunz für seine wertvollen Hinweise und die stets gute Zusammenarbeit.

Besonders bedanken möchte ich mich sowohl bei Frau Kathrin Menzel-Salpietro vom Haufe-Lexware Verlag als auch bei meinem Lektor Herrn Helmut Haunreiter für die unkomplizierte und außerordentlich gute harmonische Zusammenarbeit bei der Realisierung der Neuauflage.

Verbesserungsvorschläge und Anregungen jeder Art nehme ich immer sehr gerne dankend unter joerg.woeltje@t-online.de entgegen.

Meinen Leserinnen und Lesern wünsche ich viel Freude und Erfolg beim Lesen des Buches und alles Gute für ihre Klausuren/Prüfungen.

Malsch, im Mai 2016

Jörg Wöltje

Vorwort zur 1. Auflage

Liebe Leserinnen und Leser,

»Was wird das kosten?« lautet eine Frage, die nicht nur im Geschäftsleben allgegenwärtig ist. Ob beim Bau eines Einfamilienhauses, bei einer Autoreparatur oder bei einem Großprojekt wie z. B. Stuttgart 21 – immer wird diese Frage einen zentralen Stellenwert einnehmen. Gleichzeitig führt die Frage unmittelbar zum Thema des Buchs: zur Kosten- und Leistungsrechnung. Das Buch möchte Ihnen praxisnah und leicht verständlich diese komplexe Materie nahebringen. Es richtet sich sowohl an Studierende an Hochschulen, Verwaltungs- bzw. Wirtschaftsakademien und sonstigen Weiterbildungseinrichtungen als auch an Praktiker, die an der Kostenrechnungsthematik interessiert sind.

Aber wo überall im Unternehmensalltag spielt die Kosten- und Leistungsrechnung eine Rolle? Hierzu ein kurzer Überblick: Damit Unternehmen eine Chance haben, Aufträge zu erhalten, müssen sie täglich Angebote an ihre Kunden abgeben – und zwar unabhängig davon, ob es sich um ein großes Unternehmen oder um einen kleinen Handwerksbetrieb handelt. Das Wichtigste dabei ist, dass in der Angebotskalkulation auf jeden Fall alle Kosten, die im Unternehmen anfallen, berücksichtigt werden. Hierfür, aber auch für kurzfristige Entscheidungen braucht man die Kosten- und Leistungsrechnung.

Bei Großprojekten mit einem längeren Fertigstellungszeitraum wie z. B. im Anlagenbau benötigen die Verantwortlichen zusätzlich eine Zwischenkalkulation, um über den Projektfortschritt Bescheid zu wissen und um eventuell Maßnahmen ergreifen zu können, falls die Kosten aus dem Ruder zu laufen drohen.

Im Hinblick auf die Wettbewerbs- und Überlebensfähigkeit eines Unternehmens spielen die Kosten und deren Verhalten bei Veränderungen der Produktionsauslastung eine immer bedeutendere Rolle. Daher ist die Kosten- und Leistungsrechnung ein wichtiges Steuerungsinstrument. In diesem Buch lernen Sie neben den traditionellen Kostenrechnungssystemen der Voll- und Teilkostenrechnung auch die modernen Verfahren des Kostenmanagements kennen.

Das Buch besteht aus vier Teilbereichen mit insgesamt acht Kapiteln, von denen jedes gleich strukturiert ist: Am Kapitelanfang finden Sie jeweils eine grafisch dargestellte Kapitelübersicht und ein Management Summary. Anschließend folgen die Ausführungen zum Thema und am Ende jedes Kapitels finden Sie Übungsaufgaben.

Ein Glossar am Ende des Buches führt die wichtigsten Begriffe in Kurzform auf und dient der schnellen Wiederholung, aber auch der Vertiefung der im Buch erläuterten Themen.

Viele Beispiele, Abbildungen und Tabellen erleichtert Ihnen, die verschiedenen kostenrechnerischen Themengebiete zu verstehen.

Die »digitalen Extras« bieten Ihnen zahlreiche sehr nützliche Ergänzungen zum Buch, unter anderem eine Reihe weiterer Übungsaufgaben und die jeweiligen ausführlichen Lösungen.

Zum Aufbau des Buchs: Im ersten **Teil 1** werden die Basics vermittelt, d. h., Sie erhalten einen Einblick in die Welt der Kosten- und Leistungsrechnung sowie deren Einordnung im betrieblichen Rechnungswesen. Zudem lernen Sie die wesentlichen Begriffe der Kosten- und Leistungsrechnung kennen.

Die traditionelle Kostenrechnung wird im **Teil 2** besprochen. Im Kapitel 2 wird die Kostenartenrechnung behandelt, die die Voraussetzungen für eine funktionale und erfolgreiche Kosten- und Leistungsrechnung ist. Anschließend werden im Kapitel 3 die Kostenstellen- und im Kapitel 4 die Kostenträgerrechnung dargestellt.

Der dritte **Teil 3** befasst sich mit den Planungs- und Steuerungsaufgaben des Unternehmens. Wichtige »Werkzeuge«, um diese Aufgaben effizient erfüllen zu können, sind die Teilkosten- und die Plankostenrechnung, die im fünften bzw. sechsten Kapitel des Buchs vorgestellt werden.

Im vierten **Teil 4** werden ausgewählte Elemente des Kostenmanagements wie die Prozesskostenrechnung und das Target Costing beschrieben.

Bedanken möchte ich mich bei den Studierenden der Fakultät Wirtschaftswissenschaften der Hochschule Karlsruhe – Technik und Wirtschaft, die mit ihren Anregungen, Denkanstößen und Vorschlägen zum Gelingen des Buchs beigetragen haben. In diesem Zusammenhang möchte ich mich vor allem bei Frau Melanie Adler, Frau Maike Bretzinger, Herrn Folker Ernst, Frau Jördis Glasbrenner, Frau Carola Merl, Frau Angelika Trümper und Frau Verena Wetterer für ihr großes Engagement bedanken.

Für die sehr gute kollegiale Zusammenarbeit bedanke ich mich bei meinen Kollegen, Herrn Prof. Dr. Manfred Schorb und Herrn Prof. Dr. Hendrik Kunz, die mir bei Fragen immer zur Seite standen.

Zum Schluss möchte ich mich besonders beim Lektor, Herrn Helmut Haunreiter, für die harmonische Zusammenarbeit und seine hilfreichen Anmerkungen bedanken.

Allen Leserinnen und Lesern wünsche ich viel Freude und Erfolg beim Lesen des Buchs. Für Hinweise und Anregungen bin ich immer sehr dankbar. Ihr Feedback nehme ich sehr gerne unter joerg.woeltje@t-online.de entgegen.

Malsch, im Mai 2012

Jörg Wöltje

Teil 1: Basics der Kosten- und Leistungsrechnung

Im diesem Teil werden die Grundlagen des betrieblichen Rechnungswesens mit einem Vergleich vom internen und externen Rechnungswesen vorgestellt. Ferner werden einzelne Rechenwerke des betrieblichen Rechnungswesens und ihre Aufgaben erläutert sowie die wichtigsten Grundbegriffe des Rechnungswesens dargestellt und erklärt. Dabei werden die Stromgrößen definiert und deren Unterschiede sowie deren Überschneidungen verdeutlicht.

Die Kostenbegriffe werden charakterisiert und es wird beispielsweise zwischen den Einzel- und Gemeinkosten sowie den variablen und fixen Kosten unterschieden.

Im Rahmen der Kostentheorie werden z. B. Gesamtkosten, Stückkosten, Durchschnittskosten, Grenzkosten, beschäftigungsabhängige und beschäftigungsunabhängige Kosten definiert. Ferner werden Kostenverläufe mit proportionalen, über- und unterproportionalen Kostenänderungen sowie das Phänomen der Kostenremanenz erläutert. Dabei werden die Fixkosten der fixkostenverursachenden Produktionsfaktoren je nach Auslastung in Nutzkosten bzw. Leerkosten aufgeteilt.

Sie erhalten einen Überblick über die Aufgaben, Teilgebiete und Systeme der Kostenrechnung. Die Systematisierung der verschiedenen Kostenrechnungssysteme erfolgt nach:

- der Art der Abrechnung in Kostenarten-, Kostenstellen- und Kostenträgerrechnung,
- dem Umfang der zu verrechnenden Kosten auf Bezugsobjekte in Vollkosten- oder Teilkostenrechnungen,
- dem Zeitbezug in der Ist-Kosten-, Normalkosten- und Plankostenrechnung.

1 Einführung in die Welt des kostenrechnerischen Denkens

Rechnungswesen

Internes Rechnungswesen ↓ | Externes Rechnungswesen ↓

Kosten- und Leistungsrechnung

Ziele und Aufgaben der Kostenrechnung

Rechnungsgrößen
- Abgrenzung zwischen den Stromgrößen
- Abgrenzung zwischen der Finanzbuchhaltung und der Kostenrechnung

Aufteilung der Kosten
- Einzelkosten
- Gemeinkosten

Grundbegriffe der Kostentheorie
- beschäftigungsunabhängige (fixe) Kosten
- beschäftigungsabhängige (variable) Kosten
- lineare Gesamtkostenverläufe

Teilgebiete der Kostenrechnung
- Kostenartenrechnung
- Kostenstellenrechnung
- Kostenträgerrechnung

Kostenrechnungssysteme

Art der Verrechnung
- Vollkosten
- Teilkosten

Grundlagen der zeitlichen Rechnungslegung
- Ist-Kosten
- Normalkosten
- Plankosten

Erfolgskontrolle → Aufgaben → Lösungen (s. digitale Extras)

Abb. 1: Kapitelübersicht

1.1.1 Was sind die Besonderheiten der Kosten- und Leistungsrechnung?

Bei der **Kosten- und Leistungsrechnung (KLR)** handelt es sich um eine **innerbetriebliche Rechnung**. Sie ist an keine gesetzlichen Regelungen gebunden (freiwillig) und beschäftigt sich mit dem Bereich, der den eigentlichen Betriebszweck ausmacht. In der Regel wird die Kostenrechnung monatlich (unterjährig) betrachtet und abgeschlossen. Sie schafft einen Überblick über die einzelnen Betriebsbereiche (Kostenstellen) und die dazugehörigen Leistungen (Kostenträger).

Anders als beim externen Rechnungswesen wird in der Kostenrechnung nicht nur die Vergangenheit dokumentiert (= Ist-Kosten), sondern es werden auch Durchschnittswerte aus der Vergangenheit gebildet (= Normalkosten) und Zukunftskosten (= Plankosten) im Voraus geplant. In der KLR sind Realgüterströme und nicht Zahlungsmittelbewegungen entscheidend. Folglich können auch fiktive kalkulatorische Rechengrößen (Anders-/Zusatzkosten) berücksichtigt werden. Somit stellt die Kostenrechnung ein Steuerungsinstrument für das Unternehmensmanagement dar.

1.1.2 Funktionen und Aufgaben der Kosten- und Leistungsrechnung

Die Kosten- und Leistungsrechnungsrechnung (KLR) hat die Aufgabe und das Ziel, für das Management Informationen und Entscheidungsgrundlagen zu schaffen, damit im Unternehmen Geld verdient werden kann. Hierbei geht es nicht nur um die Kalkulation der Preise, sondern auch um die Darstellung des Erfolgs von einzelnen Produkten oder Produktgruppen. Darüber hinaus werden mithilfe der Kostenrechnung die unfertigen und fertigen Erzeugnisse/Leistungen bewertet. Weiterhin werden mithilfe der Berechnung von Preisuntergrenzen die Spielräume bei Vertragsverhandlungen ausgelotet.

Die folgenden Funktionen und Aufgaben stehen bei der Kosten- und Leistungsrechnung im Vordergrund:

- **Kalkulation der betrieblichen Leistungen:** Die wesentliche Aufgabe der Kalkulation besteht darin, für die Preispolitik Informationen über die **Preisuntergrenze** im Absatzbereich – mithilfe der Selbstkosten der Kostenträger – und über die **Preisobergrenze** im Beschaffungsbereich zu liefern. Außerdem werden die Verrechnungspreise für innerbetriebliche Leistungen ermittelt.
- **Dispositionsfunktion:** Die KLR liefert Entscheidungsgrundlagen in Form von Prognoseinformationen für den Beschaffungs- und Absatzbereich sowie für die Produktion. Die Prognoseinformationen beschreiben die wirtschaftlichen Vorteile der zur Auswahl stehenden Alternativen.

Beispiele:

Beschaffung:	Welche Bestellmenge? Welche Preisobergrenze?
Produktion:	Welches ist das gewinnoptimale Produktionsprogramm? Eigenfertigung oder Fremdbezug? Welche Produktionsmenge? Kauf oder Miete bzw. Leasing? Wie sind die unfertigen und fertigen Erzeugnisse zu bewerten?
Absatz:	Welches Sortiment? Welche Preisuntergrenze? Sollen Zusatzaufträge angenommen werden?

- **Ermittlung des Betriebsergebnisses**: In der Betriebsergebnisrechnung wird der Erfolg durch Abzug der Kosten von den Erlösen ermittelt, der nach einzelnen Produkten, Produktgruppen, Geschäftsbereichen, Kundengruppen, Absatzgebieten etc. differenziert errechnet werden kann.
- **Überwachungsfunktion**: Wie wirtschaftlich wird in den Kostenstellen gearbeitet? Die ABC-Analyse kann dabei als Instrument eingesetzt werden, um festzustellen, welche Produkte am stärksten am Umsatz beteiligt sind und maßgeblich zum Gewinn beitragen. Mit ihrer Hilfe kann auch festgestellt werden, welche Produktelemente die höchsten Kosten verursachen und somit besonders beachtet werden sollten.
- **Kontrolle der Wirtschaftlichkeit**: Die Wirtschaftlichkeitskontrolle erfolgt durch den Soll-Ist-Vergleich, z. B. durch den Vergleich von geplanten und den tatsächlichen Kosten. Der Leistungserstellungsprozess kann überwacht und Schwachstellen sowie Unwirtschaftlichkeiten können erkannt werden. Beispiele:
  - Kontrolle des Betriebsgeschehens,
  - Analysen (Kosten, Mengen, Preise und Beschäftigung),
  - Überprüfung von Investitionsvorhaben,
  - Überprüfung des Bestellverhaltens,
  - Kontrolle der Losgrößen bei der Beschaffung und der Produktion,
  - Finden von Kostensenkungspotenzialen.
- **Bewertungsaufgabe**: Die Bestände der fertigen und unfertigen Erzeugnisse und aktivierungspflichtige Eigenleistungen (z. B. selbst erstellte Maschinen) müssen sowohl im internen Rechnungswesen (zu Herstellkosten) als auch im externen Rechnungswesen (zu Herstellungskosten, die aus den Herstellkosten abgeleitet werden) bewertet werden.

!

Wichtig: Das sollten Sie sich merken

Die wichtigsten Aufgaben der Kosten- und Leistungsrechnung sind:

- Bereitstellung der Unterlagen für die Kalkulation,
- Ermittlung des Betriebsergebnisses,
- Bereitstellung der Unterlagen für die Bewertung der unfertigen und fertigen Erzeugnisse im Rahmen des Jahresabschlusses,
- Kontrolle der Wirtschaftlichkeit des Unternehmens.

Die Informationen aus der Kostenrechnung werden auch für externe Zwecke des Unternehmens verwendet. Dazu gehören z. B. die Berechnung von Herstellungskosten, Rückstellungen, Verrechnungspreisen und Preisabgaben bei öffentlichen Aufträgen.[2]

Die Kostenrechnung wird in drei Teilgebiete aufgeteilt. Den Ausgangspunkt der Kostenrechnung bildet die **Kostenartenrechnung**, die sich mit der Erfassung aller Kosten nach Art und Höhe beschäftigt. Es folgt die **Kostenstellenrechnung**, die den Ort der Kostenentstehung ermittelt und die angefallenen Kosten entsprechend auf die Kostenstellen verteilt. Das letzte Teilgebiet ist **die Kostenträgerrechnung**, die für die Kostenverrechnung auf die einzelnen Kostenträger verantwortlich ist. Die folgende Abbildung zeigt die Teilgebiete der Kostenrechnung.

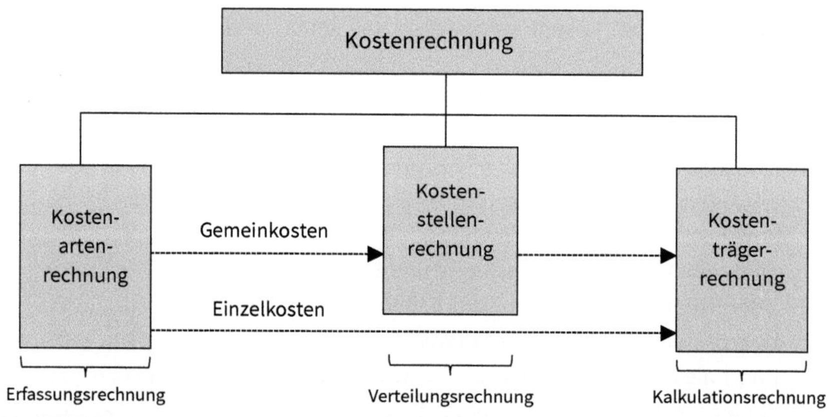

Abb. 2: Teilgebiete der Kostenrechnung[3]

2 Vgl. Reim, J., Kosten- und Leistungsrechnung, 2019, S. 9.

3 In Anlehnung am Steger, J., Kosten- und Leistungsrechnung, 2010, S. 82.

1.2 Grundbegriffe des Rechnungswesens

Im Fokus der Kosten- und Leistungsrechnung stehen die durch den Leistungserstellungs- und -verwertungsprozess verursachten Werteverzehre (Kosten) bzw. hervorgebrachten Ergebnisse (Leistungen). Für die korrekte Durchführung der Kosten- und Leistungsrechnung und für den Aufbau sowie die Analyse der Ergebnisrechnung ist die Abgrenzung der Kosten und Leistungen von den Erträgen und Aufwendungen im Rechnungswesen von großer Bedeutung.

Die im Rechnungswesen einer Unternehmung regelmäßig erfassten Güter- und Leistungsströme bewirken eine Veränderung der Bestände, die in einem Unternehmen gehalten werden. Je nachdem, auf welcher Ebene des Rechnungswesens Bestandsänderungen hervorgerufen werden, ist zwischen den Stromgrößen des »Externen« und des »Internen Rechnungswesens« zu unterscheiden.

Stromgrößen des »Externen Rechnungswesen« sind:

- Auszahlung,
- Einzahlung,
- Ausgabe,
- Einnahme,
- Aufwand und
- Ertrag.

Stromgrößen des »Internen Rechnungswesens« sind

- Kosten und
- Leistung (Betriebsertrag).

Ferner wird zwischen dem pagatorischen und dem wertmäßigen Kostenbegriff unterschieden. Die pagatorischen Kosten umfassen die Kosten, denen entsprechende Auszahlungen gegenüberstehen. Der wertmäßige Kostenbegriff umfasst den Wert sämtlicher für die betriebliche Leistungserstellung und -verwertung eingesetzten Ressourcen einschließlich der kalkulatorischen Kosten. Den kalkulatorischen Kosten steht entweder kein Aufwand oder aber ein Aufwand in anderer Höhe gegenüber.

Entsprechend bezeichnet man als **Leistungen (Erlöse)** den Wertzuwachs an Sachgütern und Dienstleistungen innerhalb einer Periode.

Die folgende Darstellung gibt Ihnen einen Überblick über die verschiedenen Rechnungsebenen und Rechnungsgrößen einschließlich der aus Zufluss und Abfluss resultierenden Bestandsveränderungen:

Stromgrößen und Bestandsgrößen des Rechnungswesens			
Ebenen des Rechnungswesens	**Stromgrößen**	**Bestandsgrößen**	
Liquiditäts-/Finanz- und Investitionsrechnung	• Einzahlungen • Auszahlungen	Zahlungsmittelbestand	Zahlungswirksamer Bereich (Liquidität) der pagatorischen Rechnung
Finanzierungsrechnung	• Einnahmen • Ausgaben	Geldvermögen	
Vermögens- und Erfolgsrechnung	• Erträge • Aufwendungen	Gesamtvermögen	erfolgswirksamer Bereich der pagatorischen Rechnung
Kosten- und Leistungsrechnung	• Leistungen • Kosten	betriebsnotwendiges Vermögen	erfolgswirksamer Bereich der wertmäßigen Rechnung

Tab. 2: Grundbegriffe des betrieblichen Rechnungswesens

1.2.1 Stromgrößen

Im alltäglichen Sprachgebrauch werden häufig ökonomische Grundbegriffe wie Auszahlung, Ausgaben, Kosten und Aufwand recht willkürlich und auch synonym benutzt. Dies führt dann zu Irritationen und Fehleinschätzungen. Daher werden die folgenden acht Stromgrößen zunächst definiert:

Stromgrößen	**Definition**
Einzahlungen	Zugänge an liquiden Mitteln (Bargeld und Sichtguthaben) einer Periode.
Auszahlungen	Abgänge von liquiden Mitteln (Bargeld und Sichtguthaben) einer Periode.
Einnahmen	Zunahme des Geldvermögens. Unter Einnahmen versteht man den Wert aller veräußerten Güter und Dienstleistungen einer Periode.
Ausgaben	Abnahme des Geldvermögens. Unter Ausgaben versteht man den Wert aller zugegangenen Güter und Dienstleistungen einer Periode (zum Beschaffungswert).
Erträge	Wert aller erstellten Güter und Dienstleistungen einer Periode.
Aufwendungen	Wert aller verbrauchten Güter und Dienstleistungen einer Periode, die gemäß gesetzlichen Bestimmungen in der Finanzbuchhaltung verrechnet werden dürfen.
Leistungen	Wert aller erstellten Güter und Dienstleistungen einer Periode im Rahmen der »eigentlichen« (typischen) betrieblichen Tätigkeit.
Kosten	Wert aller verbrauchten Güter und Dienstleistungen einer Periode für die Erstellung der »eigentlichen« (typischen) betrieblichen Leistungen.

Tab. 3: Abgrenzung der Stromgrößen

Die Stromgrößen bilden im Gegensatz zu den Bestandsgrößen wirtschaftliche Veränderungen, d. h. Wertbewegungen ab. Stromgrößen sind also zeitraumbezogen.

1.2.2 Bestandsgrößen

Bestandsgrößen sind stichtagsbezogene Wertgrößen, die in der Bilanz auftreten. Dazu zählen Vermögen, Schulden und Eigenkapital. Den Zusammenhang zwischen verschiedenen Bestandsgrößen zeigt die folgende Übersicht:

Ebene	Bestandsgröße		Inhalt der Bestandsgröße
Liquiditäts-, Finanz- und Investitionsrechnung	Zahlungsmittelbestand		Bargeld (Kasse)
		+	Sichtguthaben
		=	**Zahlungsmittelbestand**
Finanzierungsrechnung	Geldvermögen		Zahlungsmittelbestand
		+	Geldforderungen
		-	Geldverbindlichkeiten
		=	**Geldvermögen**
Vermögens- und Erfolgsrechnung	Gesamtvermögen		Geldvermögen
		+	Sachvermögen
		=	**Gesamtvermögen (Reinvermögen)**
Kosten- und Leistungsrechnung	betriebsnotwendiges Vermögen		Gesamtvermögen
		-	nicht betriebsnotwendiges Vermögen
		+	bilanziell nicht aktivierungsfähiges kalkulatorisches Vermögen
		+/-	Bewertungsunterschiede
		=	**betriebsnotwendiges Vermögen**

Tab. 4: Abgrenzung der Bestandsgrößen

1.2.3 Abgrenzungen zwischen den verschiedenen Stromgrößen

Das folgende Ebenenmodell hilft Ihnen dabei, die einzelnen Stromgrößen gegeneinander abzugrenzen. Dabei stehen zwischen den unmittelbar aufeinander folgenden Größen jeweils drei Ziffern, von denen jede Ziffer für ein mögliches Abgrenzungsproblem steht. Im Anschluss an die Abbildung werden die einzelnen Ziffern erläutert. Zudem finden Sie jeweils Beispiele, welche die Erläuterungen veranschaulichen.

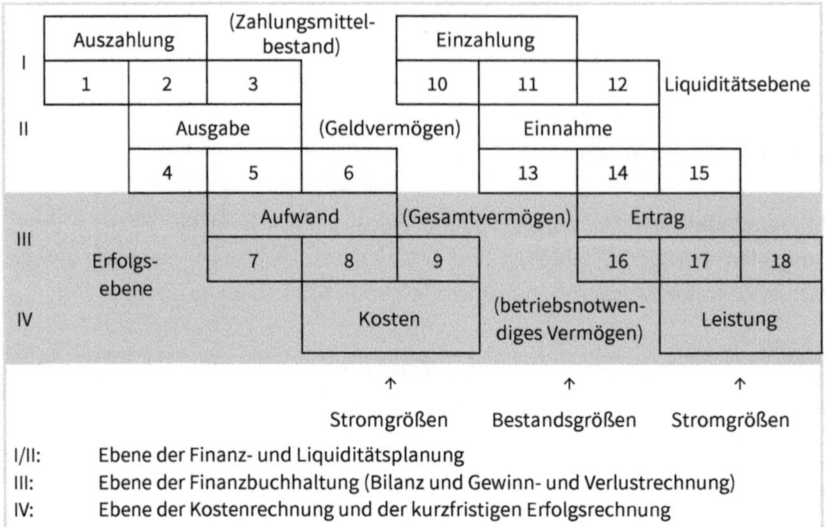

Abb. 3: Ebenenmodell der Stromgrößen (Schmalenbachsche Treppe)

Erläuterungen und Beispiele zu den einzelnen Abgrenzungen:

1. Auszahlung, aber keine Ausgabe
   - Tilgung eines Darlehens aus einer früheren Periode
   - Gewährung eines Mitarbeiterdarlehens
   - Anzahlung einer bestellten Maschine
   - Bezahlung einer Verbindlichkeit aus Lieferungen und Leistungen
2. Auszahlung, die gleichzeitig eine Ausgabe ist
   - Barkauf von Waren
   - Privatentnahme von Bargeld
3. Ausgabe, aber keine Auszahlung
   - Kauf von Waren auf Ziel (d. h. Zugang von Verbindlichkeiten aLuL)
4. Ausgabe, aber kein Aufwand
   - Kauf von Material, das erst in einer späteren Periode verbraucht wird
   - Kauf einer Maschine und Ansatz in der Fibu zu Anschaffungskosten
5. Ausgabe, die gleichzeitig ein Aufwand ist
   - Kauf von Materialien und Verbrauch in der gleichen Periode
   - Überweisung einer Versicherungsprämie
6. Aufwand, aber keine Ausgabe
   - Verbrauch von Lagermaterial, das in einer früheren Periode angeschafft wurde
   - Buchung der jährlichen Abschreibung einer Maschine
   - Bildung einer Rückstellung
7. Aufwand, aber keine Kosten
   - neutraler Aufwand (z. B. eine Spende oder ein Verlust bei einem nicht betriebsnotwendigen Wertpapierverkauf, insolvenzbedingte Forderungsausfälle)

8. Aufwand, der gleich Kosten ist
   - Personalaufwand, Materialaufwand, Energiekosten
9. Kosten, aber kein Aufwand
   - Zusatzkosten (z. B. kalkulatorischer Unternehmerlohn)
10. Einzahlung, aber keine Einnahme
   - Aufnahme eines Darlehens
   - Kundenanzahlung
   - Kunde bezahlt eine Rechnung aus der vergangenen Periode
11. Einzahlung, die gleichzeitig eine Einnahme ist
   - Barverkauf von Waren
12. Einnahme, aber keine Einzahlung
   - Verkauf von Waren auf Ziel
13. Einnahmen, aber kein Ertrag
   - Verkauf eines PKWs zum Buchwert
   - fertige Erzeugnisse werden zum Buchwert verkauft
14. Einnahme, die gleichzeitig ein Ertrag ist
   - Verkauf von Fertigerzeugnissen, die in der gleichen Periode hergestellt wurden
   - Entstehung eines Zinsanspruchs gegenüber einem Kreditnehmer
15. Ertrag, aber keine Einnahme
   - Erstellen von Produkten, die in einer späteren Periode verkauft werden (Produktion auf Lager)
   - aktivierte Eigenleistungen (z. B. selbst erstellte Maschine)
16. Ertrag, aber keine Leistung
   - Gewinne aus Wertpapierverkäufen eines Produktionsbetriebs, erhaltene Schenkungen
17. Ertrag und gleichzeitig Leistung
   - Produktion von Fertigerzeugnissen
   - Umsatzerlöse
   - Andere aktivierte Eigenleistungen
18. Leistung, die keinen Ertrag darstellt
   - Andersleistungen, z. B. Bestandsbewertung von unfertigen und fertigen Erzeugnissen, deren Wert über den handelsrechtlichen Herstellungskosten liegt
   - kostenlose Musterteile für Kunden

1.3 Grundsätzliches zur Kosten- und Leistungsrechnung

Die Kosten- und Leistungsrechnung als ein Teilgebiet des internen Rechnungswesens ist eine fortlaufend durchgeführte Rechnung, die kurzfristigen Charakter hat. Zum besseren Verständnis der KLR werden zunächst die verschiedenen kostenrechnerischen Grundbegriffe erläutert.

1.3.1 Wie kann man die Kosten- und Leistungsrechnung aufteilen?

Die Kosten- und Leistungsrechnung (KLR) lässt sich aufteilen in:

Aufteilung der Kosten- und Leistungsrechnung	
Kostenrechnung	• Dokumentation der entstandenen Kosten • Verbrauchsseite des Produktionsprozesses
Leistungsrechnung	• Dokumentation – der Absatzleistungen, die durch Umsatzerlöse entstehen, – der innerbetrieblichen Leistungen mit den aktivierten Eigenleistungen, – der Lagerleistungen bei unfertigen und fertigen Erzeugnissen, die noch nicht verkauft wurden.
Erfolgsrechnung	• Verknüpfung von Kosten- und Leistungsrechnung durch Gegenüberstellung von Leistungen und Kosten einer Periode bzw. einzelner Produkte, Produktgruppen oder Unternehmensbereichen.

Tab. 5: Aufteilung der Kosten- und Leistungsrechnung

1.3.2 Was sind eigentlich Kosten?

Kosten sind der bewertete Verbrauch von Gütern, Dienstleistungen und Abgaben in einer Abrechnungsperiode zur betrieblichen Leistungserstellung und -verwertung sowie zur Aufrechterhaltung der Betriebsbereitschaft. Die Bewertung erfolgt im Allgemeinen kalkulatorisch.

Häufig erfolgt eine Trennung nach:
- Grundkosten,
- Zusatzkosten und
- Anderskosten.

Beim Kostenbegriff unterscheidet man weiter zwischen dem **pagatorischen** und dem **wertmäßigen** Kostenbegriff.

Beim **pagatorischen Kostenbegriff** werden zur Bewertung von Güterverbräuchen, nur die bei der Beschaffung angefallenen Entgelte (Anschaffungsauszahlungen) berücksichtigt. Die pagatorischen Kosten stimmen nach Art und Höhe mit den Aufwendungen der Finanzbuchhaltung überein.

Beim **wertmäßigen Kostenbegriff** sind im Gegensatz zum pagatorischen Wertansatz auch andere Wertansätze als die der Anschaffungspreise möglich. So können beispielsweise auch Wiederbeschaffungskosten oder Tages-, Plan-, Durchschnitts- oder

Schätzpreise in die Bewertung eingehen. Das bedeutet, dass der wertmäßige Kostenbegriff auch Kostenanteile enthält, denen keine Aufwendungen (Zusatzkosten) oder Aufwendungen in anderer Höhe (Anderskosten) gegenüberstehen. Somit steht beim wertmäßigen Kostenbegriff der leistungsbezogene Güterverbrauch im Vordergrund und die Geldgröße stellt lediglich einen Wertmaßstab dafür dar.

1.3.3 Was sind die vier Merkmale des wertmäßigen Kostenbegriffs?

Die folgende Aufzählung beschreibt die vier Merkmale des wertmäßigen Kostenbegriffs:

- **Güterverbrauch:** Es muss ein mengenmäßiger Güterverbrauch (Verzehr) an Materialien und Dienstleistungen vorliegen. Beispielsweise führt der Einkauf von Rohstoffen nicht zu Materialkosten, sondern erst der Materialverbrauch.
- **Leistungsbezogenheit**: Der Verzehr muss im Rahmen der betrieblichen Leistungserstellung und -verwertung bzw. der Betriebsbereitschaft stattfinden. Beispielsweise stellt eine Spende an »Ärzte ohne Grenzen« keine Kosten dar, sondern nur einen Aufwand.
- **Bewertung**: Der Verzehr muss in Geldeinheiten bewertet werden, wobei unterschiedliche Wertansätze möglich sind.
- **Periodisierung**: Der Verzehr muss innerhalb einer Abrechnungsperiode liegen.

1.3.4 Wie unterscheiden sich die Aufwendungen von den Kosten?

Die Begriffe »Aufwendungen« und »Kosten« sind nicht immer identisch. **Aufwendungen** lassen sich zusätzlich unterteilen in betriebliche Aufwendungen, die sogenannten **Zweckaufwendungen**, die **Kostencharakter** haben und direkt aus der Finanzbuchhaltung übernommen werden, und die **neutralen Aufwendungen**, die sich aus

- betriebsfremden,
- periodenfremden,
- außerordentlichen und
- bewertungsbedingten Aufwendungen

zusammensetzen.

Neutrale Aufwendungen werden in der **Kostenrechnung** jedoch **nicht berücksichtigt**, da sie nicht betrieblich bedingt sind.

Die **neutralen (unternehmensbezogenen) Aufwendungen** betreffen das Unternehmen insgesamt. Sie entstehen nicht im Zusammenhang mit der geplanten Leistungserstellung und -verwertung und dürfen daher nicht in die Kosten- und Leistungsrechnung übernommen werden. Sie sind als neutrale Aufwendungen von den betrieblichen Aufwendungen abzugrenzen. Die folgende Abbildung verdeutlicht die Abgrenzung zwischen Zweckaufwand und neutralem Aufwand.

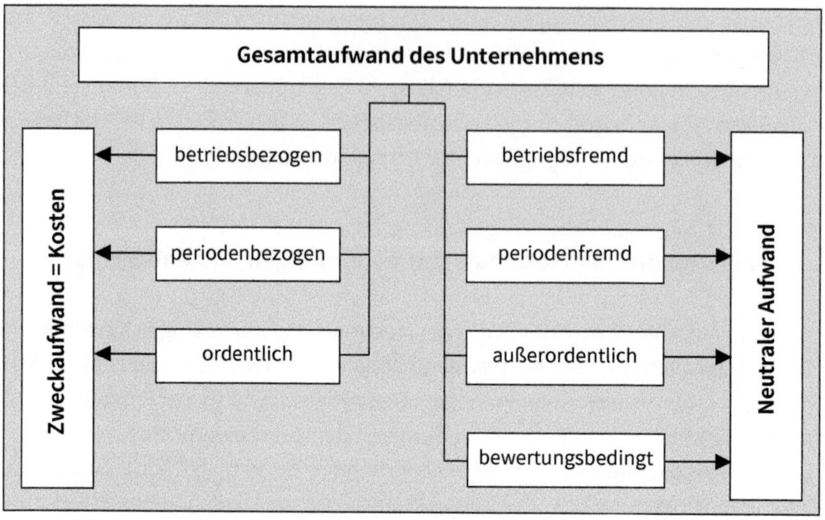

Abb. 4: Aufwandsarten

Die Kostenrechnung wird durch **kalkulatorische Kosten** ergänzt. Es handelt sich dabei zum einen um **Anderskosten**, die in unterschiedlicher Höhe in der Finanzbuchhaltung und der Kostenrechnung verrechnet werden, und zum anderen um **Zusatzkosten**, denen in der Finanzbuchhaltung kein Aufwand gegenübergestellt werden kann. Zu den Zusatzkosten zählt z. B. der kalkulatorische Unternehmerlohn.

Die folgende Übersicht zeigt den Unterschied zwischen

- Aufwand (Finanzbuchhaltung) und
- Kosten (Kostenrechnung).

Abb. 5: Abgrenzung von Aufwand und Kosten

Wie man anhand der obigen Abbildung gut erkennen kann, lassen sich die Kosten aus der Finanzbuchhaltung ableiten, indem vom Gesamtaufwand der neutrale Aufwand abgezogen wird. So erhält man den Zweckaufwand, der zugleich die pagatorischen Kosten darstellt. Die Grundkosten sowie die verrechneten kalkulatorischen Kosten (Anderskosten = anders bewertete Aufwandsposten und Zusatzkosten = aufwandslose Kosten) stellen die wertmäßigen Gesamtkosten dar. Die Zusatzkosten erfassen den betriebsbedingten Werteverzehr innerhalb einer Periode, dem keine Aufwendungen gegenüberstehen.

In der folgenden Tabelle werden die Begrifflichkeiten näher erklärt:

Beispiele für die Abgrenzungen zwischen Aufwand und Kosten			
Begriff		**Definition**	**Beispiele**
Aufwand, keine Kosten	neutraler Aufwand	periodenfremder Aufwand	• unvorhergesehene Regressansprüche von Kunden aufgrund mangelhafter Qualität • Gewerbesteuernachzahlung
		außerordentlicher Aufwand	• Unwetter- und Diebstahlschäden • insolvenzbedingte Forderungsverluste
		betriebsfremder Aufwand	• Spenden, Verluste aus dem Verkauf von Wertpapieren
		bewertungsbedingter Aufwand	• Güterverbrauch wird im externen und internen Rechnungswesen unterschiedlich bewertet, z. B. Abschreibungen
Aufwand und gleichzeitig Kosten	Grundkosten	Diese Kosten werden den Zweckaufwendungen der Buchhaltung unverändert entnommen und stellen aufwandsgleiche Kosten dar, da ihnen Aufwand in gleicher Höhe gegenübersteht.	• Verbrauch von Rohstoffen • Lohn- und Gehaltszahlung • Versicherungsbeiträge • Miete für Produktionshalle
	Anderskosten	Diese Kosten sind aufwandsungleiche Kosten, da ihnen in der Finanzbuchhaltung der Aufwand in anderer Höhe als in der Kostenrechnung gegenübersteht.	• kalk. Abschreibungen • kalk. Fremdkapitalzinsen • kalk. Wagnisse
Kosten, kein Aufwand	Zusatzkosten	Diesen Kosten steht kein Aufwand in der Finanzbuchhaltung gegenüber, man bezeichnet sie daher auch als aufwandslose Kosten. Sie werden in der Finanzbuchhaltung nicht erfasst, da mit Ihnen keine Geldausgaben verbunden sind.	• kalk. Unternehmerlohn • kalk. Miete • kalk. Eigenkapitalzinsen

Tab. 6: Beispiele für die Abgrenzung von Aufwand und Kosten

1.3.5 Was versteht man unter Leistungen?

Das mengenmäßig und wertmäßig ausgedrückte Ergebnis des betrieblichen Erstellungs- und Verwertungsprozesses ist die **Leistung**.

Bei den **betrieblichen Leistungen** unterscheidet man,

- die Leistungen für den Markt und
- die Leistungen für den (eigenen) Betrieb.

Die **Marktleistungen** können nochmals differenziert werden in:

- **Lagerleistungen** (für den Absatzmarkt hergestellte Mehrbestände an unfertigen und fertigen Erzeugnissen, die noch nicht verkauft wurden) und
- **Absatzleistungen** (Umsatzerlöse aus dem Verkauf von Erzeugnissen, Waren und Dienstleistungen).

Die **Betriebsleistungen** werden unterteilt in,

- **aktivierte Eigenleistungen** (z. B. selbst erstellte Maschinen, die im eigenen Betrieb verwendet werden) und
- **innerbetriebliche Leistungen** (Leistungen, die in der Periode erzeugt und verbraucht, aber nicht aktiviert wurden, wie Kostenstellenleistungen, zu denen beispielsweise Reparaturleistungen u. ä. gehören, oder selbst erzeugter Strom).

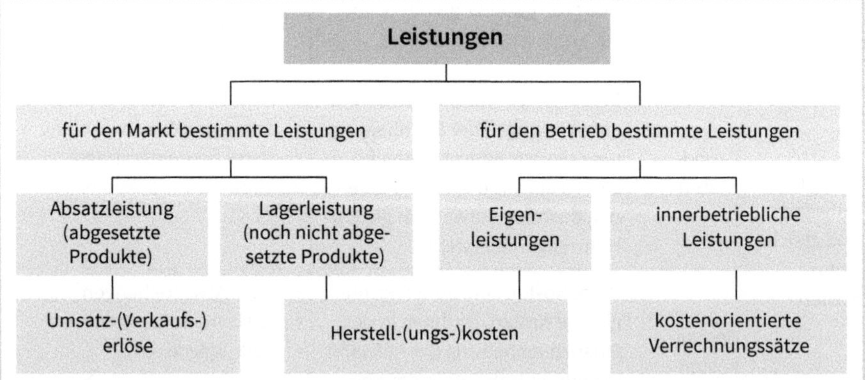

Abb. 6: Arten von Leistungen

Die Leistungen lassen sich ebenso wie die Kosten aus der Finanzbuchhaltung ableiten, denn prinzipiell stehen Ertrag und Leistung in derselben Beziehung zueinander wie Aufwand und Kosten. Wenn man vom Gesamtertrag die neutralen Erträge abzieht, erhält man den Zweckertrag. Der Zweckertrag geht als Grundleistung ergänzt um die kalkulatorischen Leistungen (Anders- und Zusatzleistung) in die Leistungsrechnung ein.

Die Unterschiede zwischen Erträgen (Finanzbuchhaltung) und Leistungen (Kostenrechnung) resultieren z. B. daraus, dass die unfertigen und fertigen Erzeugnisse in der Finanzbuchhaltung aufgrund von Wahlrechten niedriger oder höher bewertet werden als in der Kostenrechnung.

Weiterhin zählen die Zusatzleistungen wie z. B. (noch) nicht vermarktungsfähige Leistungen im Bereich Entwicklung oder die unentgeltliche Abgabe von Musterteilen zu den Leistungen.

In der Praxis können kalkulatorische Leistungen mit Ausnahme der Bestandsbewertung aber meist vernachlässigt werden, sodass man die Leistung nach folgendem Schema berechnen kann:

Schema Leistungsberechnung	
	Erträge aus der Finanzbuchhaltung
-	neutrale Erträge (dies sind Erträge, die nicht aus dem eigentlichen betrieblichen Prozess der Abrechnungsperiode hervorgehen)
+	Zusatzleistungen
+/-	Differenz Andersleistungen
=	Leistungen der Kostenrechnung

Tab. 7: Ermittlung der Leistung

Die folgende Übersicht zeigt die Abgrenzung zwischen Ertrag und Leistung.

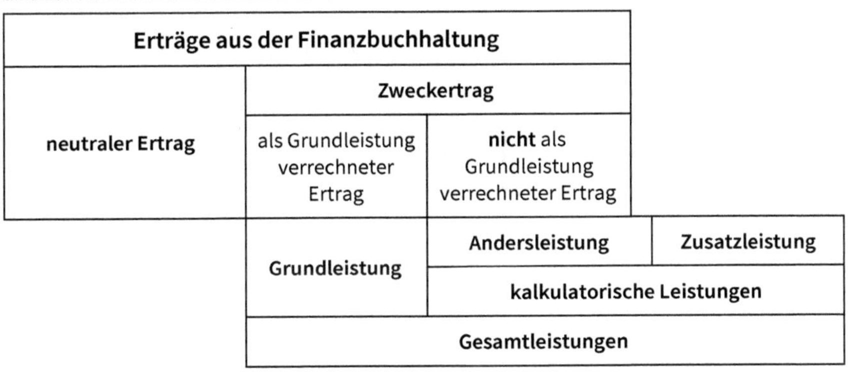

Abb. 7: Abgrenzung von Ertrag und Leistung

In der folgenden Tabelle werden die Begrifflichkeiten näher erklärt:

<table>
<tr><th colspan="4">Beispiele für die Abgrenzung zwischen Ertrag und Leistung</th></tr>
<tr><th colspan="2">Begriff</th><th>Definition</th><th>Beispiele</th></tr>
<tr><td rowspan="4">Ertrag, keine Leistung</td><td rowspan="4">neutraler Ertrag</td><td>betriebsfremder Ertrag</td><td>• Schenkungen, Subventionen, Mieterträge, Kursgewinne aus der Veräußerung von Wertpapieren</td></tr>
<tr><td>außerordentlicher Ertrag</td><td>• Verkauf einer Maschine über Buchwert</td></tr>
<tr><td>periodenfremder Ertrag</td><td>• Auflösung von nicht in Anspruch genommenen Rückstellungen</td></tr>
<tr><td>bewertungsbedingter neutraler Ertrag (Differenzen zwischen pagatorischen und kalkulatorischen Wertansätzen)</td><td>• unterschiedliche Bewertung der eigengefertigten Vorräte und Anlagen</td></tr>
<tr><td rowspan="2">Ertrag und gleichzeitig Leistung</td><td>Grundleistung</td><td>Diese Leistungen werden den Zweckerträgen der Buchhaltung unverändert entnommen, da ihnen Erträge in gleicher Höhe gegenüberstehen.</td><td>Verkauf von Erzeugnissen, die in derselben Periode erstellt wurden, Umsatzerlöse, Bestandserhöhung an unfertigen und fertigen Erzeugnissen, aktivierte Eigenleistungen.</td></tr>
<tr><td>Andersleistung</td><td>Diesen Leistungen stehen Erträge in der Finanzbuchhaltung in anderer Höhe als in der Kostenrechnung gegenüber.</td><td>Zuschreibungen auf Produktionsfaktoren bis zu ihrem Marktwert, der über den Anschaffungs-/Herstellungskosten liegt</td></tr>
<tr><td>Leistung, kein Ertrag</td><td>Zusatzleistung</td><td>Diesen Leistungen stehen keine Erträge in der Finanzbuchhaltung gegenüber.</td><td>unentgeltliche Abgabe von Erzeugnissen oder Dienstleistungen, selbst geschaffene Patente (falls in der Fibu nicht aktiviert)</td></tr>
</table>

Tab. 8: Beispiele für die Abgrenzung von Ertrag und Leistung

1.3.6 Die Brücke von der Finanzbuchhaltung zur Kostenrechnung

Die Finanzbuchhaltung im Rechnungskreis I liefert die Grunddaten für die Kostenrechnung. In einer Abgrenzungsrechnung werden alle neutralen Aufwendungen und Erträge nicht in die Kostenrechnung überführt. Es gehen die betrieblichen Aufwendungen (Zweckaufwendungen) als Grundkosten und die Betriebserträge (Zweckerträge) als Grundleistungen in die Kosten- und Leistungsrechnung ein. Ferner werden in den betriebsbezogenen Abgrenzungen kostenrechnerische Korrekturen für »kalkulatorische

Kosten«, insbesondere für kalkulatorische Abschreibungen, Zinsen, Unternehmerlohn, Miete und Wagnisse, vorgenommen.

Von der Aufwands- zur Kostenrechnung		
	Aufwand der Periode	
-	betriebsfremder Aufwand	neutraler Aufwand
-	außerordentlicher Aufwand	
-	periodenfremder Aufwand	
-	bilanzielle Abschreibungen	Andersaufwand
-	Fremdkapitalzinsen (aus der Fibu)	
+	kalkulatorische Abschreibungen	Anderskosten
+	kalkulatorische Zinsen (Fremdkapital)	
+	kalkulatorische Wagnisse	
+	kalkulatorische Zinsen (Eigenkapital)	Zusatzkosten
+	kalkulatorischer Unternehmerlohn	
+	kalkulatorische Miete	
=	**Kosten der Periode**	

Tab. 9: Die Brücke von der Aufwandsrechnung zur Kostenrechnung

Von der Ertragsrechnung zur Leistungsrechnung		
	Erträge der Periode	
-	betriebsfremde Erträge	neutrale Erträge
-	außerordentliche Erträge	
-	periodenfremde Erträge	
+/-	Differenz Andersleistungen	Andersleistungen
+	Zusatzleistungen	Zusatzleistungen
=	**Leistungen (Erlöse) der Periode**	

Tab. 10: Die Brücke von der Ertragsrechnung zur Leistungsrechnung

1.3.7 Gesamtergebnis und Betriebsergebnis

Das **Betriebsergebnis** im Sinne des internen Rechnungswesens stellt die Differenz zwischen den Leistungen (Erlösen) und Kosten einer Periode dar. Man spricht auch vom sogenannten kalkulatorischen Ergebnis. Im Gegensatz zum Betriebsergebnis stellt das **Gesamtergebnis** den Jahreserfolg der Gewinn- und Verlustrechnung, als Teilgebiet des externen Rechnungswesens, dar. Das Gesamtergebnis berücksichtigt die neutralen Erträge und neutralen Aufwendungen, d. h. das Betriebsergebnis und das neutrale Ergebnis zusammen bilden das Gesamtergebnis.

Wie berechnet man das **Gesamtergebnis**?

Erträge – Aufwendungen = Gesamtergebnis (Gewinn oder Verlust)

Wie berechnet man das **Betriebsergebnis**?

Leistungen – Kosten = Betriebsergebnis (Betriebsgewinn oder -verlust)

Zwischen den beiden Ergebnissen bestehen folgende Zusammenhänge:

Ermittlung des Betriebs- und Unternehmensergebnisses		
	Umsatzerlöse	
+/-	Bestandserhöhungen/Bestandsminderungen der unfertigen (UFE) und fertigen Erzeugnisse (FE)	
+	andere aktivierte Eigenleistungen	
=	**Gesamtleistung**	
-	Gesamtkosten	
=	**Betriebsergebnis**	
+	neutrale Erträge	Neutrales Ergebnis = Abstimmungsdifferenz zwischen Fibu und KLR
-	neutrale Aufwendungen	
+	kalkulatorische Kosten	
-	nicht als Kosten verrechneter Zweckaufwand	
=	**Gesamtergebnis**	

Tab. 10: Ermittlung des Betriebs- und Gesamtergebnisses

Erläuterungen zur Tabelle:

- Zu den Bestandserhöhungen/Bestandsminderungen der unfertigen (UFE) und fertigen Erzeugnisse (FE):
- Es kann zu einer unterschiedlichen Bewertung der UFE und FE kommen, da die Erzeugnisse in der Fibu mit den **Herstellungskosten** und in der Kostenrechnung mit den **Herstellkosten**, die kalk. Kosten enthalten, bewertet werden.

- Zu den anderen aktivierten Eigenleistungen:
  Bei den selbsterstellten immateriellen Vermögensgegenständen des Anlagevermögens besteht in der Fibu ein Aktivierungswahlrecht, während die Leistung in der Kostenrechnung berücksichtigt wird.

1.3.8 Abstimmung der Kosten- und Leistungsrechnung mit der Finanzbuchhaltung (Fibu)

Die Abgrenzungsrechnung ist das Bindeglied zwischen der Finanzbuchhaltung (Fibu) und der Kosten- und Leistungsrechnung (KLR). Sie wird mithilfe einer **Ergebnistabelle** durchgeführt. Die Kosten werden in vier Schritten erfasst:

- Übernahme der **aufwandsgleichen Kosten** (Grundkosten).
- Aussonderung der **neutralen Aufwendungen** aus der Fibu.
- **Aufwandsungleiche Kosten** (Anderskosten) werden im Wert verändert, sodass sie für die Kostenrechnung benutzt werden können.
- Die in der Fibu nicht erfassten Zusatzkosten werden hinzugefügt.

Die Ergebnistabelle weist im linken Teil – Rechnungskreis I – die Erfolgsrechnung mit dem Gesamtergebnis aus. Der rechte Teil der Tabelle – der Rechnungskreis II – beinhaltet das neutrale Ergebnis und das Betriebsergebnis.

Rechnungskreis I		Rechnungskreis II					
Gesamtergebnisrechnung		Abgrenzungsrechnung				Betriebsergebnisrechnung	
Aufwands- und Ertragsarten		unternehmensbezogene Abgrenzung		kostenrechnerische Korrekturen		Kosten- und Leistungsarten	
Aufwendungen	Erträge	neutrale Aufwendungen	neutrale Erträge	betriebl. Aufwendungen	verrechnete Kosten	Kosten	Leistungen
-	+	-	+	-	+	-	+
Gesamtergebnis =		Neutrales Ergebnis +				Betriebsergebnis	
Gesamtergebnis im Rechnungskreis I		Gesamtergebnis im Rechnungskreis II					

Tab. 11: Aufbau der Ergebnistabelle für die Abgrenzungsrechnung[4]

4 Steger, J., Kosten- und Leistungsrechnung, 2010, S. 61.

Die neutralen Aufwendungen und Erträge aus der Fibu werden in der Spalte **unternehmensbezogene Abgrenzung** eingetragen. In der Spalte **kostenrechnerische Korrekturen** werden die korrekturbedürftigen (aufwandsungleichen) Anderskosten aus der Fibu den für die KLR ermittelten Kosten gegenübergestellt sowie die (aufwandslosen) Zusatzkosten eingetragen.

In die Spalte Betriebsergebnisrechnung werden die Aufwendungen und Erträge übernommen, die den Grundkosten und den Leistungen entsprechen. Außerdem werden neben den Zusatzkosten die kalkulatorischen Anderskosten übernommen und erfolgswirksam in der Spalte kostenrechnerische Korrekturen verrechnet.[5]

Beispiel: Abgrenzungsrechnung

Im Folgenden sehen Sie in einer statisch-tabellarischen Form beispielhaft eine Abgrenzungsrechnung.

Rechnungskreis I			Rechnungskreis II					
Gesamtergebnisrechnung			Abgrenzungsrechnung				Betriebsergebnisrechnung	
Konten	Aufwands- und Ertragsarten in T€		unternehmensbezogene Abgrenzung in T€		kostenrechnerische Korrekturen in T€		Kosten- und Leistungsarten in T€	
	Aufwendungen	Erträge	neutrale Aufw.	neutrale Erträge	betriebl. Aufw.	verrechn. Kosten	Kosten	Leistungen
Umsatzerlöse		5.000						5.000
Bestandserhöhung fert. u. unfert. Erz.		280						280
Sonst. betriebl. Erträge		450						450
Zinserträge		20		20				
Mieterträge		250		250				
Erträge aus der Auflös. von Rückstellungen		190		190				

5 Gsänger, U. und Seeba, M., Kosten- und Leistungsrechnung, 2015, S. 19.

Aufw. für RHB-Stoffe	1.000						1.000	
Personalaufwand	2.000						2.000	
Abschreib. auf SAV	650				650	720	720	
Sonst. betriebl. Aufwand	470						470	
Zinsaufwand	320				320	410	410	
Abschreib. auf Wertpapiere des UV	65		65					
Kalk. Unterneh-merlohn						130	130	
Summe	4.505	6.190	65	460	970	1.260	4.730	5.730
Ergebnis	**+1.685**		**+395**		**+290**		**+1.000**	
	6.190	6.190	460	460	1.260	1.260	5.730	5.730
	Gesamtergebnis = 1.685 T€ (Gewinn)			Neutrales Ergebnis = 685 T€ (Gewinn)			Betriebsergebnis = 1.000 T€ (Gewinn)	
	Gesamtergebnis im Rechnungs-kreis I = 1.685 T€				Gesamtergebnis im Rechnungs-kreis II = 1.685 T€			

Tab. 12: Beispiel für die Ermittlung des Betriebsergebnisses, des Gesamtergebnisses und des neutralen Ergebnisses

1.4 Diese Arten von Kostenunterbegriffen gibt es

Der allgemeine Kostenbegriff reicht für die Durchführung der Kostenrechnung nicht aus. Daher werden zur Präzisierung Kostenunterbegriffe (Kostenkategorien) gebildet. Die Kosten können verrechnungs- oder beschäftigungsbezogen sein. Bei den **verrechnungsbezogenen Kosten** wird zwischen den Einzel- und den Gemeinkosten unterschieden. Dagegen unterscheidet man bei den **beschäftigungsbezogenen Kosten** zwischen den variablen und den fixen Kosten. In den folgenden zwei Kapiteln werden Kostenkategorien erläutert, die folgendermaßen abgegrenzt werden:

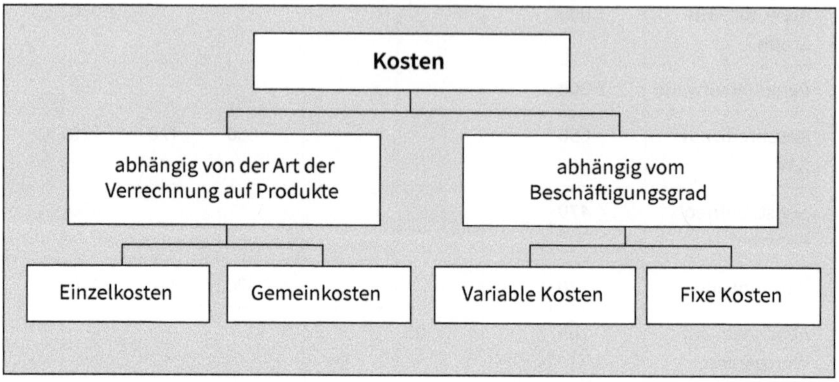

Abb. 8: Zusammenhang der Kostenbegriffe

1.4.1 Einzelkosten und Gemeinkosten

Einzelkosten (EK) sind Kosten, die einem Bezugsobjekt ohne weitere Verrechnungsschritte in einer wirtschaftlichen Art und Weise eindeutig zugeordnet werden können. Die Einzelkosten (z. B. Fertigungslöhne, Fertigungsmaterial, Sondereinzelkosten der Fertigung, Sondereinzelkosten des Vertriebs) werden direkt und verursachungsgerecht auf einen Kostenträger[6] (Kostenträgereinzelkosten) oder eine Kostenstelle[7] (Kostenstelleneinzelkosten, z. B. Abschreibungen, Miete) verteilt.

Gemeinkosten (GK) sind Kosten, die sich einem Bezugsobjekt nicht direkt zurechnen lassen, sondern nur über Hilfsgrößen zugerechnet werden können, weil sie entweder für mehrere Bezugsobjekte gemeinsam anfallen oder für mehrere Bezugsobjekte gemeinsam erfasst werden.[8] Die Gemeinkosten können nach dem Ort ihrer Entstehung eingeteilt werden in:

- Materialgemeinkosten (MGK), wie Kosten des Einkaufs oder des Lagers,
- Fertigungsgemeinkosten (FGK), wie das Gehalt des Produktionsleiters oder Meisters,
- Verwaltungsgemeinkosten (VwGK), wie das Gehalt der Geschäftsleitung oder der Mitarbeiter im Rechnungswesen und
- Vertriebsgemeinkosten (VtGK), wie z. B. die Kosten der Versandabteilung oder des Fertigwarenlagers bzw. des Vertriebsinnendienstes.

6 Kostenträger: vom Unternehmen erstellte Zwischen-/Endprodukte, Dienstleistungen sowie selbst erstellte Anlagegüter.

7 Eine Kostenstelle ist ein betrieblicher Teilbereich mit eigener Kostenverantwortlichkeit, der selbstständig abgerechnet wird. Den kleinsten betrieblichen Teilbereich bezeichnet man als Kostenplatz.

8 Schmalenbach, E., Kostenrechnung und Preispolitik, 1963, S. 304.

Gemeinkosten können weiter differenziert werden als »**echte Gemeinkosten**« (sie können einem Kostenträger ausschließlich indirekt zugerechnet werden) und »**unechte Gemeinkosten**« (hier wird lediglich aus Wirtschaftlichkeitsgründen auf eine direkte Zurechnung verzichtet). Unechte Gemeinkosten (z. B. Hilfsstoffe wie Klebstoff oder Schrauben) sind in der Regel als variabel anzusehen.

Da sie sich nicht direkt zurechnen lassen, werden Gemeinkosten zunächst mithilfe von Kostenverteilungsschlüsseln auf die Kostenstellen verteilt. Dabei wird unterschieden zwischen:

- Kostenstelleneinzelkosten und
- Kostenstellengemeinkosten.

Die folgende Abbildung zeigt die Art der Verrechnung der Einzel- und Gemeinkosten.

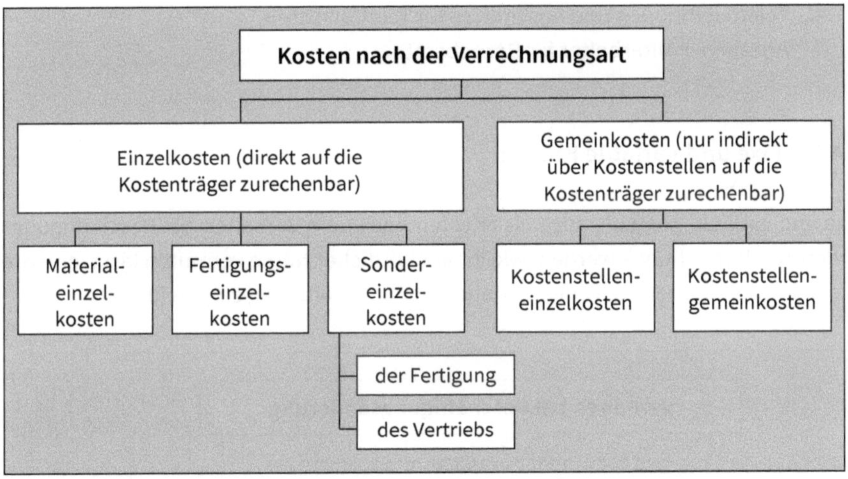

Abb. 9: Gliederung der Kosten nach der Art der Verrechnung

Die verschiedenen Arten der Einzelkosten bzw. Kostenträgereinzelkosten lassen sich folgendermaßen beschreiben:

- **Materialeinzelkosten** fallen für Rohstoffe an (z. B. Holz in der Möbelindustrie, Wolle in der Textilindustrie, Bleche in der Automobilindustrie).
- **Fertigungseinzelkosten** fallen bei der direkten Arbeit am Produkt an (z. B. Akkordlohn).
- **Sondereinzelkosten der Fertigung** entstehen bei einem speziellen Auftrag (z. B. Kosten für Spezialwerkzeuge, Kosten für Modelle, Konstruktionskosten, Patent- und Lizenzkosten, die bei einzelnen Aufträgen anfallen).
- **Sondereinzelkosten des Vertriebs** entstehen beispielsweise bei einem speziellen Auftrag (z. B. Frachtkosten, Spezialverpackung, Transportversicherungen, Verkaufsprovisionen, Kosten einer Werbekampagne).

Gemeinkosten lassen sich den Kostenträgern (z. B. ein Produkt oder ein Kundenauftrag) nur indirekt über die Kostenstellen zuordnen, da sie von mehreren Kostenträgern verursacht wurden (z. B. Grundsteuern oder Gehälter).

- **Kostenstelleneinzelkosten** sind Kosten, die zwar Gemeinkosten sind, aber nur in einer Kostenstelle anfallen. Für diese Kostenstellen sind es Einzelkosten, die ihnen direkt (also ohne Verteilungsschlüssel) belastet werden können. Beispiele: Gehalt eines Mitarbeiters in einer Abteilung, Abschreibungen auf eine Maschine.
- **Kostenstellengemeinkosten** sind Kosten, die mehrere Kostenstellen oder das ganze Unternehmen betreffen. Diese Gemeinkosten können nur indirekt (mithilfe eines Verteilungsschlüssels) auf die betreffenden Kostenstellen umgelegt werden. Schlüsselgrößen, sogenannte Hilfsgrößen der Kostenverteilung (Kostenverteilungsschlüssel) können beispielsweise sein:
  - m^3 für Heizkosten,
  - kW-Anschluss für Stromkosten,
  - Telefoneinheiten und Anschlüsse für Telefonkosten,
  - Anzahl der Mitarbeiter für Betriebsrat.

1.4.2 Fixe und variable Kosten

Fixe und variable Kosten – auch als »Kosten nach dem Verhalten bei Beschäftigungsänderung« bezeichnet – werden, wie ihr ausführlicher Name vermuten lässt, entsprechend ihres Verhaltens bei einer Variation der Beschäftigung eingeteilt.

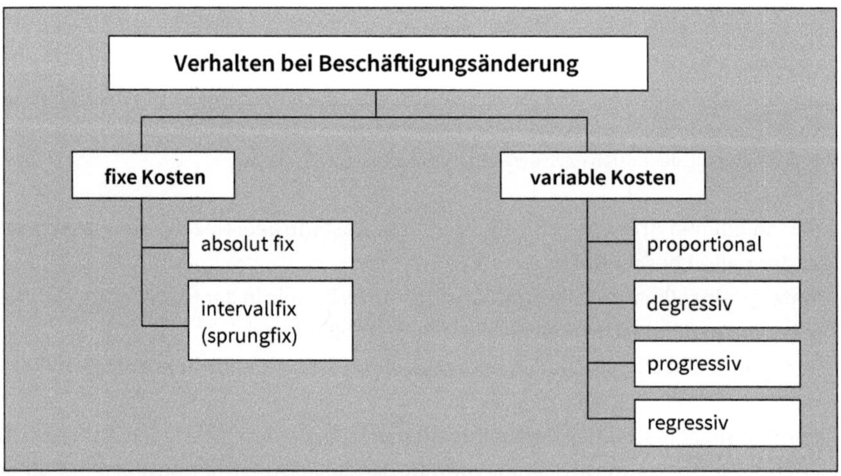

Abb. 10: Kosten in Abhängigkeit von der Beschäftigung

Fixe Kosten sind von der Ausbringungsmenge und damit von Beschäftigungsschwankungen unabhängig. Sie fallen unabhängig vom Beschäftigungsgrad an und sind deshalb konstant (z. B. Mieten, Abschreibungen, Leasingraten, Versicherungsbeiträge). Je mehr ein Unternehmen produziert, desto geringer werden die anteiligen fixen Stückkosten. Sie können weiter unterteilt werden in absolut-fixe und intervallfixe Kosten:

- **Absolut-fixe Kosten** bleiben unabhängig von Beschäftigungsschwankungen konstant. Beispiele: kalkulatorische Miete, Gehalt des Geschäftsführers, Abschreibungen auf das Betriebsgebäude, kalkulatorische Zinsen, Kosten für Leasing- und Wartungsverträge.
- **Intervallfixe oder sprungfixe Kosten** bleiben lediglich innerhalb bestimmter Intervalle konstant und steigen beim Überschreiten bestimmter Beschäftigungsgrenzen sprunghaft an. Beispiele: kalkulatorische Abschreibungen durch den Kauf einer weiteren Maschine, Personalkosten für zusätzlich eingestellte Mitarbeiter(innen).

Variable Kosten sind abhängig vom Beschäftigungsgrad, d. h. von der Ausbringungsmenge (der Produktionsmenge). Sie fallen nur an, wenn Leistungen produziert werden. Vier Arten von variablen Kosten lassen sich unterschieden:

- **Proportionale Kosten** verändern sich in gleichem Maße wie die Beschäftigung. Der Kostenverlauf ist also linear mit der Beschäftigung, d. h., die variablen Kosten bleiben konstant und entsprechen den Grenzkosten. Beispiele: Akkordlöhne, Rohstoffverbrauch, Gebühren für Stücklizenzen.
- **Degressive Kosten** steigen in geringerem Maß wie die Beschäftigung. Beispiele: Rohstoffeinkauf (Rabattsysteme), Erfahrungseffekte bei Mitarbeitern.
- **Progressive Kosten** steigen in stärkerem Maß im Vergleich zur Beschäftigung. Beispiel: Lohnkosten bei Überstundenzuschlägen.
- **Regressive Kosten** steigen bei sinkender Beschäftigung und fallen bei steigender Beschäftigung. Sie haben aber in der Praxis keine Bedeutung. Beispiele: Warmhaltekosten in einer Gießerei, fallende Heizkosten im Theater/Kino oder im Hörsaal mit steigender Besucherzahl.

Die folgende Übersicht[9] zeigt die Zusammenhänge zwischen den Einzel-/Gemeinkosten und den variablen bzw. fixen Kosten.

9 Schweitzer, M. u. Küpper, H.-U., Systeme der Kosten- und Erlösrechnung, 2011, S. 536.

Übersicht über Kostenkategorien

<table>
<tr><th colspan="5">Verknüpfung der Kostenbegriffe</th></tr>
<tr><td rowspan="2">Zurechenbarkeit auf Bezugsobjekte</td><td rowspan="2">Einzelkosten</td><td colspan="3">Gemeinkosten</td></tr>
<tr><td>unechte Gemeinkosten</td><td colspan="2">echte Gemeinkosten</td></tr>
<tr><td>Veränderlichkeit bei Beschäftigungsänderungen</td><td colspan="3">variable Kosten
= beschäftigungsabhängige Kosten</td><td>fixe Kosten
= beschäftigungsunabhängige Kosten</td></tr>
<tr><td>Beispiele</td><td>• Kosten für Werkstoffe (außer bei Kuppelproduktion)
• Kosten für Spezialverpackungen
• Fertigungslöhne in Form von Akkordlöhnen
• Provisionen</td><td>• Kosten für Hilfsstoffe, wie Schrauben, Nägel, Leim
• Kosten für Betriebsstoffe
• Energiekosten</td><td>• Materialkosten bei Kuppelprozessen
• Kosten für Energie und Betriebsstoffe bei mehrdimensionalen Kostenfunktionen</td><td>• Kosten der Produktart und Produktgruppe
• Kosten der Fertigungsvorbereitung und Betriebsleitung
• Zeitabschreibungen</td></tr>
</table>

Tab. 13: Kostenkategorien

Beziehung zwischen Einzel- und Gemeinkosten sowie zwischen variablen und fixen Kosten

Einzelkosten sind grundsätzlich **variable Kosten**, da diese eindeutig durch die Leistungserstellung und -verwertung eines Stücks verursacht wurden und somit auch nicht entstehen würden, falls dieses Stück nicht produziert würde. **Gemeinkosten** hingegen können **sowohl variabel als auch fix** sein.

Fixkosten sind immer **Gemeinkosten**, da sie durch die Bereitstellung einer bestimmten Kapazität bzw. durch die Aufrechterhaltung der Betriebsbereitschaft und nicht aufgrund einer einzelnen Leistung entstehen. Variable Kosten hingegen können sowohl Einzel- als auch Gemeinkosten sein.

Die oben beschriebenen Kosten lassen sich wie folgt visualisieren:[10]

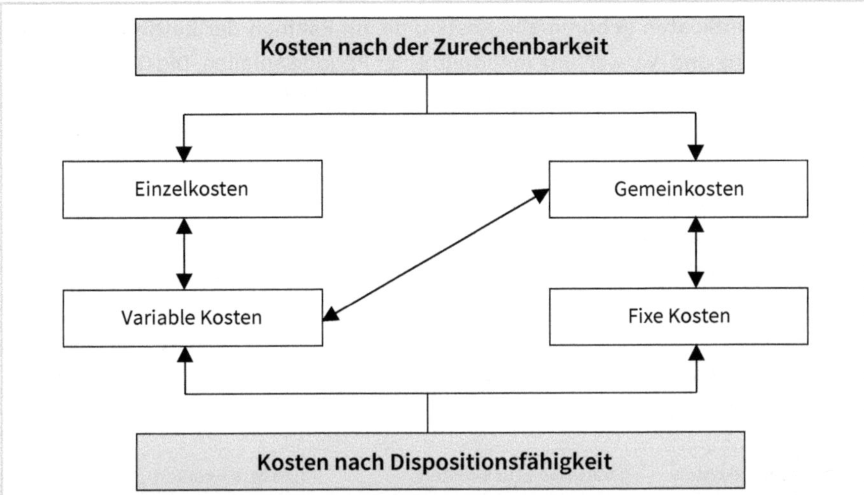

Abb. 11: Zusammenhang zwischen Einzel- und Gemeinkosten sowie variablen und fixen Kosten

Darstellung der verschiedenen Kosten		
	Einzelkosten Die Einzelkosten können auf das einzelne gefertigte Produkt oder die Dienstleistung direkt umgelegt werden.	**Gemeinkosten** Die Gemeinkosten können nicht direkt auf ein einzelnes Produkt umgelegt werden, d. h., es handelt sich um betriebs- oder unternehmensbezogene Kostenarten.
Variable Kosten Dies sind Kosten, die beschäftigungsabhängig sind, d. h. sich leistungsproportional oder sonst abhängig verhalten.	Fertigungslöhne im Industriebetrieb, Rohstoffverbrauch in der Fertigung, Verkaufsprovision, Ausgangsfrachten beim Versand der Verkaufsprodukte	Hilfs- und Betriebsstoffverbrauch, der nicht produktspezifisch, sondern nur statistisch oder geschätzt erfasst wird. In manchen Fällen auch der Energieverbrauch.
Fixe Kosten Die Fixkosten sind beschäftigungsunabhängig, d. h., sie ändern sich bei Ausbringungsänderung nicht.		Hierzu gehören beispielsweise: Verwaltung, Büro, Mieten, Leasing, Versicherungen, kalkulatorische Kosten (z. B. Abschreibung, Zinsen)

Tab. 14: Beispiele für Zusammenhänge zwischen Einzel- und Gemeinkosten sowie variablen und fixen Kosten

10 Foit, K. und Lorberg, D., Kostenrechnung, 2015, S. 40.

1.4.3 Gesamt-, Durchschnitts- und Grenzkosten

Zu den **Gesamtkosten** gehören alle Kosten, die im Rahmen der betrieblichen Leistungserstellung und -verwertung innerhalb einer Periode anfallen. Die Gesamtkosten lassen sich als Summe aus variablen und fixen Gesamtkosten darstellen.

$K = K_{fix} + K_{var}$
K: Gesamtkosten
K_{var}: variable Gesamtkosten
K_{fix}: fixe Gesamtkosten

Durchschnittskosten: Die Durchschnittskosten oder Stückkosten stellen die Kosten pro Leistungseinheit dar.

gesamte Stückkosten	variable Stückkosten	fixe Stückkosten
$k = \frac{K}{X} \quad k = k_{var} + k_{fix}$	$k_{var} = \frac{K_{var}}{X}$	$k_{fix} = \frac{K_{fix}}{X}$
k: Stückkosten in (€/St.) K: Gesamtkosten in (€)	k_{var}: var. Stückkosten in (€/St.) K_{var}: var. Gesamtkosten in (€)	k_{fix}: fixe Stückkosten in (€/St.) K_{fix}: fixe Gesamtkosten in (€)
X =Ausbringungsmenge in (St./Periode)		

Tab. 15: Berechnung der gesamten, variablen und fixen Stückkosten

Grenzkosten sind Kosten, die bei der Steigerung der Ausbringungsmenge um eine weitere Einheit zusätzlich entstehen. Bei einem linearen Gesamtkostenverlauf entsprechen die Grenzkosten den variablen Kosten pro Bezugseinheit.

Bei einem linearem Kostenverlauf gilt daher:

$$K' = \frac{\text{Kostenzuwachs}}{\text{Beschäftigungszuwachs}} = \frac{K_2 - K_1}{X_2 - X_1} = \frac{\Delta K}{\Delta X} = \frac{dK}{dX} = K' = k_{var}$$

Die Grenzkosten entsprechen den variablen Kosten pro Bezugseinheit bei einem linearen Kostenverlauf.
K': Grenzkosten
$K_2 - K_1$: Kostendifferenz
$X_2 - X_1$: Beschäftigungsdifferenz

Beispiel: Grenzkosten

Bei einer Produktionsmenge von 3.000 Stück (X_1) betragen die Gesamtkosten (K_1) 20.000 €. Bei einer Produktionsmenge von 4.500 Stück (X_2) liegen die Gesamtkosten bei 25.000 €. Die Grenzkosten werden wie folgt berechnet:

$$\text{Grenzkosten } (K`) = \frac{25.000\text{ €} - 20.000\text{ €}}{4.500\text{ St.} - 3.000\text{ St.}} = \frac{5.000\text{ €}}{1.500\text{ St.}} = 3{,}33\text{ €/St.}$$

Die Grenzkosten betragen 3,33 €/St.

Kostenauflösung

Die Gesamtkosten (K) bei einem linearen Gesamtkostenverlauf setzen sich aus den gesamten Fixkosten (K_{fix}) und den von der Ausbringungsmenge (X) abhängigen variablen Stückkosten (k_{var}) zusammen. Die lineare Kostenfunktion der Gesamtkosten lässt sich mathematisch wie folgt darstellen:

$$K = K_{fix} + (k_{var} \times X)$$

K: Gesamtkosten

K_{fix}: fixe Gesamtkosten

k_{var}: variable Stückkosten

X: Ausbringungsmenge

Man unterscheidet zumeist lediglich zwischen absolut fixen Kosten und proportionalen (linear verlaufenden) variablen Kosten und erhält somit einen linearen Gesamtkostenverlauf, der sich auf einen konstanten Fixkostenanteil aufbaut. Das folgende Schaubild zeigt die lineare Gesamtkostenfunktion:

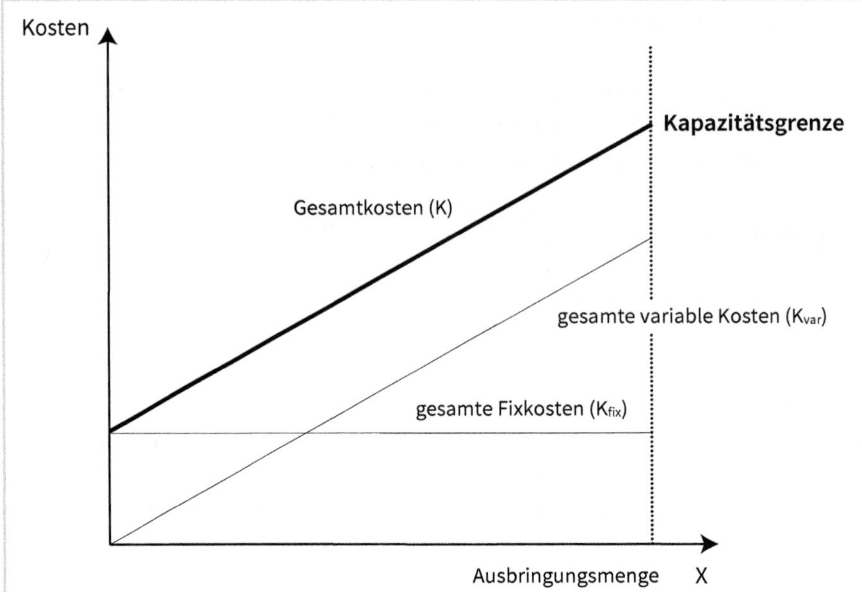

Abb. 12: Lineare Gesamtkostenfunktion[11]

Für verschiedene kostenrechnerische Entscheidungen, insbesondere bei der flexiblen Plankostenrechnung auf Vollkostenbasis und bei Teilkostenrechnungen, ist es notwendig, die variablen und die fixen Bestandteile zu trennen.[12]

Reagibilitätsgrad (Kostenelastizität)

Der Reagibilitätsgrad gibt die **relative Änderung** der Kostenhöhe bei Änderung der Beschäftigung in einer bestimmten Periode an. Im Vergleich zu den Grenzkosten, die die absolute Kostenänderung als Folge einer Beschäftigungsänderung angeben, ermittelt der Reagibilitätsgrad die relative (prozentuale) Kostenänderung zur prozentualen Beschäftigungsänderung in einer bestimmten Periode.

$$\text{Reagibilitätsgrad (R)} = \frac{\text{prozentuale Kostenänderung}}{\text{prozentuale Beschäftigungsänderung}} \times 100$$

11 Steger, J., Kosten- und Leistungsrechnung, 2010, S. 133.
12 Zdrowomyslaw, N., Kosten-, Leistungs- und Erlösrechnung, 2001, S. 100.

Beispiel: Reagibilitätsgrad

Bei einer Produktionsmenge von 3.000 Stück (X_1) betragen die Gesamtkosten (K_1) 20.000 €. Bei einer Produktionsmenge von 4.500 Stück (X_2) liegen die Gesamtkosten bei 25.000 €. Der Reagibilitätsgrad wird wie folgt berechnet:

$$\text{Reagibilitätsgrad (R)} = \frac{\frac{25.000\,€ - 20.000\,€}{20.000\,€}}{\frac{4.500\text{ St.} - 3.000\text{ St.}}{3.000\text{ St.}}} = \frac{0,25}{0,5} \times 100 = 50\,\%$$

Der Reagibilitätsgrad beträgt 50 %, d. h., die Kosten steigen nur halb so stark wie die Beschäftigung.

1.4.4 Kostenverläufe

In diesem Kapitel werden die Kostenverläufe in Abhängigkeit von der Ausbringungsmenge (Beschäftigung) erörtert. Denn für kostenrechnerische Zwecke sind nicht nur die Gesamtkosten einer bestimmten Ausbringungsmenge, sondern auch die dazugehörigen Stückkosten (Durchschnittskosten) und die Grenzkosten von Bedeutung.

Im Folgenden sehen Sie die verschiedenen möglichen Kostenverläufe (Gesamtkosten, Stückkosten und Grenzkosten), die sich, je nach Ausbringungsmenge, voneinander unterscheiden.

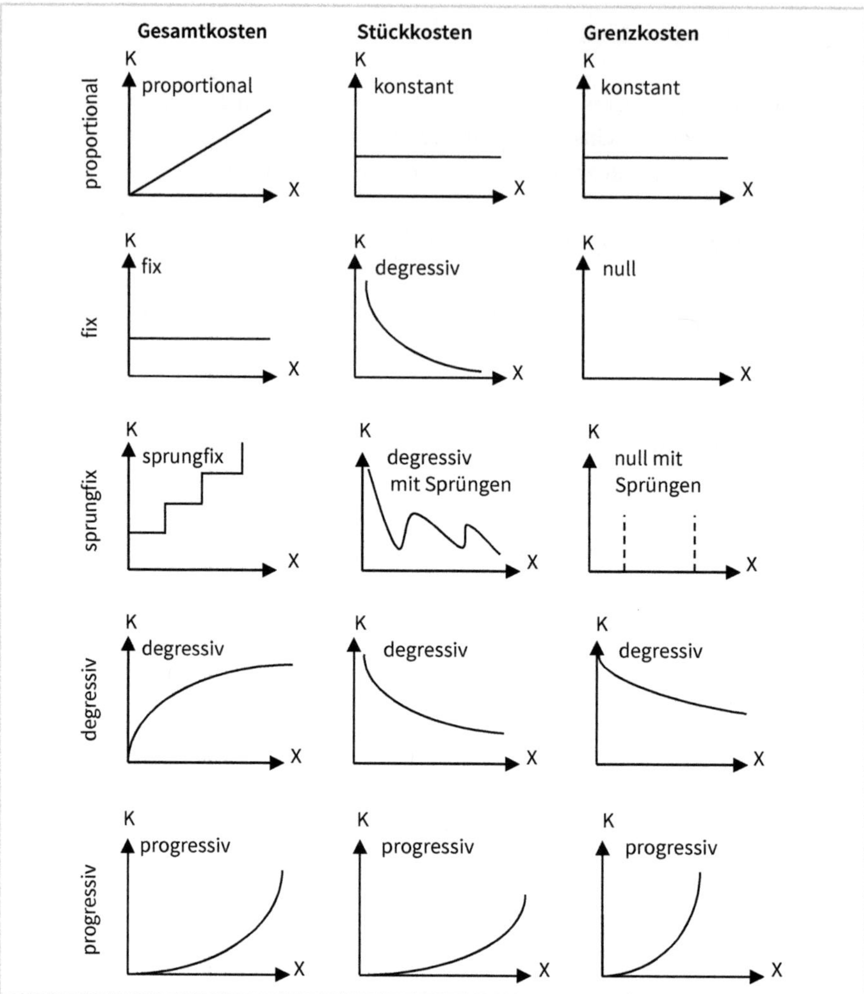

Abb. 13: Kostenverläufe[13]

Fixe Kosten

Fixe Kosten sind beschäftigungsunabhängig und stets Gemeinkosten. Nach ihrem Verlauf können zwei Arten unterschieden werden:[14]

Absolute Fixkosten

- **Gesamtkosten:** Bleiben bei Beschäftigungsschwankungen konstant
- **Stückkosten:** Verhalten sich bei Beschäftigungsschwankungen degressiv
- **Grenzkosten:** Fallen bei Beschäftigungsschwankungen nicht an

13 In Anlehnung an Schmidt, A., Kostenrechnung, 2017, S. 26.

14 Olfert, K., Kostenrechnung, 2018, S. 60 f.

Sprungfixe Kosten

- **Gesamtkosten:** Bleiben innerhalb eines Beschäftigungsintervalls konstant
- **Stückkosten:** Sinken degressiv, steigen aber jeweils nach Anstieg der Gesamtkosten sprungweise
- **Grenzkosten:** Fallen nur an, wenn Gesamtkosten steigen.

Beispiel für die verschiedenen Kostenverläufe

Menge (X)	Absolute Fixkosten		Sprungfixe Kosten	
	K_{fix}	$\frac{K_{fix}}{X}$	K_{fix}	$\frac{K_{fix}}{X}$
St.	€	€/St.	€	€/St.
200	20.000	100,00	5.000	25,00
400	20.000	50,00	10.000	25,00
600	20.000	33,33	15.000	25,00
800	20.000	25,00	20.000	25,00
1.000	20.000	20,00	25.000	25,00

Tab. 16a: Kostenverläufe Teil 1

Menge (X)	Proportionale Kosten		Degressive Kosten		Progressive Kosten	
	K_{var}	$\frac{K_{var}}{X}$	K_{var}	$\frac{K_{var}}{X}$	K_{var}	$\frac{K_{var}}{X}$
St.	€	€/St.	€	€/St.	€	€/St.
200	3.000	15,00	3.000	15,00	3.000	15,00
400	6.000	15,00	5.600	14,00	6.400	16,00
600	9.000	15,00	7.800	13,00	10.200	17,00
800	12.000	15,00	9.600	12,00	14.400	18,00
1.000	15.000	15,00	11.000	11,00	19.000	18,00

Tab. 16b: Kostenverläufe Teil 2

Kostenremanenz

Unter Kostenremanenz versteht man das Phänomen, dass die Kosten bei einem rückläufigen Beschäftigungsgrad nicht auf dasselbe Niveau zurückfallen, das sie vor dem Kapazitätsaufbau hatten. Die Kosten sollten bei rückläufiger Beschäftigung eigentlich dem Kostenverlauf entsprechend zurückgehen. Werden jedoch bei sinkender Beschäftigung **kostensenkende Anpassungsprozesse unterlassen**, führt dies **zu überhöhten Kosten**. Man spricht von **Kostenremanenz**.

Bei sprungfixen Kosten treten Kostenremanenzen auf, wenn bei rückläufiger Beschäftigung die Kosten aus **wirtschaftlichen, rechtlichen, arbeitsrechtlichen, sozialen** oder **organisatorischen** Gründen nicht mit dem Beschäftigungsrückgang abgebaut werden können.[15]

Gründe für die Kostenremanenz sind beispielsweise:[16]

- Gesetzlicher und tariflicher Kündigungsschutz für Arbeitnehmer verhindert, dass die betroffenen Mitarbeiter bei Beschäftigungsrückgang kurzfristig entlassen werden können.
- Die Mitarbeiter strecken die weniger werdende Arbeit.
- Nicht mehr benötigte Maschinen und Anlagen können nur mit Verlust verkauft werden.
- Beibehaltung von qualifiziertem Personal, damit dieses nicht zur Konkurrenz geht oder um dieses nicht zu einem ungünstigeren Zeitpunkt – z. B. bei einem angespannten Arbeitsmarkt – wieder suchen zu müssen.
- Verträge können nicht kurzfristig gekündigt werden, z. B. Leasing- und Mieterträge.
- Einhaltung von Abnahmeverpflichtungen im Beschaffungsbereich.
- Erhöhte Lagerkosten bei geringerem Lagerabbau.

Folgen der Kostenremanenz für das Unternehmen:

- Die Gesamtkostenkurve nimmt mit zunehmender Beschäftigung einen anderen Kostenverlauf als bei abnehmender Beschäftigung.
- Die Verlustzone beginnt bereits früher als bisher.
- Die Stückkosten steigen bei rückläufiger Beschäftigung an.

Die folgende Grafik veranschaulicht: Aufgrund der Kostenremanenz ändert sich die Steigung der Kostenfunktion bei Beschäftigungsrückgang. D. h., die Kosten sinken nicht in dem Maße, wie sie bei der Beschäftigungszunahme angestiegen sind.

Außerdem ergibt sich durch die Kostenremanenz (gestrichelte Fläche) eine für das Unternehmen ungünstige Verschiebung des Break-even-Points (Gewinnschwelle) von BEP_1 zu BEP_2. Besonders stark wirkt sich die Kostenremanenz dann aus, wenn bei der früheren Beschäftigungszunahme zusätzlich sprungfixe Kosten entstanden sind.

15 Steger, J.: Kosten- und Leistungsrechnung, 2010, S. 130.

16 Thommen, J.-P. et al., Allgemeine Betriebswirtschaftslehre, 2020, S. 288.

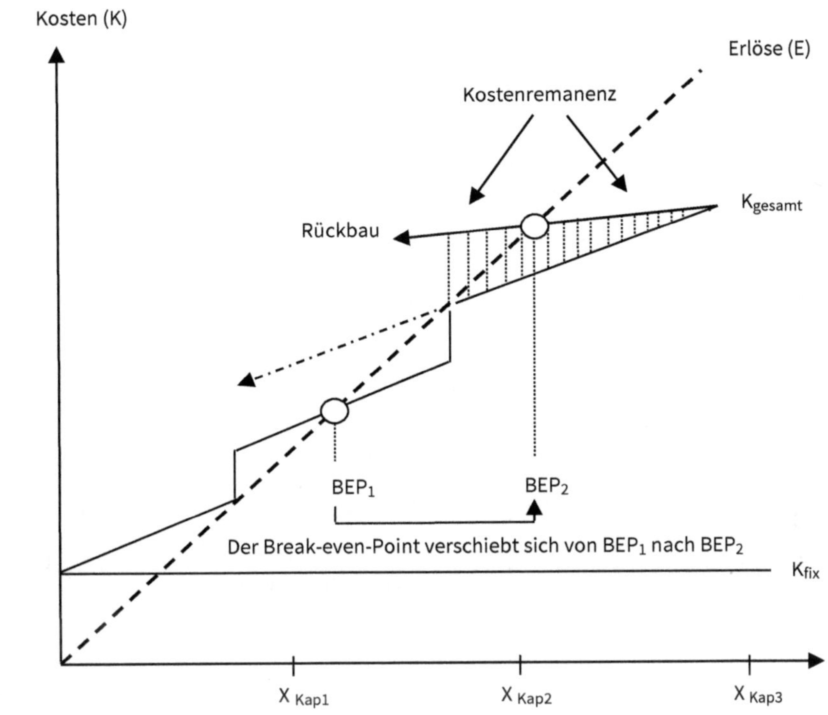

Abb. 14: Kostenremanenz

1.5 So ist die Kosten- und Leistungsrechnung aufgebaut

Damit die Kosten- und Leistungsrechnung ihre Aufgaben erfüllen kann, müssen die Kosten und Leistungen nach Kostenarten erfasst, auf einzelne Kostenstellen aufgegliedert und den Kostenträgern zugeordnet werden.

Entsprechend wird die Kosten- und Leistungsrechnung in die folgenden Teilgebiete aufgeteilt:

- Kostenartenrechnung,
- Kostenstellenrechnung und
- Kostenträgerrechnung.

Die folgende Abbildung zeigt die Teilbereiche der Kosten- und Leistungsrechnung:

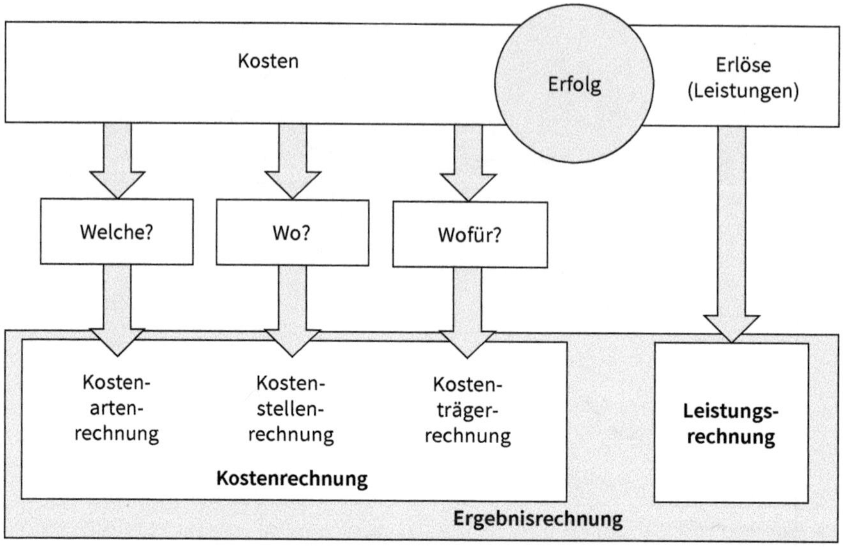

Abb. 15: Teilgebiete der laufenden Kosten-, Leistungs- und Ergebnisrechnung[17]

1.5.1 Kostenartenrechnung

Die Kostenartenrechnung stellt die Grundlage der gesamten Kostenrechnung dar. Hier werden alle Kosten, die in einer Periode angefallen sind, systematisch erfasst und entsprechend gegliedert. Sie ist eine reine Erfassungsrechnung und informiert über die Höhe der Kosten, die durch den Verbrauch von verschiedenen Einsatzgütern während der Abrechnungsperiode entstanden sind. Kostenträgereinzelkosten können den Kostenträgern direkt zugeordnet werden. Die Kostenträgergemeinkosten werden zunächst in der Kostenstellenrechnung verteilt.

17 in Anlehnung an Becker, W. und Holzmann, R., Kosten-, Erlös- und Ergebnisrechnung, 2016, S. 25.

1.5.2 Kostenstellenrechnung

In der Kostenstellenrechnung, der zweiten Stufe der Kostenrechnung, werden die Gemeinkosten aus der Kostenartenrechnung dem Ort zugerechnet, an dem sie entstanden sind. Entscheidend ist hier also, wo die Kosten angefallen sind. Dafür wird das Unternehmen in Kostenstellen aufgeteilt. Diese entsprechen meist den betrieblichen Abteilungen wie z. B. die Kostenstellen Beschaffung, Fertigung, Verwaltung und Vertrieb. Im Rahmen der **Primärkostenverteilung** werden die Gemeinkosten aus der Kostenartenrechnung den Kostenstellen, in denen sie entstanden sind, zugeordnet. Anschließend werden mithilfe der innerbetrieblichen Leistungsverrechnung (Sekundärkostenverteilung) die Gemeinkosten der Hilfskostenstellen auf die Haupt- und Nebenkostenstellen verteilt. Bedingt durch diese **Kostenrechnung** werden kostenstellenspezifische Gemeinkostenzuschlagssätze für die Weiterrechnung der Gemeinkosten auf die Kostenträger gebildet.

1.5.3 Kostenträgerrechnung

Die Kostenträgerrechnung ist die dritte Stufe der Kostenrechnung, in der die in der Kostenartenrechnung ermittelten und in der Kostenstellenrechnung verteilten Kosten auf die Kostenträger verrechnet werden. Kostenträger können entweder Produkte oder Aufträge, aber auch einzelne Perioden (Monate, Quartale) sein. Die Kostenträgerrechnung dient zur Kalkulation und Ermittlung der Selbstkosten. Weiterhin können Angebotspreise und die kurz- bzw. langfristigen Preisuntergrenzen ermittelt und die Lagerbestände der unfertigen und fertigen Erzeugnisse bewertet werden. Dabei lässt sich die Kostenträgerrechnung in zwei Formen aufteilen:

- Mithilfe der **Kostenträgerzeitrechnung** (Betriebsergebnisrechnung bzw. kurzfristige Erfolgsrechnung) wird der Erfolg der Abrechnungsperiode errechnet. In der Betriebsergebnisrechnung wird der Betriebserfolg als Differenz von Leistungen (Erlöse) und Kosten ermittelt.
- Die **Kostenträgerstückrechnung** ermittelt die jeweils von einer Leistungseinheit (Kostenträger) verursachten Kosten (Stückherstellkosten und Stückselbstkosten). Das wird als die eigentliche Kalkulation bezeichnet.

Die folgende Abbildung zeigt die Struktur der Kostenrechnung.

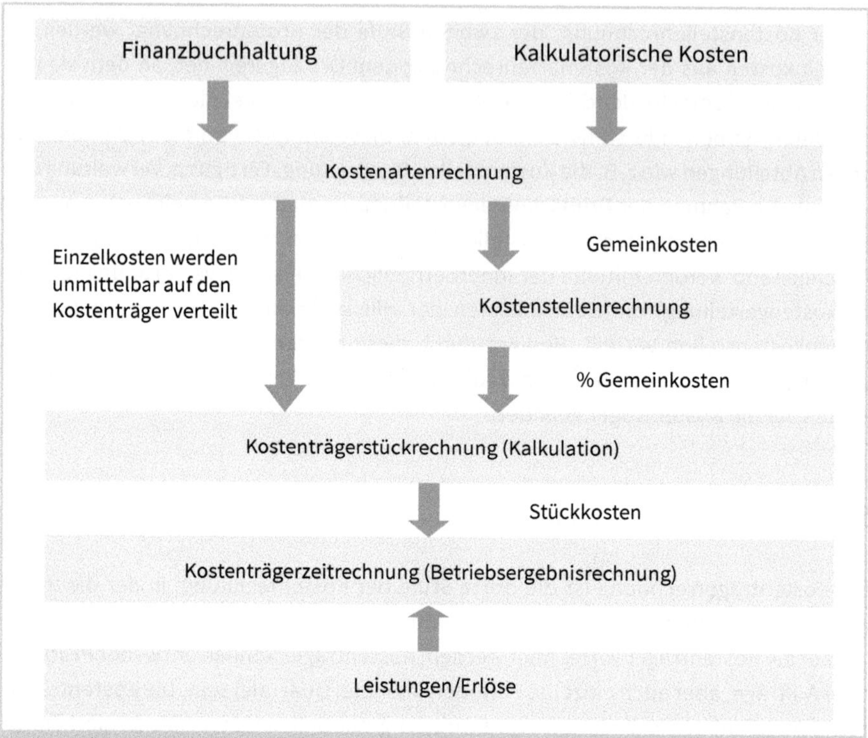

Abb. 16: Übersicht zur Struktur der Kostenrechnung

Die Datenquelle für die Kostenrechnung ist die Finanzbuchhaltung. Diese besteht aus den im Hauptbuch und in den Nebenbuchhaltungen gebuchten Aufwandsarten (in Form von Belegen). Die Aufwandsarten stellen den gesamten unternehmerischen Verbrauch dar.

Zum Beispiel wurden
- Materialaufwendungen für Roh-, Hilfs- und Betriebsstoffe,
- Personalaufwendungen für Löhne, Gehälter und soziale Abgaben sowie
- Abschreibungsaufwendungen

gebucht.

Diese Aufwandsarten werden in die Kostenartenrechnung (internes Rechnungswesen) übernommen. Hierfür bietet sich folgende Vorgehensweise an:

1. Erfassung der Kosten

Gesamtaufwand – neutraler Aufwand = Zweckaufwand = Grundkosten

Die Gesamtkosten ergeben sich aus den »Grundkosten« und den »kalkulatorischen Kosten«. Die kalkulatorischen Kosten bestehen aus den Anderskosten und den Zusatzkosten.

2. Verrechnen der Kosten

Die Einzelkosten werden direkt in der Kostenträgerrechnung den einzelnen Kostenträgern (Aufträge, Produkte) zugeordnet. Die Gemeinkosten werden verursachungsgerecht auf die Kostenstellen (Orte der Kostenverursachung) verteilt.

1.6 Die Kostenzurechnungsprinzipien

Der Kostenverrechnung, d. h. der Verteilung der Kosten auf Kostenstellen, Kostenträger etc. kommt in der Kostenrechnung eine große Bedeutung zu. Daher sollte man sich innerhalb des Unternehmens einigen, nach welchen grundlegenden Prinzipien die Kosten verteilt werden sollen. Man unterscheidet im Wesentlichen die folgenden Prinzipien:

- **Verursachungsprinzip:** Das Verursachungsprinzip ist ein Kostenzurechnungsprinzip, welches als oberster Grundsatz beachtet werden sollte. Es besagt, dass nur die Kosten, die durch einen Kostenträger verursacht wurden, diesem auch zugerechnet werden dürfen. Das setzt eine Trennung von fixen und variablen Kosten voraus, weil nur die variablen Kosten den Kostenträgern direkt zugeordnet werden können. Die fixen Kosten werden nicht durch die Leistungserstellung, sondern durch die Betriebsbereitschaft verursacht. Deshalb können sie dem Kostenträger nicht direkt zugerechnet werden.
- **Identitätsprinzip:** Nach dem Identitätsprinzip dürfen den einzelnen Kostenträgern nur dann die Kosten zugerechnet werden, wenn sowohl die Kosten als auch die Entstehung der Kostenträger auf ein und dieselbe Entscheidung zurückzuführen sind.[18]
- **Proportionalitätsprinzip:** Beim Proportionalitätsprinzip werden die Gemeinkosten mithilfe von Schlüsseln verteilt. Es liegt die Annahme zugrunde, dass zwischen den Kosten und der Bezugsgröße eine proportionale Beziehung besteht.
- **Durchschnittsprinzip:** Ist eine verursachungsgerechte Kostenverteilung nach dem Proportionalitätsprinzip nicht durchführbar, wird häufig das Durchschnittsprinzip angewandt. Bei dem Durchschnittsprinzip werden die Gemeinkosten gleichmäßig (mit gleichem Anteil) auf die verschiedenen Bezugsobjekte verteilt. Diese Art der Verteilung ist oftmals nicht verursachungsgerecht.
- **Tragfähigkeitsprinzip:** Die Verteilung der Gemeinkosten erfolgt nicht nach Verbrauch, sondern nach Gewinngrößen. In der Regel gilt, je höher der Bruttogewinn eines einzelnen Kostenträgers, desto mehr Kosten werden ihm angerechnet. Das Tragfähigkeitsprinzip wird bei der Kalkulation von Kuppelprodukten angewendet. Es ist jedoch durch den Verrechnungsgrundsatz der Belastbarkeit in seiner Aussagefähigkeit eingeschränkt.

18 Griga, M., Kosten- und Leistungsrechnung für Dummies, 2010, S. 142.

1.7 Diese Kostenrechnungssysteme gibt es

Die Kostenrechnungssysteme lassen sich mittels zweier Kriterien charakterisieren: einerseits durch den **Zeitbezug** und andererseits durch den **Sachumfang der Kosten**.

1.7.1 Ist-, Normal- und Plankosten

Im Hinblick auf den **Zeitbezug** gibt es folgende Unterscheidung:

- **Ist-Kosten:** effektiv angefallene Kosten, z. B. innerhalb einer Abrechnungsperiode.
  Ist-Kosten = Ist-Verbrauchsmenge x Ist-Preise
  In der Ist-Kostenrechnung werden nur die in einer Periode tatsächlich angefallenen Kosten erfasst und verrechnet.
- **Normalkosten:** auf Erfahrungswerte gestützte, durchschnittlich angefallene Ist-Kosten der vergangenen Perioden:
  Die Normalkostenrechnung ist wie die Ist-Kostenrechnung ein vergangenheitsorientiertes Kostenrechnungssystem. Es werden nur die »normalisierten« durchschnittlichen Kosten (= Normalkosten) der vergangenen Perioden berücksichtigt, d. h. zufällige und außergewöhnliche Kostenschwankungen werden eliminiert.
- **Plankosten:** zukünftig erwartete und/oder angestrebte Kosten als Ergebnis von Planungsprozessen. Die Plankostenrechnung ist in die Zukunft gerichtet. Die Plankosten berechnen sich aus der Multiplikation von Planmenge und Planpreisen, die von den tatsächlichen Verbrauchsmengen und Preisen unabhängig sind.

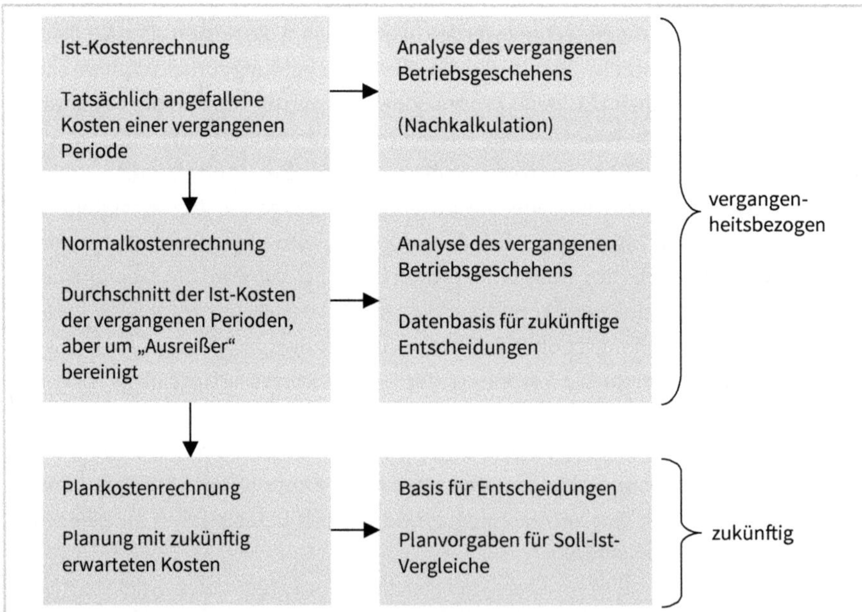

Abb. 17: Kostenrechnungssysteme nach zeitlichem Bezug

1.7.2 Vollkosten- und Teilkostenrechnung

Im Hinblick auf den **Sachumfangsbezug** gibt es folgende Unterscheidung:

Die Verteilung der Kosten auf Kostenstellen und Kostenträger kann auf zwei Arten erfolgen, und zwar auf Vollkosten- und Teilkostenbasis.

Bei der Vollkostenrechnung werden alle Kosten des Unternehmens auf einzelne Kostenträger (z. B. Produkte und Dienstleistungen) verrechnet. Die **Vollkostenrechnung** basiert darauf, zwischen **Einzel- und Gemeinkosten** zu unterscheiden.

Bei den **Einzelkosten** handelt es sich um Kosten, die dem einzelnen Kostenträger direkt zurechenbar sind. Dies können z. B. Materialeinzelkosten oder auch Fertigungslöhne (Fertigungseinzelkosten) sein, die einzig für ein bestimmtes Produkt eingesetzt werden. **Gemeinkosten** dagegen sind Kosten, die dem einzelnen Kostenträger nicht direkt zurechenbar sind. Hierbei handelt es sich zum Beispiel um die Gehälter des Verwaltungspersonals. Somit fallen die Gemeinkosten aus technischen, organisatorischen oder wirtschaftlichen Gründen als verbundene Kosten gleichzeitig für mehrere Leistungsarten an.

Im Vergleich zur Vollkostenrechnung werden in der **Teilkostenrechnung** nur die **entscheidungsrelevanten Kosten, d. h. die variablen Kosten** auf die Kostenträger verrechnet. Damit folgt man dem Grundsatz der entscheidungsrelevanten Kosten. Dieser Grundsatz besagt, dass bei der Betrachtung eines Entscheidungsproblems nur solche Kosten einbezogen werden dürfen, die von der zu treffenden Entscheidung beeinflusst werden. Kosten, die sich durch die Entscheidung nicht verändern, dürfen nicht berücksichtigt werden. Die verbleibenden Kosten werden erst bei der Ermittlung des Betriebsergebnisses berücksichtigt.[19]

Durch die Kombination der beiden Kriterien Zeit- und Sachumfangsbezug gelangt man zu den folgenden Varianten von Kostenrechnungssystemen.

19 Fischbach, S., Grundlagen der Kostenrechnung, 2013, S. 29.

	Ist-Kostenrechnung	Normalkostenrechnung	Plankostenrechnung
Vollkosten-rechnung	Ist-Kostenrechnung auf Vollkostenbasis	Normalkostenrechnung auf Vollkostenbasis	Plankostenrechnung auf Vollkostenbasis
Teilkosten-rechnung	Ist-Kostenrechnung auf Teilkostenbasis	Normalkostenrechnung auf Teilkostenbasis	Plankostenrechnung auf Teilkostenbasis
Berechnung	Ist-Menge x Ist-Preis	Normalmenge x Normal-preis	Planmenge x Planpreis
Blickrichtung	vergangenheitsbezogen	vergangenheitsbezogen	zukunftsbezogen
Verwendung	• kurzfristige Erfolgs-ermittlung • Nachkalkulation • Zahlenmaterial für bilanzielle Bestands-bewertung	• Kontrolle der Kosten-entwicklung • Vorkalkulation • laufende Kostenab-rechnung	• Wirtschaftlichkeits-kontrolle • Unterstützung bei langfristigen Ent-scheidungen / Break-even-Analyse (Teilkostenrechnung)

Tab. 17: Kostenrechnungssysteme[20]

1.7.2.1 Kostenrechnungssysteme auf Vollkostenbasis

In der Vollkostenrechnung werden alle Kosten auf die Kostenträger verrechnet. Den Erlösen der Kostenträger werden die vollen Kosten gegenübergestellt, wobei die sich ergebende Differenz als Nettoergebnis bezeichnet wird. Im Folgenden wird die Vollkostenrechnung mit Ist-, Normal- und Plankosten kurz erläutert.

Ist-Kostenrechnung auf Vollkostenbasis

Die Ist-Kostenrechnung auf Vollkostenbasis stellt die traditionelle Form der Kosten- und Leistungsrechnung dar. Die Ist-Kosten einer Periode ergeben sich, indem man die Ist-Menge an Produktionseinsatzfaktoren (Werkstoffe wie z. B. Roh-, Hilfs- und Betriebsstoffe; Betriebsmittel wie z. B. Maschinen, Werkzeuge, Fuhrpark etc.; Arbeitsleistungen = alle von Menschen im Betrieb erbrachten Tätigkeiten) mit den Ist-Preisen der Kostengüter multipliziert.

Ausgehend von den Zwecken der Kostenrechnung erfüllt die Ist-Kostenrechnung verschiedene Aufgaben, dabei ergeben sich jedoch einige Schwachstellen, die in der folgenden Übersicht dargestellt sind.

20 In Anlehnung an: Jórasz, W., Kosten- und Leistungsrechnung, 2008, S. 30.

Zusammenfassung Ist-Kostenrechnung auf Vollkostenbasis	
Aufgaben	• Nachkalkulation der tatsächlichen Kosten der Kostenträger • Grundlage für Preis- und Kostenentscheidungen, indem die vollen Selbstkosten, welche die langfristige Preisuntergrenze darstellen, ermittelt werden • Grundlage für die Bewertung der unfertigen und fertigen Erzeugnisse sowie aktivierter Eigenleistungen durch die Ermittlung der Herstellkosten • Ermittlung des Betriebserfolgs • Preisermittlung bei öffentlichen Aufträgen
Schwachstellen	• keine Kostenkontrolle möglich • Schwankungen, welche durch zeitliche Unregelmäßigkeiten oder Änderungen bei Menge oder Preis entstehen, beeinflussen das Ergebnis direkt • aufwendiges Verfahren, da in jeder Periode neue Zuschlags- und Verrechnungssätze errechnet werden müssen • liefert keine entscheidungsrelevanten Kostendaten für kurzfristige Planungsaufgaben

Tab. 18: Ist-Kostenrechnung auf Vollkostenbasis

Eine reine Ist-Kostenrechnung gibt es jedoch nicht, da durch kalkulatorische und zeitliche Abgrenzungen Schätz- und Durchschnittswerte in die Kostenrechnung eingehen. Um z. B. Schwankungen in der Leistungserstellung, der Auslastung, der Material- und Energiepreise zu eliminieren, wurde aus der Ist-Kostenrechnung auf Vollkostenbasis die Normalkostenrechnung auf Vollkostenbasis entwickelt.

Normalkostenrechnung auf Vollkostenbasis

Bei der Normalkostenrechnung werden Zufallsschwankungen der Kosteneinflussfaktoren im Kostenverlauf ausgeschaltet, indem Durchschnittswerte von vergangenheitsbezogenen Ist-Kosten (z. B. der durchschnittliche Forderungsausfall für kalkulatorische Debitorenwagnisse oder durchschnittliche Zinssätze zum Bestimmen der kalkulatorischen Kapitalkosten) gebildet werden. Die Normalkosten werden aus den durchschnittlichen Ist-Kosten der vergangenen Perioden abgeleitet. Die Ist-Kostenwerte mehrerer vergangener Perioden werden addiert und durch die Anzahl der Perioden dividiert.

Die Normalkostenrechnung ist ebenfalls eine Vergangenheitsrechnung, die jedoch durch den Ansatz von festen Verrechnungssätzen zufällige Schwankungen weitestgehend nivelliert. Die laufende Abrechnungsarbeit wird verringert. Außerdem kann die Ermittlung der Herstell- und der Selbstkosten auf Normalkostenbasis schon während der Periode vorgenommen werden. Zudem ermöglicht die Normalkostenrechnung die ersten Anfänge einer Kostenkontrolle mittels der Abweichungsanalyse der Über- und Unterdeckungen (Differenzen zwischen Normal- und Ist-Kosten).

Für die Normalkostenrechnung ergibt sich folgende Gleichung:

$$\text{Normalkosten} = \begin{bmatrix} \text{durchschnittliche Ist-Menge an} \\ \text{Produktionseinsatzfaktoren} \end{bmatrix} \times \begin{bmatrix} \text{durchschnittliche} \\ \text{Ist-Preise für die} \\ \text{Kostengüter} \end{bmatrix}$$

Aufgaben der Normalkostenrechnung auf Vollkostenbasis

Die Normalkostenrechnung auf Vollkostenbasis dient folgenden Aufgaben:

- Zwischen- und Nachkalkulation
- Erfolgsermittlung
- Kostenvergleiche
- Kostenkontrolle
- Kostenanalyse

Mit der Normalkostenrechnung können bessere Zeitvergleiche und Vorkalkulationen wie mit der Ist-Kostenrechnung durchgeführt werden, da die Zufallsschwankungen bei den Ist-Einzelkosten und den Ist-Gemeinkosten eliminiert werden.

Ferner kann man zwischen der starren und der flexiblen Normalkostenrechnung auf Vollkostenbasis differenzieren. Die folgende Übersicht zeigt die Unterschiede:

starre Normalkostenrechnung	flexible Normalkostenrechnung
• ermittelt die Kosten nur für eine festgelegte Beschäftigung • hauptsächlich zur Vereinfachung der Abrechnung • keine wirksame Kostenkontrolle	• durch eine Trennung von fixen und variablen Kosten wird eine Anpassung der variablen Kosten an den aktuellen Beschäftigungsgrad ermöglicht • bessere Kostenkontrollfunktion

Tab. 19: Unterschiede zwischen starrer und flexibler Normalkostenrechnung

Die **starre** Normalkostenrechnung kann zwei Abweichungen aufzeigen, und zwar die **Preisabweichung** und die **Mengenabweichung**.

- Die **Preisabweichung** ergibt sich aus der Differenz zwischen Ist-Preisen für Roh-, Hilfs- und Betriebsstoffe und den festen Verrechnungspreisen.
- Unter einer **Mengenabweichung** bzw. **Verbrauchsabweichung** versteht man, wenn die durchschnittliche Menge an Kostengütern je Kostenstelle nicht mit den tatsächlich verbrauchten Ist-Mengen übereinstimmt. Da die starre Normalkostenrechnung mit einem durchschnittlichen Beschäftigungsgrad arbeitet, sind Differenzen, die aufgrund der Abweichungen des tatsächlichen Beschäftigungsgrades vom durchschnittlichen Beschäftigungsgrad entstehen, in der Verbrauchsabweichung enthalten. Durch diese Differenzen (Über- und Unterdeckung) wird die Aussagefähigkeit für die Kostenkontrolle gesenkt.

Bei der **flexiblen Normalkostenrechnung** wird die **Mengenabweichung** in eine **Verbrauchs-** und **Beschäftigungsabweichung** aufgeteilt. Hierbei werden die Normalkostensätze der veränderten Kapazitätsausnutzung angepasst, was zu einer Verbesserung der Kostenkontrolle führt.

Plankostenrechnung auf Vollkostenbasis

Die Plankostenrechnung schafft die Grundlage für die Steuerung des Betriebs, indem sie Orientierungsgrößen für zukünftiges Handeln bereitstellt. D. h., bei der Plankostenrechnung handelt es sich um die Betrachtung von zukünftigen Kostenoptionen und sie zeigt die Kosten für zukünftiges Handeln auf. Ferner unterstützt sie die Kontrolle der Wirtschaftlichkeit durch Ursachenforschung mittels Abweichungsanalysen.[21] Sie ist im Gegensatz zur Ist- und Normalkostenrechnung zukunftsorientiert.

Aufgaben der Plankostenrechnung auf Vollkostenbasis

Die Plankostenrechnung auf Vollkostenbasis kann folgendermaßen charakterisiert werden:

- Zukunftsorientiert, da die Kosten auf analytische Weise unter Berücksichtigung zukünftig erwarteter Entwicklungen ermittelt werden.
- Effiziente Kostenkontrolle wird durch die Gegenüberstellung von Plan- und Ist-Kosten ermöglicht.
- Voraussetzung für einen solchen Soll-Ist-Vergleich ist neben der Plankosten- auch eine Ist-Kostenrechnung.

Die Plankostenrechnung verfolgt vier Hauptaufgaben. Sie dient der

- Kalkulation der betrieblichen Leistungen,
- Kontrolle der Wirtschaftlichkeit,
- der Entscheidungsfindung und
- der zukunftsgerichteten Unternehmenssteuerung.

Für die Plankostenrechnung gilt folgende Gleichung:

$$\text{Plankosten} = \begin{bmatrix}\text{geplanter Mengenverbrauch an} \\ \text{Produktionseinsatzfaktoren}\end{bmatrix} \times \begin{bmatrix}\text{Planpreise für die} \\ \text{Kostengüter}\end{bmatrix}$$

Analog zur Normalkostenrechnung unterscheidet man zwischen einer starren und einer flexiblen Plankostenrechnung auf Vollkostenbasis.

21 Bleis, C., Kostenrechnung und Kostenrelevanz, 2007, S. 145.

starre Plankostenrechnung	flexible Plankostenrechnung
• ermittelt die Kosten nur für eine festgelegte Beschäftigung (Planbeschäftigung); eine Anpassung der Plankosten an Beschäftigungsänderungen ist daher nicht möglich • keine wirksame Kostenkontrolle	• durch eine Trennung von fixen und variablen Kosten wird eine Anpassung der variablen Kosten an den aktuellen Beschäftigungsgrad ermöglicht • die an den aktuellen Beschäftigungsgrad angepassten Plankosten (Sollkosten) ermöglichen durch einen Vergleich mit den Ist-Kosten eine effektive Kostenkontrolle

Tab. 20: Unterschiede zwischen starrer und flexibler Plankostenrechnung

1.7.2.2 Kostenrechnungssysteme auf Teilkostenbasis

Wie bei den Vollkostenrechnungen können Teilkostenrechnungen ebenfalls auf der Basis von Ist-, Normal- und Planwerten durchgeführt werden. In der Teilkostenrechnung werden die Gesamtkosten in mindestens zwei Kostenkategorien hinsichtlich ihrer Zurechenbarkeit auf die Kostenträger aufgespalten. Den Kostenträgern werden gemäß dem Verursachungsprinzip nur solche Kosten zugeordnet, die diese auch verursacht haben, d. h., es werden nur die entscheidungsrelevanten Kosten verrechnet. Dabei handelt es sich im Wesentlichen um Kosten, die bei Veränderung der Beschäftigung und folglich der Ausbringungsmenge variieren (variable Kosten) sowie um Kosten, die von einem Kostenträger unmittelbar verursacht werden (Einzelkosten). Folglich lassen sich zwei Systeme der Teilkostenrechnung unterscheiden:

- Die Teilkostenrechnung auf Basis variabler Kosten und
- die Teilkostenrechnung auf Basis von Einzelkosten.

Den Erlösen der Kostenträger werden nur die Teilkosten gegenübergestellt, wobei die sich ergebende Differenz als Bruttoergebnis bzw. Deckungsbeitrag bezeichnet wird. Der Deckungsbeitrag ergibt sich aus der Differenz aus Umsatzerlösen und variablen Kosten. Mit dem Deckungsbeitrag müssen die fixen Kosten abgedeckt sein und darüber hinaus muss noch ein Gewinn erzielt werden.

Deckungsbeitrag = Erlöse – variable Kosten

Systeme auf der Basis variabler Kosten

Bei der Deckungsbeitragsrechnung werden die Kosten in **fixe** und **variable Kostenbestandteile aufgeteilt.** Den Kostenträgern werden nur die variablen Kosten zugerechnet. Man unterscheidet zwischen der **einstufigen** und der **mehrstufigen Deckungsbeitragsrechnung.** Im Vergleich zur einstufigen Deckungsbeitragsrechnung (auch als Direct Costing bezeichnet) erlaubt die mehrstufige Deckungsbeitragsrechnung einen besseren Einblick in die Erfolgsstruktur eines Unternehmens. Bei der mehrstufigen Deckungsbeitragsrechnung werden die Fixkosten nach ihrer Zurechenbarkeit aufgegliedert und stufenweise verrechnet. Gliederungskriterien sind in der Regel:

- Produktfixkosten,
- Produktgruppenfixkosten,
- Kostenstellenfixkosten,
- Bereichsfixkosten und
- Unternehmensfixkosten.

Einstufige und mehrstufige Deckungsbeitragsrechnung	
Einstufige Deckungsbeitragsrechnung/ Direct Costing	die Betriebsergebnisrechnung übernimmt die Fixkosten als gesamten Block
Mehrstufige Deckungsbeitragsrechnung/ stufenweise Fixkostendeckungsrechnung	die Fixkosten werden nicht als gesamter Block, sondern aufgeteilt in verschiedene Stufen in die Betriebsergebnisrechnung übernommen

Tab. 21: Unterschiede zwischen ein- und mehrstufiger Deckungsbeitragsrechnung

Systeme auf der Basis von Einzelkosten

Bei dieser Form von Kostenrechnungssystemen werden die Kosten entsprechend ihrer Zurechenbarkeit in Einzel- und Gemeinkosten zerlegt, wobei den Kostenträgern nur die Einzelkosten zugerechnet werden. Diese Art der Teilkostenrechnung bezeichnet man auch als »**relative Einzelkostenrechnung**«.

1.7.2.3 Unterschiede zwischen der Voll- und Teilkostenrechnung

Die traditionelle Vollkostenrechnung, deren Ergebnisse z.B. zur Preisfindung und Preisbeurteilung von Produkten herangezogen werden, orientiert sich an den »vollen« Stückkosten einer Leistungseinheit. Das bedeutet, dass in der Vollkostenrechnung alle Kosten auf die Kostenträger umgelegt werden. Es wird also nicht zwischen variablen und fixen Kosten unterschieden, sondern beide Kostenarten werden gemeinsam auf die Kostenträger verteilt. Da für kurzfristige Dispositionen allerdings lediglich die variablen Kosten veränderbar sind, kann die Berücksichtigung von Vollkosten zu Fehlentscheidungen führen.

In den folgenden Bereichen können die Fehlentscheidungen vorkommen:

- Zusatzaufträge bei freien Kapazitäten
- Spielraum bei Preisverhandlungen
- Entscheidungen über die Produktpalette
- optimale Maschinenbelegung

In der Teilkostenrechnung werden die **variablen** und **fixen Kosten in der Deckungsbeitragsrechnung** oder die Einzel- und Gemeinkosten in der **relativen Einzelkostenrechnung** konsequent getrennt. Die variablen und die fixen Kosten lassen sich wie folgt differenzieren.

Differenzierung zwischen variablen und fixen Kosten	
Variable Kosten Variable Kosten fallen nur bei der Produktion und Vermarktung des Produktes an. Die Höhe der variablen Kosten ist direkt mit dem Produkt verbunden. Das bedeutet, je mehr Sie produzieren, desto höher sind die Kosten.	**Fixe Kosten** Fixkosten entstehen auf jeden Fall, unabhängig von der Produktion. Fixkosten sind z. B. die Miete, Grundgebühren für Wasser- und Stromkosten oder die Gebäudeversicherung. Fixkosten sind Kosten der Betriebsbereitschaft und können kurzfristig nicht abgebaut werden.
Merken Sie sich: Die variablen Kosten sind von der Ausbringungsmenge abhängig!	Merken Sie sich: Die fixen Kosten sind von der Ausbringungsmenge unabhängig!

Tab. 22: Unterschied zwischen variablen und fixen Kosten

Für welche Art von Kostenrechnung sollte man sich nun aber entscheiden?
Die Antwort ergibt sich, wenn man den Zeithorizont betrachtet.

- **Kurzfristige Entscheidung anhand variabler Kosten**: Kurzfristig gesehen, und somit bei gegebenen freien Kapazitäten, dürfen Entscheidungen nur auf Basis der variablen Kosten bzw. der direkten Kosten getroffen werden. Falls Sie einen PKW haben, dann fallen bei Ihnen die fixen Kosten ohnehin an. Bei einem Kostenvergleich zwischen einem Mietwagen und ihrem eigenen PKW für eine Fahrt von Karlsruhe nach Berlin sind nur die variablen Kosten Ihres PKWs von Interesse, in diesen Fall fällt wahrscheinlich die Entscheidung zugunsten Ihres PKWs aus.
- **Langfristige Berücksichtigung aller Kosten**: Langfristig hingegen sind die Kapazitäten veränderbar und somit die Vollkosten entscheidungsrelevant. Falls Sie noch keinen PKW haben, könnten Sie beispielsweise entscheiden, ob es für Sie kostengünstiger ist, regelmäßig mit der Bahn von Karlsruhe nach Berlin zu fahren oder ob es sich lohnt, dafür einen PKW anzuschaffen. In diesen Fall müssten Sie die fixen Kosten (Abschreibungen, Versicherungen, Steuern) und die variablen Kosten (Benzin, Verschleiß an Reifen, Öl etc.) des PKWs berücksichtigen. Schätzungsweise ist es günstiger, mit der Bahn als mit dem PKW zu fahren, wenn man für andere Fahrten nicht auf den PKW angewiesen ist.

Aufgaben Kapitel 1

Aufgabe 1: Stromgrößen

Ordnen Sie die verschiedenen Geschäftsvorfälle des Monats Juni den aufgeführten Stromgrößen zu. Bitte benutzen Sie die unten stehende Tabelle.

a) Ein Betrieb überweist der Finanzkasse 4.000 € Grundsteuer für seine Betriebsgrundstücke, der Grundsteuerbescheid wurde im Mai zugestellt.

b) Ein Unternehmen kauft eine Fräsmaschine für 50.000 € und bezahlt sofort in bar.

c) Ein Kunde bezahlt eine Forderung aus Lieferungen und Leistungen aus dem Monat Mai in Höhe von 12.000 € per Scheck.

d) Ein Industriebetrieb erhält für seine aus Spekulationsgründen gehaltenen Wertpapiere einen Zinsgewinn von 350 € gutgeschrieben.

e) Eine Möbelfirma überweist eine Spende von 1.500 € an ein Waisenhaus.

f) Ein Unternehmen entnimmt Halbfertigprodukte im Wert von 600 € aus dem Lager, um sie weiterzuverarbeiten.

g) Ein Unternehmen überweist am Monatsende Löhne und Gehälter in Höhe von 65.000 €.

h) Ein Kunde überweist eine Anzahlung in Höhe von 5.000 € für eine noch ausstehende Leistung.

i) Ein Industriebetrieb entnimmt Rohstoffe im Wert von 350 € aus dem Lager, um sie zu Halbfertigprodukten zu verarbeiten, die anschließend zu Herstell- und Herstellungskosten von 800 € bewertet und eingelagert werden.

j) Ein Unternehmen kauft neue Schreibtischstühle für seine Angestellten und überweist den fälligen Betrag von 3.000 € im Folgemonat.

Vorgang	+ Einzahlung/ – Auszahlung	+ Einnahme/ – Ausgabe	+ Ertrag/ – Aufwand	+ Leistungen/ – Kosten
a)				
b)				
c)				
d)				
e)				
f)				
g)				
h)				
i)				
j)				

Aufgabe 2: Erfolgs-/Betriebsrechnung

Die Toast GmbH, die ihr Brot im gesamten deutschen Gebiet vertreibt, hat in der Abrechnungsperiode 01 folgende Geschäftsvorfälle verzeichnet:

Mieteinnahmen	10.000 €
Materialaufwendungen	240.000 €
Fertigungslöhne	250.000 €
kostenwirksame Aufwendungen	220.000 €
bilanzielle Abschreibung	80.000 €
in Eigenleistung erstellte Anlagen	50.000 €
Zinsaufwand für Bankdarlehen (kalk. Zinsen 80.000 €)	70.000 €
Wertpapiererträge	15.000 €
Verlust aus Wertpapierverkäufen	12.000 €

Außerdem liegen noch folgende Informationen vor:

Die Toast GmbH kann maximal 230.000 Toastpackungen im Monat produzieren, wobei in der Periode 01 insgesamt 2,5 Millionen Packungen bei einem Verkaufspreis von 50 Cent pro Stück verkauft wurden. Die restlichen Toastpackungen gehen ins Lager. Bitte berechnen Sie die Lagerbestandserhöhung. Die Herstellungskosten betragen pro Stück 0,40 €/St. und die Herstellkosten betragen 0,30 €/St.

Zusätzlich wurde mit folgenden kalkulatorischen Kosten gerechnet:

kalkulatorischer Unternehmerlohn	77.000 €
kalkulatorische Abschreibungen	140.000 €
kalkulatorische Eigenkapitalzinsen	53.000 €

a) Geben Sie für jeden Geschäftsvorfall an, ob es sich um Aufwand, Ertrag, Kosten oder Leistung handelt und weisen Sie den entsprechenden Euro-Betrag zu. Ermitteln Sie danach das Gesamtergebnis und das Betriebsergebnis des Unternehmens für die Periode 01.

b) Berechnen Sie das neutrale Ergebnis mithilfe der Informationen aus dem Aufgabenteil a).

Bezeichnung der Geschäftsvorfälle	Erfolgsrechnung (GuV)		Betriebsergebnisrechnung (KLR)	
	Aufwendungen EUR	Erträge EUR	Kosten EUR	Leistungen EUR
• Mieteinnahmen • Bestandserhöhung an Fertigerzeugnissen • Materialaufwand • Fertigungslöhne • kostenwirksame Aufwendung • bilanzielle Abschreibung • Eigenleistung (Anlagen) • Zinsaufwand (Darlehen) • Wertpapiererträge • Verlust (Wertpapierverkäufe) • Umsatzerlöse • kalk. Unternehmerlohn • kalk. Abschreibungen • kalk. Eigenkapitalzinsen				
Summe				
Gewinn/Verlust				
	Gesamtergebnis:		Betriebsergebnis:	

Aufgabe 3: Multiple Choice

Kreuzen Sie bitte an, ob die folgenden Aussagen richtig oder falsch sind.

Aussagen	richtig	falsch
Die Normalkostenrechnung beschäftigt sich mit Durchschnittswerten der Vergangenheit. Ausreißer werden nicht berücksichtigt.		
Bei Einzelkosten handelt es sich um Kosten, die einer einzelnen Kostenstelle direkt zugerechnet werden können.		
Die starre Normalkostenrechnung bietet keine wirksame Kostenkontrolle.		

Aussagen	richtig	falsch
Bei der flexiblen Normalkostenrechnung findet eine Aufteilung der Preisabweichungen in eine Verbrauchs- und Beschäftigungsabweichung statt.		
Auch Gemeinkosten können einem Kostenträger direkt zugerechnet werden.		
Die Verbrauchsabweichung entspricht der Differenz zwischen Sollkosten und Normalkosten.		
Fixkosten entstehen auch bei Produktionsstillstand.		
Deckungsbeitrag = Verkaufspreis – Fixkosten		
Der einstufige Deckungsbeitrag teilt die Fixkosten auf.		

Aufgabe 4: Kostenbegriffe

Grenzen Sie die fixen/variablen Kosten von den Einzel-/Gemeinkosten ab und erklären Sie diese Kostenbegriffe.

Weitere Aufgaben mit Lösungen finden Sie bei den digitalen Extras.

Teil 2: Teilbereiche der Kosten- und Leistungsrechnung

In diesem Abschnitt werden die Aufgaben der **Kostenartenrechnung** behandelt. Weiterhin wird erläutert, wie die typischen Kostenarten gegliedert, erfasst und bewertet werden – dazu gehören verschiedenen Themen wie beispielsweise die Erfassung und Bewertung der Materialkosten sowie die Erfassung und Berechnung der kalkulatorischen Kosten (z. B. die kalkulatorischen Abschreibungen, kalkulatorischen Zinsen und kalkulatorischen Wagniskosten). Die Kostenartenrechnung beantwortet die Frage: Welche Kosten sind angefallen?

Den zweiten Teilbereich der Kostenrechnung stellt die **Kostenstellenrechnung** dar. Sie klärt die Frage, **wo** (also an welchem Ort bzw. in welchen betrieblichen Teilgebieten) und **in welcher Höhe** Gemeinkosten in den einzelnen Kostenstellen angefallen sind. Es werden die Grundsätze und die unterschiedlichen Kriterien, nach denen die Bildung der Kostenstellen erfolgen kann, erläutert. Dabei wird zwischen Hilfs- und Hauptkostenstellen unterschieden, auf die die primären Gemeinkosten verteilt werden. Mithilfe der innerbetrieblichen Leistungsverrechnung (Sekundärkostenverrechnung) werden die Gemeinkosten der Hilfskostenstellen entsprechend ihrer Inanspruchnahme auf die Hauptkostenstellen (z. B. Materialstellen, Fertigungsstellen, Verwaltungsstellen und Vertriebsstellen) verteilt. Nachdem die Gemeinkosten in voller Höhe den Hauptkostenstellen zurechnet wurden, können die Gemeinkostenzuschlagssätze ermittelt werden, um die Gemeinkosten auf die Kostenträger (Kalkulationsobjekte) zu verrechnen. Somit wird eine Verbindung zwischen der Kostenstellenrechnung und der Kostenträgerrechnung hergestellt.

Im Rahmen der **Kostenträgerrechnung** wird untersucht, **wofür** die Kosten angefallen sind. Als Kostenträger werden die in einem Betrieb erstellten Güter und Dienstleistungen bezeichnet. Im Rahmen der **Kostenträgerstückrechnung (Kalkulation)** werden verschiedene Kalkulationsverfahren (z. B. Divisions-, Äquivalenzziffern-, Zuschlags- und Kuppelkalkulation) für die Ermittlung der Selbstkosten der Kostenträger je Einheit dargelegt. Der Erfolg von Kostenträgern für eine Periode wird mit der **Kostenträgerzeitrechnung (kurzfristige Ergebnisrechnung bzw. Betriebsergebnisrechnung)** ermittelt. Im Abschnitt über die kurzfristige Ergebnisrechnung werden die unterschiedlichen Vorgehensweisen beim Gesamtkostenverfahren und beim Umsatzkostenverfahren besprochen.

2 Kostenartenrechnung

Aufgaben der Kostenartenrechnung

- Erfassung sämtlicher Kosten
- Datenaufbereitung
- Kostenkontrolle
- Kostenbudgetierung

Materialkosten

- Ermittlung des Verbrauchs
  - Zugangsmethode
  - Inventurmethode
  - Skontrationsmethode
  - Retrograde Methode
- Bewertung des Verbrauchs
  - Festpreismethode
  - Sammelbewertungsverfahren

Personalkosten

Fremdleistungskosten mit Gebühren und Steuern

Kalkulatorische Kosten

- Kalkulatorische Abschreibungen
- Kalkulatorische Zinsen
- Kalkulatorischer Unternehmerlohn
- Kalkulatorische Wagnisse
- Kalkulatorische Miete

Erfolgskontrolle → **Aufgaben** → **Lösungen (s. digitale Extras)**

Abb. 18: Kapitelübersicht

Summary

Am Anfang der Kostenrechnung steht die Kostenartenrechnung. Sie dient der Erfassung und der Gliederung aller im Laufe einer Periode angefallenen Kosten. Die Kostenartenrechnung stellt das Bindeglied zur Finanzbuchhaltung und den anderen Nebenbuchhaltungen (z.B. Personal-, Lager-, Anlagenbuchhaltung) als Quelle der Kostenrechnung dar. In der Kostenartenrechnung werden alle Kosten systematisch erfasst, die im Unternehmen angefallen sind.

In der Finanzbuchhaltung werden die Erträge und Aufwendungen erfasst. Aus dieser Datenbasis werden die Kosten und Leistungen ermittelt. Hier sind die im Kapitel »Einführung in die Welt des kostenrechnerischen Denkens« erläuterten Unterschiede zwischen den Begriffspaaren (neutrale Erträge, neutrale Aufwendungen, Anderskosten und Zusatzkosten) zu berücksichtigen.

Ziel dieses Kapitels ist es, einen umfassenden Einblick in die Teilbereiche der Kostenartenrechnung zu ermöglichen. Sie lernen, wie die Kostenartenrechnung in die Kosten- und Leistungsrechnung eingebunden ist und nach welchen Grundsätzen die Kostenerfassung erfolgt. Dabei soll vermittelt werden, dass eine systematische und lückenlose Kostenermittlung sowie eine detaillierte Kostenaufbereitung die Grundlage jeder Kosten- und Leistungsrechnung darstellen.

Am Ende dieses Kapitels werden Sie wissen,

- wie die Kostenartenrechnung in die Kosten- und Leistungsrechnung eingebunden ist und worin ihre Aufgaben bestehen,
- welche Grundsätze bei der Kostengliederung zu beachten sind,
- wie Kostenarten abgegrenzt werden und was deren Inhalte sind,
- wie die Kosten und Leistungen systematisch erfasst, bewertet und klassifiziert werden,
- nach welchen Verfahren die Erfassung der Materialverbrauchsmengen erfolgen kann,
- welche Verfahren für die Materialbewertung in Betracht kommen,
- aus welchen Komponenten sich die Personalkosten zusammensetzen,
- was man unter kalkulatorischen Kosten versteht und welches die Bestimmungsfaktoren der kalkulatorischen Abschreibungen bzw. der kalkulatorischen Zinsen sind und wie sie berechnet werden,
- was es für unterschiedliche Wagnisarten gibt und
- wie die kalkulatorische Miete und der kalkulatorische Unternehmerlohn zu berechnen sind.

2.1 Die Grundlagen der Kostenartenrechnung

Die Kostenartenrechnung ist die erste Stufe der Kosten- und Leistungsrechnung (KLR). Sie bildet die Basis für die Kostenstellen- und die Kostenträgerrechnung und stellt damit die Grundlage für die gesamte Kostenrechnung dar.

2.1.1 Aufgaben der Kostenartenrechnung

Die folgende Abbildung veranschaulicht die Aufgaben und den Ablauf der Kostenartenrechnung:

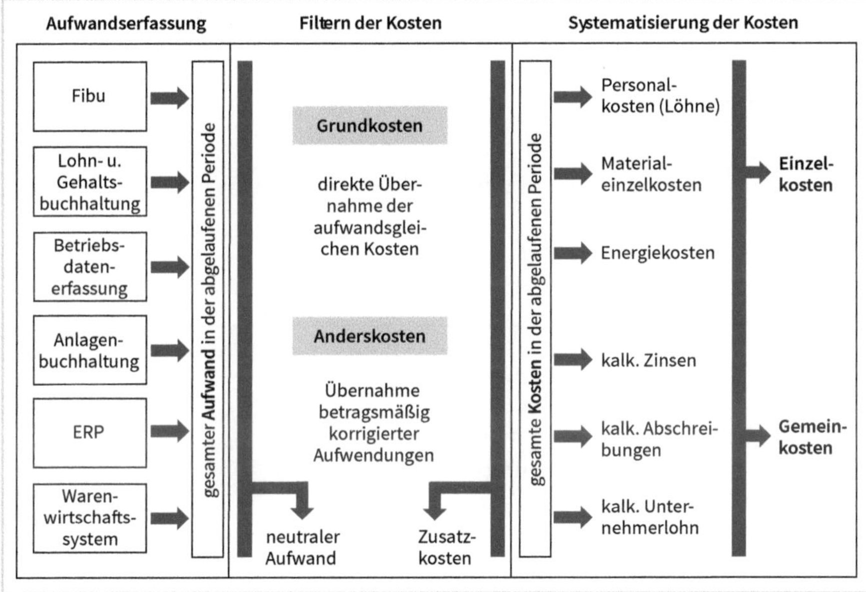

Abb. 19: Aufgaben und Ablauf der Kostenartenrechnung

- **Erfassen und Klassifizieren sämtlicher Kosten:**
  Die vorrangige Aufgabe der Kostenartenrechnung besteht darin, alle in der Abrechnungsperiode angefallenen Kosten lückenlos zu erfassen und zum Zwecke der Weiterverrechnung systematisch zu gliedern. Neben der eindeutigen und überschneidungsfreien Klassifizierung der einzelnen Kostenarten ist die Abgrenzung von Kosten und Aufwendungen, indem neutrale Aufwendungen ausgesondert und Anderskosten wie auch Zusatzkosten miteinbezogen werden, ein zentraler Aufgabenbereich der Kostenartenrechnung.

- **Bereitstellung und Lieferung der ermittelten Daten:**
  Die im Rahmen der Kostenartenrechnung erfassten Kosten werden an die Kostenstellen- und Kostenträgerrechnung weitergeleitet. Hierfür muss eine Differenzierung von Einzel- und Gemeinkosten vorgenommen werden.
- **Kostenkontrolle:**
  Die Zielsetzung der Kostenartenrechnung liegt darin, einen Überblick über die Kostenstruktur und das Kostenniveau eines Unternehmens zu vermitteln. Sie liefert steuerungsrelevante Informationen für die Kostenkontrolle.[22]
- **Kostenbudgetierung:**
  Im Rahmen der Planungsrechnung werden Kostenbudgets für die einzelnen Kostenarten als Vergleichsmaßstab für die Wirtschaftlichkeitskontrolle vorgegeben. Beispielsweise gibt es für das Marketing in der Regel ein Budget.

Die folgende Abbildung zeigt, wie die Kostenartenrechnung in die Kostenrechnung eingebunden ist:

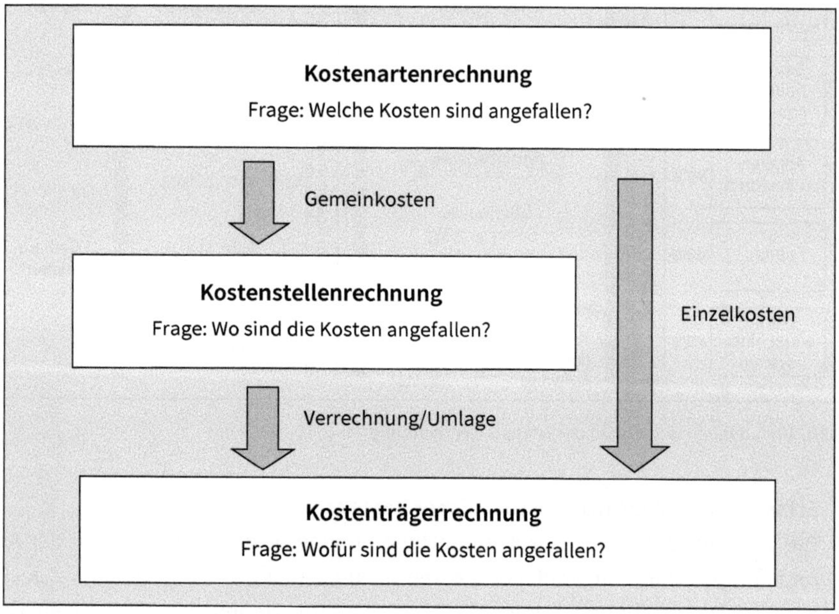

Abb. 20: Grundstruktur der Kostenrechnung

22 Däumler, K.-J.; Grabe, J., Kostenrechnung 1 – Grundlagen, 2000, S. 133.

2.1.2 Grundsätze der Kostenerfassung

Die folgende Tabelle stellt die Grundsätze der Kostenerfassung dar:

Grundsätze der Kostenerfassung	
Eindeutigkeit	Die einzelnen Kosten müssen zweifelsfrei einer bestimmten Kostenart zugewiesen werden können. Ein zu umfangreicher Sachkontenplan sowie die Gliederung nach mehreren Eigenschaften erschwert häufig die Übersicht über die einzelnen Kostenarten und ist daher zu vermeiden.
Vollständigkeit	Es sind alle im Unternehmen entstandenen Kosten zu berücksichtigen. Durch ein lückenloses Auflisten aller Kosten können Fehlentscheidungen vermieden werden.
Flexibilität	Der Kostenartenplan sollte flexibel gestaltet werden, damit er bei Veränderungen an die neuen Gegebenheiten angepasst werden kann.
Wirtschaftlichkeit	Die Kostenartenrechnung sollte nach wirtschaftlichen Gesichtspunkten aufgebaut sein. Die Anforderungen an den Kostenartenplan bestehen darin, eine präzise Aussagefähigkeit und Auswertungsmöglichkeit zu erzielen. Dabei sollte der Aufwand, um die verschiedenen Kostenarten zu erfassen, so gering wie möglich sein.

Tab. 23: Grundprinzipien der Kostenerfassung

2.2 Die wichtigsten Kostenarten erfassen und bewerten

Zu den wichtigsten Kostenarten zählen **Materialkosten, Personalkosten, Fremdleistungskosten** und **kalkulatorische Kosten**. Wenn man die Kostenarten einzeln erfasst und bewertet, kann man eine Aussage über deren jeweilige Höhe treffen. Die verschiedenen Kostenarten sind eine Basis für die Bewertung der Vergangenheit, der aktuellen wirtschaftlichen Situation einer Unternehmung und für die zukünftigen Planungen.

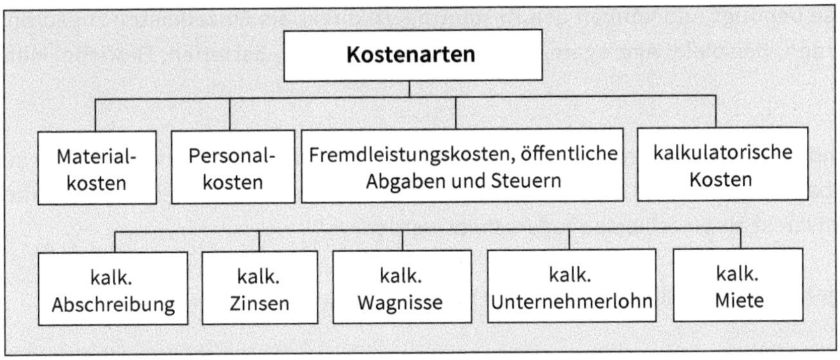

Abb. 21: Die wichtigsten Kostenartengruppen

2.2.1 Materialkosten

Zu den primären Materialkosten gehören alle durch den betriebsbezogenen Verbrauch von Stoffen und Energie entstandenen Kosten. Die Materialkosten setzen sich im Wesentlichen aus fünf verschiedenen Kostenteilen zusammen:

- den Rohstoffen,
- den Hilfsstoffen,
- den Betriebsstoffen,
- den fremdbezogenen Teilen (Zulieferteile) und
- den Handelswaren.

Im Bilanzrecht werden die Roh-, Hilfs- und Betriebsstoffe, die unfertigen und fertigen Erzeugnisse sowie die Handelswaren unter dem Posten »**Vorräte**« zusammengefasst.

Rohstoffe gehen als Hauptbestandteil direkt in das zu fertigende Produkt ein. Deshalb können sie den Kostenträgern direkt als **Einzelkosten** zugerechnet werden. Beispiele: Holz in der Möbelindustrie, Fleisch in Metzgereien, Stahl und Bleche in der Metallverarbeitung.

Hilfsstoffe sind nur als Nebenbestandteile im Produkt zu finden. Sie gehen zwar direkt ins Produkt ein, und sind somit **Einzelkosten**, werden jedoch wegen ihres geringfügigen Anteils aus verrechnungstechnischen Gründen häufig als **unechte Gemeinkosten** behandelt. Beispiele: Schrauben, Nägel, Leim, Klebstoffe, Garn etc.

Betriebsstoffe sind nicht Bestandteil des Produkts. Sie dienen dazu, die Anlagen und Maschinen des Unternehmens zu betreiben. Deshalb gehören die Betriebsstoffe in der Regel zu den **Gemeinkosten**. Beispiele: Kühlmittel, Energie-, Treib-, Schmierstoffe, Wasser, Büromaterialien.

Fremdbezogene Teile (Zulieferteile) werden zusätzlich zur Herstellung der Erzeugnisse benötigt und können den Kostenträgern direkt als **Einzelkoste**n zugeordnet werden. Beispiele: Aggregate, Module, Achsen, Reifen, Batterien, Getriebe, Motoren.

Handelswaren sind Produkte, die keiner Be- und Verarbeitung bzw. lediglich eines Einbaus bedürfen und zum Verkauf bestimmt sind. Auch sie können den Kostenträgern direkt als Einzelkosten zugerechnet werden.

Allgemein werden die Materialkosten nach folgender Formel berechnet:

Materialkosten = verbrauchte Menge x Kostenwert

Um die Materialkosten korrekt erfassen zu können, ist es notwendig, zuerst den Materialverbrauch zu ermitteln. Erst dann werden die verbrauchten Mengen bewertet, sodass ein geldmäßiges Äquivalent zum Materialverbrauch entsteht – eben die Materialkosten.

Methoden zur Ermittlung der Materialverbrauchsmengen

Der Materialverbrauch kann mit verschiedenen Methoden ermittelt werden. Unterschieden werden die Methoden zunächst danach, ob die Materialien nach dem Lagerzugang oder nach dem Lagerabgang erfasst werden. Sehen Sie hierzu folgendes Schaubild:

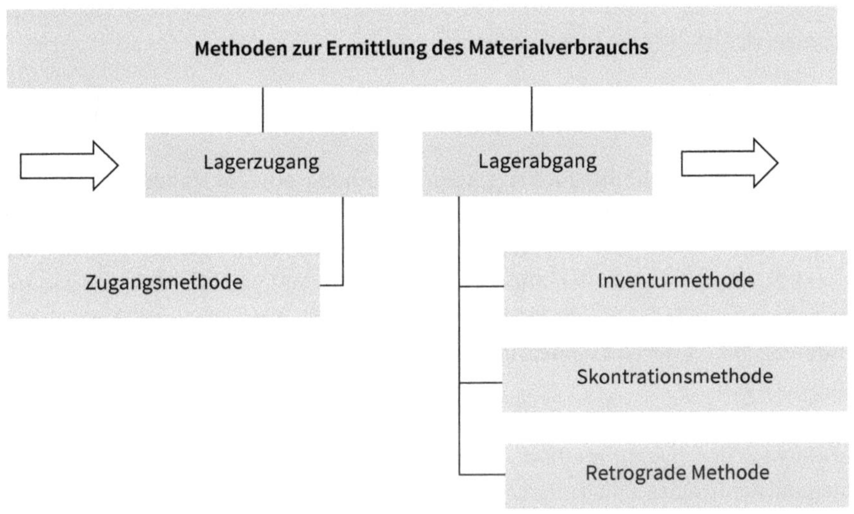

Abb. 22: Methoden zur Ermittlung des Materialverbrauchs

Wie funktioniert die Zugangsmethode?

Die Zugangsmethode ist die einfachste Methode, um den Materialverbrauch zu ermitteln. Bei ihr wird davon ausgegangen, dass die Summe aller Zugänge mengenmäßig dem Verbrauch entspricht, wobei die Zugänge mittels Lieferscheinen bzw. Wareneingangsmeldungen erfasst werden.

Materialverbrauch = Summe aller Zugänge laut Lieferscheinen der Periode

Die **Zugangsmethode** funktioniert sehr einfach, wodurch sie aber auch ungenau ist: Sie ist eigentlich nur für solche Materialien sinnvoll, die sofort und vollständig verbraucht werden, was in der Praxis eher selten der Fall ist. Sie eignet sich insofern beispielsweise bei Just-in-time-Belieferung oder bei Energieverbrauch (sofortiger Verbrauch). Ferner eignet sie sich bei kurzfristig verderblichen Waren, wie beispielsweise Obst, Gemüse, Schnittblumen, oder bei geringwertigen Materialien wie z. B. Büromaterial, Kleinwerkzeuge, bei denen eine zeitgerechte und verursachungsgerechte Erfassung unwirtschaftlich wäre.

Vorteile der Zugangsmethode	Nachteile der Zugangsmethode
• einfache Handhabung • geringer Verwaltungsaufwand	• ungenaues Verfahren • Schwund und Diebstahl werden nicht berücksichtigt • tatsächliche Bestandshöhe ist nicht bekannt

Tab. 24: Vor- und Nachteile der Zugangsmethode

Wie funktioniert die Inventurmethode?

Bei der Inventurmethode, auch als Befundrechnung oder Bestandsdifferenzrechnung bezeichnet, ergibt sich der Materialverbrauch aus der Differenz zwischen dem durch Inventur im Vorjahr ermittelten Anfangsbestand zuzüglich der Zugänge des Geschäftsjahres (festzustellen anhand der Lieferscheine) und dem Endbestand des Geschäftsjahres, der ebenfalls durch Inventur ermittelt wird. Die Vorteile dieser Methode liegen in ihrer Einfachheit und dem daraus resultierenden geringen Verwaltungsaufwand.

Der Nachteil der Inventurmethode ist, dass kein außerordentlicher Verbrauch (Fehlmengen) ermittelbar und keine Zurechnung auf Kostenstellen oder Kostenträger möglich ist. Der Verbrauch lässt sich mithilfe des folgenden Schemas berechnen.

	Anfangsbestand laut Inventur am Periodenbeginn
+	Zugänge laut Lieferscheinen während der Periode
-	Endbestand laut Inventur am Periodenende
=	**Materialverbrauchsmenge der Periode**

Beispiel: Ermittlung des Materialverbrauchs

	Anfangsbestand 02 = Endbestand laut Inventur 01
+	Zugang Januar 02
+	Zugang Februar 02
+	...
+	Zugang Dezember 02
-	Endbestand laut Inventur 02
=	Materialverbrauch 02

Wie funktioniert die Skontrationsmethode?

Für die Skontrationsmethode (auch Fortschreibungsmethode genannt) bedarf es einer sehr guten Organisation, weil die Zugänge und die Abgänge im Lager belegmäßig fortgeschrieben werden. Lagerzugänge werden auf Grundlage der Lieferscheine erfasst, Abgänge mittels Materialentnahmescheinen, Anfangsbestände mittels Inventur. Der mengenmäßige Verbrauch ergibt sich durch Addition der auf den Materialentnahmescheinen vermerkten Mengen.

Materialverbrauch = Summe der Entnahmemenge laut Materialentnahmescheinen

Die Skontrationsmethode bietet die Möglichkeit, den außerordentlichen Verbrauch zu ermitteln, der sich wie folgt berechnet:

Ermittlung des rechnerischen Sollendbestands und außerordentlichen Verbrauchs:

	Ist-Anfangsbestand (gemäß Inventur) am Periodenbeginn
+	Zugänge (gemäß Lieferscheinen) in der Periode
-	Abgänge (Verbräuche, erfasst durch Materialentnahmescheine)
=	rechnerischer Sollendbestand (gemäß Lagerbuchhaltung)
-	Ist-Endbestand (gemäß körperlicher Inventur) am Periodenende
=	**außerordentlicher Verbrauch in der Periode**

Der Vorteil dieser Methode ist, dass auf den Materialentnahmescheinen die Kostenstellen und die Kostenträger verursachungsgerecht erfasst werden, wodurch der Verwendungsort und der Verwendungszweck nachvollzogen werden können. Die Skontrationsmethode ist sehr exakt und ermöglicht es, durch den Vergleich von Soll- und Inventur-Endbestand Fehlmengen zu ermitteln. Der Nachteil ist, dass die erhöhte Genauigkeit auch einen erhöhten Aufwand zur Folge hat, da die Lagerbuchhaltung genau geführt werden muss.

Wie funktioniert die retrograde Methode?

Bei der retrograden Methode, die auch als Rückrechnungsmethode bezeichnet wird, werden die einzelnen Bestandteile der Fertig- oder Halbfertigerzeugnisse mittels Stücklisten oder Rezepturen zurückgerechnet. Der Soll-Verbrauch einer Materialart wird wie folgt ermittelt:

Soll-Verbrauchsmenge = (Sollverbrauch pro Produkteinheit) x (produzierte Menge)

Positiv an dieser Art der Verbrauchsermittlung ist, dass die Soll-Verbrauchsmenge schnell und wirtschaftlich berechnet werden kann. Jedoch ist der tatsächliche Verbrauch hierbei nicht berücksichtigt.

Beispiel: Ermittlung des Materialverbrauchs

Lagerbestand des Monats Juli:

Vorgang	Datum	Menge
Anfangsbestand	01.07.	4.000 St.
Zugang	07.07.	2.000 St.
Abgang (Entnahme)	08.07.	2.400 St.
Zugang	13.07.	2.000 St.
Abgang (Entnahme)	16.07.	3.000 St.
Abgang (Entnahme)	21.07.	2.500 St.
Zugang	25.07.	4.000 St.
Abgang (Entnahme)	27.07.	2.200 St.
Endbestand gemäß Inventur	31.07.	1.400 St.

Im Juli wurden folgende Produkte hergestellt:

Erzeugnis	Anzahl	Benötigte Stückzahl je Erzeugnis
A	600 Erzeugnisse	6 St. je Erzeugnis
B	800 Erzeugnisse	4 St. je Erzeugnis
C	400 Erzeugnisse	8 St. je Erzeugnis

So ermitteln Sie den mengenmäßigen Verbrauch nach den unterschiedlichen Methoden:

a) Zugangsmethode:

Verbrauch = Summe der Zugänge = 2.000 St. + 2.000 St. + 4.000 St. = 8.000 St.

b) Inventurmethode:

Verbrauch = Anfangsbestand + Zugänge – Endbestand

	Anfangsbestand	4.000 St.
+	Zugang am 07.07.	2.000 St.
+	Zugang am 13.07.	2.000 St.
+	Zugang am 25.07.	4.000 St.
-	Endbestand am 31.07.	1.400 St.
=	**Verbrauch**	**10.600 St.**

c) Skontrationsmethode:

Verbrauch = Summe der Entnahmemengen laut Materialentnahmescheinen

	Abgang am 08.07.	2.400 St.
+	Abgang am 16.07.	3.000 St.
+	Abgang am 21.07.	2.500 St.
+	Abgang am 27.07.	2.200 St.
=	**Verbrauch**	**10.100 St.**

d) Retrograde Methode:

Verbrauch = produzierte Stückzahl x Sollverbrauchsmenge pro Stück

Verbrauch	=	Sollverbrauch Produkt A x Produktanzahl
	+	Sollverbrauch Produkt B x Produktanzahl
	+	Sollverbrauch Produkt C x Produktanzahl
	=	6 St./Erzeugnis x 600 Erzeugnisse
	+	4 St./Erzeugnis x 800 Erzeugnisse
	+	8 St./Erzeugnis x 400 Erzeugnisse
Verbrauch	=	**10.000 St.**

Wie in diesem Beispiel gezeigt, ist es auch in der Praxis nicht ungewöhnlich, dass sich die Ergebnisse bei den verschiedenen Methoden unterscheiden.

Bewertung des Materialverbrauchs

Um die Materialkosten bestimmen zu können, müssen nun die nach den vorher beschriebenen Methoden ermittelten Verbrauchsmengen bewertet werden. Für die Bewertung können entweder Ist- oder Festpreise verwendet werden. Folgende **Wertansätze** sind hierbei möglich:

- **Festpreis/Verrechnungspreis** (wird gewählt, wenn Anschaffungs- oder Tagespreise starken Schwankungen unterliegen, die für eine konstante Betriebsabrechnung nicht verwendbar wären).
- **Ist-Preis:**
  - **Einstandspreis/Anschaffungskosten** (der zum Zeitpunkt des Kaufs tatsächliche Einstandspreis),
  - **Wiederbeschaffungspreis** (hier wird der Preisentwicklung Rechnung getragen, indem der Materialverbrauch mit dem Preis des letzten Einkaufs bewertet wird),
  - **Tagespreis** (Preis am Tag der Lagerentnahme).

Entsprechend dieser Wertansätze sind die folgenden Verfahren zur Bewertung des Materialverbrauchs zu unterscheiden. Mit dem Wertansatz Festpreis arbeitet nur die Festpreismethode.

Wie funktioniert die Festpreismethode?

Bei der Festpreismethode wird ein fester Verrechnungspreis bestimmt, der auf der Basis von Ist-Preisen aus der Vergangenheit, aber auch unter Berücksichtigung zukünftiger Preisentwicklungen festgelegt wird. Dieses Bewertungsverfahren eignet sich insbesondere für die Kostenkontrolle und die kurzfristige Erfolgsermittlung, da die berechneten Werte konstant sind und somit Preisschwankungen weitestgehend ausgeschaltet werden. Außerdem wird die Abrechnung erheblich vereinfacht.

Die Einstandspreise (Anschaffungskosten) stellen die Grundlage für Sammelbewertungsverfahren dar. Um eine dieser Methoden anwenden zu können, ist es notwendig, vorher die Anschaffungskosten zu berechnen. Die Anschaffungskosten setzen sich aus mehreren Teilen zusammen, d. h., sie sind nicht nur vom Anschaffungspreis abhängig. Sie werden wie folgt berechnet:

	Anschaffungspreis (ohne Umsatzsteuer, soweit abzugsfähig)
-	Nachlässe (Rabatte, Skonti, Boni etc.)
+	Anschaffungsnebenkosten (z. B. Transportkosten, Versicherung etc.)
=	**Einstandspreis (Anschaffungskosten)**

Grenzen der Einzelbewertung

Bei Vorratsmaterialien, die ständig in größeren Mengen für die laufende Produktion zur Verfügung stehen müssen und deren Beschaffungspreise während einer Abrechnungsperiode schwanken, kommt die Einzelbewertung zu bilanziellen Anschaffungskosten nicht in Betracht. In diesen Fällen bietet es sich an, die Kosten der Vorratsmaterialien mithilfe der Sammelbewertungsverfahren zu bewerten.

Sammelbewertungsverfahren zur Bewertung des Materialverbrauchs

Die folgende Grafik gibt Ihnen einen Überblick über die verschiedenen Sammelbewertungsverfahren, mit deren Hilfe sich der Materialverbrauch bewerten lässt:

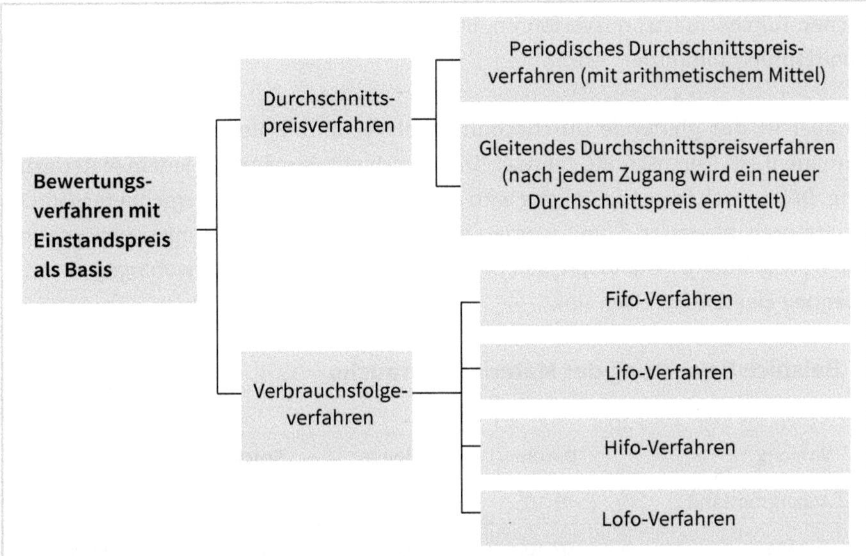

Abb. 23: Bewertung der Materialverbrauchsmengen mittels Sammelbewertungsverfahren

Wie funktioniert das Durchschnittspreisverfahren?

Das Durchschnittspreisverfahren lässt sich nochmals unterteilen, und zwar in das **periodische (gewogene)** und in das **gleitende (permanente) Durchschnittspreisverfahren.**

Das periodische Durchschnittspreisverfahren ist die einfachere der beiden Durchschnittspreisverfahren. Bei ihm wird der Durchschnitt als arithmetisches Mittel aus dem Anfangsbestand und der Summe aller Zugänge am Ende der jeweils festgesetzten Abrechnungsperiode berechnet. Aus den verschiedenen Einstandspreisen wird ein gewichteter (gewogener) Durchschnittspreis berechnet, in dem die verschiedenen Einstandspreise mit der Einkaufsmenge gewichtet und anschließend durch die Gesamtmenge (AB + Zugänge) dividiert werden.[23]

$$\text{periodischer Durchschnittspreis} = \frac{\text{Wert des Anfangsbestands + Wert aller Lieferungen der Periode}}{\text{Menge des Anfangsbestands + Menge aller Lieferungen der Periode}}$$

Es können sowohl der Endbestand als auch die Verbräuche mit dem periodischen Durchschnittspreis bewertet werden. Den Verbrauchswert erhält man beim perio-

23 Deimel, K. et al., Kosten- und Erlösrechnung, 2017, S. 120.

dischen Durchschnittspreisverfahren, indem die Verbrauchsmenge mit dem Durchschnittspreis multipliziert wird.

Genauer ist **das gleitende Durchschnittspreisverfahren.** Bei dieser Methode wird permanent ein Durchschnitt gebildet. Dies geschieht immer nach jedem Materialzugang. Der danach folgende Abgang wird dann mit dem im Voraus errechneten Durchschnittspreis bewertet. Somit werden auch Preisschwankungen mitberücksichtigt, da bei steigenden Einstandspreisen der Durchschnittspreis steigt, wohingegen er bei fallenden Einstandspreisen sinkt.

Beispiel: Bewertung des Materialverbrauchs

Vorgang	Datum	Menge	Stückpreis	Gesamtwert
Anfangsbestand	01.10.	300 St.	10 €/St.	3.000 €
Zugang	07.10.	200 St.	15 €/St.	3.000 €
Abgang	09.10.	250 St.		
Zugang	13.10.	300 St.	15 €/St.	4.500 €
Abgang	17.10.	500 St.		
Abgang	21.10.	50 St.		
Zugang	23.10.	400 St.	12 €/St.	4.800 €
Abgang	28.10.	150 St.		
Endbestand	31.10.	250 St.		

a) Nach dem periodischen Durchschnittspreisverfahren

Vorgang		Datum	Menge		Stückpreis	Gesamtwert	
Anfangsbestand		01.10.		300 St.	10,00 €/St.		3.000,00 €
+	Zugang	07.10.	+	200 St.	15,00 €/St.	+	3.000,00 €
+	Zugang	13.10.	+	300 St.	15,00 €/St.	+	4.500,00 €
+	Zugang	23.10.	+	400 St.	12,00 €/St.	+	4.800,00 €
=	Summe		=	1.200 St.	12,75 €/St.	=	15.300,00 €
-	Verbrauch		-	950 St.	12,75 €/St.	-	12.112,50 €
=	**Endbestand**	**31.10.**	**=**	**250 St.**	**12,75 €/St.**	**=**	**3.187,50 €**

periodischer Durchschnittpreis = $\frac{15.300 €}{1.200 St.}$ = 12,75 €/St.

b) Nach dem gleitenden Durchschnittspreisverfahren

Vorgang	Datum	Menge	Stückpreis	Gesamtwert
Anfangsbestand	01.10.	300 St.	10,00 €/St.	3.000 €
+ Zugang	07.10.	+ 200 St.	15,00 €/St.	+ 3.000 €
= Zwischenbestand		= 500 St.	12,00 €/St.	= 6.000 €
- Abgang	09.10.	- 250 St.	12,00 €/St.	- 3.000 €
+ Zugang	13.10.	+ 300 St.	15,00 €/St.	+ 4.500 €
= Zwischenbestand		= 550 St.	13,64 €/St.	= 7.500 €
- Abgang	17.10.	- 500 St.	13,64 €/St.	- 6.818 €
- Abgang	21.10.	- 50 St.	13,64 €/St.	- 682 €
+ Zugang	23.10.	+ 400 St.	12,00 €/St.	+ 4.800 €
= Zwischenbestand		= 400 St.	12,00 €/St.	= 4.800 €
- Abgang	28.10.	- 150 St.	12,00 €/St.	- 1.800 €
Endbestand	31.10.	250 St.	12,00 €/St.	= 3.000 €
Bewerteter Verbrauch im Oktober				**12.300 €**

Bewertung des Materialverbrauchs im Oktober:

= 3.000 € + 6.818 € + 682 € + 1.800 € = 12.300 €

Welche Verbrauchsfolgeverfahren gibt es?

Bei Verbrauchsfolgeverfahren wird jeweils eine fiktive Reihenfolge der Entnahmen aus den Lagern unterstellt. Zu unterscheiden sind **zeitlich orientierte** und **wertmäßig orientierte Verbrauchsfolgen.**

Zu den **zeitlich orientierten** gehören das sogenannte **Fifo**- (= First in first out) und das **Lifo**- (= Last in first out) Verfahren.

Das **Fifo-Verfahren** geht von der Annahme aus, dass diejenigen Materialien, die zuerst beschafft wurden, auch wieder zuerst verbraucht werden. Dies bedeutet, dass die am Bilanzstichtag vorhandenen Mengen demgemäß aus letzten Einkäufen stammen.

Das **Lifo-Verfahren** geht demgegenüber von der Annahme aus, dass die zuletzt in der Lagerbuchhaltung verzeichneten Materialien zuerst verbraucht oder auch veräußert werden. Das Lifo-Verfahren kann für jeden einzelnen Materialverbrauch fortlaufend während der gesamten Abrechnungsperiode (= permanentes Lifo) oder jeweils für alle Materialverbräuche einer Abrechnungsperiode gemeinsam (= periodenbezogenes Lifo) angewendet werden.

Beim einfachen **periodenbezogenen Lifo-Verfahren** wird die Verbrauchs- und Bestandsbewertung am Ende der Periode vorgenommen. Dagegen wird beim aufwendigeren **permanenten Lifo-Verfahren** nach jedem Abgang eine entsprechende Verbrauchs- und Zwischenbestandsbewertung durchgeführt.[24]

Bei den **wertmäßig orientierten Verfahren Hifo** (= Highest in first out) und **Lofo** (= Lowest in first out) bestimmt die Preishöhe die Verbrauchsreihenfolge. Beim **Hifo-Verfahren** werden die Materialverbrauchsmengen so bewertet, dass die mit den höchsten Preisen erworbenen Mengen zuerst verbraucht werden. Tendenziell verbleibt Material zu niedrigeren Preisen im Lager. Beim **Lofo-Verfahren** ist es genau umgekehrt. Man geht davon aus, dass die Materialien mit dem niedrigsten Einkaufspreis als Erstes vom Lager entnommen werden. Tendenziell verbleibt Material zu höheren Preisen im Lager.

Beispiel: Verbrauchsfolgeverfahren

Die Vorgaben aus dem vorhergehenden Beispiel werden übernommen.

Verfahren	Datum		Verbrauch (950 St.)	Endbestand (250 St.)
Fifo-Verfahren (periodenbezogen und permanent)	01.10.		300 St. x 10 €/St.	250 St. x 12 €/St.
	07.10.	+	200 St. x 15 €/St.	**= 3.000 €**
	13.10.	+	300 St. x 15 €/St.	
	23.10.	+	150 St. x 12 €/St.	
		=	**12.300 €**	
Lifo-Verfahren (periodenbezogen)	23.10.		400 St. x 12 €/St.	250 St. x 10 €/St.
	13.10.	+	300 St. x 15 €/St.	**= 2.500 €**
	07.10.	+	200 St. x 15 €/St.	
	01.10.	+	50 St. x 10 €/St.	
		=	**12.800 €**	
Lifo-Verfahren (permanent)	07.10.		200 St. x 15 €/St.	250 St. x 12 €/St.
	01.10.	+	+50 St. x 10 €/St.	**= 3.000 €**
	13.10.	+	+300 St. x 15 €/St.	
	01.10.	+	+200 St. x 10 €/St.	
	01.10.	+	50 St. x 10 €/St.	
	23.10.	+	150 St. x 12 €/St.	
		=	**12.300 €**	

24 Vgl. Freidank, C.-C. u. Sassen, R., Kostenrechnung, 2020, S. 119.

Verfahren	Datum	Verbrauch (950 St.)	Endbestand (250 St.)
Hifo-Verfahren (perioden-bezogen)	07.10. 13.10. 23.10. 01.10.	200 St. x 15 €/St. + 300 St. x 15 €/St. + 400 St. x 12 €/St. + 50 St. x 10 €/St. = **12.800 €**	250 St. x 10 €/St. **= 2.500 €**
Hifo-Verfahren (permanent)	07.10. 01.10. 13.10. 01.10. 01.10. 23.10.	200 St. x 15 €/St. + 50 St. x 10 €/St. + 300 St. x 15 €/St. + 200 St. x 10 €/St. + 50 St. x 10 €/St. + 150 St. x 12 €/St. = **12.300 €**	250 St. x 12 €/St. **= 3.000 €**
Lofo-Verfahren (perioden-bezogen)	01.10. 23.10. 07.10. 13.10.	300 St. x 10 €/St. + 400 St. x 12 €/St. + 200 St. x 15 €/St. + 50 St. x 15 €/St. = **11.550 €**	250 St. x 15 €/St. **= 3.750 €**
Lofo-Verfahren (permanent)	01.10. 01.10. 07.10. 13.10. 13.10. 23.10.	250 St. x 10 €/St. + 50 St. x 10 €/St. + 200 St. x 15 €/St. + 250 St. x 15 €/St. + 50 St. x 15 €/St. + 150 St. x 12 €/St. = **12.300 €**	250 St. x 12 €/St. **= 3.000 €**

Dieses Beispiel verdeutlicht:

- Beim periodenbezogenen Lifo-Verfahren werden die Materialverbrauchsmengen mit den Preisen der zuletzt eingegangenen Materialien, dagegen die Endbestände mit den Preisen der zuerst beschafften, noch im Lager befindlichen Materialien bewertet.
- Nach dem Fifo-Verfahren werden die Endbestände mit den Preisen der zuletzt zugegangenen Materialien bewertet. Wohingegen die Verbrauchsbewertung nach dem Fifo-Verfahren mit den Preisen der zuerst beschafften Materialien erfolgt. Analog funktioniert es auch bei den preisbezogenen Verfahren.

Die Bewertung des Materialverbrauchs ermöglicht:

- den wertmäßigen Nachweis der im Lager geführten Materialien nach Handels- und Steuerrecht,
- das Erfassen der Zugänge, der Abgänge und die Bestandsführung in der Buchhaltung, der Kostenrechnung und den betrieblichen Statistiken.

! **Wichtig**

Grundsätzlich gibt es bei der Bewertung der Materialverbrauchsmengen einen gegenläufigen Effekt: Je höher die Materialkosten in einer Periode bewertet werden, desto niedriger ist die Bewertung der Endbestände.
Das führt in der Zukunft zu einer Entlastung bei den Materialkosten. Umgekehrt korrespondiert ein niedriger Materialverbrauch mit hohen bewerteten Lagerbeständen. Dadurch werden die zukünftigen Unternehmensergebnisse durch höhere zukünftige Materialkosten belastet.[25]

Die Verbrauchsfolgeverfahren auf einen Blick				
	Annahme	**Bewertung**		**Resultat**
		des Endbestands	**des Verbrauchs**	
Fifo	Die zu Beginn der Periode vorhandenen bzw. gelieferten Materialien werden zuerst verbraucht.	mit den Preisen der letzten zugegangenen Materialien	mit den Preisen des Anfangsbestands und der zuerst zugegangenen Materialien	• In Zeiten steigender Preise wird ein höherer Gewinn in der FIBU ausgewiesen • In der Kostenrechnung wird das Prinzip der substanziellen Kapitalerhaltung nicht beachtet, da der Verbrauch mit zu niedrigen Preisen bewertet wird.
Lifo	Zuletzt zugegangene Materialien werden zuerst verbraucht.	mit den Preisen des Anfangsbestands und den Preisen der ersten (Material-) Zugänge in der Periode	mit den Preisen der jeweils letzten (Material-) Zugängen in der Periode	Bei steigenden Preisen haben das permanente und noch stärker das Perioden-Lifo zur Folge, dass die Materialkosten hoch und die Endbestände niedrig bewertet werden. Daher wird das Lifo-Verfahren gerne angewendet, um einen niedrigeren Gewinn auszuweisen.
Hifo	Die zu den teuersten Preisen gekauften Materialien, werden, als Erstes verbraucht.	mit den niedrigsten Preisen	mit den höchsten Preisen	Sowohl in Zeiten steigender Preise als auch bei Preisschwankungen wird der Grundsatz der substanziellen Kapitalerhaltung berücksichtigt.
Lofo	Die zu günstigsten Preisen zugegangenen Güter werden als Erstes verbraucht.	mit den höchsten Preisen	mit den niedrigsten Preisen	In der Praxis hat dieses Verfahren keine Bedeutung.

Tab. 25: Auswirkungen der Verbrauchsfolgeverfahren auf die Bewertung des Materialverbrauchs

25 Deimel, K. et al., Kosten- und Leistungsrechnung, 2017, S. 123.

2.2.2 Personalkosten

Die Personalkosten setzen sich aus direkten Personalbasiskosten, wie Löhne und Gehälter, sowie indirekten Personalkosten, den Personalnebenkosten (PNK), zusammen.

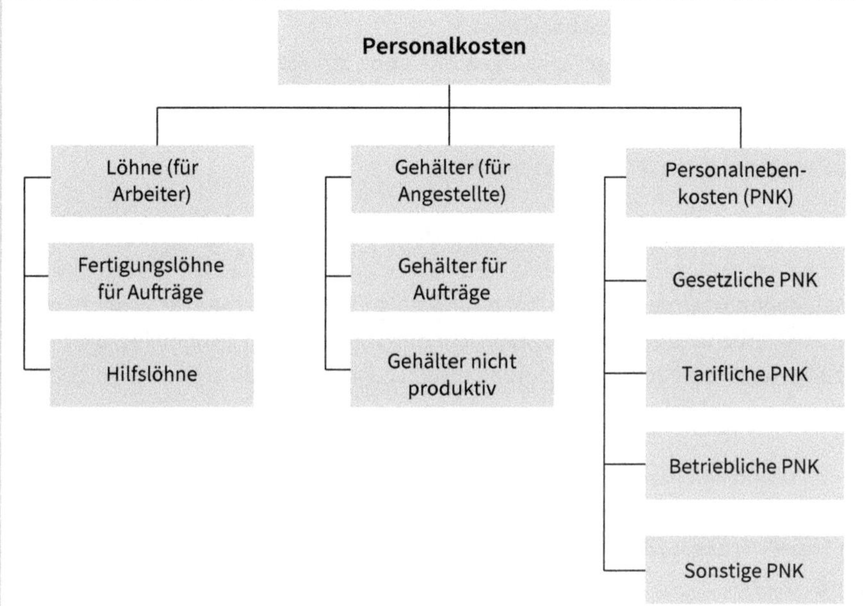

Abb. 24: Komponenten der Personalkosten

Lohnarten

Bei den Löhnen sind zwei verschiedene Arten zu unterscheiden, die Fertigungs- und die Hilfslöhne. **Fertigungslöhne** werden auftragsbezogen erfasst. Da sie **Einzelkosten** sind, können sie direkt dem Kostenträger zugeordnet werden. Fertigungslöhne fallen ausschließlich beim betrieblichen Leistungserstellungsprozess an. Zum Fertigungslohn gehören unter anderem der Zeitlohn und die Leistungslöhne (Akkordlohn und Prämienlohn).

- **Zeitlohn:** In diesem Fall werden die Beschäftigten nach der Arbeitsdauer und nicht nach der Anzahl der gefertigten Güter bezahlt. Der Lohn ist folglich leistungsunabhängig. Ein Beispiel ist der Stundenlohn für Arbeiter.
- **Akkordlohn:** Beim **Akkordlohn** wird für jede Leistungseinheit ein vereinbarter Lohnbetrag gezahlt, daher besteht ein unmittelbarer Zusammenhang zwischen der erzielten Mengenleistung und der Lohnhöhe.
- **Prämienlohn:** Der Prämienlohn ist eine Mischform aus den beiden zuerst genannten Lohnarten. Diese Mischform liegt vor, wenn zu einem gewissen Grundlohn ein zusätzliches Entgelt bezahlt wird, das leistungsabhängig ist.

Hilfslöhne können indes nicht auftragsbezogen erfasst werden. Sie fallen vor allem bei unterstützenden und disponierenden Tätigkeiten an und sind **Gemeinkosten**, da sie nicht in direktem Zusammenhang mit dem Leistungserstellungsprozess stehen. Dazu gehören beispielsweise Löhne für Lager-, Transport-, Reinigungsarbeiten und Pförtner.

Was ist bei den Gehältern zu beachten?[26]
Gehälter sind zeitabhängige Zahlungen, die ohne direkten Leistungsbezug an kaufmännische und technische Angestellte bezahlt werden. Sie lassen sich meist nicht oder nur unter erheblichem Aufwand bestimmten Kostenträgern zuordnen, weshalb Gehälter in der Regel Gemeinkosten sind.

Was versteht man unter Personalnebenkosten?
Personalnebenkosten, die durch Verordnungen entstehen, werden **gesetzliche Personalnebenkosten** genannt. Zu ihnen gehören die Arbeitgeberanteile an der Renten-, Kranken-, Arbeitslosen- und Pflegeversicherung, die Insolvenzgeldumlage, die Beiträge zur gesetzlichen Unfallversicherung (Berufsgenossenschaft) sowie die Entgeltfortzahlung im Krankheitsfall und die bezahlten Feiertage.

Zu den **tariflichen Personalnebenkosten** gehören z. B. Urlaubs- und Weihnachtsgeld, tarifliche Altersversorgung und tarifliche Vermögensbildung. Hierbei handelt es sich um Sozialleistungen, die durch Tarifbestimmungen und Betriebsvereinbarungen festgelegt wurden.

Als **betriebliche Personalnebenkosten** bezeichnet man Kosten, die aufgrund von innerbetrieblichen Vereinbarungen oder Abmachungen entstehen, wie z. B. Fahrgeldzuschuss und Essensgeld.

Die **sonstigen Personalnebenkosten** beinhalten z. B. Abfindungen, Weiterbildung und Sonderkosten bei der Einstellung.

2.2.3 Wie werden Fremdleistungskosten sowie öffentliche Abgaben und Steuern behandelt?

Ein Unternehmen ist häufig auch auf andere Unternehmen angewiesen, die es (z. B. durch Serviceleistungen) unterstützen. Durch die Inanspruchnahme dieser Dienstleistung entstehen die Fremdleistungskosten. Sie werden aus den Zweckaufwendungen der Finanzbuchhaltung abgeleitet. Beispiele sind: Miete und Pacht, Leasingraten,

26 Steger, J., Kosten- und Leistungsrechnung, 2010, S. 206.

Reise- und Bewirtungskosten, Seminargebühren, Beratungsleistungen, Reparaturkosten, Transportkosten, Werbungskosten, Versicherungsbeiträge oder auch Telekommunikationsleistungen und IT-Dienstleistungen.

Nicht zu den Fremdleistungskosten zählen beispielsweise Strom, Gas, Wasser, da diese bei den Betriebsstoffen (Materialkosten) erfasst wurden.

Diese Beispiele zeigen, dass die Kosten nicht einmalig sind, weswegen die aus der Finanzbuchhaltung entnommenen Beträge zuerst gleichmäßig auf die Abrechnungsperioden verteilt werden müssen, um den Grundsätzen der Kostenrechnung nicht zu widersprechen.

Ferner werden auch öffentliche Abgaben als Fremdleistungskosten behandelt, obwohl hier bereits die bloße Möglichkeit der Inanspruchnahme der Dienstleistung bezahlt wird (vgl. unten den Punkt »Beiträge«).

Öffentliche Abgaben sind aufgrund gesetzlicher Vorschriften an öffentlich-rechtliche Körperschaften zu entrichten. Zu den öffentlichen **Abgaben** zählen:

Gebühren: Zahlungen für die Inanspruchnahme einer öffentlichen Dienstleistung wie Auskünfte oder auch die Müllabfuhr und die Wassergebühren.

Beiträge: Hierbei ist die Möglichkeit zur Inanspruchnahme der Dienstleistung zu bezahlen so z. B. die Beratungsleistung der Industrie- und Handelskammern, der Handwerkskammer oder eines Verbandes.

Steuern: Die Entgelte werden zur Finanzierung der Staatsaufgaben verwendet, es gibt jedoch keine Gegenleistung. **Kostensteuern** (z. B. Grundsteuer und Kfz-Steuer) sind Gemeinkosten und müssen vor oder zu Beginn des Geschäftsjahres geschätzt werden und danach auf die Abrechnungsperioden verteilt werden.

2.2.4 Was sind kalkulatorische Kosten?

Kalkulatorische Kostenarten sind Kosten, die sich nicht direkt aus den Zweckaufwendungen der Finanzbuchhaltung ableiten lassen. Sie werden entweder mit einem anderen Wert als in der FIBU angesetzt (Anderskosten) oder mithilfe von Sonderrechnungen neu ermittelt, weil sie in der FIBU nicht berücksichtigt werden (Zusatzkosten), vgl. Kapitel »Einführung in die Welt des kostenrechnerischen Denkens«.

Die folgende Grafik veranschaulicht die Differenzierung der Kostenarten[27]:

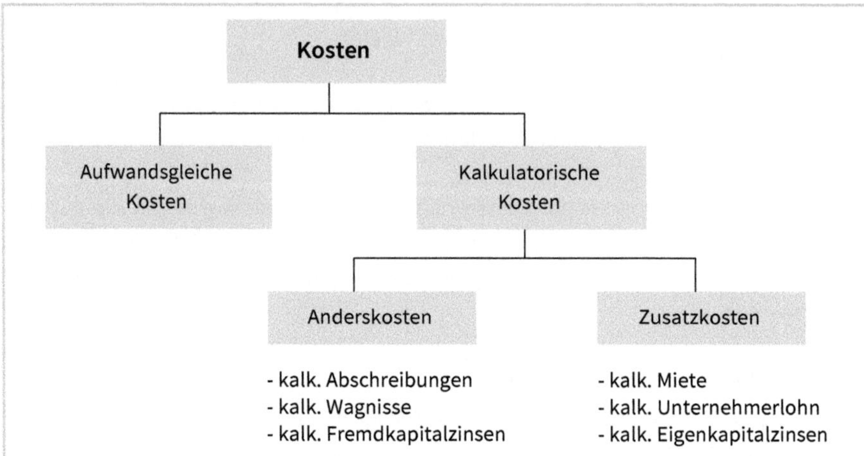

Abb. 25: Einteilung der kalkulatorischen Kosten

Was versteht man unter kalkulatorischen Abschreibungen?

Allgemein versteht man unter Abschreibungen die periodengerechte Verteilung einer einmaligen Ausgabe für begrenzt nutzbare materielle und immaterielle Gebrauchsgüter auf eine Anzahl von Nutzungsjahren. Die Art der Aufteilung variiert je nach Bereich des Rechnungswesens, in dem die Abschreibungen ermittelt werden sollen. Es wird zwischen zwei Arten der Abschreibung unterschieden:

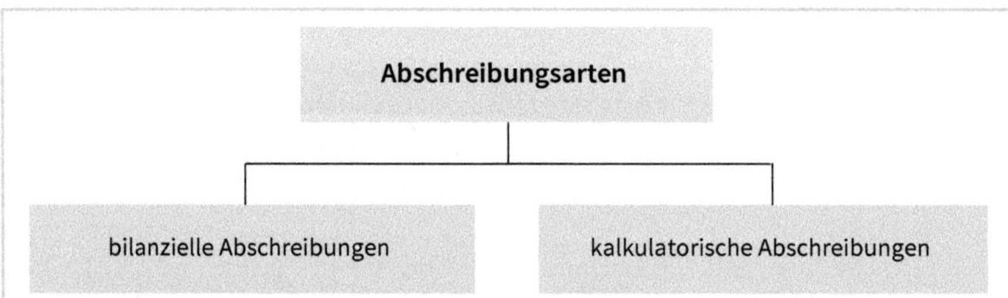

Abb. 26: Differenzierung zwischen bilanziellen und kalkulatorischen Abschreibungen

In der **Finanzbuchhaltung** darf nach dem Grundsatz der nominellen Kapitalwerterhaltung der Gesamtwert der Abschreibungen die Anschaffungs- oder Herstellungskosten nicht überschreiten. Die Dauer sowie die Art der Abschreibung unterliegen gesetzlichen Vorschriften.[28] Im Rahmen der **nominellen Kapitalwerterhaltung** wird

27 Däumler, K.-J.; Grabe, J., Kostenrechnung 1 – Grundlagen, 2008, S. 110.
28 Ebert, G., Kosten- und Leistungsrechnung, 2004, S. 41.

somit nicht berücksichtigt, dass die Wiederbeschaffungskosten für zu ersetzende Betriebsausstattungen ansteigen können.

Um innerhalb des Unternehmens die Wiederbeschaffung von Anlagegütern realisieren zu können, wird der Ansatz der sogenannten **substanziellen Kapitalerhaltung** in der **Kosten- und Leistungsrechnung** gewählt. Hierbei werden die bilanziellen Abschreibungen der Finanzbuchhaltung durch kalkulatorische Abschreibungen ersetzt. Dadurch kann der effektive Werteverzehr möglichst verursachungsgerecht ermittelt werden und in die Kalkulation mit eingehen. Ziel dieser Vorgehensweise ist es, nach Ablauf der Nutzungsdauer eines Gutes, unter Berücksichtigung von Preiserhöhungen, ein neues Gut finanzieren zu können.

Im Allgemeinen wird die Abschreibung durch folgende drei Größen bestimmt:

Unterschiede zwischen bilanzieller und kalkulatorischer Abschreibung[29]

Abschreibungsart / Parameter	Bilanzielle Abschreibung	Kalkulatorische Abschreibung
Abschreibungsbasis	**nominelle** Kapitalerhaltung: Anschaffungs- oder Herstellungskosten	**substanzielle** Kapitalerhaltung: Wiederbeschaffungskosten
Abschreibungsdauer	AfA-Tabellen	geschätzte wirtschaftliche Nutzungsdauer
Abschreibungszweck	Bilanzpolitik	Substanzerhaltung
Abschreibungsverfahren	Zeitabschreibung/Leistungsabschreibung	frei wählbar, meistens lineare Zeitabschreibung
Überschreiten der Nutzungsdauer	i. d. R. keine weiteren Abschreibungen	Fortführung der Abschreibungsverrechnung bis Aussonderung

Tab. 26: Unterschiede zwischen bilanzieller und kalkulatorischer Abschreibung

Die Höhe der Abschreibung ist im Wesentlichen von drei Faktoren abhängig:

- der Abschreibungsbasis (abzuschreibender Betrag),
- der Nutzungsdauer und
- dem Abschreibungsverfahren.

Abschreibungsbasis (abzuschreibender Betrag)

Hier ist bei den kalkulatorischen Abschreibungen von den Wiederbeschaffungskosten auszugehen. Damit wird gewährleistet, dass beim Ausscheiden des Betriebsmit-

29 In Anlehnung an: Ebert, G., Kosten- und Leistungsrechnung, 2004, S. 42.

tels von der Summe der Abschreibungsgegenwerte eine Ersatzinvestition finanziert werden kann (Prinzip der substanziellen Kapitalerhaltung). Eventuell ist noch ein Restverkaufserlös zu berücksichtigen, falls dieser im Verhältnis zu den Wiederbeschaffungskosten bedeutsam ist. Falls die Wiederbeschaffungskosten nicht ermittelt werden können, stellen die Anschaffungs- oder Herstellungskosten die Abschreibungsbasis dar.

Nutzungsdauer

Der Leistungszeitraum eines Vermögensgegenstands entspricht der wirtschaftlichen Nutzungsdauer. Wird das Gesamtnutzungspotenzial festgelegt, führt dies zu einer Leistungsabschreibung, wohingegen ein Festlegen der Nutzungsdauer zu den zeitabhängigen Abschreibungsverfahren führt. Man orientiert sich dabei an der wirtschaftlichen Nutzungsdauer, die durch Schätzungen ermittelt wird, wobei Erfahrungswerte aus der Vergangenheit, branchenübliche Werte oder Angaben der Hersteller nützlich sein können. Kalkulatorische Abschreibungen werden so lange berechnet, wie das Gut tatsächlich genutzt wird – unabhängig von der zuvor festgelegten Nutzungsdauer.

Die Abschreibungsverfahren

Die folgende Grafik gibt Ihnen einen Überblick über die verschiedenen Abschreibungsverfahren[30]. Es hängt von den jeweiligen Verfahren ab, wie der abzuschreibende Betrag auf die Nutzungsdauer zu verteilen ist:

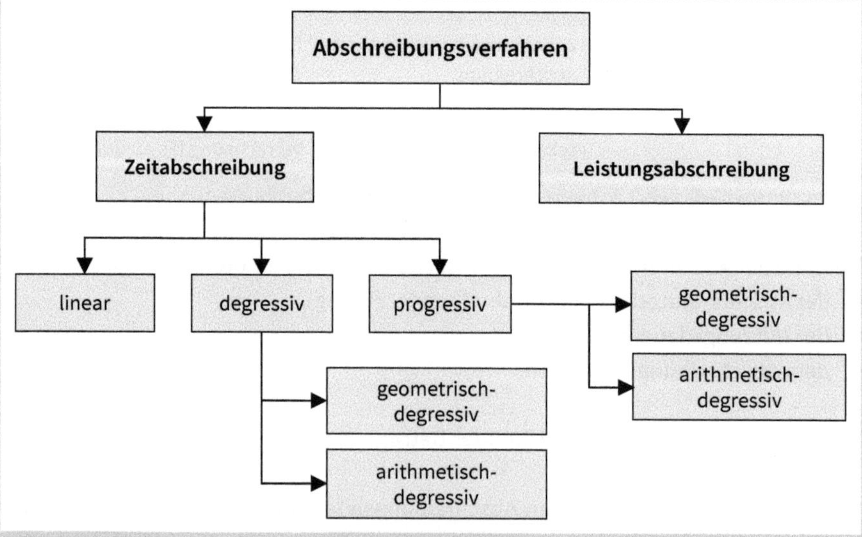

Abb. 27: Überblick über die relevanten Abschreibungsverfahren

30 In Anlehnung an: Heinhold, M., Kosten- und Erfolgsrechnung in Fallbeispielen, 2001, S. 123.

Bei der **Leistungsabschreibung** wird die Abschreibungssumme entsprechend der tatsächlichen Inanspruchnahme auf die einzelnen Abrechnungsperioden verteilt. Folglich sind Leistungsabschreibungen variable Kosten, da die Höhe des Abschreibungsbetrags durch den Beschäftigungsgrad beeinflusst wird.

Der Leistungsabschreibungsbetrag wird folgendermaßen ermittelt:

$$\text{Abschreibungsbetrag}\,(a_t) = \frac{A - RW_n}{\text{Gesamtleistung}} \times \text{Periodenleistung}$$

a_t = Abschreibungsbetrag pro Periode t
A = Abschreibungsbasis (Wiederbeschaffungs- bzw. Anschaffungs- oder Herstellungskosten)
RW_n = Restwert (Restverkaufserlös) am Ende der Nutzungsdauer

Beispiel: Leistungsabschreibung

Die voraussichtlichen Wiederbeschaffungskosten einer Produktionsmaschine betragen 40.000 €, der Restverkaufserlös wird auf 6.000 € geschätzt. Die voraussichtliche Nutzungsdauer beträgt 25.000 Betriebsstunden. In der aktuellen Periode war die Maschine 500 Stunden (h) in Betrieb. Es wird der Abschreibungsbetrag berechnet:

$$\text{Abschreibungsbetrag} = \frac{40.000\ € - 6.000\ €}{25.000\ h} \times 500\ h/\text{Jahr} = 680\ €/\text{Jahr}$$

Bei den **Zeitabschreibungen** wird die Abschreibungssumme auf die einzelnen Abrechnungsperioden verteilt, wobei der Betrag unabhängig von der erstellten Leistung und somit unabhängig vom Beschäftigungsgrad ist. Folglich stellen Zeitabschreibungen fixe Kosten dar.

Bei den Zeitabschreibungen unterscheidet man im Wesentlichen zwischen:

- **linearer** Abschreibung: gleichbleibende Abschreibungsbeträge
- **degressiver** Abschreibung: fallende Abschreibungsbeträge
  - **geometrisch-degressive Abschreibung:** Es kommt zu jährlich fallenden Abschreibungsbeträgen, wobei die Abschreibungsbeträge eine unendliche geometrische Reihe bilden. Der abzuschreibende Betrag ergibt sich, indem man einen konstanten Prozentsatz auf den jeweiligen Restbuchwert bezieht.
  - **arithmetisch-degressive Abschreibung (digitale Abschreibung):** Es fallen die Abschreibungsbeträge jährlich stets um den gleichen Degressionsbetrag.
- **progressiver** Abschreibung: steigende Abschreibungsbeträge (nicht praxisrelevant)

Wie funktioniert die lineare kalkulatorische Abschreibung?

Die lineare Abschreibung ist die Standardabschreibungsmethode in der Kostenrechnung, da sie am besten einen Periodenvergleich gewährleistet. Bei der linearen Abschreibung wird der abzuschreibende Betrag (A) gleichmäßig als Kosten auf die Nutzungsdauer verteilt. Ist nach Ablauf der Nutzungsdauer ein Restwert (Restverkaufserlös) für einen Vermögensgegenstand vorhanden, wird er von der Abschreibungssumme abgezogen. Der jährlich gleichbleibende Abschreibungsbetrag berechnet sich wie folgt:[31]

$$a_t = \frac{A - RW_n}{n}$$

a_t = Abschreibungsbetrag der Periode (t) (Jahr)
A = Abschreibungsbasis (Wiederbeschaffungskosten bzw. Anschaffungs- oder Herstellungskosten)
RW_n = Restwert (Restverkaufserlös) am Ende der Nutzungsdauer
n = wirtschaftliche Nutzungsdauer (in Jahren)

Die folgende Grafik zeigt den Verlauf von Abschreibungsbeträgen und Restbuchwert bei linearer Abschreibung[32]:

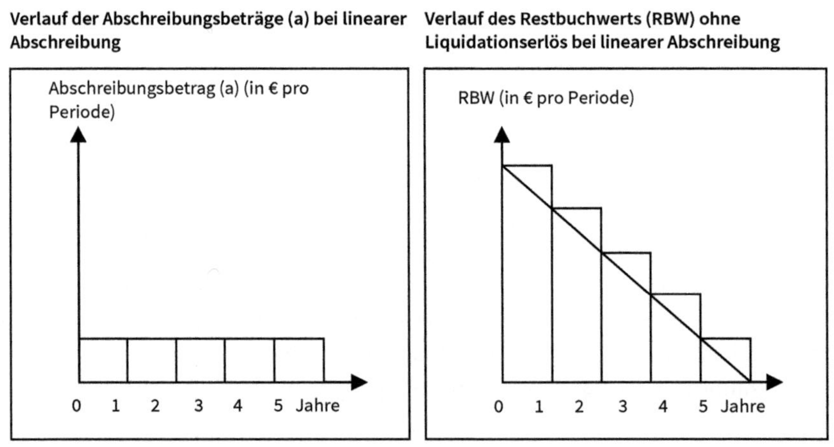

Abb. 28: Lineare Abschreibung und Restbuchwert

31 Däumler, K.-J.; Grabe, J., Kostenrechnung 1 – Grundlagen, 2008, S. 133.
32 Heinhold, M., Kosten- und Erfolgsrechnung in Fallbeispielen, 2001, S. 124.

Die **Wahl des Abschreibungsverfahrens** in der Kostenrechnung sollte sich am Verursachungsprinzip orientieren, damit die tatsächliche Wertminderung des Vermögensgegenstandes erfasst wird. Die Leistungsabschreibung entspricht diesem Prinzip am ehesten, jedoch ist es hierbei schwierig, die tatsächliche Inanspruchnahme zu erfassen. Außerdem können die Abschreibungsbeträge von Periode zu Periode erheblich schwanken.

Aus diesem Grund wählt man in der Unternehmenspraxis fast ausschließlich die **lineare Abschreibung**, welche die einzelnen Abschreibungsperioden gleichmäßig belastet und eine aussagefähige Kostenrechnung im Hinblick auf Kostenkontrolle und Kostenvergleichbarkeit ermöglicht.

Beispiel: Kalkulatorische lineare Abschreibung

Für eine Maschine, die für 95.000 € gekauft wurde, werden am Ende der Nutzungsdauer von vier Jahren die Wiederbeschaffungskosten (WBK) voraussichtlich 110.000 € betragen. Es wird von einem Restwert (Restverkaufserlös) von 10.000 € ausgegangen. Wie hoch der kalkulatorische Abschreibungsbetrag pro Jahr bei linearer Abschreibung ist, zeigt die folgende Lösung:

$$\text{Lösung: kalk. Abschreibung} = \frac{\text{WBK} - \text{RW}_n}{n} = \frac{110.000\,€ - 10.000\,€}{4\text{ Jahre}} = 25.000\,€/\text{Jahr}$$

Wie funktioniert die geometrisch-degressive Abschreibung?

Der jährliche Abschreibungsbetrag (a_t) berechnet sich aus einem festen Prozentsatz (z. B. 25 %) im ersten Nutzungsjahr vom Abschreibungsausgangsbetrag und in den folgenden Jahren vom jeweiligen Restwert. Es verbleibt am Ende der Nutzungsdauer grundsätzlich ein Restbetrag. Im letzten Nutzungsjahr ist eine Sonderabschreibung in Höhe des Restwertes vorzunehmen. Die geometrisch-degressive Abschreibung (Restwertabschreibung), auch Buchwertabschreibung genannt, hat wenig Relevanz in der Kostenrechnung. Falls man am Ende der geplanten Nutzungsdauer bei der geometrisch-degressiven Abschreibung mit einem Restwert (Restverkaufserlös) rechnet, kann der prozentuale Abschreibungssatz (p) wie folgt ermittelt werden:

$$\text{Abschreibungssatz (p)} = \left(1 - \sqrt[n]{\frac{\text{Restwert}}{\text{Wiederbeschaffungskosten bzw. (Anschaffungs- oder Herstellungskosten)}}}\right) \times 100$$

Die Höhe des Abschreibungssatzes (p) wird vom Restwert (RW_n) beeinflusst.

Der jährlich abnehmende Abschreibungsbetrag (a_t) ergibt sich aus:

$$\text{Abschreibungbetrag}\,(a_t) = \text{Abschreibungssatz(p)} \times \text{Restbuchwert}_{t-1}$$

Beispiel: Geometrisch degressive Abschreibung

Die Anschaffungskosten einer Maschine betragen 66.000 €. Der Restwert der Maschine beträgt nach sechs Jahren schätzungsweise 12.000 €.

Der Abschreibungsprozentsatz (p) der Maschine wird wie folgt berechnet:

$$\text{Abschreibungsprozentsatz (p)} = \left(1 - \sqrt[6]{\frac{12.000\ €}{66.000\ €}}\right) \times 100 = 24,7327206\ \%$$

Der Rest(buch)wert entwickelt sich bei einem Abschreibungsprozentsatz (p) von 24,73 % wie folgt:

Jahr	Abschreibungsbetrag	Restwert
0		66.000,00 €
1	16.323,60 €	49.676,40 €
2	12.286,33 €	37.390,07 €
3	9.247,58 €	28.142,49 €
4	6.960,40 €	21.182,09 €
5	5.238,91 €	15.943,18 €
6	3.943,18 €	12.000,00 €

Wie funktioniert die arithmetisch-degressive Abschreibung?

Bei diesem Abschreibungsverfahren wird unterstellt, dass die jährlichen Abschreibungsbeträge von Periode zu Periode immer um den gleichen Betrag fallen. Dieser Degressionsbetrag wird berechnet, indem zunächst aus der geschätzten Nutzungsdauer die Summe einer arithmetischen Reihe ($s_n = 1 + 2 + ... + n$ Nutzungsjahre) gebildet wird und dann der Abschreibungsausgangsbetrag (Wiederbeschaffungskosten (WBK) bzw. Anschaffungs- oder Herstellungskosten abzüglich eines Restwerts) durch den Summenwert dividiert wird. Der **Degressionsbetrag (D)** wird wie folgt berechnet:

$$\text{Degressionsbetrag (D)} = \frac{\text{Abschreibungsausgangsbetrag}}{\text{Summenwert}} = \frac{\text{WBK} - \text{RW}_n}{\frac{n \times (n+1)}{2}}$$

oder

$$\text{Degressionsbetrag (D)} = \frac{A}{s_n} = \frac{A}{\frac{n \times (n+1)}{2}} \quad \text{bzw.} \quad D = \frac{A - RW_n}{s_n} \quad \text{bzw.} \quad D = \frac{A - RW_n}{1+2+3+...+n}$$

Der jährliche **Abschreibungsbetrag (a_t)** wird ermittelt, indem der Degressionsbetrag (D) mit den Werten der Nutzungsjahre in umgekehrter Reihenfolge multipliziert wird:

Abschreibungsbetrag (a_t) = Degressionsbetrag x Restnutzungsdauer zum Jahresbeginn

Beispiel: Arithmetisch degressive Abschreibung

Die Anschaffungskosten einer Maschine betragen 75.000 €. Der Restwert (Restverkaufserlös) der Maschine beträgt nach fünf Jahren schätzungsweise 15.000 €.

Der Degressionsbetrag (D) der Maschine wird wie folgt berechnet:

$$\text{Degressionsbetrag (D)} = \frac{75.000\text{ €} - 15.000\text{ €}}{(1+2+3+4+5)} = 4.000\text{ €}$$

Die Abschreibungsbeträge und Restwerte der Maschine haben folgenden Verlauf:

Jahr	Abschreibungsbetrag (a_t)	Restwert
0		75.000 €
1	(5 x 4.000 €) = 20.000 €	55.000 €
2	(4 x 4.000 €) = 16.000 €	39.000 €
3	(3 x 4.000 €) = 12.000 €	27.000 €
4	(2 x 4.000 €) = 8.000 €	19.000 €
5	(1 x 4.000 €) = 4.000 €	15.000 €

Wie berechnet man die Wiederbeschaffungskosten?

Die Wiederbeschaffungskosten werden in der Kostenrechnung gerne angesetzt, da die in den Produktpreis kalkulierten Abschreibungen über die Jahre, d. h. über den Umsatzprozess verdient werden sollen. Am Ende der Nutzungsdauer muss eine Ersatzinvestition durchgeführt werden. Das dafür benötigte Geld sollte während der Nutzungsdauer über die kalkulatorischen Abschreibungen zu Wiederbeschaffungskosten verdient worden sein.

Bei relativ neuen Maschinen (Anlagen) ist die Ermittlung der Wiederbeschaffungskosten im Allgemeinen einfach, da die Wiederbeschaffungskosten (Tagespreis) noch annähernd mit den Anschaffungskosten übereinstimmt. In den meisten anderen Fällen könnte man die Wiederbeschaffungskosten nach folgenden Verfahren ermitteln:

- Durchführung eines Preisvergleichs mit ähnlichen Maschinen, falls entsprechende Unterlagen (z. B. Kataloge und Preislisten der Hersteller) vorhanden sind.
- Einholen von Angeboten bei den Herstellern.
- Hochrechnung von Anschaffungswerten mithilfe von Preisindizes: Die Verteuerung wird über Preisindizes festgestellt, die auf einer genormten Zahlenreihe (Basisjahr = 100,0) beruhen und vom Statistischen Bundesamt bzw. von Branchenverbänden, wie dem VDMA, bereitgestellt werden.[33]

Die **Wiederbeschaffungskosten** können mit folgender Formel berechnet werden:

$$\text{Wiederbeschaffungskosten} = \text{Anschaffungskosten} \times \frac{\text{Index der Bewertungsperiode}}{\text{Index der Anschaffungsperiode}}$$

Beispiel: Prozentuale Preisentwicklung

Die folgende Tabelle zeigt die prozentuale Preisentwicklung einer Werkzeugmaschine mit einer Nutzungsdauer von acht Jahren, die im Jahr 02 für 265.500 € angeschafft wurde. Es sollen die Wiederbeschaffungskosten für das sechste Jahr und die Abschreibung ermittelt werden.

Jahr	Preisindex
0	100,0
1	103,5
2	106,2
3	108,0
4	111,5
5	115,4
6	120,0

$$\text{Wiederbeschaffungskosten (WBK) im Jahr 06} = 265.500 \text{ €} \times \frac{120{,}0}{106{,}2} = 300.000 \text{ €}$$

33 Schmidt, A., Kostenrechnung, 2017, S. 68.

Im nächsten Schritt wird die kalkulatorische Abschreibung für das Jahr 06 berechnet.

$$\text{kalk. Abschreibung im sechsten Jahr} = \frac{WBK}{n} = \frac{300.000\,€}{8\text{ Jahre}} = 37.500\,€$$

Im Jahr 06 werden kalkulatorische Abschreibungen in Höhe von 37.500 € verrechnet.

Was versteht man unter kalkulatorischen Zinsen?

Zinsen sind Entgelte für überlassenes Kapital. In der Gewinn- und Verlustrechnung eines Unternehmens werden nur die Fremdkapitalzinsen mit in die Rechnung einbezogen. Dagegen werden in der Kostenrechnung Zinsen für das **betriebsnotwendige Kapital** verrechnet, also sowohl Fremdkapital- als auch Eigenkapitalzinsen. Das geschieht aus folgenden Gründen:

Wenn ein Kunde Geld bei einer Bank anlegt, erhält er für die Bereitschaft, sein Kapital zur Verfügung zu stellen, Zinsen. Im Gegensatz dazu erhält ein Unternehmer, der Eigenkapital in seinen Betrieb einbringt, keinen garantierten Zinsertrag. Er kann nur darauf hoffen, dass sich sein Eigenkapital durch eine erfolgreiche Wirtschaftstätigkeit vermehrt. Hier kommt der Opportunitätsgedanke ins Spiel. Hätte der Unternehmer sein Kapital anderswo gewinnbringend angelegt, hätte er einen Ertrag erzielt. Durch den Ansatz von kalkulatorischen Zinsen auf das gesamte **betriebsnotwendige Kapital** soll dieser entgangene Nutzen berücksichtigt werden. Bei den kalkulatorischen Zinsen für das Eigenkapital handelt es sich um Zusatzkosten, die Zinsen für das Fremdkapital stellen hingegen Anderskosten dar.

Wie werden kalkulatorische Zinsen berechnet?

Die kalkulatorischen Zinsen berechnen sich nach folgender Formel:

Kalkulatorische Zinsen = betriebsnotwendiges Kapital x Kalkulationszinssatz

Die kalkulatorischen Zinsen beziehen sich nur auf das betriebsnotwendige Kapital, d. h. auf das Kapital, das für die betriebliche Leistungserstellung verwendet wird. Für die Berechnung der kalkulatorischen Zinsen muss daher das betriebsnotwendige Kapital ermittelt und ein Kalkulationszinssatz festgelegt werden. Bei der Ermittlung des Kalkulationszinssatzes orientiert man sich meistens am sogenannten WACC (Weighted Average Cost of Capital). Dieser ist ein Mischzinssatz aus Eigen- und Fremdkapitalzinssatz und wird folgendermaßen berechnet:

$$WACC = i_{Eigen} \times \frac{EK}{GK} + i_{Fremd} \times \frac{FK}{GK}$$

WACC = gewogener Durchschnittszinssatz (Weighted Average Cost of Capital)
EK = (Marktwert des) Eigenkapital(s)
FK = (Marktwert des) Fremdkapital(s)
GK = (Marktwert des) Gesamtkapital(s)
i_{Eigen} = Eigenkapitalzinssatz
i_{Fremd} = Fremdkapitalzinssatz

Beispiel: Ermittlung des Kalkulationszinssatzes (i)

Ein Handelsunternehmen finanziert sich mit 100.000 € Eigenkapital (Marktwert) und 400.000 € Fremdkapital (Marktwert). Das Fremdkapital wird mit 5 % verzinst, während die Eigenkapitalverzinsung ähnlicher Unternehmen durchschnittlich 20 % beträgt. Der Kalkulationszinssatz (i) wird mithilfe des WACC-Ansatzes berechnet.

$$\text{Kalkulationszinssatz (i)} = 20\,\% \times \frac{100.000\,€}{500.000\,€} + 5\,\% \times \frac{400.000\,€}{500.000\,€} = 8\,\%$$

Wie ermittelt man das betriebsnotwendige Kapital?

In der Regel wird das betriebsnotwendige Kapital aus den in der Bilanz aufgeführten Vermögenswerten abgeleitet. Dabei müssen die nicht betriebsnotwendigen Vermögensteile eliminiert werden. Das betriebsnotwendige Vermögen ergibt sich aus dem betriebsnotwendigen Anlage- und Umlaufvermögen. Das Anlagevermögen setzt sich aus abnutzbarem und nicht abnutzbarem Vermögen zusammen. Das nicht abnutzbare Vermögen geht mit den Anschaffungs- oder Herstellungskosten (AHK) in die Berechnung ein. Im Gegensatz dazu wird das abnutzbare Vermögen nur mit den halben Anschaffungs- oder Herstellungskosten (AHK) berechnet.

Das betriebsnotwendige Kapital erhält man, indem vom betriebsnotwendigen Vermögen das sogenannte Abzugskapital abgezogen wird. Beim Abzugskapital handelt es sich um zinsfrei zur Verfügung gestelltes Fremdkapital (z. B. Lieferantenverbindlichkeiten, erhaltene Anzahlungen, Rückstellungen).[34]

Durchschnittlich gebundenes betriebsnotwendiges Kapital
Anlagevermögen aus der Bilanz; es setzt sich zusammen aus • abnutzbarem Anlagevermögen bewertet zu Durchschnitts- oder Restwerten • nicht abnutzbarem Anlagevermögen bewertet zu Anschaffungs- oder Herstellungskosten

34 Däumler, K.-J.; Grabe, J., Kostenrechnung 1 – Grundlagen, 1996, S. 178-180.

+	Umlaufvermögen aus der Bilanz (bewertet zu kalkulatorischen Durchschnittswerten)
-	nicht betriebsnotwendiges Vermögen (vermietet, verpachtet)
+	nicht ausgewiesenes, betriebsnotwendiges Anlagevermögen
+	nicht ausgewiesenes, betriebsnotwendiges Umlaufvermögen
=	**durchschnittlich betriebsnotwendiges Vermögen (BNV)**
-	Abzugskapital (= zinsfrei zur Verfügung gestelltes Fremdkapital, z. B. Kundenanzahlungen, Lieferantenverbindlichkeiten, zinsfreie Darlehen, kurzfristige Rückstellungen)
=	**durchschnittlich betriebsnotwendiges Kapital (BNK)**

Tab. 27: Ermittlung des durchschnittlich betriebsnotwendigen Kapitals[35]

Das Ermittlungsschema zeigt, dass die einzelnen Positionen mithilfe der Bilanz ermittelt werden können, wobei jedoch in der Regel die Zahlen aus zwei Gründen nicht direkt übernommen werden können:

- In der Bilanz sind auch nicht betriebsnotwendige Vermögensposten enthalten, die bei der Ermittlung des betriebsnotwendigen Kapitals nicht berücksichtigt werden dürfen.
- Die Posten des Anlage- und des Umlaufvermögens werden in der Bilanz nach anderen Vorschriften bewertet – nämlich nach Handels- bzw. Steuerrecht –, als es für die Kostenrechnung erforderlich ist.

Daher sind einige Schritte notwendig, um ausgehend von der Bilanz das betriebsnotwendige Kapital zu ermitteln:

1. Eliminieren aller nicht betriebsnotwendigen Vermögensposten wie z. B. ungenutzte oder fremdgenutzte Gebäude, vermietete und verpachtete Anlagen, Anlagen in Bau, nicht betriebsnotwendige Finanzanlagen, Wertpapiere des Umlaufvermögens, stillgelegte Betriebsabteilungen und Anlagen.
2. Hinzufügen von nicht in der Bilanz vermerkten, aber dennoch betriebsnotwendigen Vermögensgegenständen (= stille Reserven), z. B. geringwertige Wirtschaftsgüter, vollständig abgeschriebene, aber noch genutzte Maschinen.
3. Bewertung der übrig gebliebenen Posten des betriebsnotwendigen Anlage- und Umlaufvermögens mit folgenden Wertansätzen:
   - **Nicht abnutzbares Anlagevermögen** wie z. B. Grundstücke oder Beteiligungen mit ihren Anschaffungskosten.
   - **Umlaufvermögen:** Da die Positionen des Umlaufvermögen innerhalb einer Abrechnungsperiode ständigen Schwankungen unterworfen sind, ist es sinnvoll, den durchschnittlichen Bestand (= Mittelwert aus Jahresanfangsbestand und Jahresendbestand oder Jahresanfangsbestand zuzüglich 12 Monatsend-

35 In Anlehnung an Steger, J., Kosten- und Leistungsrechnung, 2010, S. 241.

bestände dividiert durch 13) zu ermitteln und mit den Anschaffungs- oder Herstellungswerten zu bewerten.

- **Abnutzbares Anlagevermögen**: Die Bewertung kann nach zwei Methoden erfolgen:
  der **Durchschnittswertmethode** (konstante Wertansätze und damit gleichbleibende kalkulatorische Zinsen) oder
  der **Restwertmethode** (fallende Wertansätze und damit fallende kalkulatorische Zinsen).

Durchschnittswertmethode

Bei der **Durchschnittswertmethode** werden beim abnutzbaren Anlagevermögen die kalkulatorischen Zinsen auf Basis der halben Anschaffungs- oder Herstellungskosten zuzüglich eines erwarteten Restwerts (Restverkaufserlöses) berechnet, denn dieser sich ergebende Betrag ist bei linearer Abschreibung während der gesamten Nutzungsdauer durchschnittlich im Unternehmen gebunden.[36] Die Durchschnittswertmethode hat den Vorteil, dass die kalkulatorischen Zinsen von der Altersstruktur des abnutzbaren Anlagevermögens unabhängig sind. Damit werden alle Teilperioden gleichmäßig mit kalkulatorischen Zinsen belastet.[37]

Das abnutzbare Anlagevermögen wird in der Praxis zumeist nach der Durchschnittswertmethode bewertet. Das durchschnittlich gebundene Kapital wird wie folgt berechnet, wenn man von einer linearen Abnahme der Kapitalbindung von den Anschaffungs- oder Herstellungskosten (zu Beginn der Nutzung) bis zum Restwert bzw. Restverkaufserlös (am Ende der Nutzungsdauer) ausgeht:

$$DGK = \frac{AHK - RW_n}{2} + RW_n = \frac{AHK + RW_n}{2}$$

DGK = durchschnittlich gebundenes Kapital beim abnutzbaren Anlagevermögen
AHK = Anschaffungs- oder Herstellungskosten
RW_n = Restwert bzw. Restverkaufserlös am Ende der Nutzungsdauer

36 Freidank, C.-C., Kostenrechnung, 2012, S. 127.
37 Kilger, W., Einführung in die Kostenrechnung, 1987, S. 136 f.

Die folgende Abbildung zeigt die idealtypische Entwicklung der Kapitalbindung:

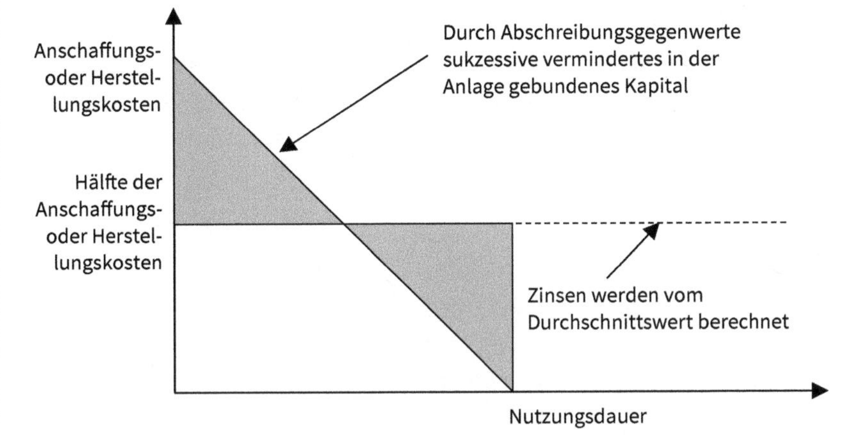

Abb. 29: Durchschnittswertverzinsung des abnutzbaren Anlagevermögens

Die kalkulatorischen Zinsen nach der **Durchschnittswertmethode** werden wie folgt berechnet:

$$z_t = \frac{AHK + RW_n}{2} \times i$$

z_t = kalkulatorische Zinsen in der Periode t (t = 1, ..., n)
i = Kalkulationszinssatz

Restwertmethode

Bei der Restwertmethode wird für jede Periode ein neuer durchschnittlicher Restwert berechnet, der in die Bestimmung des betriebsnotwendigen Kapitals eingeht. Da die Restwerte in jeder Periode abnehmen, verringern sich in jeder Periode auch die kalkulatorischen Zinsen. Die kalkulatorischen Zinsen einer Periode für einen Vermögensgegenstand können wie folgt ermittelt werden:

$$z_t = \frac{RW_{t-1} + RW_t}{2} \times i$$

RW_t = Restwert der Periode (t)

Das folgende Beispiel zeigt den Unterschied zwischen der Durchschnittswertmethode und der Restwertmethode im Zusammenhang mit dem abnutzbaren Anlagevermögen.

Beispiel: Durchschnitts- und Restwertmethode

Die Anschaffungskosten für eine Maschine betrugen 180.000 €. Der Restwert (Restverkaufserlös) am Ende der Nutzungsdauer beträgt 60.000 €. Die Maschine hat eine Nutzungsdauer von 6 Jahren und der kalkulatorische Zinssatz beträgt 10 %. Zunächst werden die durchschnittliche Kapitalbindung und die kalkulatorischen Zinsen (für sämtliche Perioden der Nutzungsdauer) nach der Durchschnittswertmethode berechnet:

$$DGK = \frac{180.000\,€ + 60.000\,€}{2} = 120.000\,€$$

$$z_t = \frac{180.000\,€ + 60.000\,€}{2} \times 0{,}1 = 12.000\,€$$

Berechnung nach der Restwertmethode:

Zunächst wird die jährliche kalkulatorische Abschreibung berechnet.

$$\text{kalk. Abschreibung} = \frac{AW - RW_n}{n} = \frac{180.000\,€ - 60.000\,€}{6\text{ Jahre}} = 20.000\,€/\text{Jahr}$$

Nach der Restwertmethode ergibt sich folgende Entwicklung der kalkulatorischen Zinsen:

$$z_1 = \frac{180.000 + 160.000}{2} \times 0{,}1 = 17.000\,€$$

$$z_2 = \frac{160.000 + 140.000}{2} \times 0{,}1 = 15.000\,€$$

$$z_3 = \frac{140.000 + 120.000}{2} \times 0{,}1 = 13.000\,€$$

$$z_4 = \frac{120.000 + 100.000}{2} \times 0{,}1 = 11.000\,€$$

$$z_5 = \frac{100.000 + 80.000}{2} \times 0{,}1 = 9.000\,€$$

$$z_6 = \frac{80.000 + 60.000}{2} \times 0{,}1 = 7.000\,€$$

Es ist erkennbar, dass die Zinsen bei der Restwertmethode im Zeitablauf proportional zur Verringerung des Restwertes (bzw. Restbuchwertes) abnehmen.

Bewertung und Zinsermittlung von Vermögensgegenständen des Anlagevermögens – welches Verfahren ist geeignet?

Die Restwertmethode ist wesentlich aufwendiger als die Durchschnittswertmethode. Die kalkulatorischen Zinsen entwickeln sich je nach Verfahren unterschiedlich:

- Bei der **Durchschnittswertmethode** werden die Zinsen über alle Perioden gleichmäßig verrechnet.
- Die **Restwertmethode** führt bei denselben Produktionsbedingungen bei der Vollkostenrechnung jährlich zu verschiedenen Stückkosten, da sich die kalkulatorischen Zinsen jeweils ändern. Kostenstellen, in denen neue Betriebsmittel eingesetzt werden, werden stärker mit kalkulatorischen Zinsen belastet als Kostenstellen, die mit älteren Maschinen arbeiten. Dieser Nachteil wirkt sich in einer Teilkostenrechnung (Grenzkostenrechnung) nicht aus, da die kalkulatorischen Zinsen auf das Anlagevermögen als fixe Kosten nicht in die Kalkulationssätze der Teilkostenrechnung eingehen.

Für die kalkulatorischen Zinsen werden die Vermögensgegenstände folgendermaßen bewertet:

Bewertung der betriebsnotwendigen Vermögensgegenstände		
Vermögensgegenstände	**Beispiele**	**Bewertung**
nicht abnutzbares Anlagevermögen	Beteiligungen, Grundstücke	Anschaffungs- oder Herstellungskosten (AHK) aus der Bilanz
Durchschnittswertmethode abnutzbares Anlagevermögen	Maschinen, Fuhrpark, Gebäude, BGA	durchschnittlich gebundener Betrag = $\frac{AHK}{2}$ oder falls mit Restwert $\frac{AHK + RW_n}{2}$ Die Anwendung dieser Methode führt unter Annahme der linearen Abschreibung zu einer gleichmäßigen Belastung der einzelnen Abrechnungsperioden.
Restwertmethode abnutzbares Anlagevermögen	Maschinen, Fuhrpark, Gebäude, BGA	durchschnittlicher Restwert der Periode t = Kapitalbindung pro Periode $= \frac{RW_{t-1} + RW_t}{2}$
Umlaufvermögen	RHB-Stoffe, Waren, unfertige oder fertige Erzeugnisse, Kassenbestand, Bankguthaben, Forderungen	Da diese Positionen im Verlauf einer Abrechnungsperiode meist starken Schwankungen unterworfen sind, wird der Durchschnittsbestand der Periode bewertet. Durchschnittsbestand = $\frac{\text{Anfangsbestand + Endbestand der Periode}}{2}$ oder $\frac{\text{Jahresanfangsbestand + 12 Monatsendbestände}}{13}$

Tab. 28: Bewertung des betriebsnotwendigen Vermögens

Das **betriebsnotwendige Umlaufvermögen** sollte zu den in der Abrechnungsperiode durchschnittlich gebundenen Werten (= kalkulatorische Mittelwerte) bewertet werden. Dadurch können Schwankungen der Zinskosten im Zeitablauf, die die Planungs- und Kontrollfunktion der Kostenrechnung stören, vermieden werden.

Was ist das Abzugskapital?

Zum sogenannten Abzugskapital zählt das Fremdkapital, das der Unternehmung zinslos zur Verfügung gestellt wurde. Beispiele dazu sind Lieferantenkredite (ohne Skontierungsmöglichkeit), Kundenanzahlungen, sonstige Verbindlichkeiten, kurzfristige Rückstellungen.

In der betrieblichen Praxis spielt es allerdings eine untergeordnete Rolle, da mit den Anzahlungen und Lieferantenkrediten oft Erlösminderungen in Form von Preisnachlässen oder der Verlust des Skontoabzugs verbunden sind; es handelt sich also in den meisten Fällen nur um scheinbar zinsloses Kapital.

Beispiel: Ermittlung der kalkulatorischen Zinsen

Das Beispiel veranschaulicht, wie das betriebsnotwendige Kapital und die kalkulatorischen Zinsen der Schmidt OHG ermittelt werden. Die folgende Aufstellung listet das Vermögen der Schmidt OHG auf. Es wurde von einem Zinssatz in Höhe von 10 % ausgegangen:

Anmerkungen: Bei den Beteiligungen handelt es sich um nicht betriebsnotwendige Finanzanlagen. Außerdem werden Grundstücke im Wert von 50.000 € an einen Landwirt verpachtet. Zusätzlich wird ein Fahrzeug, das mit 10.000 € in der Bilanz aufgeführt wird, ausschließlich für private Fahrten in Anspruch genommen. Die liquiden Mittel werden nur zu 75 % betrieblich genutzt.

Anlagevermögen	
Grundstücke	270.000 €
Maschinen	140.000 €
Fuhrpark	50.000 €
Beteiligungen	60.000 €
durchschnittliches Umlaufvermögen	
durchschnittlicher Bestand an Roh-, Hilfs- und Betriebsstoffen	38.000 €
durchschnittlicher Bestand an Fertigerzeugnissen	24.000 €
durchschnittlicher Bestand an Forderungen aLuL	18.000 €
durchschnittliche liquide Mittel	
durchschnittliches Bankguthaben	11.000 €
durchschnittliches Kassenguthaben	8.000 €
durchschnittlicher Bestand an erhaltenen Anzahlungen	6.000 €
durchschnittlicher Bestand an Verbindlichkeiten aLuL	13.000 €

Lösung:

Betriebsnotwendiges Anlagevermögen		
Grundstücke (270.000 € – 50.000 €)		220.000 €
Maschinen (140.000 € : 2) (abnutzbar)	+	70.000 €
Fuhrpark [(50.000 € – 10.000 €) : 2] (abnutzbar)	+	20.000 €
	=	**310.000 €**
durchschnittliches Umlaufvermögen		
durchschnittlicher Bestand an Roh-, Hilfs- und Betriebsstoffen		38.000 €
durchschnittlicher Bestand an Fertigerzeugnissen	+	24.000 €
durchschnittlicher Bestand an Forderungen aLuL	+	18.000 €
	=	**80.000 €**
Liquide Mittel		
durchschnittliches Bankguthaben (11.000 € x 0,75)		8.250 €
durchschnittliches Kassenguthaben (8.000 € x 0,75)	+	6.000 €
	=	**14.250 €**
durchschnittliches betriebsnotwendiges Vermögen	=	**404.250 €**
Abzugskapital	-	
durchschnittlicher Bestand an erhaltenen Anzahlungen	-	6.000 €
durchschnittlicher Bestand an Verbindlichkeiten aLuL		13.000 €
durchschnittlich betriebsnotwendiges Kapital	=	**385.250 €**

Kalkulatorische Zinsen = betriebsnotwendiges Kapital x Zinssatz

Kalkulatorische Zinsen = 385.250 € x 0,1 = 38.525 €

Was sind kalkulatorische Wagnisse?

Jedes Unternehmen muss Risiken einkalkulieren. Die daraus resultierenden Aufwendungen sind meist unvorhersehbar und unregelmäßig in ihrem Vorkommen. Bei dieser Verlustgefahr unterscheidet man zwischen dem allgemeinen Unternehmerwagnis und speziellen Einzelwagnissen.

Verluste aus dem allgemeinen Unternehmerwagnis betreffen die gesamte Unternehmung, nicht den Betrieb. Diese Verlustarten sind nicht kalkulierbar, sie sollten allerdings vom Gewinn abgedeckt sein. Da diese Wagnisse unabhängig von der Leistungserstellung und -verwertung entstehen können, werden sie nicht in der Kostenrechnung berücksichtigt. Als Beispiele für das allgemeine Unternehmerrisiko können ein Nachfragerückgang, eine rückläufige wirtschaftliche Konjunktur oder Managementfehler angeführt werden.

Das Gegenstück zum allgemeinen Unternehmerwagnis bilden die **speziellen betriebsbedingten Einzelwagnisse.** Sie zeichnen sich dadurch aus, dass sie den Betrieb direkt betreffen und unmittelbar mit dem Erzeugen und dem Vertrieb von Produkten und Dienstleistungen zusammenhängen. Die wesentlichen Einzelwagnisse lassen sich in folgende Kategorien einteilen:

Kategorien von Einzelwagnissen		
Wagnisart	**Bezugsgröße**	**Beispiele**
Beständewagnis	Wert des durchschnittlichen Lagerbestands	Lagerverluste durch Verderben, Diebstahl, Veralterung, technischen und wirtschaftlichen Fortschritt, Preissenkungen
Anlagenwagnis	Wert des Anlagevermögens	Verlust durch Fehlinvestition, schnellerer Abnutzung als geplant, Maschinenbruch, Katastrophen, Brand, Unfälle etc.
Fertigungswagnis	Herstellkosten der produzierten Erzeugnisse	Ausschüsse durch Material-, Arbeits- oder Konstruktionsfehler, Mehrkosten durch Nacharbeit
Vertriebswagnis	Durchschnittlicher Forderungsbestand oder Umsatzerlöse	Forderungsausfälle, Nichtabnahme bestellter Ware, Währungsverluste, Kulanznachlässe, Mehrkosten durch Transportschäden
Gewährleistungswagnis	Umsatzerlöse oder Herstellkosten der abgesetzten Erzeugnisse	Verluste aus Garantieverpflichtungen, z. B. Nachbesserung, kostenlose Ersatzlieferungen, Vertragsstrafe etc.
Entwicklungswagnis	Entwicklungskosten der Periode	Verluste durch fehlgeschlagene Forschungs- oder Entwicklungsarbeiten
Sonstige Wagnisse	Umsatzerlöse, Gesamtkosten	Haftungsansprüche aus Unglücksfällen und Umwelthaftung

Tab. 29: Übersicht über die Einzelwagnisse[38]

Die kalkulatorischen Wagniskosten werden folgendermaßen berechnet:

kalk. Wagniskosten = Wagniskostensatz x Bezugsgröße der Periode

38 Olfert, K., Kostenrechnung, 2018, S. 140, und Friedl, B., Kostenrechnung, 2010, S. 125.

Der Wagniskostensatz wird berechnet aus dem Quotienten der faktisch eingetretenen Wagnisverluste der Vergangenheit und einer zweckdienlichen Bezugsgröße. Diese lässt sich beispielsweise aus den Erfahrungswerten der vergangenen fünf Jahre ableiten.

$$\text{Wagniskostensatz} = \frac{\text{Summe der eingetretenen Wagnisverluste}}{\text{Summe der Bezugsgrößeneinheit im gleichen Zeitraum}} \times 100$$

Beispiel: Berechnung der Wagniskosten für das Fertigungswagnis

Bei der Druckerei Sauer GmbH entstanden in den letzten Jahren Wagnisverluste durch Ausschuss. Die Herstellkosten für das kommende Geschäftsjahr werden auf 2,5 Mio. € prognostiziert. Die Wagniskosten werden wie folgt berechnet:

Abrechnungsperiode	Wagnisverlust (Fertigungswagnis)	Herstellkosten
01	32.800 €	2,40 Mio. €
02	+ 46.050 €	+ 2,10 Mio. €
03	+ 28.450 €	+ 2,25 Mio. €
04	+ 26.200 €	+ 2,60 Mio. €
05	+ 39.000 €	+ 2,15 Mio. €
Summe	= 172.500 €	= 11,50 Mio. €

$$\text{Wagniskostensatz} = \frac{172.500\,€}{11.500.000\,€} = 0{,}015 \times 100 = 1{,}5\,\%$$

Kalkulatorische Wagniskosten für Fertigungsverluste des kommenden Geschäftsjahres = 0,015 x 2.500.000 € = 37.500 €

Welche Unternehmen müssen mit einem kalkulatorischen Unternehmerlohn kalkulieren?

Bei Kapitalgesellschaften erhalten Vorstandsmitglieder bzw. Geschäftsführer für ihre Tätigkeit ein Gehalt, das als Aufwand den Gewinn der Kapitalgesellschaft mindert. Bei Einzelunternehmungen und Personengesellschaften hingegen fallen für die Arbeit des Unternehmers keine Aufwendungen an, da der Unternehmer nicht durch ein Gehalt entlohnt wird, sondern seine Tätigkeit durch den erwirtschafteten Gewinn vergütet wird. Durch die fehlende Buchung würden somit auch in der Kostenrechnung, trotz erbrachter Arbeitsleistung, keine Personalkosten des Unternehmers erscheinen. Daher wird nach dem Opportunitätsprinzip ein **kalkulatorischer Unternehmerlohn** angesetzt. Da diesem kein gebuchter Aufwand gegenübersteht, handelt es sich hier um Zusatzkosten.

Für die Ermittlung der Höhe des kalkulatorischen Unternehmerlohns gibt es zwei Vorgehensweisen:
- **Direktes Vorgehen:** Der kalkulatorische Unternehmerlohn bestimmt sich nach dem durchschnittlichen Gehalt eines Angestellten in vergleichbarer Position.
- **Indirektes Vorgehen:** Der Unternehmer setzt das Gehalt an, welches er selbst in einer vergleichbaren Position bei gleicher Leistung in anderen Unternehmen bekommen würde (Opportunitätsgedanke).

Wann ist eine kalkulatorische Miete zu berücksichtigen?

Eine kalkulatorische Miete muss dann angesetzt werden, wenn ein Einzelunternehmer oder ein Gesellschafter einer Personengesellschaft keine Miete an sich selbst zahlt, wenn er dem Unternehmen also Privaträume zur betrieblichen Nutzung kostenlos zur Verfügung stellt. Trotz fehlender Buchung entstehen hier Kosten, sogenannte **Zusatzkosten.** Vergleichbar zum kalkulatorischen Unternehmerlohn richtet sich die Miethöhe entweder:
- nach der durchschnittlichen Miete vergleichbarer Räume oder
- nach dem Opportunitätsprinzip.

Eine kalkulatorische Miete darf jedoch nicht oder nur in geringerer Höhe angesetzt werden, wenn für die Räume bereits kalkulatorische Positionen, wie z. B. kalkulatorische Abschreibungen, kalkulatorische Zinsen etc. verrechnet worden sind, da dies ansonsten zu einer Doppelbuchung führen würde.[39]

2.3 Zusammenfassung: Alles Wissenswerte über die Kostenartenrechnung im Überblick

Auf den folgenden Seiten finden Sie eine grafische Übersicht über die in diesem Kapitel beschriebenen Kostenarten:
- Materialkosten
- Personalkosten
- Fremdleistungskosten und öffentliche Abgaben
- kalkulatorische Kosten

39 Däumler, K.-J.; Grabe, J., Kostenrechnung 1 – Grundlagen, 1996, S. 188 f.

Materialkosten
= verbrauchte Menge x Kostenwert

Einzelkosten:
Rohstoffe, Hilfsstoffe

Gemeinkosten:
(Hilfsstoffe), Betriebsstoffe

Ermittlung des Materialverbrauchs

Zugangsmethode:
Materialverbrauch = Summe aller Zugänge laut Lieferscheinen

Inventurmethode:

  Anfangsbestand (gemäß Inventur) Periodenbeginn
+ Zugänge (Lieferscheine) der Periode
– Endbestand (gemäß Inventur) Periodenende
= Materialverbrauchsmenge des Jahres

Skontrationsmethode:

  Ist-Anfangsbestand (Inventur)
+ Ist-Zugang (Lieferscheine)
– Verbrauchsmenge (Entnahmescheine)
= Soll-Endbestand (Lagerbuchhaltung)
– Ist-Endbestand (Inventur)
= außerordentlicher Verbrauch

Retrograde Methode:
Verbrauchsmenge =
(Sollverbrauch pro Produkteinheit) x (produzierte Menge)

Bewertung des Materialverbrauchs

Durchschnittspreisverfahren

- Periodischer Durchschnittspreis =

$$\frac{\text{Wert des AB + Wert aller Lief. (Periode)}}{\text{Menge des AB + Menge aller Lief. (Periode)}}$$

- Permanenter Durchschnittspreis: Durchschnitt nach jedem Zugang berechnen → damit Abgang bewerten

Verbrauchsfolgeverfahren:

- zeitlich orientierte Verfahren: Fifo-, Lifo-Verfahren
- wertmäßig orientierte Verfahren: Hifo-, Lofo-Verfahren

Abb. 30: Überblick Kostenartenrechnung – Materialkosten

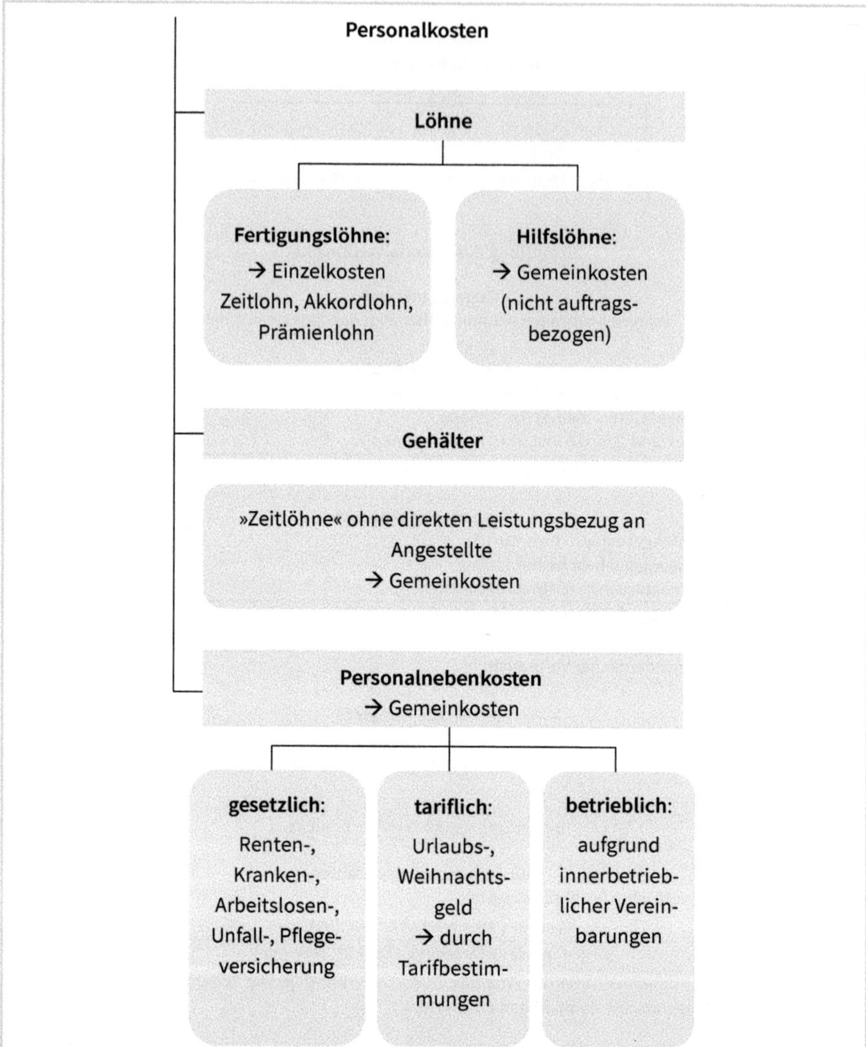

Abb. 31: Überblick Kostenartenrechnung – Personalkosten

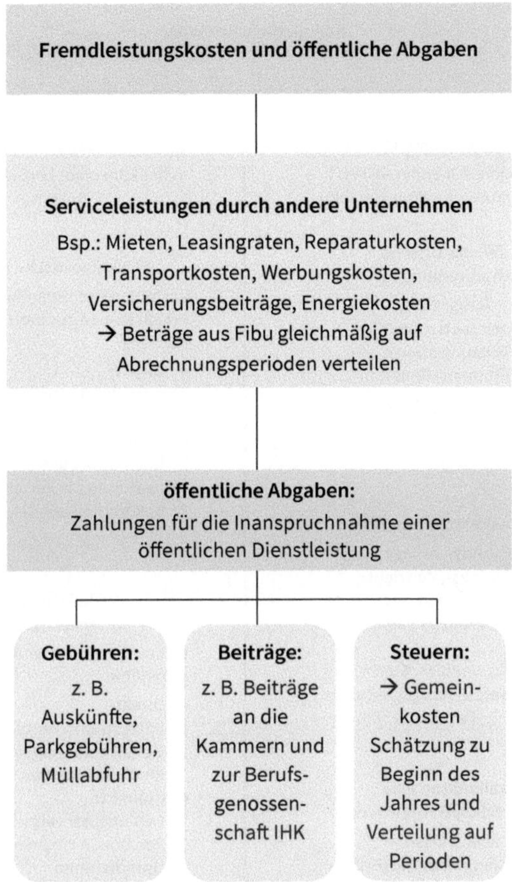

Abb. 32: Überblick Kostenartenrechnung – Fremdleistungskosten und öffentliche Abgaben

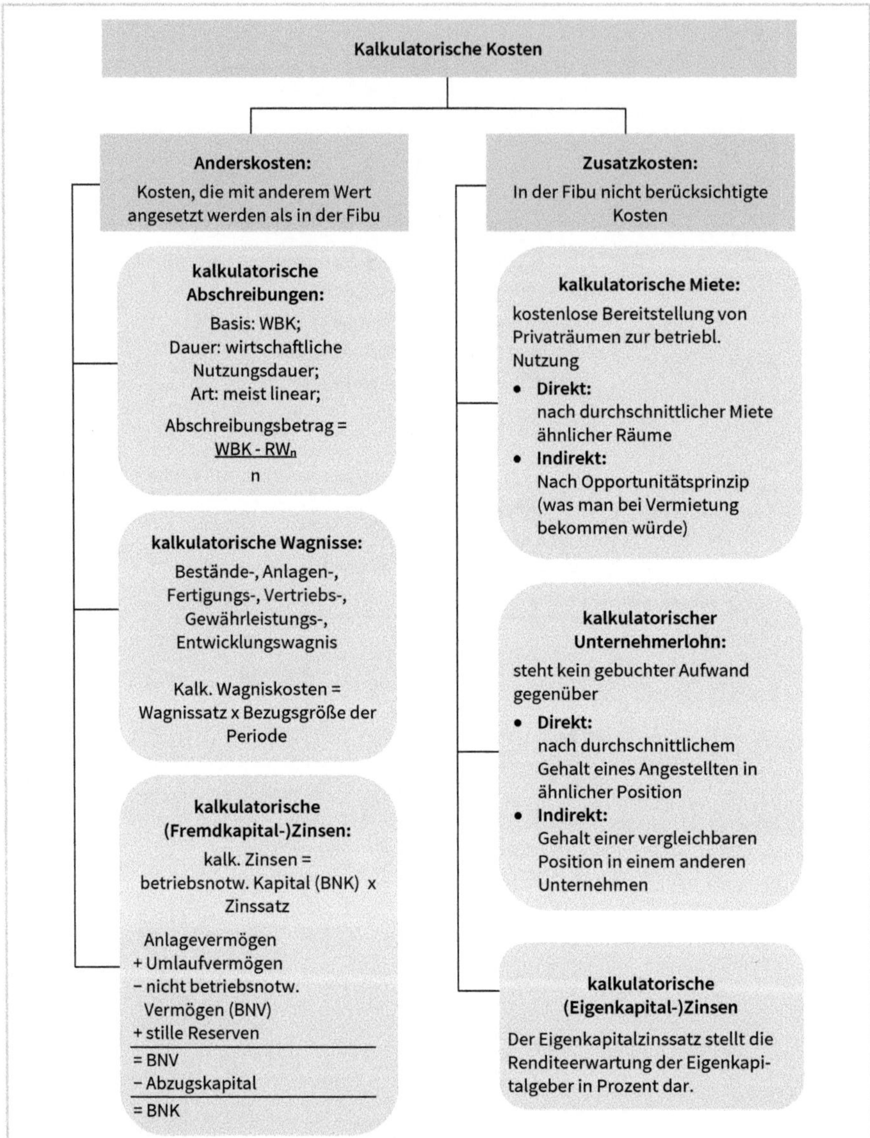

Abb. 33: Überblick Kostenartenrechnung – kalkulatorische Kosten

Aufgaben Kapitel 2

Aufgabe 1: Bewertung nach den Verbrauchsfolgeverfahren

Die Lagerbestandsentwicklung beim Einsatzstoff Malzolin stellt sich bei der Studi GmbH im Monat Juli wie folgt dar:

Datum	Vorgang	Menge	Kosten
01.07.	Anfangsbestand	5.000 kg	30.000 €
04.07.	Zugang	2.500 kg	17.500 €
10.07.	Abgang	2.000 kg	
13.07.	Abgang	3.500 kg	
18.07.	Zugang	5.000 kg	28.000 €
22.07.	Abgang	2.500 kg	
26.07.	Abgang	3.000 kg	
30.07.	Zugang	2.500 kg	16.000 €

1. Ermitteln Sie die Materialkosten des Monats Juli für den Einsatzstoff Malzolin, wenn für die Bewertung der durchschnittliche Einstandspreis:
   a) am Monatsende gebildet wird (gewogene Durchschnittspreismethode),
   b) bei jeder Entnahme gebildet wird (gleitende Durchschnittspreismethode).
2. Welche Materialkosten für das Malzolin ergeben sich für den Monat Juli, wenn die Bewertung verbrauchsfolgeorientiert vorgenommen wird nach:
   a) dem Fifo-Verfahren,
   b) dem Hifo-Verfahren (periodenbezogen) und
   c) dem Hifo-Verfahren (einzelentnahmebezogen).
   Wie hoch ist der jeweilige mittlere Entnahmepreis pro kg?
3. Welche Materialkosten des Monats Juli fallen an, wenn ein fester Verrechnungspreis von 6,05 € pro kg Malzolin angesetzt wird?

Aufgabe 2: Ermittlung des Materialverbrauchs

Ein Unternehmen stellt Kunststoffverpackungen in kompakter Form her. Für den Abrechnungsmonat September wurden folgende Mengen an Granulat eingekauft und verbraucht.

Datum	Vorgang	Menge
01.09.	Anfangsbestand	810 kg
04.09.	Abgang	570 kg
12.09.	Zugang	950 kg
17.09.	Abgang	400 kg
19.09.	Abgang	300 kg
22.09.	Zugang	1.500 kg
25.09.	Abgang	520 kg
28.09.	Abgang	380 kg
30.09.	Endbestand laut Inventur	1.090 kg

Gefertigt wurden im September 9.000 Kompaktbehälter des Typs Edel und 5.000 Stück des Kompaktbehälters Teens. Für die Herstellung eines Kompaktbehälters des Typs Edel werden i. d. R. 0,185 kg und für den Typ Teen 0,108 kg Granulat benötigt.

a) Berechnen Sie den Materialverbrauch nach der Skontrationsmethode.
b) Berechnen Sie den Materialverbrauch nach der Inventurmethode.
c) Berechnen Sie den Materialverbrauch nach der retrograden Methode.
d) Welcher Materialverbrauch ist nach Zugangsmethode zugrunde zu legen?

Aufgabe 3: Kalkulatorische Zinsen[40]

Die Dynoplast GmbH benötigt für die Kostenartenrechnung die kalkulatorischen Zinsen. Als Grundlage hierfür verwendet der Buchhalter die Anschaffungskosten aus der Anlagenbuchhaltung. Außerdem sind bei der Berechnung der kalkulatorischen Zinsen einige Nebenbedingungen zu berücksichtigen, die die Dynoplast GmbH zu einzelnen Posten festgelegt hat. Es liegen die folgenden Informationen vor:

Unbebaute Grundstücke	550.000 €
Bebaute Grundstücke	1.500.000 €
Gebäude	3.500.000 €
Anlagen und Maschinen	2.600.000 €
Betriebs- und Geschäftsausstattung	1.400.000 €
Geringwertige Wirtschaftsgüter	300.000 €
Finanzanlagen	600.000 €

40 In Anlehnung an Jandt, J., Trainingsfälle Kostenrechnung, 2006, S. 31 ff.

Bestände laut Inventur	am 01.01. des Jahres	am 31.12. des Jahres
Vorräte	4.000.000 €	3.000.000 €
Forderungen	3.600.000 €	2.800.000 €
Wertpapiere	300.000 €	500.000 €
liquide Mittel	800.000 €	1.000.000 €
kurzfristige Rückstellungen	600.000 €	700.000 €
Verbindlichkeiten aLuL	2.500.000 €	1.800.000 €
Bankverbindlichkeiten	3.400.000 €	4.200.000 €
Kundenanzahlungen	250.000 €	400.000 €

Zusatzinformationen zu einzelnen Posten:

Die unbebauten Grundstücke sind verpachtet und werden betrieblich nicht genutzt. Die Dynoplast GmbH hat sich dazu entschlossen, eine Lagerhalle mit Anschaffungskosten in Höhe von 250.000 € an ein anderes Unternehmen zu vermieten. Der zugehörige Grundstücksanteil an den bebauten Grundstücken beträgt 8 %. Bei den geringwertigen Wirtschaftsgütern (GWG bis 800 €) wurde generell immer die Sofortabschreibung gewählt. Bei den Finanzanlagen handelt es sich um eine wichtige strategische Beteiligung zur Sicherung der Geschäftstätigkeit. Die Wertpapiere werden nur zu spekulativen Zwecken gehalten.

Die Dynoplast GmbH rechnet mit einem Kalkulationszinssatz von 7 % p. a. Berechnen Sie die kalkulatorischen Zinsen eines Monats nach der Durchschnittswertmethode für die Kostenartenrechnung.

Weitere Aufgaben mit Lösungen finden Sie bei den digitalen Extras.

3 Kostenstellenrechnung

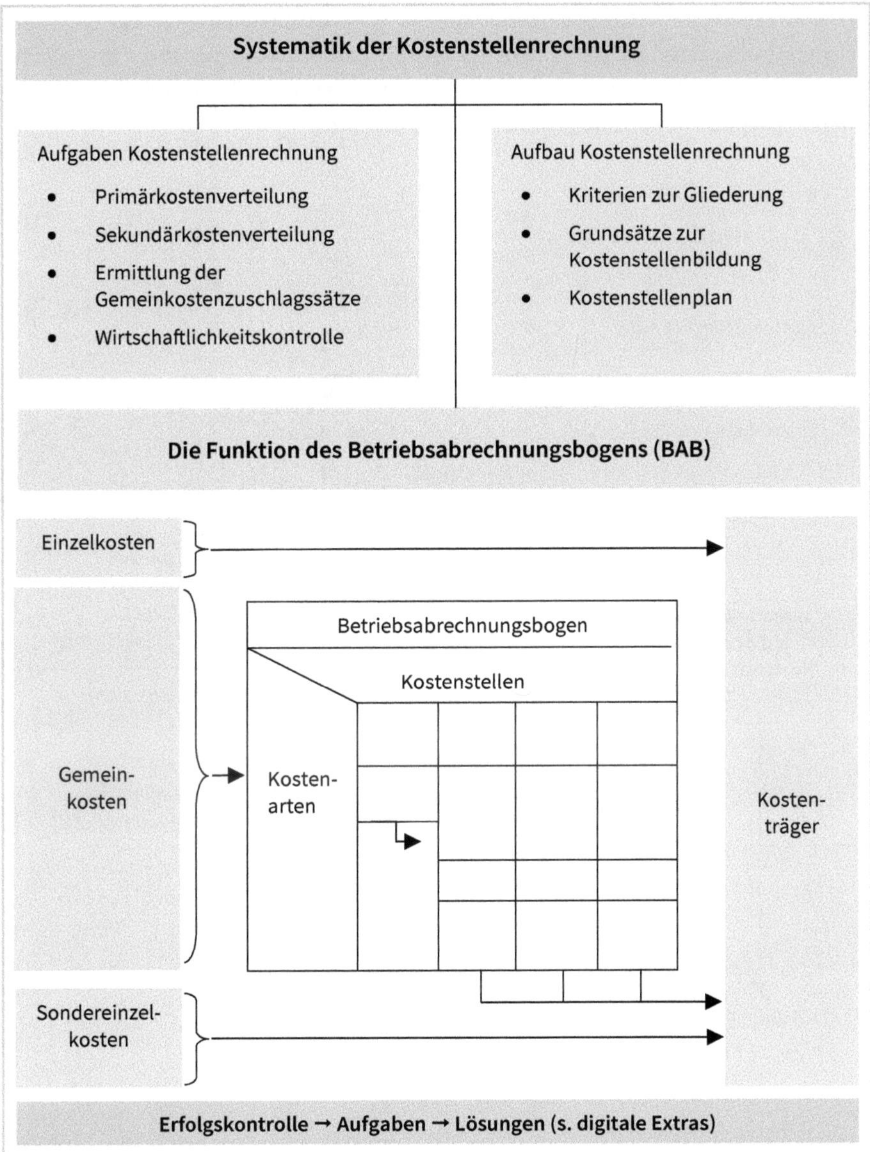

Abb. 34: Kapitelübersicht

Summary

Ziel des Kapitels ist es, Ihnen einen umfassenden Einblick in die Teilbereiche der Kostenstellenrechnung zu geben. Sie lernen, wie die Kostenstellenrechnung in die Kosten- und Leistungsrechnung eingebunden ist, wie Kostenstellen gebildet und nach welchen Grundsätzen die Gemeinkosten verteilt werden. Weiter erfahren Sie, wie die innerbetriebliche Leistungsverrechnung mithilfe des Betriebsabrechnungsbogens funktioniert und wie Zuschlagssätze ermittelt werden.

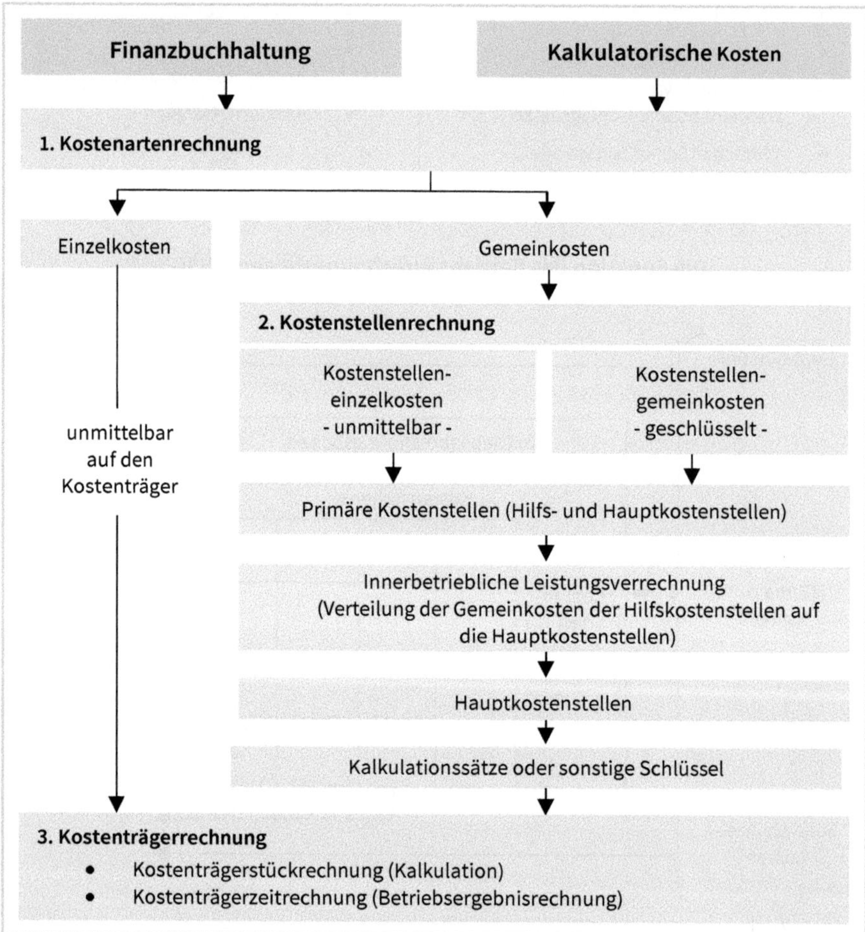

Abb. 35: Die Kostenstellenrechnung als Bindeglied zwischen der Kostenarten- und der Kostenträgerrechnung

Die zentrale Frage der Kostenstellenrechnung lautet: »**Wo sind die Kosten angefallen?**«

Die Kostenstellenrechnung bildet die zweite Stufe der Kostenrechnung. Sie übernimmt aus der Kostenartenrechnung die Gemeinkosten, die den Kostenträgern nicht direkt zugerechnet werden können. Innerhalb der Kostenstellenrechnung wird zwischen Hilfs- und Hauptkostenstellen unterschieden. Die Kosten der Hilfskostenstellen können – anders wie die Kosten der Hauptkostenstellen – nicht direkt auf die Kostenträger verteilt werden. Daher werden sie im Rahmen der innerbetrieblichen Leistungsverrechnung auf die Hauptkostenstellen verteilt.

Gleichzeitig ermöglicht die Kostenstellenrechnung auch eine Wirtschaftlichkeitskontrolle der einzelnen Kostenstellen.

Sie erfüllt die folgenden zentralen Aufgaben:

- Sie erfasst die Gemeinkosten am Ort ihres Entstehens, sammelt sie und legt sie verursachungsgerecht auf die Kostenstellen um.
- Sie ermittelt die Gemeinkostenzuschlagssätze zur Umlage der Gemeinkosten auf die Kostenträger.
- Sie führt die innerbetriebliche Leistungsverrechnung durch, d. h. die Verteilung der Gemeinkosten der Hilfskostenstellen auf die Hauptkostenstellen.
- Sie ermöglicht es, die Kosten ständig zu überwachen und das Betriebsgeschehen in den einzelnen Kostenstellen zu kontrollieren.
- Sie ermittelt die Über- und Unterdeckung in den Kostenstellen.

3.1 Die Systematik der Kostenstellenrechnung

Die Kostenstellenrechnung erhält die **primären Gemeinkosten** aus der Kostenartenrechnung. Zunächst werden die Gemeinkosten im Rahmen der Primärkostenverteilung auf die Hilfs- und die Hauptkostenstellen verteilt. Im zweiten Schritt, der sogenannten innerbetrieblichen Leistungsverrechnung, werden sämtliche Kosten der Hilfskostenstellen auf die Hauptkostenstellen umgelegt, so dass alle Gemeinkosten auf die Hauptkostenstellen verteilt wurden. Als Nächstes werden dann die Gemeinkostenzuschlagssätze der Hauptkostenstellen, wie z. B. Material, Fertigung, Verwaltung und Vertrieb, ermittelt.

Die Kostenträgerrechnung übernimmt die einzelnen Gemeinkostenzuschlagssätze und die Gemeinkosten werden anteilig auf die Kostenträger verrechnet.

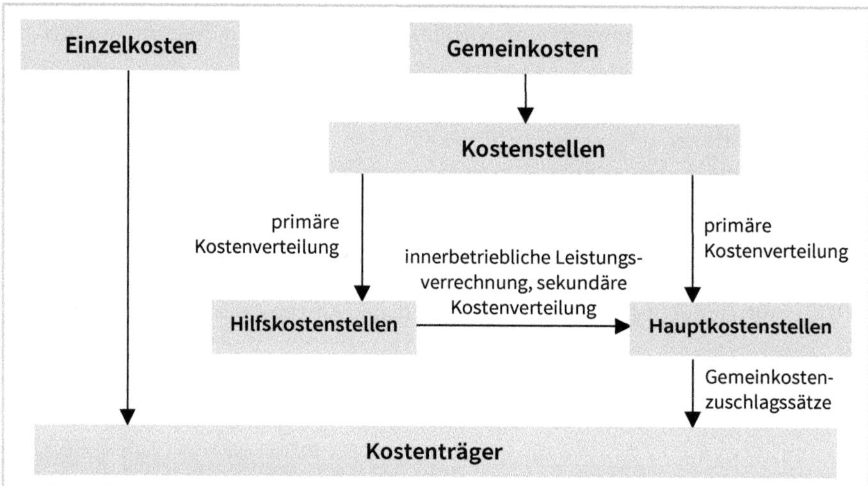

Abb. 36: Verteilung der Kosten auf die Kostenträger

3.2 Die Aufgaben der Kostenstellenrechnung

Die Kostenstellenrechnung ist das Bindeglied zwischen der Kostenarten- und der Kostenträgerrechnung. Mit der Kostenstellenrechnung kann man exakt analysieren, welche Kostenstelle welche Kosten verursacht hat. Auch stellt sie das Fundament für die Kostenplanung dar, da es für jede Kostenstelle einen Kostenstellenverantwortlichen gibt. Ferner werden in der Kostenstellenrechnung die Gemeinkosten so aufbereitet, dass sie den Kostenträgern korrekt zugerechnet werden können. Dies geschieht mithilfe der:

- **Primärkostenrechnung:** Sämtliche in der Kostenartenrechnung erfassten primären Gemeinkosten, dies sind Kosten für bezogene Güter und Dienstleistungen von

fremden Unternehmen, werden direkt oder indirekt auf die einzelnen Kostenstellen verteilt.
- **Sekundärkostenrechnung:** Die Sekundärkosten, dies sind Kosten für den Verzehr von innerbetrieblichen (selbst erstellten) Leistungen, werden im Rahmen der innerbetrieblichen Leistungsverrechnung von den Hilfskostenstellen auf die Hauptkostenstellen verteilt.
- **Ermittlung der Gemeinkostenzuschlagssätze:** Pro Hauptkostenstelle werden Gemeinkostenzuschlagssätze gebildet, damit die Kostenträgergemeinkosten auf die Kostenträger verrechnet werden können.

Eine weitere Aufgabe der Kostenstellenrechnung ist die **Wirtschaftlichkeitskontrolle**. Im Vordergrund dieser Aufgabe stehen die kostenstellenbezogenen Soll-Ist-Vergleiche und die Ermittlung der Abweichungen. Außerdem können mithilfe der Kostenstellenrechnung die Ursachen der Kostenentstehung und Kostenentwicklung ermittelt und mit dem zuständigen Kostenstellenleiter (i. d. R. der Abteilungsleiter) erörtert werden. Eine wirksame Kostenkontrolle ist allerdings erst in Verbindung mit einer Plankostenrechnung möglich.

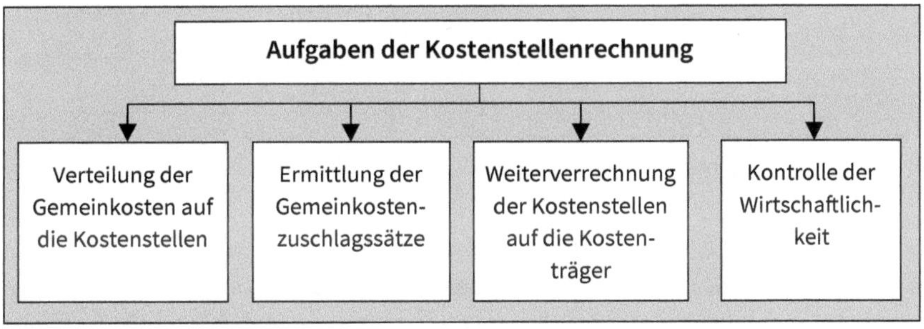

Abb. 37: Aufgaben der Kostenstellenrechnung

Die erfassten Gemeinkosten werden schon bei der Buchung der entsprechenden Belege gemäß einem Kostenstellenplan auf die Kostenstellen verteilt. Wenn die Kosten auf den verursachenden Kostenstellen erfasst sind und von den Hilfskostenstellen im Rahmen der innerbetrieblichen Leistungsverrechnung auf die Hauptkostenstellen verteilt wurden, können die Gemeinkosten von den Hauptkostenstellen auf die Kostenträger weiterverrechnet werden, sofern ein Kostenträger Leistungen von einer Hauptkostenstelle in Anspruch genommen hat.

3.3 Der Kostenstellenplan

»Kostenstellen sind funktional, organisatorisch oder nach anderen Kriterien voneinander abgegrenzte Teilbereiche eines Unternehmens, für die die von ihnen jeweils verursachten Gemeinkosten erfasst, ausgewiesen und gegebenenfalls auch geplant und kontrolliert werden.«[41]

Die gebildeten Kostenstellen werden zur Systematisierung hierarchisch in einem Kostenstellenplan eingeordnet.[42] Die gewählte Kostenstellengliederung wird i. d. R. über einen längeren Zeitraum konstant gehalten und im Kostenstellenplan dokumentiert. Der Kostenstellenplan dient der Erfassung, Beschreibung und Gliederung aller im Unternehmen vorkommenden Kostenstellen und der Zuordnung der Leiter dieser Kostenstellen.[43]

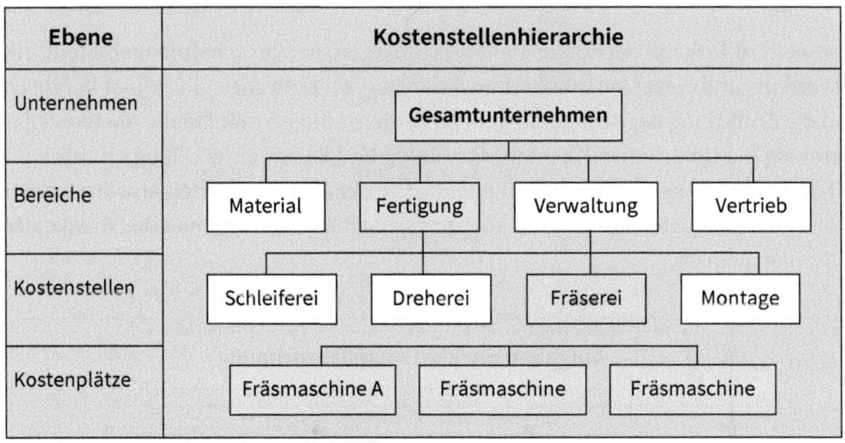

Abb. 38: Beispielhafte Darstellung einer Kostenstellenhierarchie[44]

Der Kostenstellenplan wird unternehmensspezifisch entwickelt und ist abhängig von der Betriebsgröße, der Branche, der Komplexität des Produktionsprogramms, der angestrebten Genauigkeit der Kostenverrechnung oder von der betriebsindividuellen Zielsetzung des Unternehmens.

Wichtig ist es, bei der Bildung von Kostenstellen folgende Grundsätze einzuhalten:

- **Verantwortungsbereiche:** Jede Kostenstelle muss ein selbstständiger, abgrenzbarer Verantwortungsbereich sein, um eine klare Zuordnung der Kosten zu gewährleisten. Dies ermöglicht eine wirksame Durchführung von Kostenkontrollen und Korrekturmaßnahmen.[45]
- Eindeutigkeit und Überschneidungsfreiheit: Eine klare Abgrenzung der Kostenstellen ermöglicht eine zuverlässige Zuordnung der verursachten Kostenarten.[46]

41 Hummel, S.; Männel, W., Kostenrechnung 1, 1990, S. 191.
42 Vgl. Jossé, G., Basiswissen Kostenrechnung, 2018, S. 72.
43 Vgl. Wöltje, J.,Schnelleinstieg Rechnungswesen, 2017, S. 277.
44 Hummel, S.; Männel, W., Kostenrechnung 1, 1990, S. 191.
45 Vgl. Jossé, G., Basiswissen Kostenrechnung, 2018, S. 70.
46 Vgl. Wöltje, J., Schnelleinstieg Rechnungswesen, 2017, S. 278.

- **Geeignete Bezugsgrößen:** Um eine falsche Zuordnung von Kosten zu vermeiden, muss es eine genaue Maßgröße für die Kostenverursachung geben.[47]
- Wirtschaftlichkeit: Die Wirtschaftlichkeit der Kostenstellenrechnung muss durch eine geeignete Systematik und durch Übersichtlichkeit sichergestellt werden.[48]

3.3.1 Kriterien zur Gliederung der Kostenstellen

Kostenstellen sind Orte, an denen die zur Leistungserstellung benötigten Güter und Dienstleistungen verbraucht werden.

Die Kostenstellen lassen sich nach folgenden Kriterien einteilen:
- Funktionsbereiche,
- Art der Verrechnung,
- Verantwortungsbereiche und
- räumliche Gesichtspunkte.

Welches Kriterium tatsächlich angewendet wird, hängt von zahlreichen betriebsindividuellen Faktoren wie z. B. Branche, Betriebsgröße, Organisationsform, Informationsbedürfnisse etc. ab.

Gliederungskriterien für Kostenstellen			
nach **Funktionsbereichen**	nach **Art der Verrechnung**	nach **Verantwortungsbereichen**	nach **räumlichen Gesichtspunkten**
Es werden gleiche oder ähnliche Arbeitsvorgänge in einer Kostenstelle zusammengefasst. Beispiele: Material-, Fertigungs-, Verwaltungs-, Vertriebsstellen und allgemeine Kostenstellen.	Es erfolgt eine Unterteilung in Vorkostenstellen (indirekte Leistungsverrechnung) und Endkostenstellen (direkte Leistungsverrechnung).	Die Kostenstelleneinteilung deckt sich mit klar voneinander abgegrenzten Verantwortungsbereichen. Beispiel: Ein Meister ist für die Montage von bestimmten Elektrogeräten zuständig.	Räumlich abgrenzbare Betriebsteile werden zu einer Kostenstelle zusammengefasst. Beispiele: Werk 1, Werk 2, Produktionshalle Dreherei, Produktionshalle Fräserei, Werkstätte, Filiale.

Abb. 39: Kriterien für die Kostenstellenbildung

47 Vgl. Jossé, G., Basiswissen Kostenrechnung, 2018, S. 70.
48 Vgl. Jossé, G., Basiswissen Kostenrechnung, 2018, S .70.

a) Gliederung nach betrieblichen Funktionsbereichen

Bei dieser Gliederungsart werden Kostenstellen, in denen Tätigkeiten gleicher oder ähnlicher Art verrichtet werden, zusammengefasst. Man unterstellt, dass diese Kostenstellen auch Gemeinkosten in ähnlicher Höhe verursachen.

Auf diese Art und Weise wird bei der Verteilung der Gemeinkosten das Prinzip der Verursachung berücksichtigt. Diese Art der Einteilung wird vor allem angewandt, wenn es um die Weiterverrechnung der Kosten geht.

Kostenstellen	Beschreibung und Beispiele
Allgemeine Hilfskostenstelle(n)	Betriebsabteilungen, deren Leistungen von fast allen Kostenstellen in Anspruch genommen werden, z. B. Kantine, Stromversorgung, Haustechnik, Werksarzt, Betriebsfeuerwehr, Werkschutz, innerbetrieblicher Transport
Fertigungshilfskostenstelle(n)	Indirekte Leistungen für die Fertigung: Arbeitsvorbereitung, Fertigungsplanung, Werkzeugbau, Qualitätsmanagement
Materialkostenstelle(n)	Dienstleistungen rund um die Beschaffung, Annahme, Prüfung, Lagerung, Pflege und Ausgabe von Materialien (z. B. Einkauf, Prüfstelle, Lager)
Fertigungskostenstelle(n)	Sie führen die betriebliche Leistungserstellung durch (z. B. Schleiferei, Dreherei, Fräserei, Gießerei, Lackiererei, Montage)
Vertriebskostenstelle(n)	Stellen, die mit dem Absatz der erzeugten Produkte und zusammengehörigen Funktionen befasst sind: Fertigwarenlager, Verkauf und Versand von Fertigerzeugnissen oder Ersatzteilen, Kundendienstleistungen, Werbung
Verwaltungsstelle(n)	Administrative Tätigkeiten z. B. Geschäftsleitung/Vorstand und ihre Stabstellen, Rechnungswesen, Controlling, Personal
Forschungs- und Entwicklungsstelle(n)	Kostenstellen, die für Innovationen sorgen (z. B. Konstruktion, Prototypenbau, Labor, Versuch)

Tab. 30: Beispiele für die Kostenstellengliederung nach betrieblichen Funktionsbereichen

b) Gliederung nach der Art der Verrechnung[49]

Hilfskostenstellen sind gleichzeitig meist auch Vorkostenstellen, die Hauptkostenstellen entsprechen den Endkostenstellen. Die Hilfs- bzw. Vorkostenstellen verrechnen in

49 Hummel, S.; Männel, W., Kostenrechnung 1, 1990, S. 192.

der Kostenstellenrechnung ihre innerbetrieblichen Leistungen an die Endkostenstellen (Haupt- bzw. Nebenkostenstellen).

Die folgende Abbildung veranschaulicht die Grundgliederung der Kostenstellen:

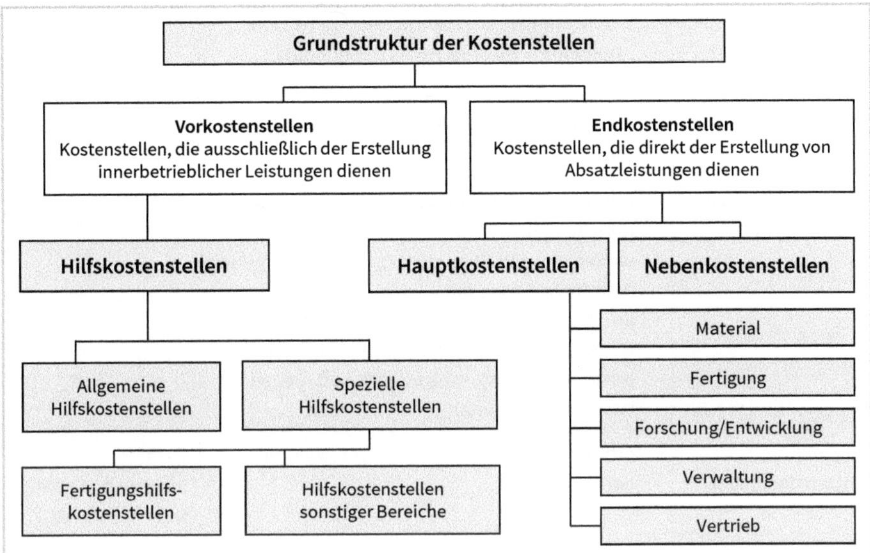

Abb. 40: Grundgliederung der Kostenstellen

Wichtig: Das sollten Sie sich merken !

Endkostenstellen erbringen externe Leistungen und werden direkt an den Kostenträger verrechnet. Dagegen erbringen Vorkostenstellen nur interne Leistungen, die an andere Kostenstellen abgegeben werden, d. h., ihre Leistungen werden nicht direkt, sondern mittels Umlagen auf die Endkostenstellen verrechnet.

Der Unterschied zwischen Haupt- und Nebenkostenstellen besteht darin, dass in den Nebenkostenstellen Neben- und Recyclingprodukte und in den Hauptkostenstellen die Hauptprodukte produziert und weiterverarbeitet werden. Da die Nebenkostenstellen abrechnungstechnisch wie die Hauptkostenstellen behandelt werden, werden sie oft als Hauptkostenstellen aufgeführt. Zu den meistgenutzten Hauptkostenstellen nach funktionaler Hinsicht zählen die Materialwirtschaft, Fertigung, Verwaltung und Vertrieb.

Kostenstellen	Beschreibung	Beispiele
Hauptkostenstellen	• ihre Leistungen dienen unmittelbar der Leistungserstellung • ihre Kosten werden nicht umgelegt, sondern mithilfe von Gemeinkostenzuschlägen direkt den Kostenträgern zugerechnet (siehe unten, Abbildung Gemeinkostenverrechnung)	Material, Fertigung, Verwaltung, Vertrieb
Nebenkostenstellen	• verarbeiten Nebenprodukte weiter • werden abrechnungstechnisch wie Hauptkostenstellen behandelt	Verwertung von Neben- und Abfallprodukten
Hilfskostenstellen	• erbringen innerbetriebliche Leistungen für andere Kostenstellen • wirken nur mittelbar an der Leistungserstellung bzw. -verwertung mit • ihre Kosten werden nicht direkt auf die Kostenträger verrechnet, sondern auf die belieferten Kostenstellen abgewälzt (siehe Abb. Gemeinkostenverrechnung)	
Allgemeine Hilfskostenstellen	• erbringen Leistungen für alle Unternehmensbereiche	Kantine, Betriebsfeuerwehr, Reparatur, Werkschutz
Spezielle Hilfskostenstellen	• liefern nur an bestimmte Kostenstellen • häufig Fertigungshilfskostenstellen	Verwaltungsdruckerei, Arbeitsvorbereitung

Tab. 31: Beschreibung der Kostenstellen nach Art der Verrechnung

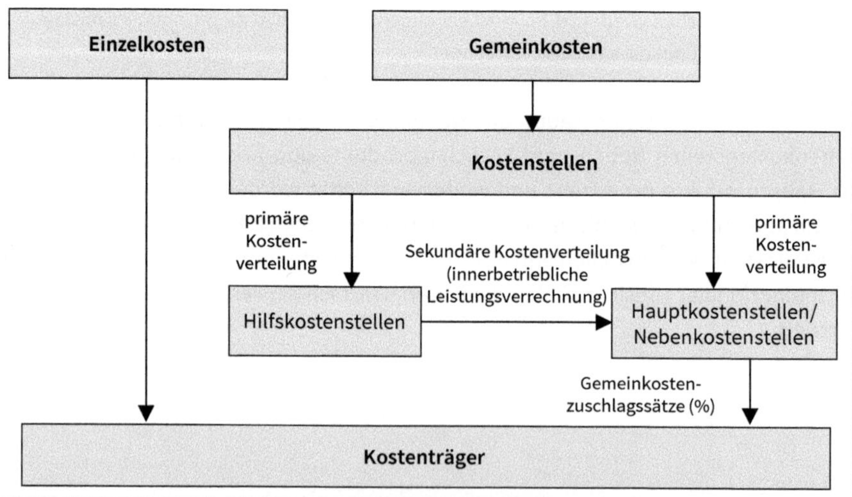

Abb. 41: Verrechnung der Gemeinkosten über Hilfs- und Hauptkostenstellen

c) Gliederung nach Verantwortungsbereichen

Falls die Kostenkontrolle im Vordergrund steht, findet man häufig auch eine Unterteilung nach Verantwortungsbereichen. Voraussetzung für die Wirksamkeit der Kostenkontrolle ist, dass die Verantwortungsbereiche klar gegeneinander abgegrenzt werden können und einer Person eindeutig die Verantwortung für diesen Bereich zugewiesen werden kann.

d) Gliederung der Kostenstellen nach räumlichen Gesichtspunkten

Diese Art der Unterteilung findet man, falls das Unternehmen über mehrere funktional gleichartige, jedoch räumlich getrennte Bereiche verfügt. Das können z. B. mehrere Fabrikhallen, Standorte in verschiedenen Ländern oder Filialen sein. Diese Gliederungsart ist aber eher als Ergänzung zu anderen Kriterien gedacht, weil es häufig stark unterschiedliche Tätigkeiten oder mehrere Verantwortliche innerhalb einer Kostenstelle gibt.

3.3.2 Was ist ein Kostenstellenplan?

Zur Systematisierung der Kostenstellen ist es erforderlich, einen Kostenstellenplan anzufertigen. Der Kostenstellenplan erfasst, beschreibt und gliedert alle im Unternehmen vorkommenden Kostenstellen und weist den Kostenstellenleiter aus. Dabei ist der Differenzierungsgrad von verschiedenen unternehmensspezifischen Faktoren abhängig (z. B. Betriebsgröße, Branche, Komplexität des Produktionsprogramms, angestrebte Genauigkeit der Kostenverrechnung oder der Zielsetzung des Unternehmens). Bei einer feinen Einteilung erhöhen sich die Genauigkeit der Kalkulation und die Anzahl der Auswertungsmöglichkeiten. Allerdings vervielfacht sich der Datenerfassungs- und Rechenaufwand, was wiederum höhere Kosten zur Folge hat. Eine gröbere Einteilung führt zu eher ungenauen Kalkulationen und Kontrollen. Außerdem sinkt die Aussagefähigkeit der Kostenrechnung.

3.3.3 Welche Grundsätze sollten bei der Kostenstellenbildung beachtet werden?

Wenn Sie Kostenstellen bilden, sollten Sie in der folgenden Grafik dargestellten Grundsätze beachten:

Grundsätze für die Bildung von Kostenstellen			
Verantwortungs bereiche	**Eindeutigkeit und Überschneidungsfreiheit**	**geeignete Bezugsgrößen**	**Wirtschaftlichkeit**
Für eine wirksame Kostenkontrolle muss eine Kostenstelle einen selbstständigen Verantwortungsbereich darstellen.	Die Kostenstellen sollen klar voneinander abgegrenzt sein, um eine zweifelsfreie Zuordnung der angefallenen Kostenarten zu gewährleisten.	Es müssen geeignete Maßgrößen der Kostenverursachung gefunden werden. Für eine aussagefähige Kostenrechnung ist es dabei unbedingt erforderlich, dass sich die Gemeinkosten proportional zu den gewählten Bezugsgrößen verhalten. Maßgrößen können z. B. sein: m^2, Kilowatt oder Anzahl der Personen.	Der Differenzierungsgrad sollte so fein gewählt werden, dass einerseits geeignete Bezugsgrößen der Kostenverursachung gefunden werden können. Andererseits sollte die erhöhte Aussagefähigkeit in einer sinnvollen Relation zu dem erhöhten Rechenaufwand und den höheren Kosten stehen.

Abb. 42: Grundsätze für die Einrichtung von Kostenstellen

3.4 So arbeiten Sie mit dem Betriebsabrechnungsbogen (BAB)

Abrechnungstechnisch kann eine Kostenstellenrechnung entweder durch Buchungen auf die Kostenstellen in der EDV oder tabellarisch mittels eines Betriebsabrechnungsbogens durchgeführt werden. Im Folgenden wird Ihnen der BAB vorgestellt, weil die notwendigen Schritte und die grundsätzlichen Überlegungen mit seiner Hilfe besser vermittelt werden können.

3.4.1 Wie wird ein Betriebsabrechnungsbogen aufgebaut?

Der BAB ist in Tabellenform aufgebaut, wobei die Kopfspalte sämtliche in der Kostenartenrechnung erfassten primären Kostenträgergemeinkosten und die Kopfzeile alle im Unternehmen ausgewiesenen Kostenstellen enthält. Die Gliederung der Kostenstellen erfolgt in den meisten Fällen sowohl nach abrechnungstechnischen als auch nach funktionalen Gesichtspunkten.

Der BAB hat folgende Struktur:

- Zeilenweise werden die Gemeinkostenarten und
- Spaltenweise werden die Kostenstellen aufgeführt.

Den BAB gibt es in zwei Formen:

- Als einstufigen BAB, der nur Hauptkostenstellen enthält. D.h., es werden nur primäre Gemeinkosten verteilt.
- Als mehrstufigen BAB, in dem auch Hilfskostenstellen aufgeführt sind und in dem eine innerbetriebliche Leistungsabrechnung durchgeführt wird.

Folgende Abrechnungsschritte sind innerhalb der Kostenstellenrechnung und somit im Betriebsabrechnungsbogen durchzuführen:

1. Aufschlüsseln der Kosten in Einzel- und Gemeinkosten.
2. Möglichst verursachungsgerechte Verteilung der primären Gemeinkosten auf die verschiedenen Hilfs- und Hauptkostenstellen. Ermittlung der primären Gemeinkosten pro Kostenstelle.
3. Im Rahmen der innerbetrieblichen Leistungsverrechnung werden diejenigen primären Gemeinkosten, die zunächst den Hilfskostenstellen zugeordnet wurden, als sekundäre Gemeinkosten auf die Haupt- und Nebenkostenstellen verteilt.
4. Sobald die Hilfskostenstellen keine Kosten mehr enthalten, d. h., die Hilfskostenstellen sind leer, können zur Weiterverrechnung der Gemeinkosten auf die Kostenträger die Gemeinkostenzuschlagssätze für die Hauptkostenstellen ermittelt werden.
5. Im Rahmen der Wirtschaftlichkeitskontrolle werden die Kostenstellenabweichungen (Über- oder Unterdeckung) ermittelt.

Der Betriebsabrechnungsbogen wird in der Kostenstellenrechnung zur Darstellung der primären und sekundären Kostenverteilung sowie zur Berechnung der Gemeinkostenzuschlagssätze genutzt. In jeder Zeile der BAB-Tabelle wird eine Gemeinkostenart (ermittelt in der Kostenartenrechnung) und in jeder Spalte eine Kostenstelle (Hilfs- und Hauptkostenstellen) ausgewiesen.[50] Den schematischen Aufbau eines mehrstufigen Betriebsabrechnungsbogens zeigt die folgende Grafik[51]:

50 Vgl. Mumm, M., Kosten- und Leistungsrechnung, 2019, S. 101.

51 In Anlehnung an Jórasz, W., Kosten- und Leistungsrechnung, 2008, S. 115.

KOSTENSTELLEN :	Allgemeine – und Hilfskostenstellen						Hauptkostenstellen				
KOSTENARTEN :	A	B	C	D	E	..	Material	Fertigung	F & E	Verwaltung	Vertrieb
(Einzelkostenausweis, i. d. R. Fertigungslöhne)											
Primäre Gemeinkosten: Stelleneinzelkosten + Stellengemeinkosten					**Teil I:** Verursachungsgerechte Verteilung der primären Gemeinkosten auf die Kostenstellen						
= Primäre Stellenkosten (PSK)											
Sekundäre Gemeinkosten: ./. Entlastungen von sekundären Stellenkosten + Belastungen von sekundären Stellenkosten					**Teil II:** Verrechnung innerbetrieblicher Leistungen durch Entlastung der abgebenden Stellen mit sekundären Stellenkosten und Belastung der empfangenden Stellen mit sekundären Stellenkosten						
= ∑ Ist-Hauptkostenstellen (HKS)										**Teil IV:** Ermittlung der Kostenstellenabweichungen (Kostenkontrolle in der Normalkostenrechnung)	
Zuschlagsbasis					**Teil III:**						
Ist-Zuschlagssatz (= Ist-HKS x 100 / Zuschlagsbasis)					Ermittlung der Gemeinkostenzuschlagssätze für die Hauptkostenstellen						
Normal-Zuschlagssatz											
Normal-Hauptkostenstellen (Normal-HKS)											
Kostenstellenabweichungen (Normal-HKS ./. Ist-HKS)											

Abb. 43: Formaler Aufbau eines Betriebsabrechnungsbogens (BAB)

3.4.2 Welche Hauptaufgabe erfüllt der BAB?

Die Hauptaufgabe des BAB ist es, die Kostenträgergemeinkosten auf die Kostenträger durch das Ermitteln der Kalkulationssätze zu verteilen. Dazu sind die folgenden Arbeitsschritte notwendig:

- Verteilung der primären Gemeinkosten auf die verschiedenen Kostenstellen,
- innerbetriebliche Leistungsverrechnung (ILV),
- Ermittlung der Kalkulationssätze (Gemeinkostenzuschlagssätze) je Hauptkostenstelle und
- Ermittlung der Abweichungen (Kostenüber- bzw. Kostenunterdeckungen).

Wie werden die primären Gemeinkosten verteilt?
Im ersten Schritt des BAB werden die durch die Kostenartenrechnung ermittelten und nach Arten gegliederten Gemeinkosten möglichst **verursachungsgerecht** (z. B. über Aufzeichnungen oder Messungen) auf die einzelnen im Kostenstellenplan geführten Hilfs- und Hauptkostenstellen verteilt und anschließend je Kostenstelle aufsummiert.

Falls die Kostenträgergemeinkosten ausschließlich in einer einzigen Kostenstelle anfallen, handelt es sich um **Kostenstelleneinzelkosten** und diese Kostenarten können **direkt** und verursachungsgerecht zugeordnet werden.

Beispiele für Kostenstelleneinzelkosten:

- Werbekosten der Vertriebsstelle,
- kalkulatorisches Vertriebswagnis,
- Hilfslöhne (falls der Mitarbeiter nur in einer Kostenstelle arbeitet),
- Gehälter (falls der Angestellte nur in einer Kostenstelle arbeitet),
- Hilfsstoffe und Betriebsstoffe (falls die verbrauchende Kostenstelle auf dem Materialentnahmeschein vermerkt ist),
- Fremdleistungskosten (falls auf der Rechnung die betreffende Kostenstelle verzeichnet ist),
- kalkulatorische Abschreibungen (falls der abzuschreibende Anlagengegenstand nur in einer Kostenstelle betrieben wird).

Die meisten Kostenarten werden von mehreren Kostenstellen verursacht. Daher können sie den Kostenstellen nicht direkt zugeordnet werden. Es handelt sich dabei um **Kostenstellengemeinkosten**. Sie werden **indirekt** mittels geeigneter **Verteilungsschlüssel** (z. B. **Mengenschlüssel** wie Stückzahlen, Maschinen- oder Fertigungsstunden, Raumgrößen oder **Wertschlüssel** wie Material- und Fertigungseinzelkosten) auf die Kostenstellen verteilt.

Betragsmäßig sind allerdings die **Kostenstelleneinzelkosten** erfahrungsgemäß sehr dominat, da insbesondere die kostenintensiven Kostenarten, wie z. B. die Personalkosten und die Abschreibungen, meist vollständig bzw. überwiegend den Kostenstellen direkt zugerechnet werden können.

Beispiele für Kostenstellengemeinkosten:
- Heizkosten
- kalkulatorische Miete
- Grundsteuer
- Versicherungskosten
- kalkulatorischer Unternehmerlohn
- freiwillige Sozialkosten

Es gibt Kosten, die eigentlich direkt zugeordnet werden könnten, aber aus Vereinfachungs- und Kostengründen als Kostenstellengemeinkosten abgerechnet werden. Sie stellen **unechte Kostenstellengemeinkosten** dar.

Beispiele für unechte Kostenstellengemeinkosten:
- Telefonkosten: falls nicht nach verbrauchten Gebühreneinheiten
- Stromverbrauch: falls nicht nach verbrauchten kWh
- Hilfsstoffverbrauch: falls nicht nach Materialentnahmescheinen

Kontrolle der primären Gemeinkostenverteilung

Nach Beendigung der primären Gemeinkostenverteilung muss überprüft werden, ob die Summe der primären Gemeinkosten der einzelnen Kostenstellen dem Wert der primären Gemeinkostenarten entspricht. Stimmen beide Summen überein, wurde die primäre Gemeinkostenverteilung rechnerisch korrekt durchgeführt und es kann mit der innerbetrieblichen Leistungsverrechnung fortgefahren werden.

Fallbeispiel: Primäre Gemeinkostenverteilung

Die Ausgangslage für die Verteilung der Gemeinkosten beim Beispielunternehmen Feuer KG ist folgende einfache Kostenstelleneinteilung: Materialwirtschaft, Fertigung, Vertrieb und Verwaltung. Die Hilfslöhne und Gehälter lassen sich aufgrund der Stellenbeschreibungen der einzelnen Mitarbeiter sowie deren Tätigkeitsberichten zuordnen.

Kostenstellen	Kostenarten	
	Hilfslöhne	Gehälter
Material	8.400 €	24.000 €
Fertigung	106.800 €	69.600 €
Verwaltung		104.400 €
Vertrieb		48.000 €

Die Lohnnebenkosten sind mit den Sozialkostenverrechnungssätzen, d. h., mit 65 % bei den Hilfslöhnen und mit 40 % bei den Gehältern, zu ermitteln.

Hilfs- und Betriebsstoffe, die über die Eingangsrechnungen und mithilfe der Zugangsmethode ermittelt werden, fallen mit 28.800 € nur in der Fertigung an.

Für Strom- und Heizstoffkosten sind 115.000 € angefallen. Der Betrag in Höhe von 115.000 € wird zum einen nach den Kubikmetern (m^3) des umbauten Raumes und zum anderen anhand der Anschlusswerte für Strom auf die einzelnen Bereiche verteilt. Der Verteilungsschlüssel lautet: 3 : 100 : 6 : 6 (Material, Fertigung, Verwaltung, Vertrieb). Dadurch kommt man auf die Schlüsselsumme von 115. So werden beispielsweise auf die Kostenstelle Vertrieb (115.000 € : 115) x 6 = 6.000 € umgelegt.

Kalkulatorische Abschreibungen: Die Gebäude werden über 50 Jahre und die Maschinen über 10 Jahre abgeschrieben.

Kostenstellen	Anschaffungswerte der Gebäude	Anschaffungswerte der Maschinen
Material	512.000 €	416.000 €
Fertigung	3.297.600 €	7.260.800 €
Verwaltung	577.600 €	100.800 €
Vertrieb	252.800 €	222.400 €
Summe	4.640.000 €	8.000.000 €

Die kalkulatorischen Zinsen werden auf Grundlage des durchschnittlich gebundenen betriebsnotwendigen Kapitals anteilsmäßig den einzelnen Kostenstellen zugeordnet. Der Kalkulationszinssatz beträgt 8 % pro Jahr.

Verteilungsgrundlage		Kostenstellen			
	Summe	Material	Fertigung	Verwaltung	Vertrieb
betriebsnotwendiges Kapital (abnutzbar)	13.900 T€	2.700 T€	8.500 T€	800 T€	1.900 T€

Der Tätigkeitsbereich des Geschäftsführers der KG beschränkt sich auf folgende zwei Abteilungen: Zu 80 % ist er in der Verwaltung und zu 20 % im Vertrieb tätig (dies entspricht einem Verhältnis von 4 : 1). Es wird von einem kalkulatorischen Unternehmerlohn von 110.000 € pro Jahr ausgegangen.

Zu folgendem Ergebnis kommt man durch die Verteilung der übrigen Kosten:

Kostenstellen	**Kostenarten**		
	Sonstige Gemeinkosten	**Reisen, Werbung**	**Versicherung, Steuern**
Material	17.800 €	5.000 €	24.000 €
Fertigung	59.600 €	2.000 €	91.000 €
Verwaltung	50.300 €	126.000 €	95.000 €
Vertrieb	23.300 €	128.000 €	15.000 €
Summe	151.000 €	261.000 €	225.000 €

Die Gemeinkosten der Feuer KG werden folgendermaßen auf die vier Hauptkostenstellen verteilt:

BAB Gemeinkostenarten (€)	**Zahlen aus der Kostenartenrechnung**	**Verteilungsgrundlagen**	**Hauptkostenstellen**			
			Material	**Fertigung**	**Verwaltung**	**Vertrieb**
Hilfs- u. Betriebsstoffe	28.800	Entnahmeschein	0	28.800	0	0
Strom, Heizstoffe	115.000	Anschlusswerte Raum	3.000	100.000	6.000	6.000
Hilfslöhne	115.200	Lohnliste	8.400	106.800	0	0
Gehälter	246.000	Gehaltsliste	24.000	69.600	104.400	48.000
Lohnnebenkosten Hilfslöhne (65 %)	74.880	Lohnliste	5.460	69.420	0	0
Lohnnebenkosten Gehälter (40 %)	98.400	Gehaltsliste	9.600	27.840	41.760	19.200
Reisen, Werbung	261.000	Rechnungen	5.000	2.000	126.000	128.000
Versicherung, Steuern	225.000	Objekte	24.000	91.000	95.000	15.000
Sonstige Gemeinkosten	151.000	Rechnungen	17.800	59.600	50.300	23.300
kalk. Abschreibungen	892.000	Anschaffungswerte	51.840	792.032	21.632	27.296
kalk. Zinsen	556.000	Vermögenswerte	108.000	340.000	32.000	76.000
kalk. Unternehmerlohn	110.000	Tätigkeiten	0	0	88.000	22.000
Primäre Gemeinkosten	**2.874.080**		**257.100**	**1.687.092**	**565.092**	**364.796**

Die kalkulatorischen Abschreibungen und kalkulatorischen Zinsen werden wie folgt für den Betriebsabrechnungsbogen berechnet.

$$\text{Kalk. Abschreibung gesamt} = \frac{4.640.000\,€}{50\text{ Jahre}} + \frac{8.000.000\,€}{10\text{ Jahre}} = 892.800\text{ €/Jahr}$$

$$\text{Kalk. Abschreibung Material} = \frac{512.000\,€}{50\text{ Jahre}} + \frac{416.000\,€}{10\text{ Jahre}} = 51.840\text{ €/Jahr}$$

$$\text{Kalk. Abschreibung Fertigung} = \frac{3.297.600\,€}{50\text{ Jahre}} + \frac{7.260.800\,€}{10\text{ Jahre}} = 792.032\text{ €/Jahr}$$

$$\text{Kalk. Abschreibung Verwaltung} = \frac{577.600\,€}{50\text{ Jahre}} + \frac{100.800\,€}{10\text{ Jahre}} = 21.632\text{ €/Jahr}$$

$$\text{Kalk. Abschreibung Vertrieb} = \frac{252.800\,€}{50\text{ Jahre}} + \frac{222.400\,€}{10\text{ Jahre}} = 27.296\text{ €/Jahr}$$

$$\text{Kalk. Zinsen gesamt} = \frac{13.900.000\,€}{2} \times 0{,}08 = 556.000\text{ €/Jahr}$$

Mit der innerbetrieblichen Leistungsverrechnung (ILV) die sekundären Gemeinkosten verteilen

Neben den Absatz- und Lagerleistungen, die für den Markt bestimmt sind, erbringt ein Betrieb auch Leistungen für den internen Verbrauch – sogenannte innerbetriebliche Leistungen. Sie sind lediglich für den Eigenverbrauch bestimmt. Diese innerbetrieblichen Leistungen werden in den Hilfskostenstellen erfasst und als sekundäre Gemeinkosten an andere (Hilfs- oder Haupt-) Kostenstellen weiter verrechnet, die diese Leistungen empfangen haben. Die sekundären Gemeinkosten werden mithilfe der »Innerbetrieblichen Leistungsverrechnung« verteilt.

Nach der Durchführung der innerbetrieblichen Leistungsverrechnung (ILV) sind alle Kosten der Hilfskostenstellen null.

Mithilfe der innerbetrieblichen Leistungsverrechnung werden die liefernden Hilfskostenstellen von den Kosten der innerbetrieblichen Leistungen entlastet und die empfangenden Kostenstellen mit diesen Kosten belastet.

In einem Unternehmen kann eine innerbetriebliche Leistungsverrechnung beispielsweise für Kantineleistungen durchgeführt werden. Die in der Kantine anfallenden Kosten für Lebensmittel oder Strom stellen sekundäre Gemeinkosten dar und werden auf solche Kostenstellen verrechnet, in denen Mitarbeiter eingesetzt werden, die die Kantineleistungen genutzt haben.

Beispiele für **nicht** aktivierungspflichtige innerbetriebliche Leistungen sind:

- Lieferung von Strom, Wasser und Gas durch eigene Anlagen,
- eigene Betriebskantine, eigene Transportleistungen,

- Wartung, Inspektion und Reparatur durch eigene Abteilungen und
- Weiterbildung der Mitarbeiter im internen Bildungswesen

Es ist sinnvoll, für die innerbetrieblichen Leistungen eigene Kostenstellen – i. d. R. Hilfskostenstellen – einzurichten, damit sie gesondert erfasst werden können. Die innerbetriebliche Leistungsverrechnung (ILV) erfolgt im zweiten Abrechnungsschritt des Betriebsabrechnungsbogens. Die Kosten der Hilfskostenstellen werden ermittelt, die sich aufgrund der Leistungsabgaben an andere Hilfskostenstellen und Hauptkostenstellen ergeben. Sie werden auf die verursachenden Kostenstellen umgelegt. Diese **Umlagen** werden als **sekundäre Gemeinkosten** bezeichnet.

Am Ende müssen die Gemeinkosten der Hilfskostenstellen vollständig auf die Hauptkostenstellen umgelegt sein. Da es sich bei der ILV lediglich um eine Kostenumlage handelt, muss die Summe der primären und sekundären Gemeinkosten der Hauptkostenstellen nach der ILV genauso groß sein wie die Summe aller zugrunde liegenden Gemeinkosten.

Innerbetriebliche Leistungen	
Nutzung über mehrere Perioden	**sofortiger Verbrauch**
Falls Leistungen über mehrere Perioden hinweg nutzbar sind, müssen sie in der Bilanz aktiviert werden. Sie werden dort wie ein eigenständiger Kostenträger behandelt, d. h., für diese Leistungen fallen Kosten an, z. B. kalkulatorische Abschreibung und kalkulatorische Zinsen. Beispiele: selbst erstellte Anlagen, Maschinen, Werkzeuge und Vorrichtungen	Falls die Leistungen sofort, d. h. innerhalb der Erstellungsperiode verbraucht werden, werden sie nicht aktiviert. Die Kosten müssen dann direkt mithilfe der innerbetrieblichen Leistungsverrechnung verteilt werden. Beispiele: Strom, Transportleistungen, Reparaturen, Kantine, Betriebsarzt und Beratungsleitungen

Abb. 44: Aktivierungsfähige und nicht aktivierungsfähige innerbetriebliche Leistungen

Welche Hauptziele werden mit der innerbetrieblichen Leistungsverrechnung verfolgt?

Das sind die Hauptziele der innerbetrieblichen Leistungsverrechnung:

- Berechnung und Verteilung der Kosten der internen Leistungen, um eine genaue Kalkulation zu ermöglichen und um die Herstell- bzw. Selbstkosten der Kostenträger möglichst realistisch auszuweisen.
- Sie dient als Entscheidungsgrundlage dafür, ob entweder der Eigen- oder der Fremdbezug bestimmter Leistungen sinnvoller ist. Dafür wird der Fremdbezugspreis mit dem eigenen Verrechnungspreis verglichen.

In Abhängigkeit davon, ob ein einseitiger oder gegenseitiger Leistungsaustausch stattfindet, werden verschiedene Verfahren zur innerbetrieblichen Leistungsverrechnung angewandt.

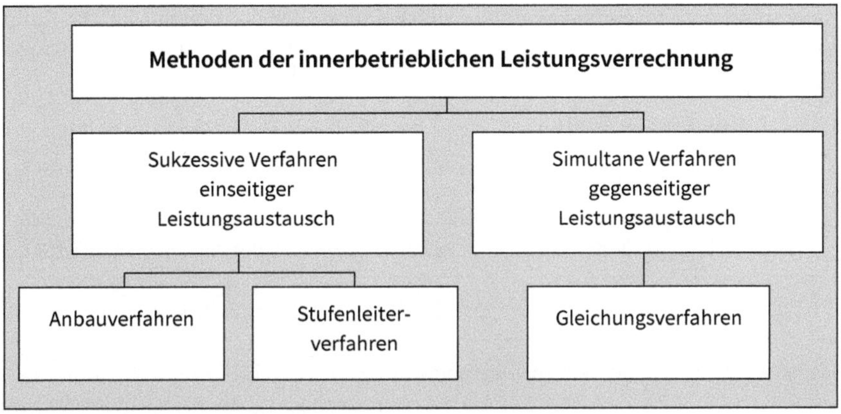

Abb. 45: Verfahren der innerbetrieblichen Leistungsverrechnung

Man unterscheidet zwischen sukzessiven und simultanen Verfahren der innerbetrieblichen Leistungsverrechnung. Sukzessive Verfahren berücksichtigen bei der Verrechnung nur einseitige Leistungsbeziehungen. Dies bedeutet, dass die Kostenstellen im BAB in eine entsprechende Reihenfolge gebracht werden und die Kosten von den jeweiligen Kostenstellen nur an solche weitergegeben werden können, die im BAB nachgelagert sind. Sofern zwischen den Kostenstellen jedoch wechselseitige Leistungsaustauschbeziehungen bestehen, müssen simultane Verfahren angewandt werden. Hier können Leistungsbeziehungen sowohl an vor- als auch an nachgelagerte Kostenstellen weitergegeben bzw. verrechnet werden.[52] Im Folgenden werden die drei in Abbildung 45 aufgezeigten Verfahren genauer beschrieben und anhand eines Beispiels veranschaulicht.

Wann ist ein Leistungsaustausch einseitig?

Einseitig ist ein Leistungsaustausch dann, wenn folgende Voraussetzungen erfüllt sind:

- Hilfskostenstellen erbringen Leistungen nur für nachgelagerte Kostenstellen.
- Eine vorgelagerte Hilfskostenstelle empfängt keine Leistungen mehr von einer nachgelagerten Hilfskostenstelle.
- Der Leistungsstrom fließt nur in eine Richtung.

52 Vgl. Barth, T. und Ernst, D., Kosten- und Erlösrechnung, 2018, S. 161.

Beim **Anbauverfahren** (Blockumlageverfahren) wird unterstellt, dass zwischen den Hilfskostenstellen keine Leistungsbeziehungen bestehen. Die Hilfskostenstellen beliefern lediglich die Hauptkostenstellen mit innerbetrieblichen Leistungen. Es entstehen somit keine sekundären Gemeinkosten für andere Hilfskostenstellen, d. h., die gesamten primären Gemeinkosten der Hilfskostenstellen werden nur auf die Hauptkostenstellen verteilt. Leistungsverflechtungen zwischen den Hilfskosten werden nicht berücksichtigt.

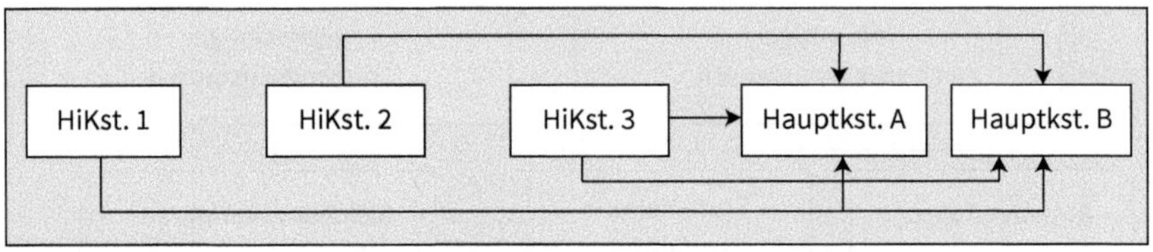

Abb. 46: Abrechnungsstruktur des Anbauverfahrens

Nachteile des Anbauverfahrens:
- Kostenverzerrungen (Verrechnungssatz nur auf Basis der an die Hauptkostenstellen abgegebenen Leistungen)
- Fehler bei den Verrechnungssätzen der Hilfskostenstellen (insbesondere derer, die eine hohe Anzahl innerbetrieblicher Leistungen empfangen haben)

Beim **Stufenleiterverfahren** (Treppenverfahren) wird der Leistungsaustausch zwischen den Kostenstellen unter der Annahme einer einseitigen Leistungsverflechtung berücksichtigt. Die primären Gemeinkosten von vorgelagerten Hilfskostenstellen werden auf alle nachgelagerten Hilfs- und Hauptkostenstellen verrechnet. Eine Verrechnung von Gemeinkosten auf vorgelagerte Hilfskostenstellen erfolgt dabei nicht. Die Anordnung der Hilfskostenstellen hat einen maßgeblichen Einfluss auf die Genauigkeit des Verfahrens.

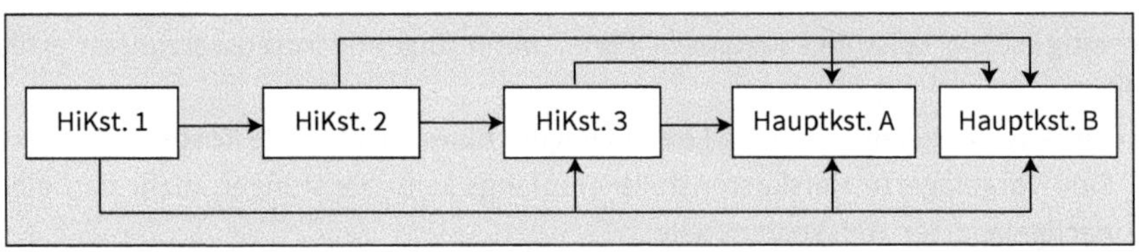

Abb. 47: Abrechnungsstruktur des Stufenleiterverfahrens

Wann ist ein Leistungsaustausch gegenseitig?

Ein Leistungsaustausch ist dann gegenseitig, wenn alle Kostenstellen Leistungen in alle Richtungen geben und aus allen Richtungen empfangen.

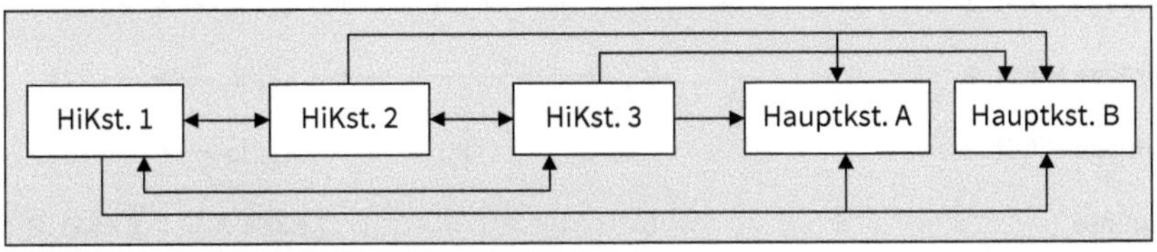

Abb. 48: Abrechnungsstruktur des Gleichungsverfahrens

3.4.3 Die verschiedenen Verfahren zur innerbetrieblichen Leistungsberechnung

Das **Anbauverfahren** und das **Stufenleiterverfahren** sind sogenannte Kostenstellenumlageverfahren, bei denen die ILV ohne Berücksichtigung gegenseitiger Leistungsverflechtungen durchgeführt wird.

Bei den **Kostenstellenausgleichsverfahren** (hierzu gehört unter anderem das **mathematische Gleichungsverfahren)** werden die Kosten nicht einfach nur auf nachfolgende Kostenstellen umgelegt. Es werden stattdessen auch wechselseitige Leistungsbeziehungen der Hilfskostenstellen berücksichtigt.

Wie funktioniert das Anbauverfahren?
Beim **Anbauverfahren** findet keine gegenseitige Leistungsverrechnung zwischen den Hilfskostenstellen statt. Da keine Leistungsabgaben an andere Hilfskostenstellen berücksichtigt werden können, werden die Kosten der Hilfskostenstellen direkt auf die verursachenden Hauptkostenstellen umgelegt.

Wie wird der Verrechnungssatz einer Hilfskostenstelle berechnet?

$$\text{Verrechnungssatz} = \frac{\text{primäre Gemeinkosten der abzurechnenden Hilfskostenstelle}}{\text{Leistungsabgabe dieser Hilfskostenstelle an die Hauptkostenstellen}}$$

Die Gesamtleistung der abzurechnenden Hilfskostenstellen muss um diejenigen Leistungen gemindert werden, die an andere Hilfskostenstellen abgegeben werden.

	Hilfskostenstellen			Hauptkostenstellen	
	HiKSt. 1	**HiKSt. 2**	**HiKSt. 3**	**HKSt. A**	**HKSt. B**
Σ primäre GK	K_1	K_2	K_3	K_A	K_B
Umlage HiKSt. 1	$-K_1$	⟶	⟶	$+x_{1,A}\,k_1$ ⟶	$+x_{1,B}\,k_1$
Umlage HiKSt. 2		$-K_2$	⟶	$+x_{2,A}\,k_2$ ⟶	$+x_{2,B}\,k_2$
Umlage HiKSt. 3			$-K_3$ ⟶	$+x_{3,A}\,k_3$ ⟶	$+x_{3,B}\,k_3$
Summe	0	0		Σ HKSt. A	Σ HKSt. B

K_j : primäre Kosten der Hilfskostenstelle j
k_j : Kosten pro Leistungseinheit der Hilfskostenstelle j (Verrechnungssatz)
xj,i : Mengenleistung der Hilfskostenstelle j an Hauptkostenstelle i

Abb. 49: Die Struktur des BAB beim Anbauverfahren[53]

Bei diesem Verfahren werden alle gegenseitigen Leistungsbeziehungen zwischen den Hilfskostenstellen nicht berücksichtigt. Daher ergibt sich eine **nicht verursachungsgerechte Belastung** der Hauptkostenstellen mit sekundären Gemeinkosten, was wiederum zu **ungenauen Gemeinkostenzuschlagssätzen** und zu einer **fehlerhaften Kalkulation** führt.

In diesem Fall sind also die Ergebnisse der Kostenstellenrechnung weder zur Kostenkontrolle noch zur Weiterverrechnung der Kosten an die Kostenträgerrechnung geeignet.

Beispiel: Innerbetriebliche Leistungsverrechnung mit Anbauverfahren

Folgende Leistungsbeziehungen zwischen den Kostenstellen wurden ermittelt:

	Summe	Hilfskostenstellen		Hauptkostenstellen				
		R	S	M	F1	F2	Verw.	Vertr.
Reparatur (Stunden)	1.600	-	50	200	850	450	30	20
Strom (kWh)	600.000	35.000	-	20.000	350.000	150.000	25.000	20.000

primäre Gemeinkosten der Hilfskostenstelle Reparatur: 64.680 €

primäre Gemeinkosten der Hilfskostenstelle Strom: 53.937 €

53 Heinhold, M., Kosten- und Erfolgsrechnung in Fallbeispielen, 2001, S. 234.

Ermittlung der Verrechnungssätze für die innerbetriebliche Leistungsverrechnung

Beim Anbauverfahren fallen die von der Hilfskostenstelle Reparatur an die Hilfskostenstelle Strom erbrachten Leistungen in Höhe von 50 h genauso unter den Tisch wie die von der Hilfskostenstelle Strom an die Hilfskostenstelle Reparatur gelieferten 35.000 kWh. Der gegenseitige Leistungsaustausch zwischen den Hilfskostenstellen findet keine Berücksichtigung. Daher müssen die von der einen an die andere Hilfskostenstelle erbrachten Leistungen von der Gesamtleistung der jeweiligen Hilfskostenstelle subtrahiert werden. Die Gemeinkosten der Hilfskostenstellen werden ausschließlich auf die Hauptkostenstellen entsprechend der jeweiligen Leistungsinanspruchnahme verteilt.

$$\text{Verrechnungssatz Reparatur: } k_R = \frac{64.680\,€}{1.600\,h - 50\,h} = 41{,}73\,€/h$$

$$\text{Verrechnungssatz Strom: } k_S = \frac{53.937\,€}{600.000\,kWh - 35.000\,kWh} = 0{,}095\,€/kWh$$

Im Rahmen der ILV werden die primären Gemeinkosten der beiden Hilfskostenstellen Reparatur (R) und Strom (S) mithilfe der oben berechneten Verrechnungssätze, entsprechend der von den Hauptkostenstellen empfangenen Leistungen der Hilfskostenstellen, auf die Hauptkostenstellen umgelegt. Nach der innerbetrieblichen Leistungsverrechnung sind die Hilfskostenstellen sozusagen entleert, d. h., in ihnen befinden sich keine Gemeinkosten mehr.

Sehen Sie dazu folgende Aufstellung:

		Hilfskostenstellen		**Hauptkostenstellen**				
		R	**S**	**M**	**F1**	**F2**	**Verw.**	**Vertr.**
prim. GK	2.182.000 €	64.680 €	53.937 €	101.372 €	827.998 €	426.310 €	455.460 €	252.243 €
Umlage Reparatur		-64.680 € →	-	8.346 € (200 h x 41,73 €/h)	35.470 € (850 h x 41,73 €/h)	18.778 € (450 h x 41,73 €/h)	1.252 € (30 h x 41,73 €/h)	834 € (20 h x 41,73 €/h)
Umlage Strom		-	-53.937 € →	1.909 € (20.000 kWh x 0,095 €/kWh)	33.412 € (350.000 kWh x 0,095 €/kWh)	14.320 € (150.000 kWh x 0,095 €/kWh)	2.387 € (25.000 kWh x 0,095 €/kWh)	1.909 € (20.000 kWh x 0,095 €/kWh)
Σ GK	2.182.000 €	0 €	0 €	111.627 €	896.880 €	459.408 €	459.099 €	254.986 €

Abb. 50: Verteilung der Kosten der Hilfskostenstellen mit dem Anbauverfahren

! **Wichtig: Das sollten Sie sich merken**

Das Anbauverfahren vernachlässigt den Leistungsaustausch zwischen den Hilfskostenstellen. Die Hilfskostenstellen werden nur über die Hauptkostenstellen abgerechnet, d. h., es entstehen keine sekundären Gemeinkosten für andere Hilfskostenstellen.

Wie funktioniert das Stufenleiterverfahren (Treppenverfahren)?

Beim Stufenleiterverfahren werden die Kosten der Hilfskostenstellen gemäß ihrer Beanspruchung auf die im BAB nachfolgenden Kostenstellen verteilt, d. h., es erfolgt eine Verrechnung der Kosten nur in eine Richtung. Die leistende Kostenstelle wird vollständig entlastet. Die erste Hilfskostenstelle des BAB (1. Spalte) verteilt ihre Kosten an alle folgenden Kostenstellen. Nachdem die Summe gebildet wurde, verteilt die zweite Hilfskostenstelle des BAB (2. Spalte) ihre Kosten auf alle folgenden Kostenstellen, dann die Dritte auf die ihr folgenden usw. Daraus ergibt sich die Form einer Treppe – daher der Name. Zunächst werden die Hilfskostenstellen so angeordnet, dass sie keine (oder bei komplexen Strukturen möglichst wenige) innerbetriebliche Güter an **vor**gelagerte Hilfskostenstellen liefern. Die vorgelagerten Stellen erhalten keine innerbetrieblichen Leistungen von nachgeordneten Stellen.

Nur Leistungen, die vorgelagerte Hilfskostenstellen an nachgelagerte Stellen abgeben, werden berücksichtigt. Leistungen der Hilfskostenstellen an vorgelagerte Hilfskostenstellen bleiben unberücksichtigt.

Folglich spielt die Reihenfolge der Hilfskostenstellen beim Stufenleiterverfahren eine wichtige Rolle. Sie sollte so gewählt werden, dass möglichst keine Leistungen »unter den Tisch fallen«. Dies wird erreicht, indem man diejenige Hilfskostenstelle, welche die größte Leistungsmenge abgibt, an die erste Stelle setzt usw.

$$\text{Verrechnungssatz der HiKSt. 1} = \frac{\text{primäre Gemeinkosten der HiKSt. 1}}{\text{Leistungsabgabe dieser Hilfskostenstelle an nachgelagerte Kostenstellen}}$$

$$\text{Verrechnungssatz weiterer HiKSt. n} = \frac{\text{primäre Gemeinkosten der HiKSt. + erhaltene sekundäre Kosten von vorgelagerte(n) HiKSt.}}{\text{Leistungsabgabe der Hilfskostenstelle an nachgelagerte Kostenstellen}}$$

Beim Stufenleiterverfahren werden nicht nur die primären Kosten der abzurechnenden Hilfskostenstelle, sondern auch die sekundären Kosten verrechnet, die diese Hilfskostenstelle von vorgelagerten Hilfskostenstellen bereits empfangen hat.

Dieses Verfahren liefert nur bei einseitigen Leistungsbeziehungen exakte Verrechnungssätze. Bei gegenseitigem Leistungsaustausch werden die Gemeinkostenzuschlagssätze ungenau, da ein Teil des Leistungsaustausches unberücksichtigt bleibt.

Daraus ergeben sich ungenaue Kalkulationen und die Kontrollfunktion der Kostenstellenrechnung wird eingeschränkt. Je mehr nicht beachtete Rückleistungen vorhanden sind, desto ungenauer wird die Leistungsverrechnung.

	Hilfskostenstellen			Hauptkostenstellen	
	HiKSt. 1	**HiKSt. 2**	**HiKSt. 3**	**HKSt. A**	**HKSt. B**
Σ primäre GK	K 1	K 2	K 3	KA	KB
Umlage HiKSt. 1	→	…	…	…	…
Umlage HiKSt. 2		Σ →	…	….	…
Umlage HiKSt. 3			Σ →	…	…
Summe	0	0	0	Σ HKSt. A	Σ HKSt. B

Abb. 51: Abrechnungsstruktur des BAB beim Stufenleiterverfahren[54]

Da die meisten Leistungsverflechtungen in der Praxis einseitig sind, liefert das Stufenleiterverfahren in nahezu allen Fällen hinreichend genaue Lösungen. Außerdem spricht für die Anwendung des Stufenleiterverfahrens, dass es schnell durchführbar und einfach zu handhaben ist.

Achtung !

Das Stufenleiterverfahren berücksichtigt nur einseitige Leistungsbeziehungen zwischen den Hilfskostenstellen.

Checkliste: Interne Leistungsverrechnung nach dem Stufenleiterverfahren

1. Legen Sie die Verrechnungsreihenfolge fest: Die Hilfskostenstelle, die am wenigsten Leistungswerte von anderen Hilfskostenstellen empfängt, steht an erster Stelle.
2. Ermitteln Sie den Verrechnungssatz der ersten Hilfskostenstelle:

$$\text{Verrechnungssatz HiKSt. 1} = \frac{\text{primäre Gemeinkosten der HiKSt. 1}}{\text{abgegebene Leistungseinheiten an nachgelagerte Kostenstellen}}$$

3. Bilden Sie gegebenenfalls eine Kontrollsumme: Die erste Hilfskostenstelle muss leer sein.

54 In Anlehnung an Heinhold, M., Kosten- und Erfolgsrechnung in Fallbeispielen, 2001, S. 243 und Friedl, B., Kostenrechnung, 2010, S. 139.

4. Ermitteln Sie für die nächstfolgenden Hilfskostenstellen die von der bereits abgerechneten ersten Hilfskostenstelle empfangenen Leistungen, d. h., die von der ersten Hilfskostenstelle zugewiesenen sekundären Gemeinkosten sind zu den primären Gemeinkosten der zweiten Hilfskostenstelle hinzuzuaddieren.
5. Wenn die zweite Hilfskostenstelle Leistungen an die erste Hilfskostenstelle abgibt, werden dies Leistungseinheiten nicht mehr berücksichtigt!
6. Ermitteln Sie den Verrechnungssatz der zweiten Hilfskostenstelle:

Verrechnungssatz HiKSt. 2

$$= \frac{\text{primäre Gemeinkosten der HiKSt. 2} + \text{erhaltene sekundäre Kosten der HiKSt. 1}}{\text{abgegebene Leistungseinheiten an nachgelagerte Kostenstellen}}$$

7. Verteilen Sie die Gemeinkosten der zweiten Hilfskostenstelle gemäß der Inanspruchnahme durch nachfolgende Hilfs- und Hauptkostenstellen.
8. Ermitteln Sie die Verrechnungssätze der restlichen Hilfskostenstellen:

$$\text{Verrechnungssatz HiKSt. n} = \frac{\text{primäre Gemeinkosten der HiKSt.} + \text{erhaltene sekundäre Kosten von vorgelagerten Hilfskostenstellen}}{\text{abgegebene Leistungseinheiten an nachgelagerte Kostenstellen}}$$

Beispiel: Innerbetriebliche Leistungsverrechnung mit Stufenleiterverfahren

Folgende Leistungsbeziehungen zwischen den Kostenstellen wurden ermittelt:

Verteilung der Kosten der Hilfskostenstellen beim Stufenleiterverfahren								
	Summe	Hilfskosten-stellen		Hauptkostenstellen				
		R	S	M	F1	F2	Verw.	Vertr.
Reparatur (Stunden)	1.600	-	50	200	850	450	30	20
Strom (kWh)	600.000	35.000	-	20.000	350.000	150.000	25.000	20.000

primäre Gemeinkosten der Hilfskostenstelle Reparatur: 64.680 €

primäre Gemeinkosten der Hilfskostenstelle Strom: 53.937 €

Prämisse: Die Reparaturstelle wird zuerst abgerechnet, eine Rückbelastung erfolgt nicht.

Ermittlung der Verrechnungssätze für die innerbetriebliche Leistungsverrechnung

$$\text{Verrechnungssatz Reparatur: } k_R = \frac{64.680\,€}{1.600\,h} = 40{,}425\,€/h$$

Bei der Hilfskostenstelle Strom verändert sich der Zähler: Die von der Hilfskostenstelle Reparatur hinzugekommenen sekundären Gemeinkosten in Höhe von 2.021 € (= 50 h x 40,425 €/h) werden jetzt bei der Hilfskostenstelle Strom berücksichtigt. Im Nenner fallen die von der Hilfskostenstelle Strom an die Hilfskostenstelle Reparatur gelieferten 35.000 KWh unter den Tisch, da Leistungen an vorgelagerte Kostenstellen nicht berücksichtigt werden können. Somit können nur 565.000 KWh weiter auf die Hauptkostenstellen verrechnet werden, wodurch sich der Verrechnungssatz erhöht.

$$\text{Verrechnungssatz Strom: } k_S = \frac{53.937\,€ + 2.021\,€}{600.000\,kWh - 35.000\,kWh} = 0{,}099040708\,€/kWh$$

		Hilfskostenstellen		Hauptkostenstellen				
		R	S	M	F1	F2	Verw.	Vertr.
prim. GK	2.182. 000 €	64.680 €	53.937 €	101.372 €	827.998 €	426.310 €	455.460 €	252.243 €
Umlage Reparatur		- 64.680 € →	2.021 € (50 h x 40,43 €/h)	8.085 € (200 h x 40,43 €/h)	34.361 € (850 h x 40,43 €/h)	18.191 € (450 h x 40,43 €/h)	1.213 € (30 h x 40,43 €/h)	809 € (20 h x 40,43 €/h)
Zwischenschritt			53.937 € + 2.021 € = 55.958 €					
Umlage Strom			- 55.958 € →	1.981 € (20.000 kWh x 0,099 €/kWh)	34.664 € (350.000 kWh x 0,099 €/kWh)	14.856 € (150.000 kWh x 0,099 €/kWh)	2.476 € (25.000 kWh x 0,099 €/kWh)	1.981 € (20.000 kWh x 0,099 €/kWh)
Σ GK	2.182. 000 €	0 €	0 €	111.438 €	897.023 €	459.357 €	459.149 €	255.033 €

Abb. 52: Verteilung der Kosten der Hilfskostenstellen nach dem Stufenleiterverfahren

Wie funktioniert das mathematische Gleichungsverfahren?

Beim **mathematischen Gleichungsverfahren** werden die Verrechnungssätze mithilfe linearer Gleichungen ermittelt, wobei für jede am Güteraustausch teilnehmende

Kostenstelle eine Gleichung aufgestellt wird. Diese Methode bietet sich besonders bei gegenseitigem Leistungsaustausch an, weil die Verrechnungspreise der einzelnen Leistungen simultan ermittelt und alle innerbetrieblichen Leistungen erfasst werden.

Dieses System der abgebenden und empfangenden Kostenstellen veranschaulicht die folgende Grafik:

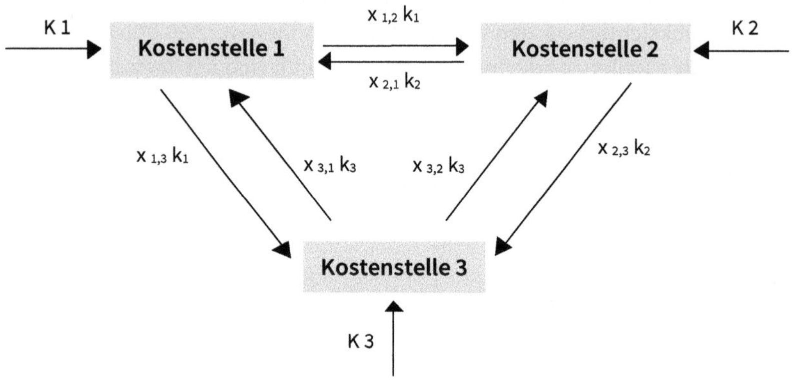

K_j: primäre Kosten der Kostenstelle j
k_j: Kosten pro Leistungseinheit der Kostenstelle j
x_j: Mengenleistung der Kostenstelle j
$x_{i,j}$: Mengenleistung der Kostenstelle i an Kostenstelle j
i = 1 ... n: Index der abgebenden Kostenstellen
j = 1 ... n: Index der empfangenden Kostenstellen

Abb. 53: Abrechnungsstruktur beim Gleichungsverfahren

Das allgemeine Vorgehen beim Gleichungsverfahren sieht wie folgt aus:

- Aufstellen der Gleichungen,
- Umformungen der Gleichungen und
- Einsetzen der Variablen.

Die innerbetrieblichen Verrechnungspreise können mithilfe der Aufstellung eines linearen Gleichungssystems ermittelt werden. Dabei ist Folgendes zu beachten:

- In das Gleichungssystem gehen die von jeder Kostenstelle **empfangenen** und **insgesamt abgegebenen Leistungseinheiten** ein.
- Die **Unbekannte** ist der **innerbetriebliche Verrechnungssatz** (Verrechnungspreis) jeder Kostenstelle.

Allgemein lässt sich für jede Kostenstelle das folgende lineare Gleichungssystems aufstellen:

Primäre Gemeinkosten	+	Empfangene Leistungseinheiten x Verrechnungssatz der abgebenden Kostenstelle	=	Erzeugte Gesamtleistungseinheiten x eigener Verrechnungssatz
Gesamter Wert			=	Gesamter Wert der abgegebenen Leistungen

Abb. 54: Grundstruktur der Gleichungen für die einzelnen Kostenstellen

Diese wechselseitigen Beziehungen lassen sich in Form eines linearen Gleichungssystems mit n Gleichungen (für jede Hilfskostenstelle, die innerbetriebliche Leistungen erstellt oder empfängt, wird eine Gleichung aufgestellt) und n unbekannten Verrechnungssätzen k_j darstellen.

Gleichungssystem										
Input in EUR									=	Output in EUR
primäre Kosten der betrachteten Kostenstelle + sekundäre Kosten der anderen Kostenstellen									=	Gesamtleistung der betrachteten Kostenstelle
K_1	+	$x_{1,1}\,k_1$	+	$x_{2,1}\,k_2$	+	…	+	$x_{n,1}\,k_n$	=	$x_1\,k_1$
K_2	+	$x_{1,2}\,k_1$	+	$x_{2,2}\,k_2$	+	…	+	$x_{n,2}\,k_n$	=	$x_2\,k_2$
K_3	+	$x_{1,3}\,k_1$	+	$x_{2,3}\,k_2$	+	…	+	$x_{n,3}\,k_n$	=	$x_3\,k_3$
…		…		…				…		…
…		…		…				…		…
K_n	+	$x_{1,n}\,k_1$	+	$x_{2,n}\,k_2$	+	…	+	$x_{n,n}\,k_n$	=	$x_n\,k_n$

Tab. 32: Gleichungsverfahren

Als Lösung dieses Gleichungssystems ergeben sich die Verrechnungssätze k_j der einzelnen Kostenstellen. Da alle innerbetrieblichen Leistungen berücksichtigt wurden, erfolgt eine verursachungsgerechte Verteilung der Gemeinkosten. Die berechneten Gemeinkostenzuschlagssätze sind bei diesem Verfahren exakt. Somit werden eine genaue Kalkulation und eine aussagefähige Kostenkontrolle ermöglicht.

Beispiel: Innerbetriebliche Leistungsverrechnung mit dem Gleichungsverfahren

Folgende Leistungsbeziehungen zwischen den Kostenstellen wurden ermittelt:

	Summe	Hilfskostenstellen		Hauptkostenstellen				
		R	S	M	F1	F2	Verw.	Vertr.
Reparatur (Stunden)	1.600	-	50	200	850	450	30	20
Strom (kWh)	600.000	35.000	-	20.000	350.000	150.000	25.000	20.000

primäre Gemeinkosten der Hilfskostenstelle Reparatur: 64.680 €

primäre Gemeinkosten der Hilfskostenstelle Strom: 53.937 €

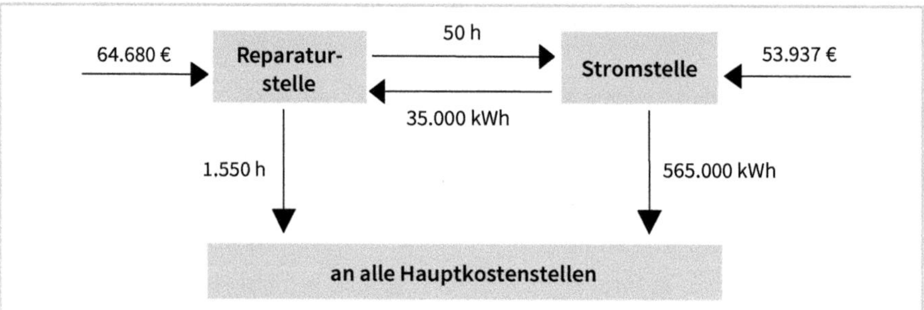

Abb. 55: System der abgebenden und empfangenden Hilfskostenstellen

1. Schritt: Aufstellen der Gleichungen

Die Hilfskostenstelle Reparatur hat etwas an die Hilfskostenstelle Strom geliefert und umgekehrt. Daher müssen für beide Hilfskostenstellen die Input- und die Output-Gleichungen erstellt werden. Bei der Hilfskostenstelle Reparatur setzt sich der Input aus den Primärkosten in Höhe von 64.680 € und den sekundären Kosten von der Hilfskostenstelle Strom zusammen. Die Hilfskostenstelle Strom hat 35.000 kWh an die Hilfskostenstelle Reparatur geliefert. Der Output der Hilfskostenstelle Reparatur beträgt 1.600 h.

Die Gleichung für die Reparaturstelle sieht wie folgt aus:

Reparaturstelle: 64.680 € + 35.000 × k_S = 1.600 × k_R

Die Hilfskostenstelle Strom hat Primärkosten in Höhe von 53.937 € und ebenfalls noch nicht in Euro bewertete 50 Reparaturstunden von der Hilfskostenstelle Reparatur empfangen. Der Output der Hilfskostenstelle Strom beträgt 600.000 kWh.

Die Gleichung für die Stromstelle sieht folgendermaßen aus:

Stromstelle: 53.937 € + 50 × k_R = 600.000 × k_S

2. Schritt: Umformung der Gleichung 1:
k_R = 40,425 € + 21,875 k_S

3. Schritt: Einsetzen in Gleichung 2:
53.937 € + [50 x (40,425 € + 21,875 k_S)] = 600.000 k_S
53.937 € + 2.021,25 € + 1.093,75 k_S = 600.000 k_S
55.958,25 € = 598.906.25 k_S
k_S = 0,093434 €/kWh

4. Schritt: Einsetzen in Gleichung 1:
64.680 € + 35.000 kWh x 0,093434 €/kWh = 1.600 k_R
1.600 k_R = 67.952 €
k_R = 42,469 €/h

Nach Auflösung dieses Gleichungssystems erhält man die folgenden Werte:

Verrechnungssatz Reparatur: k_R = 42,469 €/h

Verrechnungssatz Strom: k_S = 0,093434 €/kWh

Die folgende Grafik zeigt die Lösung für das Beispiel »Innerbetriebliche Leistungsverrechnung mit dem Gleichungsverfahren«:

		Hilfskostenstellen		Hauptkostenstellen				
		R	S	M	F1	F2	Verw.	Vertr.
prim. GK	2.182.000 €	64.680 €	53.937 €	101.372 €	827.998 €	426.310 €	455.460 €	252.243 €
Zwischenschritt		64.680 € + 3.270 € = 67.950 €						
Umlage Reparatur		-67.950 € →	2.123 € (50 h x 42,469 €/h)	8.494 € (200 h x 42,469 €/h)	36.099 € (850 h x 42,469 €/h)	19.111 € (450 h x 42,469 €/h)	1.274 € (30 h x 42,469 €/h)	849 € (20 h x 42,469 €/h)
Zwischenschritt			53.937 € + 2.123 € = 56.060 €					
Umlage Strom		3.270 € (35.000 kWh x 0,0934 €/kWh)	-56.060 € →	1.869 € (20.000 kWh x 0,0934 €/kWh)	32.702 € (350.000 kWh x 0,0934 €/kWh)	14.015 € (20.000 kWh x 0,0934 €/kWh)	2.335 € (20.000 kWh x 0,0934 €/kWh)	1.869 € (20.000 kWh x 0,0934 €/kWh)
Σ GK	2.182.000 €	0 €	0 €	111.735 €	896.799 €	459.436 €	459.069 €	254.961 €

Abb. 56: Lösung Beispiel »Innerbetriebliche Leistungsverrechnung ...«

Die **Beurteilung** des Gleichungsverfahrens fällt wie folgt aus:

Es stellt das genaueste Verfahren der innerbetrieblichen Leistungsverrechnung dar, da alle wechselseitigen Leistungsbeziehungen berücksichtigt werden und es erfolgt eine nach dem Verursachungsprinzip gerechte Verteilung der Gemeinkosten. Das ermöglicht eine exakte Kostenkontrolle. Gleichzeitig ist es das methodisch anspruchsvollste Verfahren, denn bei einer großen Anzahl von Hilfskostenstellen wird es aufwendig, das Gleichungssystems zu lösen. In diesem Fall ist ein EDV-Einsatz erforderlich.[55]

55 Vgl. Fischbach, S., Grundlagen der Kostenrechnung, 2018, S. 81.

3.5 So ermitteln Sie die Gemeinkostenzuschlagssätze

Nachdem mithilfe der innerbetrieblichen Leistungsverrechnung sämtliche Gemeinkosten auf die Hauptkostenstellen verteilt wurden, muss anschließend ein Zusammenhang zwischen den in den Hauptkostenstellen erbrachten Leistungen und den Gemeinkosten erstellt werden. Dies erfolgt nun im dritten Schritt des Betriebsabrechnungsbogens (BAB) durch die Berechnung der Gemeinkostenzuschlagssätze. Die Gemeinkostenzuschlagssätze stellen das Bindeglied zwischen der Kostenstellenrechnung und der Kostenträgerrechnung dar. Mithilfe der Gemeinkostenzuschlagssätze erfolgt die Weiterverrechnung der Gemeinkosten auf die Kostenträger nach dem Verursachungsprinzip. Allgemein lässt sich ein Gemeinkostenzuschlagssatz in Prozent nach der folgenden Formel ermitteln:

$$\text{Gemeinkostenzuschlagssatz (\%)} = \frac{\sum \text{Gemeinkosten der Hauptkostenstelle}}{\text{Bezugsgröße der Hauptkostenstelle}} \times 100$$

Die Gemeinkosten der Kostenstellen lassen sich einfach aus dem Betriebsabrechnungsbogen entnehmen. Als Bezugsgröße werden die entsprechenden **Einzelkosten** gewählt. Dabei jedoch wird das Verursachungsprinzip missachtet, weil sich eigentlich nur die variablen Kostenanteile der Gemeinkosten proportional zu den Einzelkosten verhalten. Dennoch werden bei den Zuschlagssätzen für die Fertigungs- und die Materialstellen Einzelkosten als Zuschlagsbasen gewählt.

$$\text{Materialgemeinkostenzuschlagssatz (\%)} = \frac{\text{Materialgemeinkosten}}{\text{Materialeinzelkosten}} \times 100$$

$$\text{Fertigungsgemeinkostenzuschlagssatz (\%)} = \frac{\text{Fertigungsgemeinkosten}}{\text{Fertigungseinzelkosten}} \times 100$$

Die Suche nach einer geeigneten Bezugsgröße bei den **Verwaltungs- und Vertriebsgemeinkosten** gestaltet sich schwieriger. In der Regel können keine Einzelkosten ermittelt werden und die Leistungen sind häufig nicht quantifizierbar. Daher werden als Zuschlagsbasen die **Herstellkosten** gewählt.[56]

$$\text{Verwaltungsgemeinkostenzuschlagssatz (\%)} = \frac{\text{Verwaltungsgemeinkosten}}{\text{Herstellkosten der Produktion}} \times 100$$

oder

Herstellkosten des Umsatzes

$$\text{Vertriebsgemeinkostenzuschlagssatz (\%)} = \frac{\text{Vertriebsgemeinkosten}}{\text{Herstellkosten des Umsatzes}} \times 100$$

Die **Herstellkosten der Produktion und Herstellkosten des Umsatzes** werden wie folgt ermittelt:

	Ermittlung der Herstellkosten
	Materialeinzelkosten (MEK)
+	Materialgemeinkosten (MGK)
+	Fertigungseinzelkosten (FEK)
+	Fertigungsgemeinkosten (FGK)
+	Sondereinzelkosten der Fertigung (SEK_{Fert})
=	**Herstellkosten der Produktion (HK_{Prod})**
+	Bestandsminderungen der unfertigen und fertigen Erzeugnisse
-	Bestandsmehrungen der unfertigen und fertigen Erzeugnisse
-	andere aktivierte Eigenleistungen
=	**Herstellkosten des Umsatzes (HK_{Umsatz})**

Tab. 33: Ermittlung der Herstellkosten

56 Aus Vereinfachungsgründen werden für die Berechnung des Verwaltungsgemeinkostenzuschlagssatzes häufig die Herstellkosten des Umsatzes gewählt. Ein Unternehmen kann sich aber auch dazu entscheiden, den Verwaltungsgemeinkostenzuschlagssatz auf der Basis der Herstellkosten der Produktion zu berechnen.

3.6 Überblick: Betriebsabrechnungsbogen

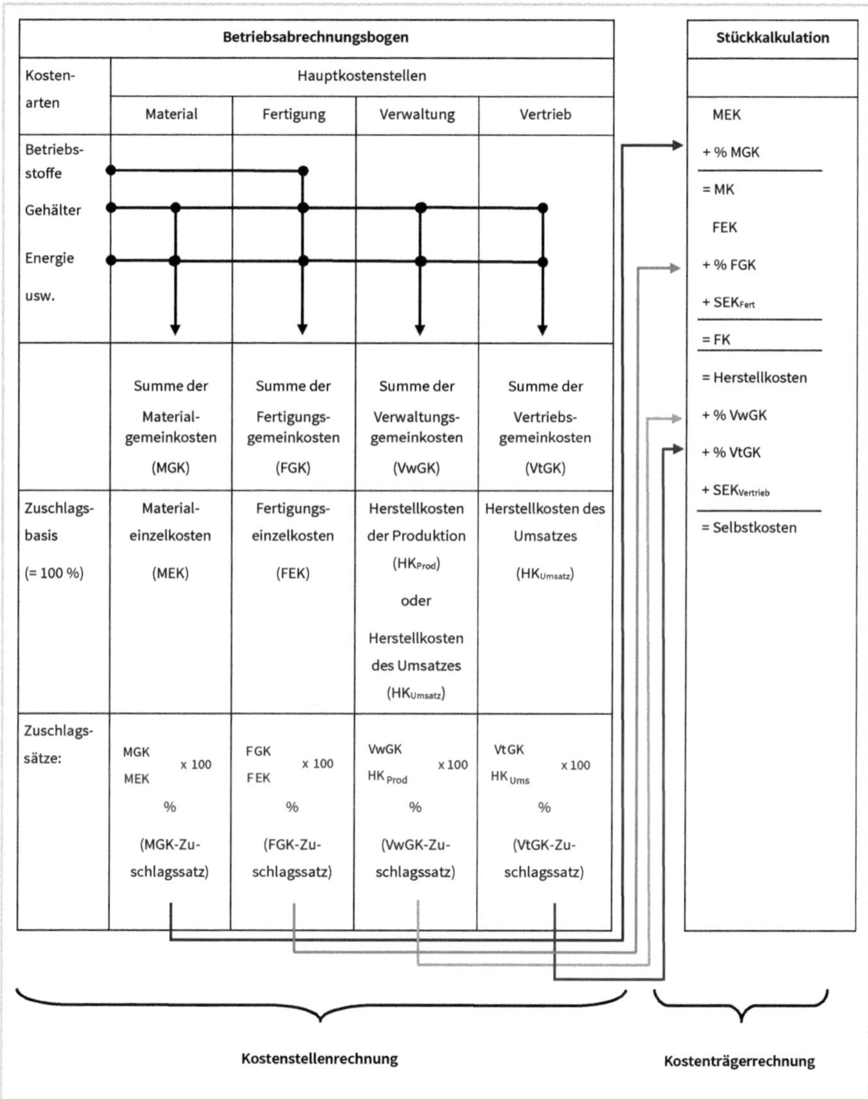

Abb. 57: Ermittlung der Gemeinkostenzuschlagssätze im BAB

3.7 Auswertung des Betriebsabrechnungsbogens zur Kostenkontrolle

Im vierten Abrechnungsschritt des BAB erfolgt die Kostenkontrolle durch Vergleich von Normal- oder Plankosten mit den ermittelten Ist-Kosten. Dabei werden Kostenüber- und Kostenunterdeckungen ermittelt, was eine laufende Kontrolle des Betriebsergebnisses ermöglicht.

3.7.1 Wirtschaftlichkeitskontrolle im Rahmen der Normalkostenrechnung

Die **Ist-Gemeinkostenzuschlagssätze** sind monatlichen Schwankungen unterworfen, da die Gemeinkosten und die gewählten Bezugsgrößen z. B. durch unregelmäßige Verbräuche, Preisänderungen, unterschiedliche Anzahl der Monatsarbeitstage etc. variieren.

Daher rechnet man in der Kalkulation und in der Betriebsergebnisrechnung aus Gründen der Kostenstetigkeit mit für einen längeren Zeitraum festgelegten **Normalgemeinkostenzuschlagssätzen.** Die Basis für die Normalgemeinkostenzuschlagssätze bilden Durchschnittswerte aus der Vergangenheit sowie wichtige erwartete Veränderungen, wie z. B. die Reorganisation der Produkte. Hierbei ist permanent zu überprüfen, inwiefern die vorausgeplanten Kosten (Normalgemeinkosten) den tatsächlich entstandenen Kosten (Ist-Gemeinkosten) entsprechen. Mithilfe der Normalgemeinkostenzuschlagssätze werden die Kostenvorgaben für die folgende Rechnungsperiode festgelegt.

Wenn Sie die Normal-Gemeinkosten berechnen möchten, müssen die Herstellkosten angepasst werden, da die Normal-Gemeinkostenzuschlagssätze vorgegeben sind.

Für die Ermittlung der MGK_{Normal} und der FKG_{Normal} benötigt man die vorgegebenen Normalgemeinkostenzuschlagssätze:

- $MGK_{Normal} = MEK_{Ist} \times MGK_{Normal}$-Zuschlagssatz
- $FGK_{Normal} = FEK_{Ist} \times FGK_{Normal}$-Zuschlagssatz

Mit den obigen Normalkosten ist es möglich, die Normal-Herstellkosten zu berechnen.

Berechnung der Normal-Herstellkosten	
	Ist-Materialeinzelkosten (MEK_{Ist})
+	Normal-Materialgemeinkosten (MGK_{Normal})
+	Ist-Fertigungseinzelkosten (FEK_{Ist})
+	Normal-Fertigungsgemeinkosten (FGK_{Normal})
+	Ist-Sondereinzelkosten der Fertigung (SEK_{Fert})
=	**Normal-Herstellkosten der Produktion ($HK_{Prod\text{-}Normal}$)**

Berechnung der Normal-Herstellkosten	
+	Ist-Bestandsminderungen der unfertigen und fertigen Erzeugnisse
-	Ist-Bestandsmehrungen der unfertigen und fertigen Erzeugnisse
-	Ist-aktivierte Eigenleistungen
=	**Normal-Herstellkosten des Umsatzes ($HK_{Umsatz\text{-}Normal}$)**

Tab. 34: Ermittlung der Normal-Herstellkosten

Erst mit den Normal-Herstellkosten des Umsatzes lassen sich dann unter Verwendung der wiederum vorgegebenen Normal-Gemeinkostenzuschlagssätze die Normal-Verwaltungsgemeinkosten und die Normal-Vertriebsgemeinkosten berechnen.

- $VwGK_{Normal} = HK_{Prod\text{-}Normal} \times VwGK_{Normal}$-Zuschlagssatz
  oder
  $VwGK_{Normal} = HK_{Umsatz\text{-}Normal} \times VwGK_{Normal}$-Zuschlagssatz
- $VtGK_{Normal} = HK_{Umsatz\text{-}Normal} \times VtGK_{Normal}$-Zuschlagssatz

Am Ende einer Periode muss überprüft werden, ob die vorausgeplanten Kosten (Normalkosten) die tatsächlich entstandenen Kosten (Ist-Kosten) decken. Sobald die Normal- und Ist-Kosten nicht übereinstimmen, spricht man von Kostenüber- bzw. Kostenunterdeckung.

Liegen die Normalgemeinkosten (verrechnete Kosten) über den Ist-Gemeinkosten (tatsächliche Kosten), handelt es sich um **Kostenüberdeckung**. Die mit Normalsätzen kalkulierten Selbstkosten sind höher als die tatsächlichen Selbstkosten.

Liegen die Normalgemeinkosten (verrechnete Kosten) unter den Ist-Gemeinkosten (tatsächliche Kosten), spricht man von **Kostenunterdeckung**. Die mit Normalsätzen kalkulierten Selbstkosten können die tatsächlich angefallenen Kosten nicht decken.

Durch eine Vergleichsrechnung lässt sich die Kostenüber- und Kostenunterdeckung bestimmen:

Kostenabweichung =	Normalgemeinkosten – Ist-Gemeinkosten
Kostenüberdeckungen (+):	Normalgemeinkosten **>** Ist-Gemeinkosten
Kostenunterdeckungen (-):	Normalgemeinkosten **<** Ist-Gemeinkosten

Die errechneten Herstell- bzw. Selbstkosten und das Betriebsergebnis auf Normalkostenbasis können mithilfe der Kostenüber- und Kostenunterdeckungen auf Ist-Kostenbasis ermittelt werden.

Durch die Unter- bzw. Überdeckungen können Verrechnungsfehler aufgedeckt werden.[57] Diese entstehen, »weil eine vollständige Korrelation von Bezugsgröße und zu

57 Vgl. Fischbach, S., Grundlagen der Kostenrechnung, 2018, S. 86.

verteilenden Gemeinkosten nicht (mehr) gegeben ist«.[58] Sollten sich deutliche und dauerhafte Unter- bzw. Überdeckungen ergeben, ist dies Anlass, die Normalzuschlagssätze kritisch zu hinterfragen und gegebenenfalls anzupassen.[59]

Fallbeispiel: Betriebsabrechnungsbogen (Stufenleiterverfahren)

Ein vollständiger Betriebsabrechnungsbogen soll erstellt werden. Es liegen folgende Informationen vor:

Gemeinkostenart	Summe	Verteilungsgrundlage
Gehälter	420.000 €	Gehaltsliste
soziale Abgaben	105.000 €	Anteile Gehaltsliste
Hilfslöhne	7.000 €	geleistete Stunden
Stromkosten	25.000 €	verbrauchte kWh
kalkulatorische Abschreibungen	250.000 €	Schlüssel
kalkulatorische Miete	50.000 €	Raumgröße
Instandhaltung	23.000 €	Belege
sonstige Gemeinkosten	20.000 €	Schlüssel

Verteilung der Kostenarten auf die Hilfs- und Hauptkostenstellen:

Kostenart	Hilfskostenstellen			Hauptkostenstellen				
	Reparatur	Kantine	Fuhrpark	Material	Fertigung	Verwaltung	Vertrieb	Summe
Gehälter (€)	20.000	40.000	80.000	20.000	20.000	200.000	40.000	420.000
Soziale Abgaben (€)								105.000
Hilfslöhne (Std.)	10	7	25	50	150	30	80	352
Stromkosten (kWh)	2.000	7.000	2.000	4.000	45.000	2.500	2.000	64.500
Abschr. (Schlüssel)	2	5	2	4	16	12	7	48
Miete (m^2)	40	60	75	30	200	80	40	525
Instandh. (Schlüssel)	0	0	8	3	20	0	0	31
Sonstige Gemeinkosten (Schlüssel)	2	3	4	5	6	6	0	26

58 Vgl. Fischbach, S., Grundlagen der Kostenrechnung, 2018, S. 86.
59 Vgl. Jossé, G., Basiswissen Kostenrechnung, 2018, S. 89.

a) Verrechnung der primären Gemeinkosten

Verrechnungsschlüssel für die primären Gemeinkosten:

Gehälter: $\frac{420.000\,€}{420.000\,€} = 1,00$

Soziale Abgaben: $\frac{1}{4}$ der Gehälter $= 0,25$

Hilfslöhne: $\frac{7.000\,€}{352\,h} = 19,89\,€/h$

Stromkosten: $\frac{25.000\,€}{64.500\,kWh} = 0,39\,€/kWh$

Kalkulatorische Abschreibungen: $\frac{250.000\,€}{48\,\text{Einheiten}} = 5.208,3\,€/\text{Einheit}$

Kalkulatorische Miete: $\frac{50.000\,€}{525\,m^2} = 95,24\,€/m^2$

Instandhaltung: $\frac{23.000\,€}{31\,\text{Einheiten}} = 741,94\,€/\text{Einheit}$

Sonstige Gemeinkosten: $\frac{20.000\,€}{26\,\text{Einheiten}} = 769,23\,€/\text{Einheit}$

Lösung: Umlage primäre Gemeinkosten, Fallbeispiel »Betriebsabrechnungsbogen (Stufenleiterverfahren)«

Kostenart		Hilfskostenstellen			Hauptkostenstellen			
	Summe	Reparatur	Kantine	Fuhrpark	Material	Fertigung	Verwaltung	Vertrieb
Gehälter (€)	420.000	20.000	40.000	80.000	20.000	20.000	200.000	40.000
Soziale Abgaben (€)	105.000	5.000	10.000	20.000	5.000	5.000	50.000	10.000
Hilfslöhne (€)	7.000	198,90	139,20	497,20	994,30	2.982,90	596,60	1.590,90
Stromkosten (€)	25.000	775,20	2.713,20	775,20	1.550,40	17.441,80	969	775,20
Abschr. (€)	250.000	10.416,70	26.041,60	10.416,70	20.833,30	83.333,30	62.500	36.458,40
Miete (€)	50.000	3.809,50	5.714,30	7.142,80	2.857,20	19.047,60	7.619,10	3.809,50
Instandh. (€)	23.000	0	0	5.935,50	2.225,80	14.838,70	0	0
Sonstige Gemeinkosten (€)	20.000	1.538,50	2.307,70	3.076,90	3.846,10	4.615,40	4.615,40	0
Primäre GK (€)	900.000	41.738,80	86.916	127.844,30	57.307,10	167.259,70	326.300,10	92.634

b) Innerbetriebliche Leistungsverrechnung nach dem Stufenleiterverfahren

Schlüssel für die innerbetriebliche Leistungsverrechnung:

Leistungsbeziehungen zwischen den Kostenstellen							
Kostenstellen	**Hilfskostenstellen**			**Hauptkostenstellen**			
	Reparatur	Kantine	Fuhrpark	Material	Fertigung	Verwaltung	Vertrieb
Reparatur	0	0	1	1	2	0	0
Kantine	0	0	0	4	10	3	3
Fuhrpark	0	0	0	2	1	1	1

Verrechnungssatz Reparatur: $\frac{41.738{,}80\ €}{4\ \text{Einheiten}} = 10.434{,}70\ €/\text{Einheit}$

Verrechnungssatz Kantine: $\frac{86.916\ €}{20\ \text{Einheiten}} = 4.345{,}80\ €/\text{Einheit}$

Verrechnungssatz Fuhrpark: $\frac{138.279\ €}{5\ \text{Einheiten}} = 27.655{,}80\ €/\text{Einheit}$

Lösung innerbetriebliche Leistungsverrechnung								
Alle Angaben in €	**Summe**	**Reparatur**	**Kantine**	**Fuhrpark**	**Material**	**Fertigung**	**Verwaltung**	**Vertrieb**
Primäre GK	900.000	41.738,80	86.916	127.844,30	57.307,10	167.259,70	326.300,10	92.634
Umlage Reparatur		-41.738,80	0	+ 10.434,70	+ 10.434,70	+ 20.869,40	0	0
Umlage Kantine			-86.916	0	+ 17.383,20	+ 43.458	+ 13.037,40	+ 13.037,40
Umlage Fuhrpark				-138.279	+ 55.311,60	+ 27.655,80	+ 27.655,80	+ 27.655,80
Summe Gemeinkosten		0	0	0	140.436,60	259.242,90	366.993,30	133.327,20

c) Daten zur Berechnung der Ist-Gemeinkostenzuschlagssätze

Materialeinzelkosten	1.400.000 €
Fertigungseinzelkosten	1.000.000 €
Sondereinzelkosten der Fertigung	50.000 €
Bestandsminderung Fertigerzeugnisse	130.000 €
Bestandsmehrung unfertige Erzeugnisse	100.000 €
andere aktivierte Eigenleistung	50.000 €

Berechnung der Herstellkosten auf Ist-Kostenbasis:

	Materialeinzelkosten (MEK)	1.400.000,00 €
+	Materialgemeinkosten (MGK)	+ 140.436,60 €
+	Fertigungseinzelkosten (FEK)	+ 1.000.000,00 €
+	Fertigungsgemeinkosten (FGK)	+ 259.242,90 €
+	Sondereinzelkosten der Fertigung (SEK_{Fert})	+ 50.000,00 €
=	**Herstellkosten der Produktion ($HK_{Prod-Ist}$)**	**= 2.849.679,50 €**
+	Bestandsminderungen Fertigerzeugnisse	+ 130.000,00 €
–	Bestandsmehrung unfertige Erzeugnisse	- 100.000,00 €
–	andere aktivierte Eigenleistungen	- 50.000,00 €
=	**Herstellkosten des Umsatzes ($HK_{Umsatz-Ist}$)**	**= 2.829.679,50 €**

Materialgemeinkosten-zuschlagssatz	=	$\frac{MGK}{MEK} \times 100$	=	$\frac{140.436,60\ €}{1.400.000,00\ €}$	=	10,03 %
Fertigungsgemeinkosten-zuschlagssatz	=	$\frac{FGK}{FEK} \times 100$	=	$\frac{259.242,90\ €}{1.000.000,00\ €}$	=	25,92 %
Verwaltungsgemeinkosten-zuschlagssatz	=	$\frac{VwGK}{HK_{Prod}} \times 100$	=	$\frac{366.993,30\ €}{2.849.679,50\ €}$	=	12,88 %
Vertriebsgemeinkosten-zuschlagssatz	=	$\frac{VtGK}{HK_{Ums}} \times 100$	=	$\frac{133.327,20\ €}{2.829.679,50\ €}$	=	4,71 %

Berechnung der Herstellkosten auf Normalkostenbasis:

Selbstkosten des Umsatzes bei Normalkostenverrechnung			
	Kalkulation	**Normalgemeinkostenzuschlagssatz**	**Beträge (€)**
	MEK (Ist)		1.400.000
+	MGK-Zuschlagssatz (Normal)	12 %	168.000
+	FEK (Ist)		1.000.000
+	FGK-Zuschlagssatz (Normal)	30 %	300.000
+	SEK_{Fert} (Ist)		50.000
=	**HK_{Prod} (Normal)**		**2.918.000**

Selbstkosten des Umsatzes bei Normalkostenverrechnung			
	Kalkulation	Normalgemeinkostenzuschlagssatz	Beträge (€)
+	Bestandsminderungen Fertigerzeugnisse (Ist)		130.000
-	Bestandsmehrung unfertige Erzeugnisse (Ist)		100.000
-	andere aktivierte Eigenleistungen (Ist)		50.000
=	**HK_{Umsatz} (Normal)**		**2.898.000**
+	Verwaltungsgemeinkosten bezogen auf HK_{Prod}	10 %	291.800
+	Vertriebsgemeinkosten bezogen auf HK_{Umsatz}	8 %	231.840
=	**Selbstkosten des Umsatzes (Normal)**		**3.421.640**

d) Berechnung der Abweichungen

	Ist-Gemeinkosten	Normalgemeinkosten	Abweichung absolut	Abweichung in %
	aus dem BAB	Normalgemeinkostenzuschlagssatz × Bezugsgröße	Normalgemeinkosten – Ist-Gemeinkosten	Abweichung absolut/ Bezugsgröße × 100
M	140.436,60 €	0,12 × 1.400.000 € = 168.000 €	+ 27.563,40 €	+ 1,97 %
F	259.242,90 €	0,30 × 1.000.000 € = 300.000 €	+ 40.757,10 €	+ 4,07 %
Vw	366.993,30 €	0,10 × 2.918.000 € = 291.800 €	- 75.193,30 €	- 2,58 %
Vt	133.327,20 €	0,08 × 2.898.000 € = 231.840 €	+ 98.512,80 €	+ 3,40 %

Mit diesen Ergebnissen ergibt sich der folgende Betriebsabrechnungsbogen:

Kostenarten		Hilfskostenstellen			Hauptkostenstellen			
	Summe	Reparatur	Kantine	Fuhrpark	Material	Fertigung	Verwaltung	Vertrieb
Gehälter	420.000,00 €	20.000,00 €	40.000,00 €	80.000,00 €	20.000,00 €	20.000,00 €	200.000,00 €	40.000,00 €
soziale Abgaben	105.000,00 €	5.0000 €	10.000,00 €	20.000,00 €	5.000,00 €	5.000,00 €	50.000,00 €	10.000,00 €
Hilfslöhne	7.000,00 €	198,90 €	139,20 €	497,20 €	994,30 €	2.982,90 €	596,60 €	1.590,90 €
Stromkosten	25.000,00 €	775,20 €	2713,20 €	775,20 €	1.550,40 €	17.441,80 €	969,00 €	775,20 €
kalk. Abschreibungen	250.000,00 €	10.416,70 €	26.041,60 €	10.416,70 €	20.833,30 €	83.333,30 €	62.500,00 €	36.458,40 €
kalk. Miete	50.000,00 €	3.809,50 €	5.714,30 €	7.142,80 €	2.857,20 €	19.047,60 €	7.619,10 €	3.809,50 €
Instandhaltung	23.000,00 €	0 €	0 €	5.935,50 €	2.225,80 €	14.838,70 €	0 €	0 €
Sonstige Gemeinkosten	20.000,00 €	1.538,50 €	2.307,70 €	3.076,90 €	3.846,10 €	4.615,40 €	4.615,40 €	0 €
Summe primäre GK	900.000,00 €	41.738,80 €	86.916,00 €	127.844,30 €	57.307,10 €	167.259,70 €	326.300,10 €	92.634,00 €
Umlage Reparatur		- 41.738,80 €	0 €	10.434,70 €	10.434,70 €	20.869,40 €	0 €	0 €
Umlage Kantine			- 86.916,0 €	0 €	17.383,20 €	43.458,00 €	13.037,40 €	13.037,40 €
Umlage Fuhrpark				-138.729,00 €	55.311,60 €	27.655,80 €	27.655,80 €	27.655,80 €
Summe prim. + sek. Ist-GK		0 €	0 €	0 €	140.436,60 €	259.242,90 €	366.993,30 €	133.327,20 €
Zuschlagsbasis für Istkosten					MEK_{Ist} 1.400.000,00 €	FEK_{Ist} 1.000.000,00 €	$HK_{Prod}Ist$ 2.849.679,50 €	$HK_{Umsatz}Ist$ 2.829.679,50 €
Istzuschlagssatz (%)					10,03 %	25,92 %	12,88 %	4,71 %
Zuschlagsbasis für Normalkosten					MEK_{Ist} 1.400.000,00 €	FEK_{Ist} 1.000.000,00 €	$HK_{Prod}Normal$ 2.918.000,00 €	$HK_{Umsatz}Normal$ 2.898.000,00 €
Normalzuschlagssatz (%)					12,00 %	30,00 %	10,00 %	8,00 %
Normalgemeinkosten					168.000,00 €	300.000,00 €	291.800,00 €	231.840,00 €
Kostenüber- bzw. Kostenunterdeckungen (absolut)					+ 27.563,40 €	+ 40.757,10 €	- 75.193,30 €	+ 98.512,80 €

Abb. 58: Lösung des Fallbeispiels: Betriebsabrechnungsbogen

3.7.2 Über- und Unterdeckungen

Die ausgewiesenen Einzelkosten und die Normalkosten werden als Bestandteil der Selbstkosten in der Betriebsergebnisrechnung verrechnet. Das Betriebsergebnis wird ermittelt, indem man die Differenz zwischen den Umsatzerlösen und den Selbstkosten auf Normalkostenbasis ermittelt. Das effektive Betriebsergebnis liegt um die **Kostenstellenüberdeckungen** in Höhe von **90.800 EUR** höher. Die Umsatzerlöse betragen 3.600.840 €.

	Umsatzerlöse	3.600.840,00 €
-	Selbstkosten des Umsatzes zu Normalkosten	- 3.421.640,00 €
=	**Umsatzergebnis (Betriebsergebnis auf Normalkostenbasis)**	**= 179.200,00 €**
-	Kostenstellenunterdeckungen	- 75.193,30 €
+	Kostenstellenüberdeckungen	+ 166.833,30 €
=	**Betriebsergebnis auf Ist-Kostenbasis**	**= 270.840,00 €**

! **Wichtig: Das sollten Sie sich merken**

Trotz der Verwendung von Normalkostensätzen für die Kalkulation ist über die Korrektur der Kostenverrechnung mithilfe der Über-/Unterdeckungen der Kostenstellenrechnung immer die vollständige Integration von der Kostenstellenrechnung bis zur Kostenträgerzeitrechnung (Betriebsergebnisrechnung) und somit die Ermittlung des tatsächlichen Betriebsergebnisses möglich.

3.8 Zusammenfassung: Alles Wissenswerte über die Kostenstellenrechnung im Überblick

Welche Funktion hat die Kostenstellenrechnung?

Innerhalb der Kosten- und Leistungsrechnung stellt die Kostenstellenrechnung die Verbindung zwischen Kostenarten- und Kostenträgerrechnung dar.

Sie dient der Budgetierung, Steuerung und Kontrolle der Wirtschaftlichkeit, der Ermittlung der Verrechnungssätze für innerbetriebliche Leistungen und der Ermittlung der Gemeinkostenzuschlagssätze für die Kalkulation.

Was sind Kostenstellen?

Die Kostenstelle ist eine organisatorische Einheit, die für die Zuordnung von Kosten und Leistungen in der Kostenstellenrechnung genutzt wird. Im Unternehmen selbst stellt sie den Ort dar, an dem die Kosten entstehen. Die Gemeinkosten (bzgl. des Produkts) stehen in einem direkten Zusammenhang zu den Vorgängen in der Kostenstelle. Kostenstellen sind in der Praxis meist mit Abteilungen oder anderen, abgrenzbaren Bereichen identisch. Zusammengefasst werden alle Kostenstellen eines Unternehmens im Kostenstellenplan.

Wozu dient der BAB und wie erfolgt die Kostenverteilung?
Mithilfe des Betriebsabrechnungsbogens werden die primären Gemeinkosten auf die Kostenstellen verteilt, die innerbetriebliche Leistungsverrechnung durchgeführt und Gemeinkostenzuschlagssätze für die Kalkulation ermittelt.

Dazu sind die folgenden Arbeitsschritte notwendig:

Schritt 1: Verteilung der primären Gemeinkostenarten auf die verursachenden Kostenstellen.

Schritt 2: Innerbetriebliche Leistungsverrechnung, d. h., Verteilung der sekundären Gemeinkosten der Hilfskostenstellen auf die Hauptkostenstellen.

Schritt 3: Ermittlung der Gemeinkostenzuschlagssätze der Hauptkostenstellen.

Schritt 4: Ermittlung der Kostenüber- bzw. Kostenunterdeckung.

Welche Verfahren werden für die innerbetriebliche Leistungsverrechnung verwendet?
Die innerbetriebliche Leistungsverrechnung verteilt die Gemeinkosten der Hilfskostenstellen auf die Hauptkostenstellen. Zur Verrechnung auf die Hauptkostenstellen gibt es mehrere Verfahren:

- Anbauverfahren
- Stufenleiterverfahren
- Gleichungsverfahren

Aufgaben Kapitel 3

Aufgabe 1: Primärkostenverteilung

Kostenarten	Betrag in (€)	Schlüssel	Hilfskostenstellen: Allg. Kostenstelle	Hilfskostenstellen: Fertigungshilfsstelle	Hauptkostenstellen: Materialstelle	Hauptkostenstellen: Fertigung	Hauptkostenstellen: Verwaltungsstelle	Hauptkostenstellen: Vertriebsstelle	Gesamt
Gehälter	160.000	Gehaltslisten €	6.000	48.500	-	12.000	62.000	31.500	160.000
Hilfslöhne	140.000	Hilfsarb.-std. (h)	11.500	32.500	5.000	66.000	12.500	12.500	140.000
soziale Aufwendungen	112.500	Gehälter u. Hilfslöhne €							
Betriebsstoffe	16.000	Maschinenzahl	-	5	-	15	-	-	20
Abschreibungen	235.000	umbaute Flächen m^3	95	102,5	65	442,5	265	205	1.175
Zinsen	57.000	investierte Werte €	90	100	70	480	220	180	1.140
sonstige GK	130.000	Zahl der Mitarbeiter	2	5	1	16	9	7	40

- Verteilen Sie die Kostenarten nach dem angegebenen Verteilungsschlüssel auf die Kostenstellen.
- Berechnen Sie die Summe der primären Gemeinkosten für die Hilfs- und die Hauptkostenstellen. Verteilen Sie die sekundären Kosten der Hilfskostenstellen auf die Hauptkostenstellen mithilfe des Stufenleiterverfahrens. Dazu sind folgende Leistungsbeziehungen gegeben:

	Summe	Hilfskostenstellen		Hauptkostenstellen			
		Allg. Kostenstelle	Fertigungshilfsstelle	Materialstelle	Fertigung	Verwal.-stelle	Vertriebsstelle
Allg. Kostenstelle (h)	23		2	5	1	7	8
Fertigungshilfsstelle (h)	9	3		2	4	-	-

Aufgabe 2: Anbau- und Stufenleiterverfahren

Für die Abrechnung der innerbetrieblichen Leistungen liegen Ihnen die folgenden Daten vor:

	Hilfskostenstellen			Fertigungsbereich				Materialbereich		Verwaltung und Vertrieb	
	Hausverwaltung	Reparaturen	Werkzeugbau	Sägerei	Beschichten	Dreherei	Lackiererei	Einkauf	Prüfstelle	Verw.	Vertr.
Verteilungsgrundlage:											
Flächen (m^2)	60	120	180	360	300	180	300	120	420	240	120
Reparaturstunden (h)					144	96			60	30	
Lohnscheine				300	360	210	480				

Kostenarten	Hausverwaltung	Reparaturen	Werkzeugbau	Sägerei	Beschichten	Dreherei	Lackiererei	Einkauf	Prüfstelle	Verw.	Vertr.
FEK [€]	-	-	-	20.000	24.000	14.000	32.000	-	-	-	-
MEK [€]								30.000	10.000		
GK [€]	24.960	9.720	17.000	12.500	14.800	11.000	14.680	16.920	18.680	41.460	32.280

Legen Sie die Kosten der Hilfskostenstellen auf die Hauptkostenstellen mit dem Anbau- und dem Stufenleiterverfahren um.

Die Umlage der Kosten der Hausverwaltung erfolgt auf Basis der Fläche der Kostenstellen. Die Umlage der Reparaturkosten erfolgt entsprechend der Reparaturstunden. Die Kosten des Werkzeugbaus werden im Verhältnis der Lohnscheine umgelegt.

Ermitteln Sie für die vier Fertigungskostenstellen, für die Materialkostenstelle (Einkauf und Prüfstelle zusammen) sowie für die Verwaltungs- und für die Vertriebskostenstelle die Gemeinkostenzuschlagssätze.

Anbauverfahren:

	Hilfskostenstellen			Fertigungsbereich				Materialbereich		Verwaltung und Vertrieb	
	Hausverwaltung	Reparaturen	Werkzeugbau	Sägerei	Beschichten	Dreherei	Lackiererei	Einkauf	Prüfstelle	Verw.	Vertr.
FEK [€]	-	-	-	20.000	24.000	14.000	32.000	-	-	-	-
MEK [€]	-	-	-	-	-	-	-	30.000	10.000	-	-
GK [€]	24.960	9.720	17.000	12.500	14.800	11.000	14.680	16.920	18.680	41.460	32.280
Umlage Hausverwaltung											
Umlage Reparaturen											
Umlage Werkzeugbau											
Σ Umlage											
Σ Gemeinkosten											

Stufenleiterverfahren:

	Hilfskostenstellen			Fertigungsbereich				Materialbereich		Verwaltung und Vertrieb	
	Hausverwaltung	Reparaturen	Werkzeugbau	Sägerei	Beschichten	Dreherei	Lackiererei	Einkauf	Prüfstelle	Verw.	Vertr.
FEK [€]	-	-	-	20.000	24.000	14.000	32.000	-	-	-	-
MEK [€]	-	-	-	-	-	-	-	30.000	10.000	-	-
GK [€]	24.960	9.720	17.000	12.500	14.800	11.000	14.680	16.920	18.680	41.460	32.280
Umlage Hausverwaltung											
Zwischensumme											
Umlage Reparaturen											
Zwischensumme											
Umlage Werkzeugbau											
Σ Gemeinkosten											

4 Kostenträgerrechnung

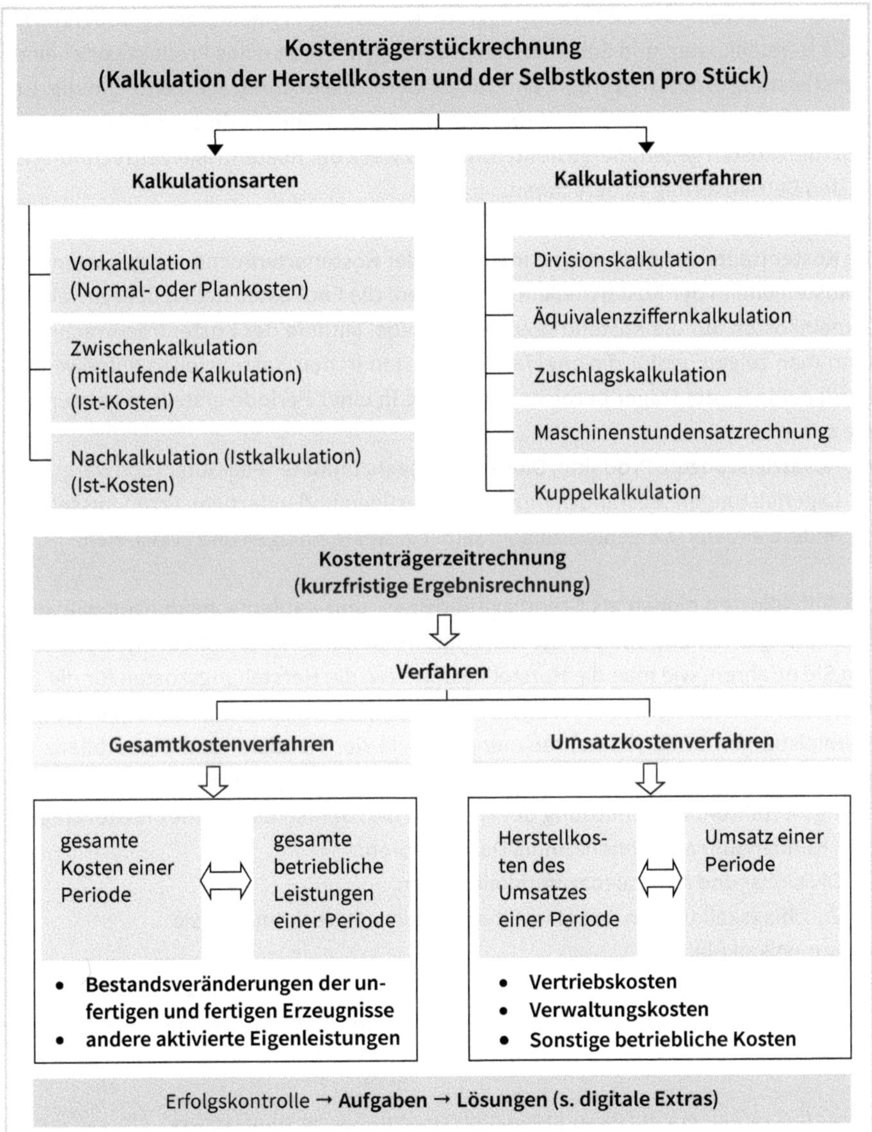

Abb. 59: Kapitelübersicht

Summary
Die Kostenträgerrechnung beschäftigt sich mit der Frage: »Wofür sind welche Kosten in welcher Höhe angefallen sind?« Man unterscheidet zwei Arten dieser Rechnung. Zum einen werden Sie die Kostenträger**stück**rechnung kennenlernen, mit deren Hilfe die Herstellkosten und Selbstkosten pro Mengeneinheit eines Produkts oder einer Dienstleistung ermittelt werden, und zum anderen die Kostenträger**zeit**rechnung. Bei der Kostenträgerzeitrechnung werden die Leistungen einer Periode (z. B. Monat oder Jahr) den Kosten gegenübergestellt, d. h., der Zweck der Kostenträgerzeitrechnung ist es, den Betriebserfolg zu berechnen.

Die Kostenträgerrechnung verrechnet die in der Kostenartenrechnung erfassten Einzelkosten und in der Kostenstellenrechnung auf die Endkostenstellen übergewälzten Gemeinkosten auf die Kostenträger des Betriebs. Mithilfe der Kostenträgerrechnung kann man zeigen, wofür die angefallenen Kosten in den Kostenstellen aufgewendet wurden. Als Kostenträger bezeichnet man die in einer Periode erstellten Leistungen wie z. B.:

- Absatzleistungen: Produkte, Dienstleistungen, immaterielle Güter (Software),
- Lagerleistungen: Bestandsmehrung von fertigen und unfertigen Erzeugnissen,
- andere aktivierte Eigenleistungen: selbst erstellte Anlagen und Maschinen.

Die Selbstkosten dienen als Grundlage für Preis- und Kaufentscheidungen wie auch zur Planung und Kontrolle des Stückerfolgs. Im weiteren Verlauf dieses Kapitels werden Sie erfahren, wie man die Herstellkosten bzw. die Herstellungskosten für die Bewertung von unfertigen und fertigen Erzeugnissen sowie die anderen aktivierbaren Eigenleistungen in der Kostenrechnung bzw. in der Handels- und Steuerbilanz ermittelt. Sie werden verschiedene Kalkulationsverfahren, je nach angewandtem Fertigungsverfahren, zur Ermittlung der Herstell- und Selbstkosten eines Kostenträgers (z. B. Kundenauftrag) kennenlernen. Dazu gehören:

- Divisions- und Äquivalenzziffernkalkulation,
- Zuschlagskalkulation und Maschinenstundensatzrechnung sowie
- Kuppelkalkulation.

Zudem werden Sie erfahren, wie man das kurzfristige Betriebsergebnis nach dem Gesamtkostenverfahren und nach dem Umsatzkostenverfahren ermittelt.

Wofür benötigen Sie die Kostenträgerstückrechnung (Kalkulation)?

Die Kalkulation dient mehreren Zwecken im Unternehmen. Mit den aus den Herstell- und Selbstkosten auf Basis von Voll- und Teilkosten ermittelten Kosteninformationen können Sie folgende Aufgaben im Unternehmen erfüllen:

- Bereitstellen von Unterlagen für unternehmerische Entscheidungen:
  - Programmpolitik: Planung, Steuerung und Kontrolle des Produktions- und Absatzprogramms
  - Beschaffungspolitik: Entscheidung zwischen Eigen- oder Fremdbezug mithilfe interner Verrechnungspreise, Festlegen der Preisobergrenze
  - Preispolitik: Beurteilung der Angebotspreise, Ermittlung der kurz- und langfristigen Preisuntergrenzen und damit verbunden
  - Entscheidungshilfe bei Annahme/Ablehnung von Zusatzaufträgen
  - Erkennen des gewinnmaximalen oder kostenoptimalen Produktionsprogramms
  - Erkennen des bestmöglichen Absatzprogramms, indem Produkte mit höheren Margen bevorzugt werden
- Ermitteln des Angebotspreises für zum Verkauf bestimmte Produkte (Selbstkosten plus Gewinnzuschlag)
- Berechnen von Produktmargen, indem die Erlöse pro Produkteinheit berechnet werden
- Bereitstellen von Kosteninformationen für die Bestandsbewertung der unfertigen und fertigen Erzeugnisse sowie der anderen zu aktivierenden Eigenleistungen (z. B. eine selbst erstellte Maschine) in der Handels- und Steuerbilanz sowie für die Betriebsergebnisrechnung mit den Hertell(ungs)kosten pro Erzeugniseinheit
- Datenbereitstellung für die Wirtschaftlichkeitskontrolle (Soll-Ist-Vergleich)
- Bestimmung der internen Verrechnungspreise

Was versteht man unter der Kostenträgerzeitrechnung?

Die Kostenträgerzeitrechnung ermittelt alle Kosten einer Abrechnungsperiode. Stellt man diesen Kosten die erwirtschafteten Erlöse gegenüber, wird sie als Betriebsergebnisrechnung (kurzfristige Erfolgsrechnung) bezeichnet. Mit der Kostenträgerzeitrechnung/Betriebsergebnisrechnung können:

- die Erfolgsbeiträge einzelner Produkte, Produktgruppen ermittelt werden,
- der kurzfristige Betriebserfolg pro Monat, pro Quartal oder pro Jahr ermittelt werden,
- die Leistungsprogrammplanung durchgeführt werden.

4.1 Die Aufgaben der Kostenträgerrechnung

Die Kostenträgerrechnung beantwortet die Frage: Wofür sind die Kosten angefallen? Zunächst sollte geklärt werden: Was versteht man unter einem Kostenträger? Kostenträger sind betriebliche, absatzfähige Leistungen (Marktleistungen) oder innerbetriebliche Leistungen, die die verursachten Kosten tragen müssen. Dies sind in der Regel die vom Unternehmen hergestellten Güter und Dienstleistungen. In den Unternehmen werden häufig folgende Kostenträger definiert:

- Endprodukte oder Endproduktgruppen,
- Dienstleistungen (z. B. Beratungsprojekte oder Beratungsstunden bei einer Unternehmensberatung),
- Kundenaufträge (individuelle Produkte oder Projekte z. B. in der Bauwirtschaft oder im Sondermaschinenbau) oder
- Lageraufträge (bei Großserien- und Massenfertigung)

Die Kostenträger können wie folgt systematisiert werden[60]:

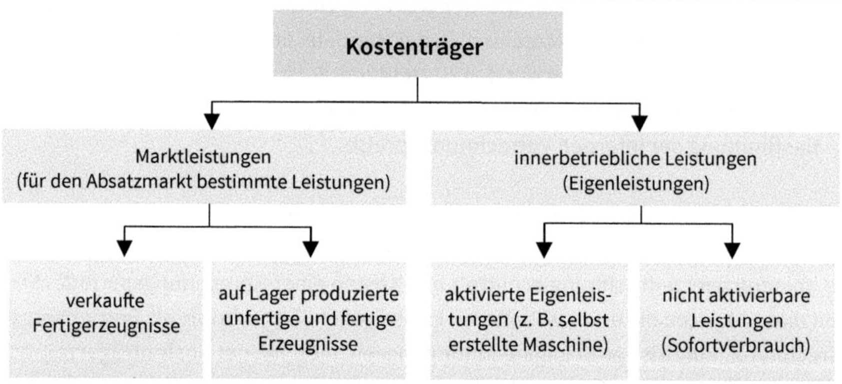

Abb. 60: Arten von Kostenträgern

Die Kostenträgerrechnung erfüllt mehrere Aufgaben. Zum einen ermittelt sie die Herstell- und Selbstkosten pro Stück der selbst erstellten Produkte und zum anderen ermittelt sie bei der kurzfristigen Erfolgsrechnung das periodenbezogene Betriebsergebnis. Sie wird wie folgt unterteilt:

60 in Anlehnung an Jórasz, W., Kosten- und Leistungsrechnung, 2008, S. 154 und Macha, R., Grundlagen der Kosten- und Leistungsrechnung, 2010, S. 125.

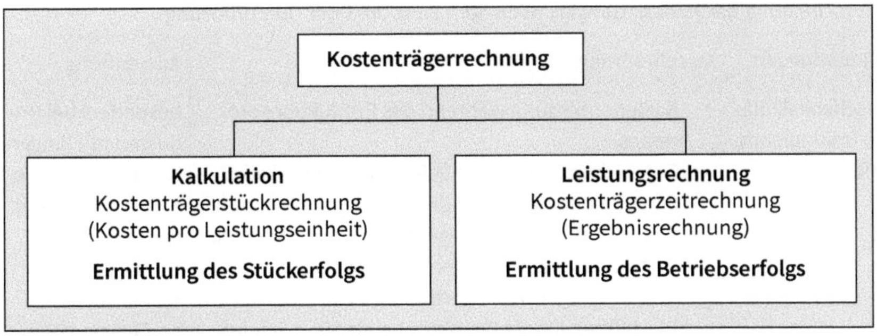

Abb. 61: Gliederung der Kostenträgerrechnung

Die **Kostenträgerzeitrechnung** entspricht der kurzfristigen Ergebnisrechnung und erfasst alle in einer Abrechnungsperiode angefallenen Kosten, z. B., wie viele Kosten in einem Monat angefallen sind. Die Betriebsergebnisrechnung kann mittels des Gesamt- oder Umsatzkostenverfahrens durchgeführt werden.

Die **Kostenträgerstückrechnung (Kalkulation)** ermittelt die für bestimmte Kostenträger angefallenen Kosten, z. B., wie viele Kosten für das Objekt »Wendeltreppe« angefallen sind.

Sie können die Kostenträgerrechnung im System der Voll- oder Teilkostenrechnung als Ist-, Normal- oder Plankostenrechnung durchführen.

Welchen Zwecken dient die Kostenträgerstückrechnung?
Mithilfe der Kostenträgerstückrechnung ermittelt man:

- die **Selbstkosten** der Erzeugnisse als Grundlage für Entscheidungen in der Preispolitik und zur Planung sowie Kontrolle des Stückerfolgs bzw. Betriebserfolgs,
- die **Herstellkosten** der Erzeugnisse zur Bewertung von unfertigen Erzeugnissen und Fertigerzeugnissen sowie von selbst erstellten Anlagen, Werkzeugen etc.

Entsprechend des Zeitpunkts, zu dem die Kostenträgerstückrechnung (Kalkulation) durchgeführt wird, unterscheidet man zwischen Kalkulationsarten:

Unterscheidung der Kalkulationsart nach dem Zeitpunkt der Durchführung		
Kalkulationsart	**Beschreibung**	**Anwendung**
Vorkalkulation (Angebotskalkulation)	• Findet vor Durchführung der Leistungserstellung statt und dient der Kostenabschätzung für: – Angebotserstellung – Entscheidungen für oder gegen einen Auftrag	Einzel- und Kleinserienfertigung

Unterscheidung der Kalkulationsart nach dem Zeitpunkt der Durchführung		
Kalkulationsart	**Beschreibung**	**Anwendung**
Zwischenkalkulation (mitlaufende Kalkulation)	• Kostenermittlung während des Produktionsprozesses • Gegenüberstellung von Sollkosten der Vorkalkulation und den Ist-Kosten der Zwischenkalkulation: – zur Kontrolle, um Gegenmaßnahmen bei evtl. Unwirtschaftlichkeiten einzuleiten – zur mengen- und wertmäßigen Datenbereitstellung für die Bewertung unfertiger Erzeugnisse	besonders bei Produkten mit längerer Herstelldauer wie z. B. Großprojekte im: • Anlagenbau, • Schiffbau, • Flugzeugbau, • Brückenbau
Nachkalkulation (auf Basis von Ist-Kosten)	• Findet nach der Produktfertigstellung statt • Ermittelt die gesamten, tatsächlich angefallenen Ist-Kosten • Vergleicht die Sollkosten der Vorkalkulation mit den Ist-Kosten der Nachkalkulation – zur nachträglichen Kontrolle – um künftige Planungsqualität zu erhöhen • Ausgangspunkt für neue Vorkalkulationen	alle Produkte

Tab. 35: Zeitbezogene Kalkulationsarten

Ferner unterscheidet man:

Unterscheidung der Kalkulationsart nach der Art der erstellten Erzeugnisse		
Kalkulationsart	**Beschreibung**	**Anwendung**
Produktkalkulation	• standardisierte Erzeugnisse • regelmäßige Kalkulation	Massen- und Serienfertigung
Auftragskalkulation	• kundenspezifische Erzeugnisse • fallweise Durchführung der Kalkulation	Kleinserien- und Einzelfertigung

Tab. 36: Kalkulationsarten nach der Art der erstellten Erzeugnisse

Zusammengefasst: Mithilfe der **Kostenträgerrechnung** soll gezeigt werden, wofür – für welche Produkte und Leistungen – die Kosten entstehen. Sie umfasst folgende Aufgaben:

- Ermittlung der Kosten und des Erfolgs der Kostenträger:
  - stückbezogen in der Kostenträger**stück**rechnung = Kalkulation der Herstellkosten und der Selbstkosten sowie des Stückerfolgs,
  - periodenbezogen in der Kostenträger**zeit**rechnung = Ermittlung des kurzfristigen Betriebsergebnisses.

4.2 Welche Kalkulationsverfahren gibt es?

Die Wahl des geeigneten Kalkulationsverfahrens ist von mehreren Faktoren abhängig, wobei vor allem das Produktionsprogramm und die Fertigungsverfahren zu beachten sind. Mit dem Kalkulationsverfahren wird die Art, die Anzahl und die Abfolge der beim Aufbau einer Kalkulation durchzuführenden Rechenoperationen festgelegt. Zunächst unterscheidet man nach der Anzahl der Endprodukte:

- Einproduktfertigung (Massenfertigung): Über einen längeren Zeitraum wird ein Produkt in großen Mengen hergestellt (z. B. Strom, Zement, Gips, Gas, Kies etc.)
- Mehrproduktfertigung: Es werden mehrere verschiedene Produkte hergestellt

Die folgende Abbildung gibt ihnen einen Überblick über die verschiedenen Kakulationsverfahren.

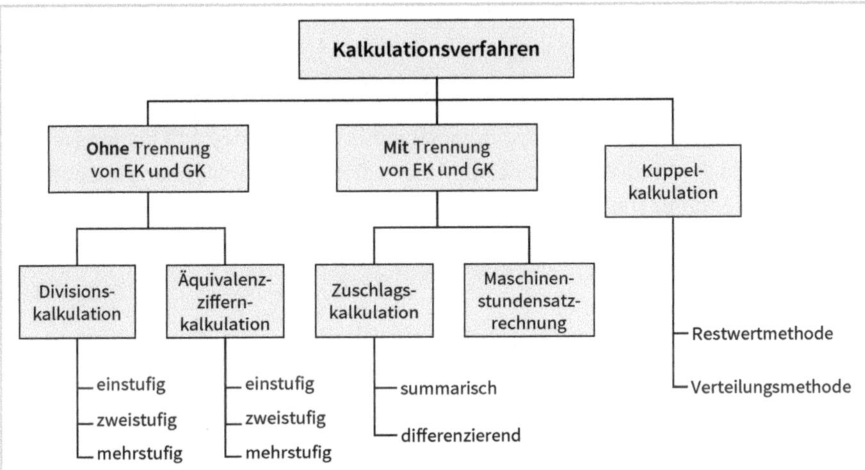

Abb. 62: Übersicht Kalkulationsverfahren

Die folgende Tabelle zeigt diese Differenzierung nach Produktionsprogrammen:

Produktionsprogramm		**Beschreibung/Kostenträger**	**Kalkulationsverfahren**
Einprodukt-unternehmen	Massenfertigung	Herstellung eines Produkts in großen Mengen (z. B. Wasser, Strom, Zement etc.)	Divisionskalkulation
Mehrprodukt-unternehmen	Sortenfertigung	verschiedene Produkte aus ähnlichen Rohstoffen und mit ähnlichen Produktionsverfahren (z. B. Getränke, Schrauben, Papier, Pharmazie, Schokolade etc.)	Äquivalenzziffernkalkulation

Produktionsprogramm		Beschreibung/Kostenträger	Kalkulationsverfahren
	Serienfertigung	Herstellung **komplizierter**, unterschiedlicher Erzeugnistypen mit geringer oder keiner Übereinstimmung (z. B. Automobilindustrie, Elektrogeräteindustrie, Werkzeugmaschinen)	Zuschlagskalkulation oder Maschinenstundensatzrechnung
	Einzelfertigung	verschiedene Produkte in unterschiedlichen Produktionsabläufen, aber von jedem Produkttyp nur ein Stück (z. B. Hoch- und Tiefbau, Schiffsbau, Projektgeschäft)	Zuschlagskalkulation oder Maschinenstundensatzrechnung
	Kuppelproduktion	verschiedene Produktarten, die zwangsläufig miteinander verbunden sind und in einem Produktionsprozess entstehen z. B. in Raffinerien, Kokereien	Kuppelkalkulation mit Restwert- oder Verteilungsmethode

Tab. 37: Übersicht Kalkulationsverfahren

Neben der Struktur des Fertigungstyps spielen für die Wahl des Kalkulationsverfahrens die Anzahl der Produktionsstufen und die in diesem Zusammenhang gegebenenfalls schwankende Bestandswerte in den Zwischenlagern eine entscheidende Rolle. Es wird unterschieden zwischen der

- einstufigen,
- zweistufigen und
- mehrstufigen Produktion

Dazu die folgende Tabelle:

Produktionsverfahren	Kalkulationsverfahren	Voraussetzungen	
einstufige Produktionsverfahren	einstufige Verfahren	keine Kostenstellenrechnung erforderlich	• keine Lagerbestandsveränderungen bei Halbfertigerzeugnissen • keine Lagerbestandsveränderungen bei Fertigerzeugnissen
zweistufige Produktionsverfahren	zweistufige Verfahren	Kostenstellenrechnung erforderlich	• keine Lagerbestandsveränderungen bei Halbfertigerzeugnissen
mehrstufige Produktionsverfahren	mehrstufige Verfahren	Kostenstellenrechnung erforderlich	mehrere Produktionsstufen mit Lagerbestandsveränderungen zwischen den einzelnen Stufen möglich

Tab. 38: Produktionsstufen und Kalkulationsverfahren

4.3 Divisionskalkulation

Die Divisionskalkulation ist das einfachste Kalkulationsverfahren. Es kann jedoch nur bei Einproduktunternehmen mit Massenfertigung (z. B. Wasser- oder Elektrizitätswerken) oder einer Kostenstelle im Unternehmen, die eine homogene Leistung erbringt, angewendet werden. Man unterscheidet zwischen der ein-, zwei- oder mehrstufiger Divisionskalkulation.

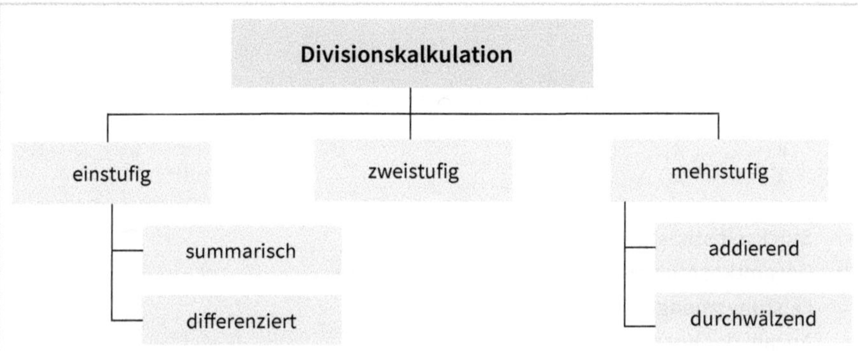

Abb. 63: Verfahren der Divisionskalkulation

4.3.1 Einstufige Divisionskalkulation

Bei der einstufigen Divisionskalkulation werden die Stückselbstkosten (k) eines einzelnen Kostenträgers ermittelt, indem man die Gesamtkosten (K) einer Abrechnungsperiode durch die in diesem Zeitraum produzierte Leistungsmenge (X) dividiert.

Die **einstufige** Divisionskalkulation eignet sich nur für Unternehmen mit Massenfertigung, in denen ein einheitliches Produkt hergestellt wird, wobei es keine Lagerbestandsveränderungen an unfertigen und fertigen Erzeugnissen gibt. D. h., die zu verteilende Kostensumme muss für die Menge der abgesetzten Produkte angefallen sein, da ansonsten bei Bestandsveränderungen die Herstell- und Selbstkosten nicht korrekt ermittelt würden. Es kann zwischen der summarischen und differenzierenden Divisionskalkulation unterschieden werden, wobei beide Verfahren zum selben Ergebnis führen.

Summarische Divisionskalkulation
Die Formel lautet:

$$\text{Stückselbstkosten (k)} = \frac{\text{Gesamtkosten pro Periode (K)}}{\text{Leistungsmenge pro Periode (X)}} \text{ bzw. } k = \frac{K}{X}$$

Differenzierende Divisionskalkulation

Bei der **differenzierenden Divisionskalkulation** werden nicht die Gesamtkosten durch die Ausbringungsmenge dividiert, es werden vielmehr die Stückkosten für einzelne Kostenarten ermittelt:

Kostenarten sind z. B.:

- Materialkosten,
- Personalkosten
- etc.

Für die Berechnung ist die folgende Formel anzuwenden:

$$k = \frac{K_1}{X_1} + \frac{K_2}{X_2} + \ldots + \frac{K_n}{X_n}$$

k = Stückselbstkosten (€/St.)
K_n = Gesamtkosten der Kostengruppe n (€/Periode)
X = Leistungsmenge (St./Periode)
n = Anzahl der Kostengruppen

Beispiel: Einstufige Divisionskalkulation

Ein Unternehmen erstellt innerhalb einer Abrechnungsperiode 10.000 T-Shirts. Die Gesamtkosten betragen 70.000 €, wobei sich die Kosten wie folgt verteilen:

Materialkosten (K_M):	42.000 €
Personalkosten (K_P):	14.000 €
kalkulatorische Abschreibungen (K_A):	7.000 €
sonstige Kosten (K_S):	7.000 €

Die Stückselbstkosten werden mithilfe der einstufigen Divisionskalkulation sowohl summarisch als auch differenzierend berechnet:

summarisch:	differenzierend:
$k = \frac{70.000\,€}{10.000\,St.} = 7{,}00\,€/St.$	$k_M = \frac{42.000\,€}{10.000\,St.} = 4{,}20\,€/St.$ $\quad k_A = \frac{7.000\,€}{10.000\,St.} = 0{,}70\,€/St.$ $k_P = \frac{14.000\,€}{10.000\,St.} = 1{,}40\,€/St.$ $\quad k_S = \frac{7.000\,€}{10.000\,St.} = 0{,}70\,€/St.$
	$k = 4{,}20\,€/St. + 1{,}40\,€/St. + 0{,}70\,€/St. + 0{,}70\,€/St. = 7{,}00\,€/St.$

Hier wird deutlich, dass der Angebotspreis mindestens 7,00 €/St. betragen muss, damit die gesamten Kosten gedeckt sind. Um darüber hinaus einen Gewinn zu erzielen, sollte der Angebotspreis über dem Stückkostenpreis liegen.

Wichtig: Das sollten Sie sich merken !

Voraussetzung für die Anwendung der einstufigen Divisionskalkulation ist das Vorliegen einer homogenen Produktart. Hinzukommen muss, dass unfertige Erzeugnisse und Fertigerzeugnisse nicht eingelagert werden. Falls die gesamte Produktionsmenge nicht sofort verkauft und teilweise zwischengelagert wird, dürfen Sie die einfache Divisionskalkulation nicht mehr verwenden. Es muss entweder die zweistufige oder die mehrstufige Divisionskalkulation eingesetzt werden.

4.3.2 Zweistufige Divisionskalkulation

Sobald die produzierte Menge mit der verkauften Menge nicht mehr übereinstimmt, hat eine zweistufige Abrechnung zu erfolgen. Bei der **zweistufigen** Divisionskalkulation können auch die Lagerbestandsveränderungen der Fertigerzeugnisse (FE) rechnerisch berücksichtigt werden. Sie trägt damit der Tatsache Rechnung, dass nicht alle produzierten Erzeugnisse im Betrachtungszeitraum auch abgesetzt wurden. Daher zerlegt die zweistufige Divisionskalkulation die Gesamtkosten in zwei Kostenblöcke, die Herstellkosten sowie die Verwaltungs- und Vertriebskosten. Die Herstellkosten werden durch die produzierte Menge dividiert, die Verwaltungs- und Vertriebskosten durch die verkaufte Menge. Die Selbstkosten pro Stück können wie folgt ermittelt werden:

$$\text{Selbstkosten pro Stück} = \frac{\text{Herstellkosten}}{\text{produzierte Menge}} + \frac{\text{Vertriebs- und Verwaltungskosten}}{\text{verkaufte Menge}}$$

$$k = \frac{K_{HK}}{X_P} + \frac{VwK + VtK}{X_V} = k_{HK} + k_{VwVt}$$

k: Stückselbstkosten (€/St.)
K_{HK}: Herstellkosten (€/Periode)
VwK: Verwaltungskosten (€/Periode)
VtK: Vertriebskosten (€/Periode)
k_{HK}: Herstellstückkosten (€/St.)
k_{VwVt}: Verwaltungs- und Vertriebskosten pro Stück (€/St.)
X_P: produzierte Menge (St./Periode)
X_V: verkaufte Menge (St./Periode)

Beispiel: Zweistufige Divisionskalkulation

Ein Unternehmen erstellt innerhalb einer Abrechnungsperiode 10.000 T-Shirts. Die Gesamtkosten betragen 70.000 €, wobei sie sich mithilfe der Kostenstellenrechnung folgendermaßen zerlegen lassen:

Herstellkosten:	60.000 €
Verwaltungskosten:	5.000 €
Vertriebskosten:	5.000 €

Es wurden aber nur 8.000 T-Shirts verkauft, 2.000 Stück gingen in das Fertigwarenlager. Mithilfe der zweistufigen Divisionskalkulation werden die Stückherstellkosten der Fertigerzeugnisse und die Stückselbstkosten der verkauften Erzeugnisse ermittelt.

Berechnung der Stückselbstkosten (k) der verkauften Einheiten	Berechnung der Stückherstellkosten (k_{HK}) für die Bewertung der Lagerbestandserhöhung an Fertigerzeugnissen
$k = \frac{60.000\,€}{10.000\text{ St.}} + \frac{5.000\,€ + 5.000\,€}{8.000\text{ St.}} = 7{,}25\,€/\text{St.}$	$k_{HK} = \frac{60.000\,€}{10.000\text{ St.}} = 6{,}00\,€/\text{St.}$

4.3.3 Mehrstufige Divisionskalkulation

Während bei der zweistufigen Divisionskalkulation nur die Bestandsveränderungen bei den Fertigerzeugnissen berücksichtigt wurden, werden in die mehrstufige Divisionskalkulation auch die Bestandsveränderungen der unfertigen Erzeugnisse einbezogen.

Im Vergleich zur einstufigen Divisionskalkulation geht die mehrstufige Divisionskalkulation kostenstellenweise vor. Für die Durchführung mehrstufiger Kalkulationen muss daher im Unternehmen eine Kostenstellenrechnung eingeführt sein. Die mehrstufige Divisionskalkulation verteilt die Gesamtkosten auf verschiedene Kostenstellen sowie Verwaltungs- bzw. Vertriebskosten, wobei die Herstellkosten nochmals in Abhängigkeit von der Anzahl der Produktionsstufen zerlegt werden.

Es können zwei Verfahren der mehrstufigen Divisionskalkulation angewendet werden:

- die addierende Divisionskalkulation und
- die durchwälzende Divisionskalkulation.

Addierende Divisionskalkulation

Bei der addierenden Divisionskalkulation werden die Herstellkosten jeder Produktionsstufe (Kostenstelle) separat berechnet, indem die auf den einzelnen Produktionsstufen entstandenen Kosten durch die in dieser Stufe hergestellte Menge dividiert werden. Anschließend werden die Verwaltungs- und Vertriebskosten pro abgesetztem Stück hinzuaddiert und man erhält die Selbstkosten pro Stück.

Um die Stückselbstkosten z. B. bei einer dreistufigen Fertigung nach der addierenden Methode ermitteln zu können, müssen Sie zunächst mithilfe der folgenden Formeln die Kosten für jede Produktionsstufe berechnen. Hierzu müssen die Produktionsmengen der ersten drei Stufen bekannt sein:

$$\text{Stückherstellkosten der Stufe 1} = \frac{\text{Kosten der Produktionsstufe 1}}{\text{Produktionsmenge der Stufe 1}}$$

$$\text{Stückherstellkosten der Stufe 2} = \frac{\text{Kosten der Produktionsstufe 2}}{\text{Produktionsmenge der Stufe 2}}$$

$$\text{Stückherstellkosten der Stufe 3} = \frac{\text{Kosten der Produktionsstufe 3}}{\text{Produktionsmenge der Stufe 3}}$$

$$\text{Verwaltungs- u. Vertriebskosten pro Stück} = \frac{\text{Verwaltungs- u. Vertriebskosten}}{\text{verkaufte Menge}}$$

Anschließend werden die berechneten Werte addiert:

	Stückherstellkosten der Stufe 1
+	Stückherstellkosten der Stufe 2
+	Stückherstellkosten der Stufe 3
+	Verwaltungs- und Vertriebskosten pro verkauftes Stück
=	**Stückselbstkosten**

Die Stückselbstkosten (k) werden wie folgt ermittelt:[61]

$$k = \sum_{i=1}^{n} \frac{K_{HK_n}}{X_{Pn}} + \frac{VwK + VtK}{X_v}$$

k: Stückselbstkosten (€/St.)
K_{HKn}: Herstellkosten der Produktionsstufe n (€/Periode)
X_{Pn}: Produktionsmenge der in Produktionsstufe n erstellten Menge des jeweiligen Zwischenprodukts (St./Periode)
1...n: Anzahl der Produktionsstufen (Kostenstellen)
VwK: Verwaltungskosten (€/Periode)
VtK: Vertriebskosten (€/Periode)
X_V: verkaufte Menge des Endprodukts (St./Periode)

Stückselbstkosten =

$$\frac{\text{Herstellkosten Produktionsstufe 1}}{\text{Produktionsmenge Produktionsstufe 1}} + \frac{\text{Herstellkosten Produktionsstufe 2}}{\text{Produktionsmenge Produktionsstufe 2}} + \ldots + \frac{\text{Herstellkosten Produktionsstufe n}}{\text{Produktionsmenge Produktionsstufe n}} + \frac{\text{Verwaltungs- und Vertriebskosten}}{\text{verkaufte Menge}}$$

61 Friedl, B., Kostenrechnung, 2010, S. 182.

! **Achtung**

Die addierende Divisionskalkulation ist nur anwendbar, wenn die Stückherstellkosten der Vorperiode und die der aktuellen Periode in jeder Produktionsstufe identisch sind. Kostenänderungen zwischen den Abrechnungsperioden können nur in der durchwälzenden Divisionskalkulation berücksichtigt werden.

Durchwälzende Divisionskalkulation

Bei der durchwälzenden Divisionskalkulation werden die Herstellkosten von einer Produktionsstufe zur nächsten Produktionsstufe weitergegeben. Die stufenweise Ermittlung der Kosten funktioniert folgendermaßen:

- Die Kosten der ersten Produktionsstufe werden durch die Produktionsmenge dieser Stufe geteilt, man erhält somit die Stückherstellkosten des Zwischenprodukts der Stufe eins.
- In die zweite Stufe gehen die Herstellkosten der weiterzuverarbeitenden Zwischenprodukte der Stufe eins ein. Dazu werden die zusätzlichen Kosten der Weiterverarbeitung der Stufe zwei addiert und die sich ergebenden Gesamtkosten durch die Produktionsmenge dividiert. So erhält man die Stückherstellkosten des Zwischenprodukts der Stufe zwei.
- Diese Vorgehensweise wird bis zur letzten Fertigungsstufe beibehalten. So werden die Herstellkosten von Stufe zu Stufe weitergewälzt. Am Ende des gesamten Fertigungsprozesses hat man die Stückherstellkosten des Endprodukts ermittelt. Zum Schluss werden noch die Stückverwaltungs- und Stückvertriebskosten zu den Stückherstellkosten addiert und man erhält die Stückselbstkosten.

Wie schon bei der addierenden Divisionskalkulation müssen Sie auch bei der durchwälzenden Divisionskalkulation bei einer z. B. dreistufigen Fertigung zunächst die Stückherstellkosetn je Stufe mit den folgenden Formeln berechnen:

$$\text{Stückherstellkosten der Stufe 1} = \frac{\text{Kosten der Produktionsstufe 1}}{\text{Produktionsmenge der Stufe 1}}$$

Stückherstellkosten der Stufe 2

$$= \frac{\text{Kosten der Produktionsstufe 2} + \text{Kosten der erhaltenen Menge der Stufe 1}}{\text{Produktionsmenge der Stufe 2}}$$

Stückherstellkosten der Stufe 3

$$= \frac{\text{Kosten der Produktionsstufe 3} + \text{Kosten der erhaltenen Menge der Stufe 2}}{\text{Produktionsmenge der Stufe 3}}$$

Anschließend berechnen Sie die Selbstkosten pro abgesetztem Stück:

Selbstkosten pro abgesetztes Stück

$$= \frac{\text{Verwaltungs- u. Vertriebskosten + Herstellkosten der Stufe n für verkaufte Mengeneinheiten des Endprodukts}}{\text{verkaufte Menge}}$$

Wichtig: Das sollten Sie sich merken

!

Im Gegensatz zur addierenden Divisionskalkulation müssen bei der durchwälzenden Divisionskalkulation die Herstellkosten der Vorstufe nicht mehr addiert werden, da diese im Rahmen des Verfahrens bereits berücksichtigt wurden.[62]

Beispiel: Mehrstufige addierende Divisionskalkulation

Ein Unternehmen stellt T-Shirts in einer zweistufigen Produktion her. In der ersten Fertigungsstufe werden 12.000 T-Shirts produziert, in der zweiten Produktionsstufe werden lediglich 10.000 Stück eingefärbt. Davon werden aber nur 8.000 Stück verkauft. Die Gesamtkosten betragen 76.000 €, wobei sie sich mithilfe des Betriebsabrechnungsbogens wie folgt zerlegen lassen:

Herstellkosten Stufe 1:	34.000 €	12.000 St. unfertige Erzeugnisse
Herstellkosten Stufe 2:	32.000 €	10.000 St. davon zu Fertigerzeugnissen
Verwaltungskosten:	5.000 €	
Vertriebskosten:	5.000 €	

Es werden mithilfe der mehrstufigen Divisionskalkulation die Stückselbstkosten der verkauften Erzeugnisse und die Stückherstellkosten der unfertigen (k_{HKUFE}) und der fertigen Erzeugnisse (k_{HKFE}) für die Lagerbestandsbewertung ermittelt.

Berechnung der Stückherstellkosten (k_{HKUFE}) der Lagerbestandserhöhung an unfertigen Erzeugnissen	**Berechnung der Stückherstellkosten (k_{HKFE}) der Lagerbestandserhöhung an Fertigerzeugnissen**	**Berechnung der Stückselbstkosten der verkauften Einheiten**
$k_{HKUFE} = \frac{34.000\,€}{12.000\text{ St.}} = 2{,}83\text{ €/St.}$	$k_{HKFE} = \frac{34.000\,€}{12.000\text{ St.}} + \frac{32.000\,€}{10.000\text{ St.}}$ $k_{HKFE} = 6{,}033\text{ €/St.}$	$k = \frac{34.000\,€}{12.000\text{ St.}} + \frac{32.000\,€}{10.000\text{ St.}}$ $+ \frac{10.000\,€}{8.000\text{ St.}} = 7{,}283\text{ €/St.}$

62 Deiml, K. et al., Kosten- und Erlösrechnung, 2017, S. 235.

Beispiel: Mehrstufige durchwälzende Divisionskalkulation

Ein Unternehmen stellt Fliesenkleber her, dessen Fertigung umfasst vier Stufen. Die fünfte Stufe ist der Verkauf. Die nachfolgende Tabelle zeigt die in einer Periode entstandenen Kosten jeder Produktionsstufe sowie die eingesetzten und die erstellten bzw. weiterverarbeiteten Mengen an Zwischen- bzw. Endprodukten. Die Differenz zwischen den Ausbringungsmengen einer Stufe und den Wiedereinsatzmengen auf der nächsten Stufe zeigt die Lagerbestandsveränderungen an.[63] Es kann vorkommen, dass Zwischenprodukte aus dem Lager entnommen werden müssen, um in der nächsten Produktionsstufe die Maschinen voll auslasten zu können.

Produktionsstufen und Vertrieb	Herstellkosten pro Produktionsstufe der Periode (€)	Einsatzmenge (t) von vorhergehender Produktionsstufe	Ausbringungsmenge (t)	Bestandsänderungen (t)
I	80.000 €		2.000 t	+ 100 t
II	44.000 €	1.900 t	1.600 t	+ 50 t
III	93.750 €	1.550 t	1.500 t	- 200 t
IV	50.000 €	1.700 t	1.600 t	+ 200 t
V	28.000 €	1.400 t	1.400 t	

Es werden die Stückkosten für jede Stufe unter Berücksichtigung der unterschiedlichen Produktionsmengen und Lagerbestandsveränderungen berechnet.

Fertigungsstufe	Wiedereinsatzmenge x Stückkosten (€)	Herstellkosten pro Produktionsstufe (€)	Gesamtkosten (€)	Ausbringungsmenge (t)	Stückkosten bis dahin (€/t)
	a	b	c = a + b	d	e = c : d
I		80.000	80.000	2.000	40,00
II	1.900 x 40 = 76.000	44.000	120.000	1.600	75,00
III	1.550 x 75 = 116.250	93.750	210.000	1.500	140,00
IV	1.700 x 140 = 238.000	50.000	288.000	1.600	180,00
V	1.400 x 180 = 252.000	28.000	280.000	1.400	200,00

Die Stückselbstkosten pro Tonne Fliesenkleber betragen 200 €/t. Die im Beispiel ermittelten differenzierenden Stückherstellkosten (Produktionsstufe I bis IV) stellen die Basis für die Bewertung der Lagerbestandserhöhungen bzw. -minde-

63 Vgl. Schweitzer, M. u. Küpper, H.-U., Systeme der Kosten- und Erlösrechnung, 2011, S. 166.

rungen an unfertigen und fertigen Erzeugnissen dar. In der Produktionsstufe I fand eine Lagerbestandserhöhung von 100 t und in der Stufe II von 50 t, in der Stufe III eine Lagerbestandsminderung von 200 t der unfertigen Erzeugnisse statt. Bei den Fertigerzeugnissen in Stufe IV konnten von 1.600 t nur 1.400 t verkauft werden, sodass sich der Lagerbestand der Fertigerzeugnisse um 200 t erhöht hat.

Ermittlung der Werte der Bestandsveränderungen:

Bestandserhöhung Stufe I:	100 t x 40 €/t =	+ 4.000 €
Bestandserhöhung Stufe II:	50 t x 75 €/t =	+ 3.750 €
Bestandsminderung Stufe III:	- 200 t x 140 €/t =	- 28.000 €
Bestandserhöhung Stufe IV:	200 t x 180 €/t =	+ 36.000 €
Summe		**= 15.750 €**

Die Bestände der unfertigen und fertigen Erzeugnisse haben sich insgesamt um 15.750 € erhöht.

4.4 Äquivalenzziffernkalkulation

Dieses Kalkulationsverfahren ist eine Sonderform der Divisionskalkulation. Es findet in Unternehmen Anwendung, in denen artähnliche Produkte in sogenannter Sortenfertigung hergestellt werden (z. B. Brauereien, Papierindustrie, Zigarettenindustrie, Zementfabriken, Textilindustrie, Schuhsohlenproduktion). Bei Sortenfertigungen sind die Gesamtkosten bekannt. Man unterstellt hierbei, dass bei Produkten, die aus überwiegend denselben Rohstoffen und in gleichen oder ähnlichen Verfahren hergestellt wurden, die Kosten der einzelnen Sorten in einem bestimmten Verhältnis zueinanderstehen und sich somit aus der Fertigungsstruktur der Erzeugnisse eine ähnliche Kostenstruktur ableiten lässt.

Der Gewichtungsfaktor für die Kostenbelastung ist die **Äquivalenzziffer (ÄZ)**. Sie gibt an, in welchem Verhältnis die Kosten der unterschiedlichen Produkte zu einem Bezugsprodukt (= Einheitssorte) stehen. Die **Einheitssorte** hat immer die **Äquivalenzziffer 1,0**. Die Stückselbstkosten der Sorten können wie folgt berechnet werden:

$$\text{Stückselbstkosten der Sorte}_i\ (k_i) = \frac{\text{Gesamtkosten (K)}}{ÄZ_1 \times X_1 + \ldots + ÄZ_n \times X_n} \times ÄZ_i$$

$ÄZ_i$ = Äquivalenzziffer des Produktes i
K = Gesamtkosten (€/Periode)
k_i = Stückselbstkosten des Produktes (€/St.)
X_i = Menge des Produktes i (St./Periode)

n_j = Anzahl der Produkte (St./Periode)

Beispiel: Ermittlung der Stückselbstkosten pro Stück

Ein Unternehmen stellt drei Sorten A, B und C her. Das Produkt B hat die Äquivalenzziffer 1,0. Die Produktionszeit und das verbrauchte Material der drei Sorten stehen im Verhältnis 0,8 (A) : 1,0 (B) : 1,5 (C) zueinander. Es werden 500 Stück von A, 300 Stück von B und 200 Stück von C hergestellt. Die Gesamtkosten betragen 5.000 €. Die Stückselbstkosten werden wie folgt berechnet:

Stückselbstkosten der Sorte_A =

$$= \frac{5.000\ €}{500\ \text{St.} \times 0{,}8 + 300\ \text{St.} \times 1{,}0 + 200\ \text{St.} \times 1{,}5} \times 0{,}8 = 4{,}00\ €/\text{St.}$$

Stückselbstkosten der Sorte_B =

$$= \frac{5.000\ €}{500\ \text{St.} \times 0{,}8 + 300\ \text{St.} \times 1{,}0 + 200\ \text{St.} \times 1{,}5} \times 1{,}0 = 5{,}00\ €/\text{St.}$$

Stückselbstkosten der Sorte_C =

$$= \frac{5.000\ €}{500\ \text{St.} \times 0{,}8 + 300\ \text{St.} \times 1{,}0 + 200\ \text{St.} \times 1{,}5} \times 1{,}5 = 7{,}50\ €/\text{St.}$$

Die Kostenverhältnisse der Produkte (Sorten) werden durch Beobachtung und Messung festgestellt. Die Äquivalenzziffer eines Produkts drückt dabei aus, in welchem Verhältnis die Kosten dieses Produkts zu den Kosten eines zuvor festgelegten »Einheitsprodukts«, das die **Äquivalenzziffer »1,0«** hat, stehen. Die Äquivalenzziffernkalkulation kann dabei in ein-, zwei- oder mehrstufiger Form durchgeführt werden, wobei die Vorgehensweise immer dieselbe ist:[64]

Schritt 1: Ermittlung der Äquivalenzziffern (ÄZ) für die Sorten:

Legen Sie fest, welches Erzeugnis als Einheitssorte die Äquivalenzziffer »1,0« erhält. Auf Basis einer Bezugsgröße (z. B. Durchmesser, Fläche, Gewicht etc.) berechnen Sie dann für die restlichen Sorten deren Äquivalenzziffern (ÄZ).

$$\text{ÄZ} = \frac{\text{Bezugsgröße der jeweiligen Sorte}}{\text{Bezugsgröße der Einheitssorte}}$$

64 In Anlehnung an Zdrowomyslaw, N., Kosten- und Leistungsrechnung, 2001, S. 379.

Schritt 2: Ermittlung der Recheneinheiten:

Multiplizieren Sie die Produktionsmengen je Sorte mit ihren jeweiligen Äquivalenzziffern, um eine einheitliche Bezugsgrundlage zu haben. Als Ergebnis dieser Multiplikation erhalten Sie die sogenannten »Recheneinheiten« (RE). Dadurch wird eine vergleichbare Bezugsbasis geschaffen.

Recheneinheiten (RE) = Produktionsmenge einer Sorte x ÄZ der Sorte

Schritt 3: Ermittlung der Summe der Recheneinheiten:

Addieren Sie die jeweiligen Recheneinheit der Sorten, so erhalten Sie die Summe der Recheneinheiten.

Schritt 4: Ermittlung der Kosten je Recheneinheit:

Die Gesamtkosten werden durch die Summe der Recheneinheiten dividiert, als Ergebnis erhält man die **Kosten je Recheneinheit,** diese stellen die Stückkosten der Einheitssorte dar.

$$\text{Kosten je RE} = \frac{\text{Gesamtkosten der Periode}}{\text{Summe der Recheneinheiten}}$$

Schritt 5: Ermittlung der Selbstkosten pro Stück:

Die Stückkosten einer Sorte erhalten Sie durch Multiplikation der Stückkosten der Einheitssorte mit der Äquivalenzziffer der jeweiligen Sorte.

Selbstkosten pro Stück = Kosten je RE x ÄZ

Schritt 6: Ermittlung der Kosten je Sorte:

Die **Gesamtkosten je Sorte (Sortenkosten)** berechnen Sie, indem Sie die Selbstkosten je Stück mit den jeweiligen Mengeneinheiten der Sorte multiplizieren.

4.4.1 Einstufige Äquivalenzziffernkalkulation

Bei der einstufigen Äquivalenzziffernkalkulation werden analog zur einstufigen Divisionskalkulation die Gesamtkosten der Periode verrechnet. Sie kann nur angewendet werden, wenn es keine Lagerbestandsveränderungen an unfertigen und fertigen Erzeugnissen gibt.

$$k_i = \frac{K}{ÄZ_1 \times X_1 + ... + ÄZ_n \times X_n} \times ÄZ_i$$

K = Gesamtkosten (€/Periode)
$ÄZ_i$ = Äquivalenzziffer des Produktes i (€/St.)
k_i = Stückselbstkosten des Produktes i (€/St.)
X_i = Menge des Produktes i (St./Periode)
n = Anzahl der Produkte (St./Periode)

Beispiel: Einstufige Äquivalenzziffernkalkulation

Ein Unternehmen stellt drei Sprudelsorten her:

Bezeichnung	Sorte	Äquivalenzziffer	hergestellte Menge
A	ohne Kohlensäure	Einheitssorte = 1,0	10.000 hl
B	medium	1,2	15.000 hl
C	sprudelig	1,4	12.000 hl

Die Gesamtkosten betragen 896.000 €. Die Selbstkosten je hl der jeweiligen Sprudelsorten werden mithilfe der Äquivalenzziffernkalkulation folgendermaßen bestimmt:

Sorte	Mengeneinheiten	Äquivalenzziffer (ÄZ)	Recheneinheiten (RE)	Selbstkosten je hl
	a	b	c = a × b	d = 20 € × b
A	10.000	1,0	10.000 x 1,0 = 10.000 RE	20 € × 1,0 = 20 €
B	15.000	1,2	15.000 × 1,2 = 18.000 RE	20 € × 1,2 = 24 €
C	12.000	1,4	12.000 × 1,4 = 16.800 RE	20 € × 1,4 = 28 €
Summe	37.000		44.800 RE	

$$\text{Kosten je Recheneinheit} = \frac{\text{Gesamtkosten}}{\sum \text{Recheneinheiten}} = \frac{896.000\ €}{44.800\ RE} = 20\ €/RE$$

Selbstkosten pro Stück = Äquivalenzziffer der Sorte x Kosten je Recheneinheit

4.4.2 Mehrstufige Äquivalenzziffernkalkulation

Die mehrstufige Äquivalenzziffernkalkulation muss eingesetzt werden, wenn bei einer mehrstufigen Sortenfertigung Lagerbestandsveränderungen an unfertigen und/oder fertigen Erzeugnissen auftreten oder die Kostenrelationen von Produktionsstufe zu Produktionsstufe unterschiedlich sind. Bei diesem Verfahren werden die einstufige Äquivalenzziffernkalkulation und die mehrstufige Divisionskalkulation miteinander kombiniert, indem die Stückkosten für jede Stufe mit einer stufenbezogenen Äquivalenzziffernkalkulation separat ermittelt und anschließend zusammengefasst werden. Für die unterschiedlichen Kostenstellen gibt es jeweils eine eigene Äquivalenzziffernreihe. Folglich lassen sich sowohl Lagerbestandsveränderungen bei Fertigerzeugnissen als auch bei unfertigen Erzeugnissen ermitteln und bewerten.

Die Stückkosten der Sorte j bei der Fertigungsstufe i (k_{ji}) werden wie folgt berechnet:

$$k_{ji} = \frac{\text{Gesamtkosten der Fertigungsstufe i}}{\text{Summe der Recheneinheiten der Stufe i}} \times \begin{pmatrix}\text{Äquivalenzziffer der} \\ \text{Sorte j auf der Stufe i}\end{pmatrix}$$

Die anteiligen Herstell- und Selbstkosten berechnen sich durch die Addition der stufenbezogenen Stückkosten.

Beispiel: Mehrstufige Äquivalenzziffernkalkulation

Folgende Ausgangssituation ist gegeben:

Ein Unternehmen stellt drei Limonadensorten her:	Die Kosten verteilen sich auf die folgenden Kostenstellen:
(A) mit Zitrone 5.000 hl (B) mit Orange 4.000 hl (C) mit Himbeere 3.000 hl	Materialkosten: 375.000 € Fertigungskosten: 262.000 € Verwaltungs- u. Vertriebskosten: 120.000 €

Folgende Äquivalenzziffern werden ermittelt:

Sorte	Materialstelle	Fertigungsstelle	Verwaltung/Vertrieb
A	1,0	1,0	0,7
B	0,9	1,2	1,0
C	1,3	1,1	1,5

Es werden die Selbstkosten je hl der drei Limonadensorten berechnet.

Ermittlung der Materialkosten je Sorte (Lösung Materialstelle):

Sorte	Mengeneinheiten	Äquivalenzziffer	Recheneinheiten	Materialkosten je hl
A	5.000	1,0	5.000 RE	30 € x 1,0 = 30 €
B	4.000	0,9	4.000 x 0,9 = 3.600 RE	30 € x 0,9 = 27 €
C	3.000	1,3	3.000 x 1,3 = 3.900 RE	30 € x 1,3 = 39 €
Summe	**12.000**		**12.500 RE**	

Kosten je Recheneinheit (Materialstelle) = $\frac{375.000\,€}{12.500\,RE}$ = 30 €/RE

Ermittlung der Fertigungskosten je Sorte (Lösung Fertigungsstelle):

Sorte	Mengeneinheiten	Äquivalenzziffer	Recheneinheiten	Fertigungskosten je hl
A	5.000	1,0	5.000 RE	20 € x 1,0 = 20 €
B	4.000	1,2	4 000 × 1,2 = 4.800 RE	20 € × 1,2 = 24 €
C	3.000	1,1	3 000 × 1,1 = 3.300 RE	20 € × 1,1 = 22 €
Summe	**12.000**		**13.100 RE**	

Kosten je Recheneinheit (Fertigungsstelle) = $\frac{262.000\,€}{13.100\,RE}$ = 20 €/RE

Ermittlung der Verwaltungs- und Vertriebskosten je Sorte (Lösung Verwaltungs- und Vertriebskosten):

Sorte	Mengeneinheiten	Äquivalenzziffer	Recheneinheiten	Verwaltungs- und Vertriebskosten je hl
A	5.000	0,7	5.000 x 0,7 = 3.500 RE	10 € x 0,7 = 7 €
B	4.000	1,0	4 000 × 1,0 = 4.000 RE	10 € × 1,0 = 10 €
C	3.000	1,4	3 000 × 1,5 = 4.500 RE	10 € × 1,5 = 15 €
Summe	**12.000**		**12.000 RE**	

Kosten je Recheneinheit (Verwaltung/Vertrieb) = $\frac{120.000\,€}{12.000\,RE}$ = 10 €/RE

Die Selbstkosten der jeweiligen Sorten erhalten Sie, wenn Sie die Kosten der einzelnen Kostenstellen miteinander addieren:

Sorte	Materialkosten	Fertigungskosten	Verwaltungs- u. Vertriebskosten	Selbstkosten je hl
A	30 €/hl	20 €/hl	7 €/hl	57 €/hl
B	27 €/hl	24 €/hl	10 €/hl	61 €/hl
C	39 €/hl	22 €/hl	15 €/hl	76 €/hl

4.5 Zuschlagskalkulation

Dieses Verfahren ist ein differenzierendes Kalkulationsverfahren. Hierbei werden dem Produkt die Einzelkosten direkt und die Gemeinkosten über Gemeinkostenzuschlagssätze angerechnet. Dieses Kalkulationsverfahren wird häufig in Unternehmen eingesetzt, die sowohl in Einzel- als auch Serienproduktion fertigen.

Es erfolgt eine Trennung in **Einzelkosten**, die dem Kostenträger direkt zugerechnet werden können, und **Gemeinkosten**, welche mittels Zuschlagssätzen berechnet werden. Die Herstell- bzw. Selbstkosten eines Produkts setzen sich aus Einzelkosten und den Gemeinkostenbeiträgen der beanspruchten Kostenstellen zusammen. Es gibt zwei Formen der Zuschlagskalkulation, die summarische und die differenzierende.

Die Zuschlagskalkulation kann einstufig oder mehrstufig erfolgen, wie die nächste Abbildung zeigt.

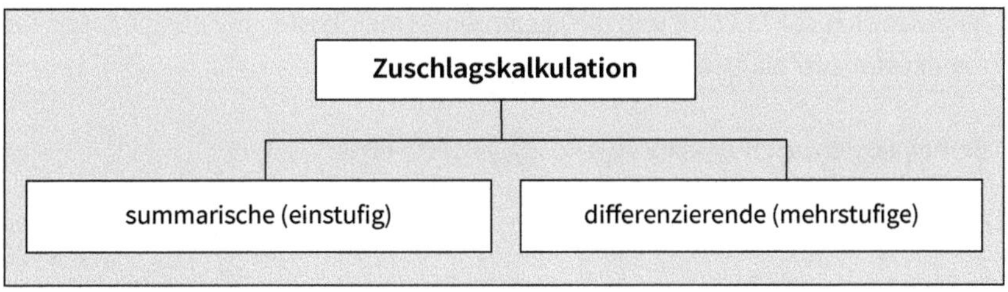

Abb. 64: Zuschlagskalkulation

4.5.1 Summarische Zuschlagskalkulation

Bei diesem sehr einfachen Kalkulationsverfahren werden die gesamten Gemeinkosten auf eine Zuschlagsbasis bezogen, d. h., sie werden durch einen einzigen (summarischen) Zuschlagssatz dem Kostenträger zugerechnet.

$$\text{Gemeinkostenzuschlagssatz (\%)}=\frac{\text{Summe der Gemeinkosten der Periode}}{\text{Summe der Einzelkosten der Periode}}\times 100$$

Es erfolgt keine Differenzierung der Gemeinkosten. Das bedeutet, dass man lediglich aus der Kostenartenrechnung Informationen benötigt und auf eine Kostenstellenrechnung verzichten kann. Die gesamten Gemeinkosten werden als ein Block mithilfe eines einzigen Gemeinkostenzuschlagsatzes auf die Kostenträger verrechnet. Bei der summarischen Zuschlagskalkulation dürfen weder Lagerbestandsveränderungen der unfertigen und fertigen Erzeugnisse noch ein hoher Gemeinkostenanteil auftreten.

Die Selbstkosten werden durch Addition der Einzelkosten und der Gemeinkosten ermittelt:

Ermittlung der Selbstkosten	
	Einzelkosten
+	Gemeinkosten (Summe Einzelkosten x Gemeinkostenzuschlagssatz [in %])
=	**Selbstkosten**

Dieses Verfahren kann höchstens in Betrieben mit einer sehr einfachen Produktionsstruktur und einem geringen Anteil an Gemeinkosten angewendet werden. Zudem dürfen keine Bestandsveränderungen bei den fertigen und unfertigen Erzeugnissen auftreten.

Beispiel: Summarische Zuschlagskalkulation

Ein Unternehmen produziert zwei Produkte A und B. Die gesamten Einzelkosten belaufen sich auf 75.000 € und die gesamten Gemeinkosten auf 45.000 €. Der Gemeinkostenzuschlagssatz wird wie folgt berechnet:

$$\text{Gemeinkostenzuschlagssatz (\%)}=\frac{45.000\ €}{75.000\ €}\times 100 = 60\ \%$$

Produkte / Kosten	A	B	gesamt
Materialeinzelkosten (MEK)	5.000 €	7.000 €	12.000 €
Fertigungseinzelkosten (FEK)	28.000 €	35.000 €	63.000 €
Menge (St.)	5.000 St.	6.000 St.	

Die Stückselbstkosten für die Produkte A und B werden mithilfe der summarischen Zuschlagskalkulation folgendermaßen berechnet.

Ermittlung der Stückselbstkosten für das Produkt A			
Materialeinzelkosten (MEK)			5.000€
Fertigungseinzelkosten (FEK)		+	28.000€
Einzelkosten (EK)		=	33.000€
Gemeinkosten (GK)	(0,6 × 33.000€)	+	19.800€
Selbstkosten (SK)		=	52.800€
Stückselbstkosten (k)	(52.800€ : 5.000 St.)	=	10,56€/St.

Ermittlung der Stückselbstkosten für das Produkt B			
Materialeinzelkosten (MEK)			7.000€
Fertigungseinzelkosten (FEK)		+	35.000€
Einzelkosten (EK)		=	42.000€
Gemeinkosten (GK)	(0,6 × 42.000€)	+	25.200€
Selbstkosten (SK)		=	67.200€
Stückselbstkosten (k)	(67.200€ : 6.000 St.)	=	11,20€/St.

Wichtig: Das sollten Sie sich merken !

- Einzelkosten werden aus der Kostenartenrechnung direkt auf die Kostenträger verrechnet.
- Gemeinkosten werden direkt oder indirekt den Kostenstellen zugeschlagen und mithilfe der dort ermittelten Gemeinkostenzuschlagssätze auf die Kostenträger verrechnet.

4.5.2 Differenzierende (mehrstufige) Zuschlagskalkulation

Der Unterschied zum summarischen Verfahren besteht darin, dass bei der differenzierenden Zuschlagskalkulation für jede Kostenstelle ein separater Gemeinkostenzuschlagssatz berechnet wird und somit die Gemeinkosten verursachungsgerechter auf die Kostenträger verteilt werden können. Da in der Praxis die verschiedenen Kostenträger die Kostenstellen meist in unterschiedlicher Höhe beanspruchen und laut Verursachungsprinzip die Kostenträger nur mit den Gemeinkosten derjenigen Kostenstellen, die sie auch in Anspruch genommen haben, belastet werden dürfen, ist dieses Kalkulationsverfahren das genauere, da für jede Kostenstelle (z. B. Material, Fertigung, Verwaltung und Vertrieb) ein eigener Verrechnungssatz ermittelt wird.

Wie werden die Selbstkosten bei der differenzierenden Zuschlagskalkulation ermittelt?

Anhand des folgenden Schemas werden die Herstellkosten und die Selbstkosten ermittelt, wobei sämtliche Gemeinkostenzuschlagssätze aus dem Betriebsabrechnungsbogen übernommen werden.

<table>
<tr><th colspan="4">Ermittlung der Selbstkosten</th></tr>
<tr><td>Materialeinzelkosten (MEK)</td><td rowspan="2">Materialkosten (MK)</td><td rowspan="5">Herstellkosten (HK)</td><td rowspan="8">Selbstkosten (SK)</td></tr>
<tr><td>Materialgemeinkosten (MGK) in % der MEK (% gemäß BAB)</td></tr>
<tr><td>Fertigungseinzelkosten (FEK)</td><td rowspan="3">Fertigungskosten (FK)</td></tr>
<tr><td>Fertigungsgemeinkosten (FGK) in % der FEK (% gemäß BAB)</td></tr>
<tr><td>Sondereinzelkosten der Fertigung SEK_{Fert} (gemäß Beleg)</td></tr>
<tr><td colspan="3">Verwaltungsgemeinkosten (VwGK) in % der HK (% gemäß BAB)</td></tr>
<tr><td colspan="3">Vertriebsgemeinkosten (VtGK) in % der HK (% gemäß BAB)</td></tr>
<tr><td colspan="3">Sondereinzelkosten des Vertriebs (SEK_{Vertr}) (gemäß Beleg)</td></tr>
</table>

Tab. 39: Grundschema der differenzierenden Zuschlagskalkulation

! **Wichtig: Das sollten Sie sich merken**

Die Herstellkosten (= Begriff des internen Rechnungswesens) setzen sich aus den Material- und den Fertigungskosten zusammen.

Bitte verwechseln Sie die Herstellkosten nicht mit den Herstellungskosten (= Begriff des externen Rechnungswesens). Die Herstellungskosten entstammen dem Handelsrecht und es ist gemäß § 252 Abs. 2 HGB vorgeschrieben, wie sie sich zusammensetzen.

So unterscheiden sich die Herstellungskosten von den Herstellkosten:

Herstellungskosten	Herstellkosten
Begriff der Bilanzierung (s. § 255 Abs. 2 HGB)	Begriff der Kosten- und Leistungsrechnung
selbsterstellte Vermögensgegenstände des Anlage- und Umlaufvermögens werden mit den Herstellungksoten bewertet	Begriff innerhalb des Kalkulationsschemas in der Kostenrechnung, zur Ermittlung des Angebotspreises
Unterschiedlicher Umfang, da es aufgrund von Wahlrechten einen Bewertungsspielraum gibt	Bestimmter festgelegter Umfang
Enthält keine kalkulatorischen Kosten	Enthält i. d. R. kalkulatorische Kosten

Zu den **Herstellungskosten** nach Handelsrecht zählen mindestens:

- die Materialeinzelkosten,
- die Fertigungseinzelkosten,
- die Sondereinzelkosten der Fertigung,
- die angemessenen Teile der Material- und Fertigungsgemeinkosten sowie
- der Werteverzehr des Anlagevermögens.

Darüber hinaus können noch die Kosten der allgemeinen Verwaltung, Aufwendungen für soziale Einrichtungen des Betriebs, Aufwendungen für freiwillige soziale Leistungen, Aufwendungen für die betriebliche Altersversorgung und fertigungsbezogene Fremdkapitalzinsen zu den Herstellungskosten addiert werden.

Die **Selbstkosten** ergeben sich aus den Herstellkosten, den Verwaltungs- und den Vertriebsgemeinkosten sowie den Sondereinzelkosten des Vertriebs.

Die Genauigkeit der Ergebnisse wird erhöht, wenn man den Fertigungsbereich differenzierter unterteilt (z. B. Dreherei, Fräserei etc.), wobei für jeden dieser Teilbereiche wiederum ein eigener Zuschlagssatz ermittelt werden muss. Diese Untergliederung kann bis hin zu Kostenplätzen führen, wobei jedoch die einerseits entstehenden zusätzlichen Aufwendungen sehr sorgfältig gegen die andererseits erhöhte Genauigkeit der Zurechnung abgewogen werden müssen.

Zu den **Sondereinzelkosten der Fertigung** zählen beispielsweise spezielle Vorrichtungen, Modelle, Schablonen, Sonderanfertigungen und Spezialwerkzeuge oder Patent- und Lizenzkosten für einzelne Aufträge. Die den Kostenträgern direkt zurechenbaren Kosten aus dem Vertriebsbereich, wie z. B. Verpackungs-, Frachtkosten, Kosten für Transportversicherung, Verkaufsprovisionen u. ä. werden üblicherweise in den **Sondereinzelkosten des Vertriebs** ausgewiesen.

Es besteht ferner noch die Möglichkeit, auf der Grundlage der Selbstkosten eine sogenannte **Absatzkalkulation**, die den Angebotspreis ermittelt, durchzuführen. Dabei ist jedoch zu beachten, dass der Angebotspreis i. d. R. nicht mit dem Verkaufspreis übereinstimmt.

Sehen Sie dazu das folgende Schema der Absatzkalkulation:

<table>
<tr><th colspan="5">Schema der Absatzkalkulation – Vorwärtskalkulation</th></tr>
<tr><td>Selbstkosten</td><td rowspan="2">Netto-Barverkaufspreis</td><td rowspan="3">Zielverkaufspreis</td><td rowspan="4">Nett Listenverkaufspreis</td><td rowspan="5">Brutto-Listenverkaufspreis</td></tr>
<tr><td>Gewinnaufschlag
in % der Selbstkosten (auf Hundert)</td></tr>
<tr><td colspan="2">Kundenskonto und Vertreterprovision
in % des Zielverkaufspreises (im Hundert)</td></tr>
<tr><td colspan="3">Kundenrabatt
in % des Netto-Listenverkaufspreises (im Hundert)</td></tr>
<tr><td colspan="4">Mehrwertsteuer
in % des Netto-Listenverkaufspreises (auf Hundert)</td></tr>
</table>

Tab. 40: Preiskalkulation

Folgende Formeln sind bei der Berechnung zu verwenden:

$$\text{Skonto} = \frac{\text{Netto-Barverkaufspreis} \times \text{Skontosatz}}{100 - (\text{Vertreterprovisionssatz} + \text{Skontosatz})}$$

$$\text{Vertreterprovision} = \frac{\text{Netto-Barverkaufspreis} \times \text{Vertreterprovisionssatz}}{100 - (\text{Vertreterprovisionssatz} + \text{Skontosatz})}$$

$$\text{Rabatt} = \frac{\text{Zielverkaufspreis} \times \text{Rabattsatz}}{100 - \text{Rabattsatz}}$$

Beispiel: Angebotskalkulation mit der differenzierenden Zuschlagskalkulation

Ein Unternehmen hat eine Kundenanfrage über 500.000 Stanzelemente. Es wird der Angebotspreis kalkuliert. Für die Kalkulation stehen diese Daten zur Verfügung:

MEK	10.000 €	MGK-Zuschlagssatz	10 %
FEK	7.000 €	FGK-Zuschlagssatz	50 %
SEK_{Fert}	500 €	VwGK-Zuschlagssatz	10 %
SEK_{Vertr}	1.000 €	VtGK-Zuschlagssatz	5 %
Gewinnaufschlag	20 %	Rabatt	10 %
Kundenskonto	2 %	Mehrwertsteuersatz	19 %
Vertreterprovision	3 %		

Mithilfe der differenzierenden Zuschlagskalkulation können Sie die Selbstkosten des Auftrags und den Angebotspreis folgendermaßen berechnen:

Angebotskalkulation als Vorwärtskalkulation:

	Materialeinzelkosten (MEK)			10.000,00 €	
+	Materialgemeinkosten (MGK)	10.000,00 € × 0,1	+	1.000,00 €	
+	Fertigungseinzelkosten (FEK)		+	7.000,00 €	
+	Fertigungsgemeinkosten (FGK)	7.000,00 € × 0,5	+	3.500,00 €	
+	Sondereinzelkosten der Fertigung (SEK_{Fert})		+	500,00 €	
=	**Herstellkosten (HK)**		=	**22.000,00 €**	
+	Verwaltungsgemeinkosten (VwGK)	22.000,00 € × 0,1	+	2.200,00 €	
+	Vertriebsgemeinkosten (VtGK)	22.000,00 € × 0,05	+	1.100,00 €	
+	Sondereinzelkosten des Vertriebs (SEK_{Vertr})		+	1.000,00 €	
=	**Selbstkosten (SK)**		=	**26.300,00 €**	
+	Gewinnaufschlag (a. H.)	26.300,00 € × 0,2	+	5.260,00 €	
=	**Netto-Barverkaufspreis**		=	**31.560,00 €**	100 % ≡ 95 %[65]
+	Kundenskonto (i. H.)	(31.560,00 € : 0,95) × 0,02	+	664,42 €	↓
+	Vertreterprovision (i. H.)	(31.560,00 € : 0,95) x 0,03	+	996,63 €	↓
=	**Netto-Zielverkaufspreis**		=	**33.221,05 €**	90 % ←100 %
+	Rabatt (i. H.)	(33.221,05 € : 0,90) × 0,1	+	3.691,23 €	↓
=	**Netto-Listenverkaufspreis**		=	**36.912,28 €**	100 %
+	Mehrwertsteuer (a. H.)	36.912,28 € × 0,19	+	7.013,33 €	↓
=	**Brutto-Listenverkaufspreis (Brutto-Angebotspreis)**		=	**43.925,61 €**	119 %

65 Der Netto-Barverkaufspreis beträgt wegen des abzuziehenden Skontos und der Vertreterprovision nur 95 % des Netto-Zielverkaufspreises.

! **Wichtig: Das sollten Sie sich merken**

Bei einer Angebotskalkulation sind neben den Selbstkosten noch der Gewinn, eventuell der Kundenskonto, die Vertreterprovision und der Kundenrabatt mit einzubeziehen. Für die Berechnung müssen Sie Folgendes beachten:

- Der Gewinn wird *auf Hundert*, bezogen auf die Selbstkosten, berechnet.
- Der Kundenskonto und die Vertreterprovision werden *im Hundert*, bezogen auf den Zielverkaufspreis, ermittelt.
- Der Rabatt wird *im Hundert*, bezogen auf den Listenverkaufspreis, berechnet.

Rückwärtskalkulation

Bei einem vorgegebenen Verkaufspreis und gegebenen Gemeinkostenzuschlagssätzen werden bei einer Rückwärtskalkulation (retrograde Kalkulation) die maximal zulässigen Einzelkosten ermittelt. Dabei geht man wie folgt vor:

1. Es wird das bekannte Kalkulationsschema von von oben nach unten aufgestellt.
2. Der Kundenrabatt wird zum Netto-Listenverkaufspreis berechnet und abgezogen (*auf Hundert-Rechnung*).
3. Der Kundenskonto und die Vertreterprovision werden zum Netto-Zielverkaufspreis berechnet und abgezogen (*auf-Hundert-Rechnung*).
4. Die Selbstkosten stellen die Zuschlagsbasis für den Gewinn dar. Da bei der Rückwärtskalkulation die Selbstkosten nicht bekannt sind, wird vom Netto-Barverkaufspreis als dem vermehrten Grundwert ausgegangen (*im-Hundert-Rechnung*). Somit wird der Gewinn in einer »*im-Hundert-Rechnung*« ermittelt.
5. Die Herstellkosten sind die Zuschlagsbasis für die Verwaltungs- und Vertriebsgemeinkosten. Diese Gemeinkosten werden von den Selbstkosten als vermehrter Grundwert in einer »*im-Hundert-Rechnung*« ermittelt.
6. Die Herstellkosten werden im Verhältnis der Materialkosten und Fertigungskosten aufgeteilt. Die Materialeinzelkosten wie auch die Fertigungseinzelkosten werden in einer »*im Hundert-Rechnung*« ermittelt, da die Materialkosten und die Fertigungskosten den vermehrten Grundwert darstellen.

Beispiel: Rückrechnung vom Listenverkaufspreis

Eine GmbH produziert Fräsmaschinen für den Heimwerkerbedarf. Aufgrund des starken Wettbewerbs können die Maschinen jedoch nur zu einem Listenverkaufspreis von 2.400 € je Stück (ohne Mehrwertsteuer) abgesetzt werden.

Die GmbH kalkuliert mit 168,00 €/St. Fertigungslöhnen, $8^1/_3$ % Gewinnzuschlag, $16^2/_3$ % Kundenrabatt, 7 % Vertreterprovision und 3 % Kundenskonto.

Außerdem sind folgende Normalgemeinkostenzuschlagssätze berechnet worden:

MGK = 25 %, FGK = 145 %, VwGK = 12 % und VtGK = 5 %

Sie können mithilfe der differenzierenden Zuschlagskalkulation folgendermaßen berechnen, wie viel für das Fertigungsmaterial (MEK) höchstens ausgegeben werden darf:

Rekursive Berechnung				
	Netto-Listenverkaufspreis		=	2.400,00 €
-	16,67 % Rabatt	(2.400 € x 0,166666667)	-	400,00 €
=	Netto-Zielverkaufspreis		=	2.000,00 €
-	7 % Vertreterprovision	(2.000 € x 0,07)	-	140,00 €
-	3 % Kundenskonto	(2.000 € x 0,03)	-	60,00 €
=	Netto-Barverkaufspreis		=	1.800,00 €
-	8,33 % Gewinnaufschlag auf die Selbstkosten	(1.800 € : 1,08333) x 0,083333	-	138,46 €
=	Selbstkosten (SK)		=	1.651,54 €
-	17 % Verwaltungs- und Vertriebsgemeinkosten auf die Herstellkosten (HK = 100 % und SK = 117 %	(1.661,54 € : 1,17) x 0,17	-	241,42 €
=	Herstellkosten (HK)		=	1.420,12 €
-	Fertigungskosten (= FEK + FGK) (Fertigungseinzelkosten) (145 % Fertigungsgemeinkosten)	 (FEK = 168,00 €) (FGK = 168 € x 1,45 = 243,60 €)	-	411,60 €
=	Materialkosten (MK)		=	1.008,52 €
-	25 % Materialgemeinkosten (MGK)	(1.008,52 €: 1,25) x 0,25	-	201,70 €
=	Materialeinzelkosten (MEK)	(1.008,52 € : 1,25)	=	806,82 €

Der Höchstbetrag für das Fertigungsmaterial (MEK) liegt bei 806,82 €/St.

Wichtig: Das sollten Sie sich merken !

Zuschlagskalkulation als **Angebotskalkulation:**
Im kalkulatorischen Gewinn wird das allgemeine Unternehmerrisiko abgedeckt und Finanzmittel für zukünftige Neuinvestitionen werden bereitgestellt.

- Zuschlagsgrundlage für den Gewinn sind die Selbstkosten.
- Die Summe aus Selbstkosten und Gewinn ergibt den Barverkaufspreis.

Zuschlagskalkulation als **Nachkalkulation:**
Die Nachkalkulation ist eine Kontrollrechnung, die den Plankosten/Normalkosten der Vorkalkulation die tatsächlichen Kosten (Ist-Kosten) gegenüberstellt.

- Die Nachkalkulation misst im Vergleich mit den Normalkosten der Vorkalkulation den tatsächlichen Erfolg eines Kostenträgers.

4.6 Handelskalkulation

Die **Kalkulation im Handel** erfolgt nach dem Prinzip der Zuschlagskalkulation. Auf der Basis, der auf den einzelnen Stufen ermittelten Kosten lassen sich die **Angebotspreise** kalkulieren.

Handelswaren verursachen **Handlungskosten** im Beschaffungs-, Verwaltungs- und Vertriebsbereich. Bei den **Handlungskosten** handelt es sich um Kosten, die den einzelnen Kalkulationsobjekten nicht mehr direkt, sondern nur mithilfe von Schlüsseln zugerechnet werden können. Im Handel zählen hierzu insbesondere die Personalkosten, die Miet-, Steuer- und Versicherungsaufwendungen, Energiekosten, Werbekosten, Teile der Vertriebskosten, Kosten der allgemeinen Verwaltung und die kalkulatorischen Kosten.

Die Handlungskosten werden mithilfe des **Handlungskostenzuschlagsatzes** berücksichtigt, der in der Praxis wie folgt ermittelt wird:

$$\text{Handlungskostenzuschlagssatz} = \frac{\text{Handlungskosten (Summe Gemeinkosten)}}{\text{Einstandspreis (Warenkosten)}} \times 100$$

Beipiel: Ein Handelsunternehmen weist bei einem Umsatz zu Einstandspreisen (Warenkosten) von 960.000 € folgende Handlungskosten auf:

Personalkosten	130.000 €
Miete	24.000 €
Heizungs- und Energiekosten	16.000 €
Kommunikationskosten	6.000 €
Transport- und Fuhrparkkosten	35.000 €
Abschreibungen	12.000 €
Sonstige Gemeinkosten	17.000 €
Summe der Handlungskosten	**240.000 €**

$$\text{Handlungskostenzuschlagssatz} = \frac{240.000\text{ €}}{960.000\text{ €}} \times 100 = 25\,\%$$

Es ergibt sich ein Handlungszuschlagssatz von 25 %.

Der **Selbstkostenpreis** eines Kalkulationsobjektes ergibt sich aus der Addition des Einstandspreises und der Handlungskosten.

Kalkulationsschema in Handelsunternehmen (Vorwärtskalkulation)				
	Netto-Listeneinkaufspreis			500,00 €/St.
-	Lieferantenrabatt (a. H.)	20 % (500 €/St. x 0,2 =)	-	100,00 €/St.
-	erhaltener Bonus (a. H.)	2 % (500 €/St. x 0,02 =)	-	10,00 €/St.
+	Mindermengenzuschlag	+ 25,00 €/St.	+	25,00 €/St.
=	**Netto-Zieleinkaufspreis**		=	**415,00 €/St.**
-	Lieferantenskonto (a. H.)	2 % (415 €/St. x 0,02 =)	-	8,30 €/St.
=	**Netto-Bareinkaufspreis**		=	**406,70 €/St.**
+	Bezugskosten	+ 23,30 €/St.	+	23,30 €/St.
=	**Netto-Einstandspreis (Bezugspreis)**		=	**430,00 €/St.**
+	Handlungskosten (a. H.)	30 % (430 €/St. x 0,3 =)	+	129,00 €/St.
=	Selbstkosten der Ware		=	559,00 €/St.
+	Gewinnaufschlag (a. H.)	8 % (559 €/St. x 0,08 =)	+	44,72 €/St.
=	**Netto-Barverkaufspreis nach Abzug von Provision und Skonto**		=	**603,72 €/St.**
+	Vertreterprovision (i. H.)	5 % (603,72 €/St. : 0,93) × 0,05	+	32,46 €/St.
+	Kundenskonto (i. H.)	2 % (603,72 €/St. : 0,93) × 0,02	+	12,98 €/St.
=	**Netto-Zielverkaufspreis**		=	**649,16 €/St.**
+	Kundenrabatt (i. H.)	15 % (649,16 €/St. : 0,85) × 0,15	+	114,56 €/St.
=	**Netto-Listenverkaufspreis**		=	**763,72 €/St.**
+	Mehrwertsteuer (a. H.)	19 % (763,72 €/St. × 0,19 =)	+	145,11 €/St.
=	**Brutto-Listenverkaufspreis**		=	**908,83 €/St.**

Der Kalkulationszuschlag im Handelsunternehmen

Aus Vereinfachungsgründen werden vielfach die einzelnen Prozentzuschläge zwischen dem Netto-Einstandspreis (Bezugspreis) und dem Netto-Listenverkaufspreis (ohne Mehrwertsteuer) zu einem Prozentsatz zusammengefasst.

$$\text{Kalkulationszuschlag in \% (KZ)} = \frac{\text{Netto-Listenverkaufspreis} - \text{Bezugspreis}}{\text{Bezugspreis}} \times 100$$

Der Kalkulationszuschlag für das vorherige Beispiel wird folgendermaßen berechnet:

$$\text{Kalkulationszuschlag} = \frac{763{,}72\ € - 430{,}00\ €}{430{,}00\ €} \times 100 = 77{,}61\ \%$$

Netto-Listenverkaufspreis = Einstandspreis + (Kalkulationszuschlag × Einstandspreis)

Kalkulationsfaktor im Handelsunternehmen
Anstelle des Kalkulationszuschlags wird in der Praxis auch mit dem Kalkulationsfaktor gerechnet. Der Kalkulationsfaktor ermöglicht eine weitere Vereinfachung der Berechnung des Netto-Listenverkaufspreises. Zusätzlich lässt sich auch der Einstandspreis schneller berechnen. Der Kalkulationsfaktor stellt das Verhältnis vom Netto-Listenverkaufspreis zum Einstandspreis dar.

$$\text{Kalkulationsfaktor} = \text{Kalkulationszuschlag} + 1$$

oder

$$\text{Kalkulationsfaktor} = \frac{\text{Netto-Listenverkaufspreis}}{\text{Einstandspreis (Bezugspreis)}}$$

Der Netto-Listenverkaufspreis lässt sich wie folgt berechnen:

$$\text{Netto-Listenverkaufspreis} = \text{Bezugspreis} \times \text{Kalkulationsfaktor}$$

Wenn der Kalkulationszuschlag 77,61 % = 0,7761 beträgt, ist der Kalkulationsfaktor »1,7761«.

Handelsspanne
Häufig wird den Handelsunternehmen ein Verkaufspreis empfohlen. In diesem Fall wird der Händler eine Rückwärtskalkulation (retrograde Kalkulation) durchführen, um den Bezugspreis zu ermitteln. Der Unterschied zwischen dem Verkaufspreis und dem Bezugspreis, ausgedrückt in Prozenten des Verkaufspreises, wird als **Handelsspanne** bezeichnet.

Im Großhandel und in der Industrie (wo der Kalkulationszuschlag nicht die Umsatzsteuer enthält) besteht zwischen der Handelsspanne, dem Kalkulationszuschlag und dem Kalkulationsfaktor folgender Zusammenhang:

$$\text{Handelsspanne} = \frac{\text{Kalkulationszuschlag}}{\text{Kalkulationsfaktor}} \times 100$$

$$\text{Handelsspanne} = \frac{0,7761}{1,7761} \times 100 = 43,70\ \%$$

Es gibt eine weitere Möglichkeit, um die Handelsspanne zu berechnen: Der Unterschiedsbetrag zwischen dem Netto-Listenverkaufspreis einer Ware und ihrem Bezugspreis zum Netto-Listenverkaufspreis wird in Beziehung gesetzt:

$$\text{Handelsspanne} = \frac{\text{Netto-Listenverkaufspreis} - \text{Bezugspreis}}{\text{Netto-Listenverkaufspreis}} \times 100$$

$$\text{Handelsspanne} = \frac{763,72\ € - 430,00\ €}{763,72\ €} \times 100 = 43,70\ \%$$

Exkurs: Wie werden die bilanziellen Herstellungskosten aus der Kostenrechnung ermittelt?

Damit Sie die bilanziellen **Herstellungs**kosten berechnen können, müssen Sie zunächst die **Herstell**kosten ermitteln:

	Ermittlung der Herstellkosten
	Materialeinzelkosten (MEK)
+	Materialgemeinkosten (MGK)
+	Fertigungseinzelkosten (FEK)
+	Fertigungsgemeinkosten (FGK)
+	Sondereinzelkosten der Fertigung (SEK_{Fert})
=	**Herstellkosten (HK)**

Tab. 41: Ermittlung der Herstellkosten

Die **bilanziellen Herstellungskosten** i. S. des § 255 Abs. 2 und 3 HGB können aus der Kostenrechnung wie folgt abgeleitet:

	Ermittlung der bilanziellen Herstellungskosten aus der Kostenrechnung
	Ist-Herstellkosten aus der Kostenrechnung
-	Zusatzkosten
-	positive Differenz zwischen Anderskosten und den entsprechenden Aufwendungen in der Finanzbuchhaltung
+	negative Differenz zwischen Anderskosten und den entsprechenden Aufwendungen in der Finanzbuchhaltung
-	Forschungs-, Entwicklungs- und Konstruktionskosten, die nicht die laufende Produktion der laufenden Periode betreffen (falls in KstGK enthalten)
=	**Wertuntergrenze der Herstellungskosten**
+	Kosten der allgemeinen Verwaltung
+	bestimmte Sozialkosten (i. S. von § 255 Abs. 2 S. 4 HGB) (falls nicht bereits in den Herstellkosten oder in den Kosten der allgemeinen Verwaltung enthalten)
+	produktionsbezogene Fremdkapitalzinsen (i. S. von § 255 Abs. 3 S. 2 HGB)
=	**Wertobergrenze der Herstellungskosten**

Tab. 42: Ermittlung der bilanziellen Herstellungskosten

Welche Mängel hat die differenzierende Zuschlagskalkulation?

- Da der Anteil der Fertigungslöhne an den Fertigungskosten in den vergangenen Jahren immer weiter gesunken ist, können die Gemeinkostenzuschlagssätze im Fertigungsbereich auf bis zu einige tausend Prozent steigen, sodass bereits geringfügige Änderungen oder Erfassungsungenauigkeiten bei den Fertigungslöhnen zu erheblichen Veränderungen in der Gemeinkostenverrechnung und zu Kalkulationsfehlern führen.
- Externe Preis- und Tarifänderungen beeinflussen die Höhe der Zuschlagsbasen im Fertigungs- und im Materialbereich und damit bei unveränderten Normalgemeinkostenzuschlagssätzen die Höhe der verrechneten Gemeinkosten in diesen Bereichen.
- Fragwürdig ist auch die unterstellte Proportionalität zwischen Gemein- und Einzelkosten. Je höher der Automatisierungsgrad einer Fertigung ist, desto ungenauer ist die Gemeinkostenzuordnung, d. h. sehr hohe Zuschlagssätze wirken fehlerverstärkend.

Daher wurde die Maschinenstundensatzrechnung entwickelt.

4.7 Maschinenstundensatzrechnung

Es findet eine zunehmende Automatisierung der Produktionsabläufe in der Fertigung satt. Die differenzierende Zuschlagskalkulation, die einen Fertigungsgemeinkostenzuschlagssatz unabhängig vom jeweiligen Produkt und der Inanspruchnahme der Maschine verwendet, führt daher – insbesondere bei ungleichmäßiger Beanspruchung der Maschinen – zu einer ungenauen und nicht verursachungsgerechten Kostenverteilung.

Die Maschinenstundensatzrechnung ist eine Erweiterung der differenzierenden Zuschlagskalkulation. Bei diesem Verfahren spaltet man die Fertigungsgemeinkosten in maschinenabhängige Gemeinkosten und maschinenunabhängige Restfertigungsgemeinkosten auf.

Die Restfertigungsgemeinkosten werden wie bisher als Zuschlagssatz auf die Fertigungseinzelkosten berechnet.

4.7.1 Wie ist die Vorgehensweise bei der Maschinenstundensatzrechnung?

Wie oben bereits erwähnt, muss man bei der Maschinenstundensatzrechnung zuerst die Fertigungsgemeinkosten nach dem Kriterium ihrer Maschinenabhängigkeit aufspalten, und zwar in:

1. **maschinenabhängige Fertigungsgemeinkosten:** z. B. Energie-, Instandhaltungs-, Werkzeug-, Raumkosten, kalkulatorische Abschreibungen und kalkulatorische Zinsen.
2. **Restfertigungsgemeinkosten (maschinenunabhängige Fertigungsgemeinkosten):** z. B. Hilfslöhne, Gehälter, Sozial- und Heizungskosten, Hilfsstoffe und Umlagen von Hilfskostenstellen.

Die maschinenunabhängigen Fertigungsgemeinkosten werden Restfertigungsgemeinkosten (RFGK) genannt und gemäß der traditionellen Zuschlagskalkulation – bezogen auf die Bezugsgröße Fertigungseinzelkosten – auf die Erzeugnisse verrechnet.

Der Maschinenstundensatz wird in drei Schritten berechnet:
1. Ermittlung der Maschinenlaufzeit
2. Ermittlung der dazugehörigen Kosten
3. Ermittlung des Maschinenstundensatzes

Wie wird die jährliche (Soll-)Maschinenlaufzeit ermittelt?
Die Höhe des Maschinenstundensatzes ist sehr stark von der in Anspruch genommenen Kapazität (Nutzungszeit) abhängig. Daher wird zunächst die (Soll-) Maschinenlaufzeit ermittelt.

Maschinenlaufzeit = gesamte Maschinenlaufzeit pro Periode – Ausfallzeiten

Maschinenlaufzeit (T_L):	die tatsächliche (jährliche) Laufzeit der Maschine (in Stunden)
gesamte Maschinenlaufzeit (T_G):	die theoretisch maximale Maschinenlaufzeit bei ständigem Betrieb in einer Periode (Jahr)
Stillstandzeit (T_{ST}):	arbeitsfreie Tage (Samstag, Sonntag, Feiertage, Urlaub), betriebsbedingte Stillstandszeit, Zeiten des Arbeitstages, zu denen nicht gearbeitet wird.
Instandhaltungszeit (T_{IH}):	Zeit, die für die Instandhaltung der Maschine benötigt wird.

Ermittlung der (Soll-)**Maschinenlaufzeit (T_L)**:

$$T_L = T_G - T_{ST} - T_{IH}$$

T_L = (Soll-)Maschinenlaufzeit (h/Periode)
T_G = gesamte Maschinenlaufzeit (h/Periode)
T_{ST} = Stillstandszeit (h/Periode)
T_{IH} = Instandhaltungszeit (h/Periode)

Wie werden die Fertigungsgemeinkosten aufgeteilt?

Differenzierung der Fertigungsgemeinkosten	
maschinenabhängige Fertigungsgemeinkosten	**Restfertigungsgemeinkosten** (maschinenunabhängige Fertigungsgemeinkosten)
• kalkulatorische Abschreibungen • kalkulatorische Zinsen • Instandhaltungskosten • Energiekosten • Raumkosten • Werkzeugkosten • Versicherungskosten • Betriebsmittelkosten	• Hilfslöhne • Gehälter • Sozialkosten • Hilfsstoffe • Heizungskosten • Umlage von Hilfskosten • sonstige Fertigungsgemeinkosten • Kapitalkosten für allgemeine Ausstattung der Fertigungsstellen
Zuschlagsgrundlage: Maschinenlaufzeit in Stunden ↓ Ermittlung des Maschinenstundensatzes	**Zuschlagsgrundlage:** Fertigungslöhne (Fertigungseinzelkosten) ↓ Ermittlung des Restfertigungs-gemeinkostenzuschlagssatzes
$\text{Maschinenstundensatz} = \frac{\text{maschinenabhängige Fertigungsgemeinkosten}}{\text{Maschinenlaufzeit}}$	$\text{Restfertigungsgemeinkostenzuschlagssatz} = \frac{\text{Restfertigungsgemeinkosten}}{\text{Fertigungseinzelkosten}}$

Abb. 65: Differenzierung der Fertigungsgemeinkosten

Wie wird der Maschinenstundensatz ermittelt?

Der Maschinenstundensatz wird aus dem Verhältnis der Summe der maschinenbezogenen Fertigungsgemeinkostenarten pro Jahr zur möglichen jährlichen Nutzungszeit (Maschinenlaufzeit) bei geplantem Auslastungsgrad ermittelt. Folgende Formel verdeutlicht den Zusammenhang:

$$\text{Maschinenstundensatz} = \frac{\text{maschinenabhängige Fertigungsgemeinkosten pro Periode}}{\text{Maschinenlaufzeit pro Periode}}$$

Der Maschinenstundensatz setzt sich aus den maschinenabhängigen Kosten je Stunde zusammen. Darunter fallen hauptsächlich:

$$\text{kalk. Abschreibungen} = \frac{\text{Wiederbeschaffungs-/Anschaffungskosten - Resterlös}}{\text{Nutzungsdauer} \times \text{Maschinenlaufzeit pro Periode}}$$

$$\text{kalk. Zinsen} = \frac{(\text{Anschaffungs-/Herstellungskosten} + \text{Resterlös})}{2 \times \text{Maschinenlaufzeit pro Periode}} \times \text{Zinssatz}$$

$$\text{Raumkosten} = \frac{\text{Raumbedarf} \times \text{qm-Satz pro Periode}}{\text{Maschinenlaufzeit pro Periode}}$$

$$\text{Instandhaltungskosten} = \frac{\text{gesamte Instandhaltungskosten pro Periode}}{\text{Maschinenlaufzeit pro Periode}}$$

oder

$$\frac{\text{Wiederbeschaffungskosten} \times \text{Instandsetzungsfaktor}}{\text{Maschinenlaufzeit pro Periode}}$$

$$\text{Energiekosten} = \text{Energiebedarf pro Stunde} \times \text{Kosten je Energieeinheit}$$

Wie werden die Fertigungskosten ermittelt?

Ermittlung der Fertigungskosten		
	Fertigungseinzelkosten (FEK)	
+	Restfertigungsgemeinkosten (RFGK)	(prozentualer Zuschlag auf die FEK)
+	maschinenabhängige Fertigungsgemeinkosten	(Maschinenstundensatz × Bearbeitungszeit)
+	Sondereinzelkosten der Fertigung	
=	Fertigungskosten	

Tab. 43: Ermittlung der Fertigungskosten

Wie wird der Restfertigungsgemeinkostenzuschlagssatz ermittelt?

Der Restfertigungsgemeinkostenzuschlagssatz (RFGK-Zuschlagssatz) wird mit folgender Formel berechnet:

$$\text{RFGK-Zuschlagssatz} = \frac{\text{Restfertigungsgemeinkosten (RFGK)}}{\text{Fertigungseinzelkosten (FEK)}} \times 100$$

Kalkulationsschema mit Maschinenstundensätzen zur Ermittlung der Herstell-/ Selbstkosten	
	Materialeinzelkosten (MEK)
+	Materialgemeinkosten (MGK)
+	Fertigungseinzelkosten Maschine A (FEK A)
+	maschinenabhängige Fertigungsgemeinkosten Maschine A (Masch-GK A) (Maschinenstundensatz Maschine A × Bearbeitungszeit)
+	Restfertigungsgemeinkosten Maschine A (RFGK A) in % der FEK A

	Kalkulationsschema mit Maschinenstundensätzen zur Ermittlung der Herstell-/ Selbstkosten
+	Fertigungseinzelkosten Maschine B (FEK B)
+	maschinenabhängige Fertigungsgemeinkosten Maschine B (Masch-GK B) (Maschinenstundensatz Maschine B x Bearbeitungszeit)
+	Restfertigungsgemeinkosten Maschine B (RFGK B)
+	(eventuell noch weitere Maschinen)
+	Sondereinzelkosten der Fertigung (SEK_{Fert})
=	**Herstellkosten der Produktion (HK_{Prod})**
+	Bestandsminderung (Mi) der unfertigen und fertigen Erzeugnisse
-	Bestandsmehrung (Me) der unfertigen und fertigen Erzeugnisse
=	**Herstellkosten des Umsatzes (HK_{Umsatz})**
+	Verwaltungsgemeinkosten (VwGK)
+	Vertriebsgemeinkosten (VtGK)
+	Sondereinzelkosten des Vertriebs (SEK_{Vertr})
=	**Selbstkosten (SK)**

Tab. 44: Ermittlung der Selbstkosten mithilfe der Maschinenstundensatzrechnung

!

Wichtig: Das sollten Sie sich merken

Die Zuschlagsbasis der Verwaltungsgemeinkosten sind i. d. R. die Herstellkosten der Produktion und die Zuschlagsbasis der Vertriebsgemeinkosten sind die Herstellkosten des Umsatzes.

Der Verwaltungsgemeinkostenzuschlagssatz kann alternativ auch auf Basis der Herstellkosten des Umsatzes berechnet werden. Im Sinne einer einfach und verständlich durchzuführenden Kalkulation wird in der Praxis häufig auf die parallele Verwendung von Herstellkosten der Produktion und Herstellkosten des Umsatzes als Bezugsgröße verzichtet. Als Bezugsgröße für die Verwaltungs- und Vertriebsgemeinkostenzuschlagssätze werden die **Herstellkosten des Umsatzes gewählt.**

4.7.2 Unterscheidung: »Differenzierende Zuschlagskalkulation« und »Kalkulation mit Maschinenstundensätzen«

Folgendes Schaubild verdeutlicht den Unterschied zwischen der differenzierenden Zuschlagskalkulation und der Kalkulation mit Maschinenstundensätzen. Dabei ist primär auf die Veränderung der Fertigungsgemeinkosten zu achten.

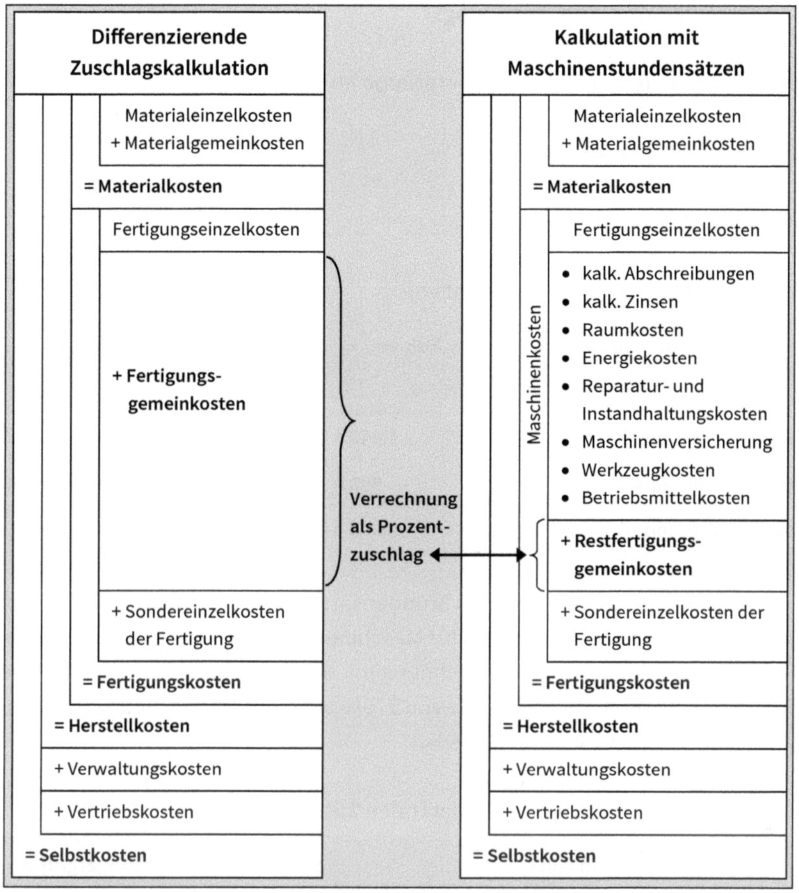

Abb. 66: Gegenüberstellung: Ermittlung der Selbstkosten mit der differenzierenden Zuschlagskalkulation und mit der Kalkulation mit Maschinenstundensätzen

Beispiel: Kalkulatorische Wirkung der Maschinenstundensatzrechnung

Es liegen die folgenden Informationen über die Müller Kunststoffwaren GmbH vor.

Materialeinzelkosten:

150.000 € (davon entfallen 40.000 € auf die Kostenträgergruppe I, 50.000 € auf Kostenträgergruppe II und 60.000 € auf Kostenträgergruppe III)

Fertigungseinzelkosten (Fertigungslohn):

120.000 € (davon 30.000 € auf Kostenträgergruppe I, 55.000 € auf Kostenträgergruppe II und 35.000 € auf Kostenträgergruppe III)

Sondereinzelkosten der Fertigung:

14.000 € (komplett auf Kostenträgergruppe III)

Zuschlagssätze laut BAB:

MGK-Zuschlagssatz = 6 %

Außerdem liegt folgende Übersicht vor:

Maschinengruppenzeiten (in Stunden)	Summe	Kostenträgergruppe		
		I	II	III
Maschinengruppe A	1.440 h	800 h	510 h	130 h
Maschinengruppe B	998 h		631 h	367 h
Maschinengruppe C	1.566,8 h	1.245 h	321,8 h	0 h

Für Maschinengruppe A wurde ein Stundensatz von 55 €/h, für Maschinengruppe B ein Stundensatz von 52 €/h und für Maschinengruppe C ein Stundensatz von 42,50 €/h berechnet. Durch die Rechnung mit den Maschinenstundensätzen verringert sich der FGK-Zuschlagssatz von 270 % auf einen Restfertigungsgemeinkostenzuschlagssatz von 105,2625 %.

Zuerst wird alles mit der differenzierenden Zuschlagskalkulation berechnet:

	Kalkulationsschema (in €)	Summe	Kostenträgergruppe		
			I	II	III
1.	Materialeinzelkosten (MEK)	150.000	40.000	50.000	60.000
2.	Materialgemeinkosten (MGK = 6 % von MEK)	9.000	2.400	3.000	3.600
3.	Materialkosten (MEK + MGK)	159.000	42.400	53.000	63.600
4.	Fertigungseinzelkosten (FEK)	120.000	30.000	55.000	35.000
5.	Fertigungsgemeinkosten (FGK = 270 % von FEK)	324.000	81.000	148.500	94.500
6.	Sondereinzelkosten der Fertigung (SEK_{Fert})	14.000	-	-	14.000
7.	Fertigungskosten (FEK + FGK + SEK_{Fert})	458.000	111.000	203.500	143.500
8.	Herstellkosten (8. = 3. + 7.)	617.000	153.400	256.500	207.100

Im nächsten Schritt wird nun mit den Maschinenstundensätzen gerechnet, was zum einen dem Verursachungsprinzip gerechter wird und zum anderen vor Kalkulationsfehlern schützt. Wenn man beide Ergebnisse miteinander vergleicht, sieht man deutliche Unterschiede bei den Herstellkosten der einzelnen Produktgruppen (Kostenträgergruppen).

Kalkulationsschema (in €)		Summe I	Kostenträgergruppe		
			II	III	
1.	Materialeinzelkosten (MEK)	150.000	40.000	50.000	60.000
2.	Materialgemeinkosten (MGK = 6 % von MEK)	9.000	2.400	3.000	3.600
3.	Materialkosten (MEK + MGK)	159.000	42.400	53.000	63.600
4.	Fertigungseinzelkosten (FEK)	120.000	30.000	55.000	35.000
	maschinenabhängige Kosten				
	Maschinengruppe A: 55,00 €/h	79.200	44.000	28.050	7.150
	Maschinengruppe B: 52,00 €/h	51.896	-	32.812	19.084
	Maschinengruppe C: 42,50 €/h	66.589	52.913	13.677	-
5.	**Summe der Maschinenkosten (A + B + C)**	**197.685**	**96.913**	**74.539**	**26.234**
6.	Restfertigungsgemeinkosten (FGK = 105,2625 % von den FEK)	126.315	31.579	57.894	36.842
7.	Sondereinzelkosten der Fertigung	14.000	-	-	14.000
8.	Fertigungskosten (8. = 4. + 5. + 6. + 7.)	458.000	158.491	187.433	112.076
9.	**Herstellkosten (9. = 3. + 8.)**	**617.000**	**200.891**	**240.433**	**175.676**

Welche Vorteile bietet die Maschinenstundensatzrechnung?

- Die Maschinenstundensatzrechnung liefert bei anlageintensiven Betrieben eine erheblich verbesserte Kalkulationsgenauigkeit.
- Die Maschinenlaufzeit ist oftmals eine adäquate Bezugsgröße.
- Nur für die Restfertigungsgemeinkosten muss noch ein Restfertigungsgemeinkostenzuschlagssatz ermittelt werden.
- Es stehen bessere Informationen für Wirtschaftlichkeitsuntersuchungen, insbesondere für Verfahrensvergleiche zur Verfügung.

Beispiel: Maschinenstundensatzrechnung

Ein Unternehmen benötigt monatlich etwa 63.000 Drehteile, die zum Preis von 0,95 €/St. eingekauft werden. Aufgrund steigender Nachfrage wird eine Umstellung von Fremdbezug auf Eigenfertigung in Betracht gezogen. Für die Selbstkostenermittlung stehen folgende Daten zur Verfügung:

Anschaffungskosten der Drehmaschine	50.000 €
Wiederbeschaffungskosten	65.000 €
Resterlös (Restverkaufserlös am Ende der Nutzungsdauer)	5.000 €
Nutzungsdauer	6 Jahre
Maschinenlaufzeit pro Jahr	1.800 h/Jahr
kalkulatorischer Zinssatz p. a.	7 %
Instandhaltungskosten pro Jahr	1.260 €/Jahr
Raumbedarf	22,50 m²
Kosten je m² pro Monat	10,00 €/m²
Energiebedarf je Stunde	13 kW
Strompreis	0,30 € je kWh
Kapazität der Maschine je Stunde	480 St./h

Außerdem sind folgende Daten zu berücksichtigen:

Fertigungsmaterial:	0,50 €/St.
Fertigungslöhne:	20,00 €/h
Materialgemeinkostenzuschlagssatz:	12 %
Restfertigungsgemeinkostenzuschlagssatz:	9 %
Verwaltungs- und Vertriebsgemeinkostenzuschlagssatz:	20 %

Das Beispiel zeigt zunächst, wie Sie den Maschinenstundensatz für die Drehmaschine berechnen. Ferner sehen Sie, wie auf Basis der Selbstkosten die Entscheidung für Fremdbezug oder Eigenfertigung bei einer monatlichen Produktionsmenge von 63.000 Stück getroffen werden kann.

Der Maschinenstundensatz berechnet sich wie folgt:

$$\text{kalkulatorische Abschreibung} = \frac{65.000\,€ - 5.000\,€}{6\text{ Jahre} \times 1.800\text{ h/Jahr}} = 5{,}56\text{ €/h}$$

$$\text{kalkulatorische Zinsen} = \frac{(50.000\,€ + 5.000\,€)}{2 \times 1.800\text{ h}} \times 0{,}07 = 1{,}07\text{ €/h}$$

$$\text{Instandhaltungskosten} = \frac{1.260\text{ €/Jahr}}{1.800\text{ h/Jahr}} = 0{,}70\text{ €/h}$$

$$\text{Raumkosten} = \frac{22{,}5\text{ m}^2 \times 10\text{ €/m}^2\text{ pro Monat} \times 12\text{ Monate/Jahr}}{1.800\text{ h/Jahr}} = 1{,}50\text{ €/h}$$

$$\text{Energiekosten} = 13\text{ kW} \times 0{,}30\text{ €/KWh} = 3{,}90\text{ €/h}$$

Der Maschinenstundensatz beträgt 12,73 €/h.

Die Selbstkosten berechnen sich wie folgt:

	Materialeinzelkosten	63.000 St. × 0,50 €/St.	=	31.500,00€
+	Materialgemeinkosten	31.500 € × 0,12	=	3.780,00€
+	Fertigungseinzelkosten	$\frac{63.000\ \text{St.}}{480\ \text{St./h}} \times 20\ €/\text{h}$	=	2.625,00€
+	maschinenabhängige Fertigungsgemeinkosten (= Maschinenkosten) (= Maschinenstundensatz x benötigte Maschinenstunden)	12,73 €/h × 131,25 h	=	1.670,81€
+	Restfertigungsgemeinkosten (prozentualer Aufschlag auf die Fertigungseinzelkosten)	2.625 € × 0,09	=	236,00€
=	Herstellkosten		=	39.811,81€
+	Verwaltungs- und Vertriebsgemeinkosten	39.811,81 € × 0,2	=	7.962,36€
=	Selbstkosten		=	47.774,17€

So berechnen Sie die Stückkosten:

$$\text{Stückkosten} = \frac{\text{Selbstkosten}}{\text{Stückzahl}} = \frac{47.774,17\ €}{63.000\ \text{St.}} = 0,75832\ €/\text{St.}$$

Da die Drehteile zu einem Preis von 0,95 €/St. eingekauft werden, ist die Eigenfertigung mit einem Stückpreis von 0,758 €/St. günstiger als der Fremdbezug.

Wichtig: Das sollten Sie sich merken !

Die Maschinenstundensatzrechnung ist eine Sonderform der Zuschlagskalkulation. Sie kommt zur Anwendung, wenn infolge zunehmender Automatisierung der Arbeitsplätze der Fertigungslohn als Bezugsgröße für die vorwiegend maschinenabhängigen Kosten nicht mehr gerechtfertigt ist. Die Maschinenstundensatzrechnung nimmt deshalb eine Trennung in maschinenabhängige Fertigungsgemeinkosten und Restfertigungsgemeinkosten vor.

4.8 Kuppelkalkulation

Kuppelprodukte sind Erzeugnisse, die aufgrund technischer Gegebenheiten bei einem Produktionsprozess zwangsläufig gemeinsam entstehen. Bei der Kuppelproduktion entsteht neben dem erwünschten Hauptprodukt mindestens ein weiteres Haupt- oder Nebenprodukt.

Beispiele für die Anwendung der Kuppelkalkulation:

- Koks, Gas, Teer und Benzol in Kokereien
- Mehl und Kleie in Mühlen
- Benzin, Gas, Schwer-, Leichtöl und Bitumen in Raffinerien
- Zucker und Melasse in Zuckerfabriken
- zugeschnittene Bretter und Sägespäne in Sägewerken

Die Produktionskosten fallen bei der Kuppelproduktion für alle Produkte gemeinsam an, daher lassen sich die Kosten der einzelnen Produkte aufgrund der Abhängigkeit der Kuppelprodukte nur schwer ermitteln. Eine verursachungsgerechte Aufteilung der Herstellkosten des Kuppelprozesses auf die einzelnen Kuppelprodukte ist nicht möglich.

Es haben sich zwei unterschiedliche Verfahren durchgesetzt, um die Kosten der Kuppelproduktion auf die Kuppelprodukte zu verteilen: die **Restwert-** und die **Verteilungsmethode.** Methodisch gesehen gehören beide zu den Divisionskalkulationen, sie unterscheiden sich jedoch dadurch, dass sie sich nicht am Verursachungsprinzip, sondern am Kostentragfähigkeits- bzw. am Durchschnittsprinzip orientieren.

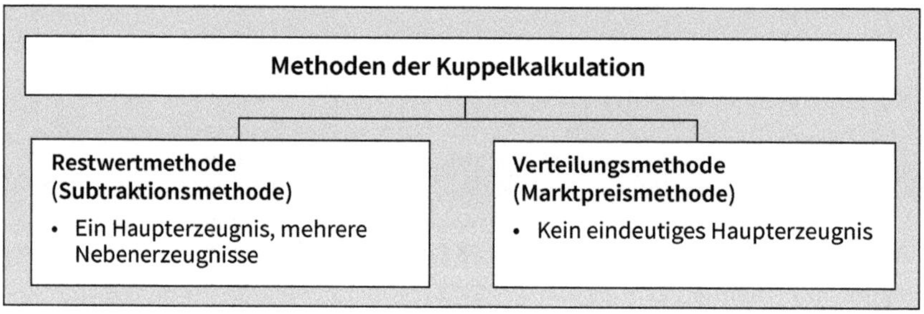

Abb. 67: Methoden der Kuppelkalkulation

4.8.1 Restwert- oder Subtraktionsmethode

Anwendung findet die Restwert- bzw. Subtraktionsmethode, wenn bei der Kuppelproduktion ein Hauptprodukt (Hauptkostenträger) und ein oder mehrere Neben-/Abfallprodukte (Nebenkostenträger) produziert werden, wobei das Hauptprodukt als eigentlicher Träger der Gesamtkosten des Kuppelproduktionsprozesses behandelt wird. Die Ergebnisse sind dabei umso besser, je geringwertiger die Nebenerzeugnisse im Verhältnis zum Haupterzeugnis sind.

Bei der Restwertmethode werden zunächst die gesamten Herstellkosten des Kuppelprozesses ermittelt. Die Herstellkosten des Hauptproduktes werden ermittelt, indem von den gesamten Herstellkosten des Kuppelprozesses die Verwertungsüberschüsse der Neben-/Abfallprodukte subtrahiert und die Folgekosten (z. B. Weiterverarbeitungskosten für Neben- und Abfallprodukte) sowie die Kosten für die Beseitigung/Entsorgung nicht verwertbarer Nebenprodukte (Abfallprodukte) hinzugerechnet werden.

Die Herstellkosten des Hauptprodukts werden wie folgt berechnet:

Berechnung: Herstellkosten des Hauptprodukts	
	Herstellkosten der Kuppelproduktion
-	Verkaufserlöse der Nebenprodukte (Abfallprodukte)
+	Weiterverarbeitungskosten der Nebenprodukte (Abfallprodukte)
=	**Herstellkosten des Hauptprodukts**

Tab. 45: Ermittlung der Herstellkosten des Hauptprodukts

Die Stückherstellkosten des Hauptprodukts werden ermittelt, indem die Herstellkosten des Hauptprodukts durch die Menge des produzierten Hauptprodukts dividiert werden.

$$\text{Stückherstellkosten Hauptprodukt} = \frac{\text{Herstellkosten des Hauptprodukts}}{\text{produzierte Menge des Hauptprodukts}}$$

Die Stückherstellkosten(k_{HKH}) des Hauptproduktes (HP) können nach folgender Formel berechnet werden:[66]

$$k_{HKH} = \frac{K - \sum_{i=1}^{n}(P_{Ni} - k_{Ni}) \times X_{Ni}}{X_H} + k_W$$

k_{HKH} = Stückherstellkosten des Hauptprodukts (H)
K = Gesamtkosten des Kuppelprozesses
X_H = Menge des Hauptprodukts (H)
i = Index der Produktart (i = 1, ... n) mit $i \neq H$
X_{Ni} = Menge des Nebenprodukts i
P_{Ni} = Preis pro Einheit des Nebenprodukts i
k_{Ni} = Weiterverarbeitungskosten pro Einheit des Nebenprodukts i
k_W = Stückweiterverarbeitungskosten des Hauptprodukts

Die **Selbstkosten des Hauptprodukts** ergeben sich, indem den Herstellkosten des Hauptprodukts die Verwaltungs- und Vertriebskosten zugerechnet werden.[67]

66 Götze, U., Kostenrechnung und Kostenmanagement, 2007, S. 127 f.
67 Steger, J., Kosten- und Leistungsrechnung, 2010, S. 339.

Merken Sie sich: Die Deckungsbeiträge (= Erlöse minus variable Kosten) der Neben-/Abfallprodukte mindern die zu verteilenden Kosten für das Hauptprodukt.

Die Stückselbstkosten der Neben-/Abfallprodukte entsprechen den erzielbaren Erlösen beim Verkauf bzw. den Entsorgungskosten. Die Stückherstellkosten ergeben sich durch zusätzliche Subtraktion der Weiterverarbeitungskosten des jeweiligen Nebenprodukts.

Nachteile der Restwertmethode:
- nur eingeschränkte Anwendungsmöglichkeit
- keine Verteilung nach dem Verursachungsprinzip, sondern nach dem Durchschnittsprinzip
- Kosten sind abhängig von den Erlösen der Nebenerzeugnisse (Tragfähigkeitsprinzip)

Beispiel: Kuppelkalkulation mit der Restwertmethode

Ein Unternehmen erstellt vier Kuppelprodukte, wobei Gesamtkosten in Höhe von 500.000 € für den Kuppelproduktionsprozess anfallen. Für das Hauptprodukt fallen Verwaltungsgemeinkosten in Höhe von 10 % und Vertriebsgemeinkosten in Höhe von 5 % an.

	produzierte Menge	Erlös/St.	Folgekosten
Hauptprodukt (H)	10.000 St.	60 €/St.	
Nebenprodukt A	500 St.	3 €/St.	1,00 €/St.
Nebenprodukt B	250 St.	2 €/St.	-
Nebenprodukt C	400 St.	10 €/St.	2,50 €/St.

a) Berechnung der Herstellkosten des Hauptprodukts mithilfe der Restwertmethode

	Gesamtkosten		500.000 €
-	Erlöse Nebenprodukt A	-	1.500 €
-	Erlöse Nebenprodukt B	-	500 €
-	Erlöse der Nebenprodukt C	-	4.000 €
+	Weiterverarbeitungskosten Nebenprodukt A	+	500 €
+	Weiterverarbeitungskosten Nebenprodukt C	+	1.000 €
=	Herstellkosten des Hauptprodukts (H)	=	495.500 €

$$\text{Stückherstellkosten des Hauptprodukts} = \frac{495.500\,€}{10.000\text{ St.}} = 49{,}55\text{ €/St.}$$

b) Berechnung der Selbstkosten pro Stück des Hauptprodukts

	Herstellkosten pro Stück		49,55 €/St.
+	Vewaltungssgemeinkosten (10 %)	+	4,96 €/St.
+	Vertriebsgemeinkosten (5 %)	+	2,48 €/St.
=	Selbstkosten pro Stück des Hauptprodukts (H)	=	56,99 €/St.

4.8.2 Verteilungsmethode

Dieses auch als Marktpreisäquivalenzziffernmethode bezeichnete Kalkulationsverfahren wird nur dann angewendet, falls ein Unternehmen mehrere Hauptprodukte fertigt bzw. keine Unterscheidung zwischen Haupt- und Nebenprodukten gegeben ist. Die gesamten Herstellkosten des Kuppelprozesses werden mithilfe von Äquivalenzziffern auf die Kuppelprodukte verteilt. Als Äquivalenzziffern kommen in Betracht:

- Mengenanteil,
- Marktpreise der einzelnen Erzeugnisse (Marktpreisäquivalenzziffernmethode),
- technisch-physikalische Messgrößen und
- Verwertungsüberschüsse.

I. d. R. wird die **Marktpreismethode** angewendet, bei der die erzielbaren Marktpreise der einzelnen Kuppelprodukte durch Äquivalenzziffern in Relation gebracht werden. Die Kosten werden nach dem Tragfähigkeitsprinzip verteilt, da bspw. Kuppelprodukte, die einen hohen Erlös erzielen auch einen hohen Anteil der zu verrechnenden Gemeinkosten des Kuppelprozesses zugerechnet bekommen.

Als Basis für die Bewertung werden die Marktpreise der Produkte herangezogen. Die Marktpreise stellen den Schlüssel (Äquivalenzziffern) für die Verteilung der Kosten auf die Kuppelprodukte dar. Es werden die gesamten Kosten des Kuppelprozesses (K) auf die Kuppelprodukte i (i = 1, 2, ..., n) verteilt. Multipliziert man die Produktionsmengen jedes Kuppelprodukts mit dem Erlös je Produkteinheit (Äquivalenzziffern), ergeben sich Schlüsselzahlen (Recheneinheiten). Der Quotient aus den Gesamtkosten des Kuppelprozesses und der Summe der Schlüsselzahlen (Summe der Recheneinheiten) stellt die Kosten je Recheneinheit k_{RE} dar:

$$k_{RE} = \frac{K}{\sum_{i=1}^{n} P_i \times X_i}$$

k_{RE} = Kosten je Recheneinheit
K = Gesamtkosten
P_i = Marktpreis des Kuppelprodukts i
X_i = Produktions- bzw. Absatzmenge des Kuppelprodukts i
n = Anzahl der Kuppelprodukte

Mithilfe der Kosten pro Recheneinheit (k_{RE}) kann man durch Multiplikation mit den Marktpreisen (p_i) die Herstellkosten pro Stück (k_{Hi}) und aus diesen die Gesamtkosten eines Kuppelprodukts i (K_{Hi}) berechnen.

$$k_{Hi} = k_{RE} \times P_i$$

$$K_{Hi} = k_{Hi} \times X_i$$

Nachteile der Verteilungsmethode:

- durch Marktpreisschwankungen entstehen Kostenschwankungen
- keine Verteilung nach dem Verursachungsprinzip, sondern nach dem Tragfähigkeitsprinzip
- insgesamt geringe Aussagefähigkeit

Beispiel: Kuppelkalkulation mit der Verteilungsmethode

Ein Unternehmen erstellt drei ungefähr gleichwertige Kuppelprodukte A, B und C. Die Herstellkosten des Kuppelprozesses belaufen sich auf insgesamt 660.000 €.

Kuppelprodukte	Kosten des Kuppelprozesses	produzierte Menge	Marktpreis pro Stück
A		6.000 St.	60 €/St.
B	660.000 €	2.000 St.	100 €/St.
C		4.000 St.	80 €/St.

Es werden die Stückkosten der Produkte mithilfe der Verteilungsmethode berechnet.

Produkt	produzierte Menge (X)	Äquivalenzziffer (ÄZ)	Recheneinheiten RE (X x ÄZ)	Herstellkosten pro Stück	Herstellkosten gesamt
A	6.000 St.	6	36.000	45 €/St.	270.000 €
B	2.000 St.	10	20.000	75 €/St.	150.000 €
C	4.000 St.	8	32.000	60 €/St.	240.000 €
Summe			88.000		660.000 €

Kosten je Recheneinheit:

$$k_{RE} = \frac{\text{gesamte Herstellkosten des Kuppelprozesses}}{\sum \text{Recheneinheiten}} = \frac{660.000\ €}{88.000\ RE} = 7{,}50\ €/RE$$

4.8.3 Beurteilung der Kuppelkalkulation

Sowohl die Restwert- als auch die Verteilungsmethode dienen dazu, die Kosten des Kuppelproduktionsprozesses auf die Kostenträger zu verteilen und die Stückherstellkosten der Produkte zu ermitteln. Material-, Fertigungs-, Verwaltungs- oder Vertriebskosten, die nach der Kuppelproduktion anfallen, können den Kostenträgern wie bisher direkt oder über Zuschlagssätze zugerechnet werden, um die Stückselbstkosten zu ermitteln.

Bei diesen Verfahren kann keine verursachungsgerechte Verteilung der Gemeinkosten auf die Kuppelprodukte erfolgen, da diese die Kosten auf der Basis von Erlösen weiterverrechnen (Kostentragfähigkeitsprinzip). Daher sind die Ergebnisse der Kuppelproduktion weder für Kontroll- noch für Steuerungs- und Entscheidungsaufgaben geeignet. Anwendung finden die Verfahren der Kuppelproduktion bei der Bestandsbewertung der einzelnen Kuppelprodukte, wobei in den meisten Fällen die Restwertmethode angewandt wird.

4.9 Kostenträgerzeitrechnung – Betriebsergebnisrechnung

Die Kostenträgerzeitrechnung, auch Betriebsergebnisrechnung genannt, erfasst im Gegensatz zu der Kostenträgerstückrechnung nicht die Kosten je Leistungseinheit, sondern die gesamten betrieblichen Erlöse und Kosten einer Unternehmung pro Rechnungsperiode. Betrachtet wird somit der gesamte Produktionsprozess eines Unternehmens, wodurch der leistungsbezogene Erfolg, d. h. das Betriebsergebnis (Gewinn oder Verlust), ermittelt werden kann.

Die Erfolgsrechnung im externen Rechnungswesen ist die Gewinn- und Verlustrechnung (GuV). Die Betriebsergebnisrechnung verwendet Kosten und Leistungen, die GuV dagegen Aufwendungen und Erträge.

Das Gesamtergebnis (Unternehmensergebnis = UE) einer Periode wird im Rahmen der Gewinn- und Verlustrechnung aus der Finanzbuchhaltung errechnet:

Unternehmensergebnis (UE) = Gesamtertrag – Gesamtaufwand

Das Unternehmensergebnis wird als Jahresüberschuss/-fehlbetrag vor Steuern in der Gewinn- und Verlustrechnung ausgewiesen.

Dagegen werden in der Kosten- und Leistungsrechnung von den Leistungen die gesamten Kosten subtrahiert und man erhält das Betriebsergebnis. Die Zusammenhänge zwischen dem Unternehmensergebnis und dem Betriebsergebnis sind in der nachfolgenden Übersicht dargestellt:

Zusammenhänge Unternehmensergebnis und Betriebsergebnis		
	Gesamtleistung	
-	Gesamtkosten	
=	**Betriebsergebnis**	
+	neutrale Erträge	Der neutrale Erfolg stellt die Abstimmungsdifferenz zwischen der Finanzbuchhaltung und der Kostenrechnung dar.
-	neutrale Aufwendungen	
+	kalkulatorische Kosten	
-	nicht als Kosten verrechneter Zweckaufwand	
=	**Unternehmensergebnis (wertmäßig)**	

Tab. 46: Ermittlung des Unternehmensergebnisses Eingabe Tabellenbeschriftung

! **Wichtig: Das sollten Sie sich merken**

Unternehmensergebnis (Gesamtergebnis) = Betriebsergebnis + neutrales Ergebnis

Das Betriebsergebnis kann sowohl nach dem **Gesamtkostenverfahren** als auch nach dem **Umsatzkostenverfahren** ermittelt werden.

4.9.1 Die Aufgaben der Betriebsergebnisrechnung

Die **Betriebsergebnisrechnung** (kurzfristige Erfolgsrechnung) dient der laufenden Überwachung der Wirtschaftlichkeit des Unternehmens. Sie stellt die Leistungen und die Kosten einer Abrechnungsperiode – i. d. R. eines Monats – gegenüber. Die Betriebsergebnisrechnung ist aktueller als die GuV-Rechnung im Jahresabschluss. Außerdem beruht sie nicht auf Aufwendungen und Erträgen, sondern auf Leistungen und Kosten. So ist sie von Einflüssen neutraler Aufwendungen und neutraler Erträge, handels- und steuerrechtlichen Bewertungsansätzen sowie bilanzpolitischer Manipulation befreit. Daher ist die Betriebsergebnis aussagekräftiger als das Jahresergebnis der GuV.

Im Mittelpunkt der Betrachtung steht bei der Betriebsergebnisrechnung der gesamte Produktionsprozess eines Unternehmens innerhalb einer Abrechnungsperiode. Das Grundschema der Berechnung lautet:

Betriebserfolg (Betriebsergebnis) = Leistung – Kosten

Die Betriebsergebnisrechnung ermittelt das kurzfristige Betriebsergebnis, analysiert es und verfolgt seine Entwicklung, d. h. sie dient:

- der Analyse des Unternehmenserfolgs nach Produktgruppen, Produkten, Absatzgebieten, Betriebsstätten, Kundengruppen, Kunden usw.
- der Wirtschaftlichkeitskontrolle
- der Planung des Produktions- und Absatzprogramms
- dem Aufdecken von Schwachstellen bzw. dem Aufzeigen von Erfolgschancen

Die Betriebsergebnisrechnung kann nach zwei Verfahren vorgenommen werden, die auf unterschiedlichem Wege zum selben Ergebnis führen:

- das Gesamtkostenverfahren (GKV), bei dem sich der Erfolg auf die Gesamtleistung (= Umsatzerlöse +/- Bestandsveränderungen der unfertigen und fertigen Erzeugnisse + andere aktivierte Eigenleistungen, z. B. eine selbst erstellte Maschine) des Unternehmens bezieht und
- das Umsatzkostenverfahren (UKV), bei dem sich der Erfolg nur auf die Absatzleistung (= Umsatzerlöse) des Unternehmens bezieht.

4.9.2 Betriebsergebnisrechnung nach dem Gesamtkostenverfahren

Beim **Gesamtkostenverfahren** wird den Gesamtkosten einer Periode die Gesamtleistungen dieser Periode gegenübergestellt. Aus der Differenz von Gesamtleistung und Gesamtkosten ergibt sich das Betriebsergebnis.

Betriebsergebnis = Gesamtleistung – Gesamtkosten

Dieses Verfahren ist produktionsorientiert, d. h., die Basis für die Leistungs- und Kostenberechnungen bildet die produzierte und nicht die abgesetzte Menge. Somit besteht die Gesamtleistung aus den Umsatzerlösen, den Bestandsveränderungen bei unfertigen und fertigen Erzeugnissen sowie den anderen aktivierten Eigenleistungen. Die Kosten, wie der Name des Verfahrens schon sagt, setzen sich aus allen anfallenden Kosten im Unternehmen innerhalb einer Abrechnungsperiode zusammen. Dabei werden die Kosten vorwiegend nach Kostenarten ausgewiesen.

Die Betriebsergebnisrechnung nach dem GKV kann in Kontenform sowie in Staffelform dargestellt werden. Das Ergebnis sowie die Vorgehensweise sind inhaltlich identisch, lediglich das Aussehen ist anders.

Das Gesamtkostenverfahren in Kontenform	
Kosten	**Leistungen**
• Gesamtkosten der Periode (gegliedert nach Kostenarten) • Bestandsminderungen an UFE/FE (bewertet zu Herstellkosten)	• Umsatzerlöse der Periode • Bestandsmehrungen an UFE/FE (bewertet zu Herstellkosten) • andere aktivierte Eigenleistungen (bewertet zu Herstellkosten)
Saldo: Betriebsergebnis (Gewinn)	Saldo: Betriebsergebnis (Verlust)

Tab. 47: Ermittlung des Betriebsergebnisses mit dem Gesamtkostenverfahren in Kontoform

Das Gesamtkostenverfahren (GKV) in Staffelform	
	Umsatzerlöse der Periode
+	Bestandsmehrungen an UFE/FE (bewertet zu Herstellkosten)
-	Bestandsminderungen an UFE/FE (bewertet zu Herstellkosten)
+	andere aktivierte Eigenleistungen (bewertet zu Herstellkosten)
=	**Gesamtleistung der Periode**
-	gesamte Kosten der Periode (nach Kostenarten)
=	**Betriebsergebnis der Periode**

Tab. 48: Ermittlung des Betriebsergebnisses mit dem Gesamtkostenverfahren in Staffelform

Beispiel: Gesamtkostenverfahren

Ein Unternehmen stellt die Produkte A und B her, wobei im abgelaufenen Monat die folgenden Daten ermittelt wurden:

	Produkt A	**Produkt B**
produzierte Menge	10.000 St.	15.000 St.
abgesetzte Menge	8.000 St.	12.000 St.
Verkaufspreis pro Stück	20 €/St.	22 €/St.
Bestandserhöhung an Fertigerzeugnissen	2.000 St.	3.000 St.
Materialeinzelkosten je Stück	4 €/St.	5 €/St.

	Produkt A	Produkt B
Fertigungseinzelkosten je Stück	2 €/St.	3 €/St.
Materialgemeinkosten der Periode	39.900 €	
Fertigungsgemeinkosten der Periode	62.040 €	
Verwaltungsgemeinkosten der Periode	102.700 €	
Vertriebsgemeinkosten der Periode	56.400 €	

Die Bestandsveränderungen (BV) der unfertigen Erzeugnisse und der Fertigerzeugnisse wurden mit den Herstellkosten der Produktion bewertet:

Für das Produkts A mit 9,296749 €/St., für das Produkts B mit 12,59816733 €/St.

Die Berechnung der Herstellkosten der Produktion für die Ermittlung der Bestandsmehrungen sowohl für Produkt A als auch für Produkt B finden Sie in der Tabelle am Ende des folgenden Kapitels »Betriebsergebnisrechnung nach dem Umsatzkostenverfahren«. Es wird das Betriebsergebnis der letzten Abrechnungsperiode nach dem Gesamtkostenverfahren berechnet.

Lösung zum Beispiel:

	Umsatzerlöse A	20 €/St. × 8.000 St.	=	160.000,00 €
	Umsatzerlöse B	22 €/St. × 12.000 St.	=	264.000,00 €
+	Bestandsmehrungen A	9,296749 €/St. × 2.000 St.	=	18.593,50 €
+	Bestandsmehrungen B	12,59816733 €/St. × 3.000 St.	=	37.794,50 €
=	**Gesamtleistung**			**480.388,00 €**
+	Materialeinzelkosten A	4 €/St. × 10.000 St.	=	40.000,00 €
	Materialeinzelkosten B	5 €/St. × 15.000 St.	=	75.000,00 €
+	Materialgemeinkosten			39.900,00 €
+	Fertigungseinzelkosten A	2 €/St. × 10.000 St.	=	20.000,00 €
+	Fertigungseinzelkosten B	3 €/St. × 15.000 St.	=	45.000,00 €
+	Fertigungsgemeinkosten			62.040,00 €
+	Verwaltungsgemeinkosten			102.700,00 €
+	Vertriebsgemeinkosten			56.400,00 €
=	**Gesamtkosten**			**441.040,00 €**
	Gesamtleistung			480.388,00 €
-	Gesamtkosten			441.040,00 €
=	**Betriebsergebnis**			**39.348,00 €**

Vorteile des Gesamtkostenverfahrens:

- Das GKV bietet die Möglichkeit der schnellen Vorwegermittlung des Betriebsergebnisses.
- Die Übereinstimmung mit der nach handelsrechtlichen Vorschriften ermittelten Erfolgsgliederung.

Nachteile des Gesamtkostenverfahrens:

Um betriebspolitische Entscheidungen unterstützen zu können, sind die Ergebnisse des Gesamtkostenverfahrens zu wenig aussagefähig. Dadurch, dass die Erlöse nach Produktarten und die Gesamtkosten nach Kostenarten gegliedert sind, kann man bei diesem Verfahren nicht erkennen, welches Produkt wie viel zum Ergebnis beiträgt. Es kann keine detaillierte Erfolgsanalyse nach Produktarten und Produktgruppen durchgeführt werden. Aufgrund dieser Tatsache kann nur der gesamte Betriebserfolg ermittelt werden, aber nicht der Erfolg der einzelnen Kostenträger – und damit auch nicht deren Beitrag zum Betriebsergebnis.

4.9.3 Betriebsergebnisrechnung nach dem Umsatzkostenverfahren

Das Umsatzkostenverfahren stellt im Vergleich zum Gesamtkostenverfahren den Umsatzerlösen der Periode nur die dafür entstandenen Selbstkosten der verkauften Produkte gegenüber. Die Selbstkosten der verkauften Erzeugnisse setzen sich aus den Herstellkosten der verkauften Erzeugnisse und den gesamten Verwaltungs- und Vertriebskosten zusammen.

Die Kosten beziehen sich auf das gleiche Mengengerüst wie die Umsatzerlöse. Bestandserhöhungen werden nicht in Form von Erlösen ausgewiesen und die hierfür angefallenen Herstellkosten werden nicht berücksichtigt. Bestandsminderungen werden zu Herstellkosten hinzuaddiert.

Beim Umsatzkostenverfahren werden die Kosten nicht nach den verbrauchten Produktionsfaktoren (wie beim Gesamtkostenverfahren), sondern als Selbstkosten der verkauften Produkte erfasst.

Übersteigt die produzierte Menge die abgesetzte Menge (Bestandserhöhung), wird nur der Teil der Herstellkosten berücksichtigt, der auf den Umsatz entfällt. Bei einer Bestandserhöhung von selbst erstellten Erzeugnissen sind die darauf entfallenden Herstellkosten jedoch nicht in die Ergebnisrechnung mit einzubeziehen, da sie nicht Bestandteil des Umsatzprozesses sind. Im Fall von Bestandsminderungen bei den selbsterstellten Erzeugnissen für den Umsatzprozess erhöht der darauf entfallende Herstellkostenanteil früherer Abrechnungsperioden die Herstellkosten der laufenden Periode.

Der Vorteil des Umsatzkostenverfahrens ist, dass sich aufgrund der Orientierung an den einzelnen Kostenträgern die Erfolgsanteile für jedes Produkt einzeln bestimmen lassen. Da das Umsatzkostenverfahren auf die Selbstkosten zurückgreift, setzt seine Anwendung (im Gegensatz zum Gesamtkostenverfahren) immer eine komplette Kostenstellen- und Kostenträgerstückrechnung voraus.

Das **Umsatzkostenverfahren (UKV)** ist folgendermaßen aufgebaut:

Aufbau Umsatzkostenverfahren	
	Periodenerlös des Produktes A
-	Selbstkosten des Produktes A
=	**Erfolg des Produktes A**
+	∑ der Erfolge der anderen Produkte
=	**Betriebsgewinn/-verlust**

Die kurzfristige Betriebsergebnisrechnung nach dem UKV kann ebenfalls in Kontenform oder in Staffelform dargestellt werden. Das Ergebnis sowie die Vorgehensweise sind auch hier inhaltlich identisch.

Die folgenden Tabellen zeigen zunächst die beiden Formen des Umsatzkostenverfahrens, anschließend wird dargestellt, wie das Betriebsergebnis genau ermittelt wird:

Das Umsatzkostenverfahren in Kontenform	
Betriebsergebniskonto nach dem Umsatzkostenverfahren	
• Selbstkosten der in der Periode abgesetzten Produkte (gegliedert nach Produktarten) – Herstellkosten der verkauften Produkte – Verwaltungs- und Vertriebskosten der Periode	• Umsatzerlöse der Periode (gegliedert nach Produktarten)
Saldo: Betriebsergebnis (Gewinn)	**Saldo: Betriebsergebnis (Verlust)**

Tab. 49: Ermittlung des Betriebsergebnisses mit dem Umsatzkostenverfahren in Kontoform

Das Umsatzkostenverfahren in Staffelform	
	Umsatzerlöse
-	Herstellkosten zur Erzielung der Umsatzerlöse
=	**Bruttoergebnis vom Umsatz**
-	Verwaltungskosten
-	Vertriebskosten
=	**Betriebsergebnis**

Tab. 50: Ermittlung des Betriebsergebnisses mit dem Umsatzkostenverfahren in Staffelform

Im Detail berechnet sich das **Betriebsergebnis** nach dem Umsatzkostenverfahren wie folgt:

Ermittlung des Betriebsergebnisses nach dem Umsatzkostenverfahren	
	Materialeinzelkosten
+	Materialgemeinkosten
+	Fertigungseinzelkosten
+	Fertigungsgemeinkosten
+	Sondereinzelkosten der Fertigung
=	**Herstellkosten der Produktion**
+	Bestandsminderungen an unfertigen/fertigen Erzeugnissen
-	Bestandserhöhungen an unfertigen/fertigen Erzeugnissen
-	andere aktivierte Eigenleistungen
=	**Herstellkosten des Umsatzes**
+	Verwaltungsgemeinkosten
+	Vertriebsgemeinkosten
+	Sondereinzelkosten des Vertriebs
=	**Selbstkosten des Umsatzes**
	Umsatzerlöse
-	Selbstkosten des Umsatzes
=	**Betriebsergebnis**

Tab. 51: Ermittlung des Betriebsergebnisses nach dem Umsatzkostenverfahren

Vorteile des Umsatzkostenverfahrens

Das Umsatzkostenverfahren bietet folgende Vorteile:

- Da sowohl die Erlöse als auch die Kosten nach den Kostenträgern gliedert sind, ist neben dem Betriebserfolg auch der Erfolgsbeitrag jedes einzelnen Produkts am Betriebserfolg ersichtlich.
- Es ist keine gesonderte Bestandsbewertung erforderlich.
- Aufgrund der üblichen internationalen Anwendung des UKV, vor allem in den angelsächsischen Ländern, ist eine bessere internationale Vergleichbarkeit gegeben.

In der folgenden Abbildung ist der Unterschied zwischen Gesamt- und Umsatzkostenverfahren grafisch dargestellt.

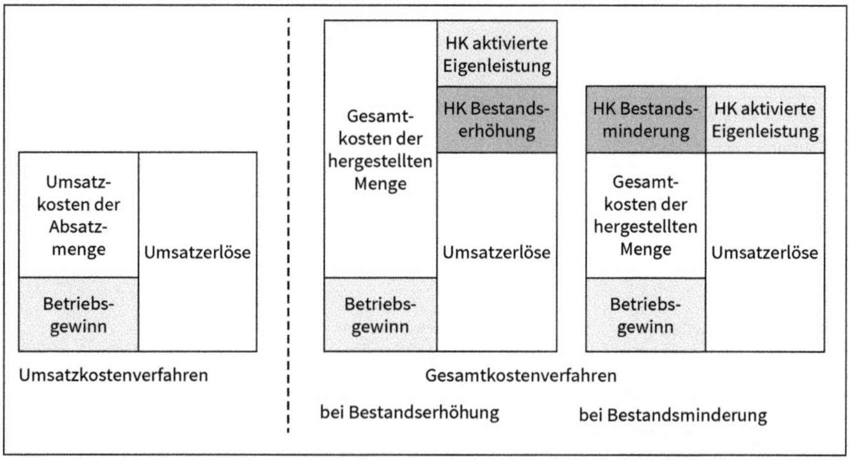

Abb. 68: Schematischer Vergleich zwischen Umsatz- und Gesamtkostenverfahren

Merken Sie sich:

Die beiden Verfahren führen auf unterschiedlichen Wegen immer zum identischen Betriebsergebnis.

Überleitung vom Gesamtkostenverfahren auf das Umsatzkostenverfahren

Da Unternehmen bei einer Umstellung von der handelsrechtlichen Rechnungslegung (HGB) auf die internationale Rechnungslegung nach IFRS[68] häufig auch vom Gesamtkostenverfahren (GKV) auf das international übliche Umsatzkostenverfahren (UKV) wechseln, sehen Sie hier anhand eines Beispiels, wie die Umstellung vom kostenartenorientierten GKV auf das funktionsorientierte UKV erfolgt.

68 IFRS = International Financial Reporting Standards.

Gesamtkostenverfahren		**Überleitung auf Funktionsbereiche** Herstellung	Vertrieb	Verwaltung
Umsatzerlöse	23.200 €			
+ Bestandserhöhung	+ 1.900 €			
= Gesamtleistung	**= 25.100 €**			
- Materialkosten	- 3.700 €	3.700 €	0 €	0 €
- Personalkosten	- 5.800 €	4.000 €	1.000 €	800 €
- Abschreibungen	- 1.200 €	700 €	250 €	250 €
= Betriebsergebnis	**= 14.400 €**	**8.400 €**	**1.250 €**	**1.050 €**
	Perioden-abgrenzung	1.900 €		
		6.500 €		

Umsatzkostenverfahren	
Umsatzerlöse	23.200 €
- Herstellkosten des Umsatzes	- 6.500 €
= Bruttoergebnis vom Umsatz	**= 16.700 €**
- Vertriebskosten	- 1.250 €
- Verwaltungskosten	- 1.050 €
= Betriebsergebnis	**= 14.400 €**

Abb. 69: Beispiel: Überleitung von GKV auf das UKV

Beispiel: Umsatzkostenverfahren

Es gelten dieselben Daten wie beim Beispiel »Gesamtkostenverfahren«. Zusätzlich wurden mithilfe der Kostenstellenrechnung folgende Daten ermittelt.

	Summe	Material	Fertigung	Verwaltung	Vertrieb
Personalgemeinkosten der Periode	65.400 €	15.600 €	41.500 €	4.000 €	4.300 €
Sachgemeinkosten der Periode	54.540 €	16.800 €	4.640 €	33.100 €	0 €
Dienstleistungsgemeinkosten der Periode	102.000 €	0 €	0 €	56.400 €	45.600 €
sonstige Gemeinkosten der Periode	15.600 €	1.000 €	3.400 €	6.700 €	4.500 €
kalkulatorische Kosten der Periode	23.500 €	6.500 €	12.500 €	2.500 €	2.000 €
Summe Gemeinkosten	261.040 €	39.900 €	62.040 €	102.700 €	56.400 €
Materialeinzelkosten	115.000 €				
Fertigungseinzelkosten	65.000 €				

	Summe	Material	Fertigung	Verwaltung	Vertrieb
Materialgemeinkosten	39.900 €				
Fertigungsgemeinkosten	62.040 €				
Herstellkosten der Produktion (HK_{Prod})	281.940 €				
Herstellkosten des Umsatzes (HK_{Umsatz})	225.552 €				

	Material	Fertigung
Zuschlagssatz $= \frac{\text{Gemeinkosten}}{\text{Einzelkosten}} \times 100 =$	$\frac{39.900\text{ €}}{115.000\text{ €}} \times 100 =$	$\frac{62.040\text{ €}}{65.000\text{ €}} \times 100 =$
Zuschlagssätze	34,6956522 %	95,4461538 %
	Verwaltung	**Vertrieb**
Zuschlagssatz $= \frac{\text{Gemeinkosten}}{\text{Herstellkosten Produktion}} \times 100$	$\frac{102.700\text{ €}}{281.940\text{ €}} \times 100 =$	
Zuschlagsätze bezogen auf $\mathbf{HK_{Prod}}$	36,42619 %	
Zuschlagssatz $= \frac{\text{Gemeinkosten}}{\text{Herstellkosten Umsatz}} \times 100$	$\frac{102.700\text{ €}}{225.552\text{ €}} \times 100 =$	$\frac{56.400\text{ €}}{225.552\text{ €}} \times 100 =$
Zuschlagsätze bezogen auf $\mathbf{HK_{Umsatz}}$	45,5327375 %	25,0053203 %

Das Betriebsergebnis kann nach zwei Verfahren ermittelt werden:

- Variante I: direkte Ermittlung der Herstellkosten des Umsatzes
- Variante II: Ausgehend von den Herstellkosten der Produktion werden die Bestandserhöhungen der unfertigen und fertigen Erzeugnisse und gegebenenfalls die anderen aktivierten Eigenleistungen subtrahiert, aber die Bestandsminderungen der unfertigen und fertigen Erzeugnisse werden dazu addiert. So erhält man die Herstellkosten des Umsatzes.

So wird das Betriebsergebnisses nach Variante I des Umsatzkostenverfahrens (= direkte Ermittlung der Umsatzkosten) ermittelt:

(Angaben in €)	Produkt A			Produkt B			Gesamt
MEK	4 €/St. × 8.000 St.	=	32.000,00	5 €/St. × 12.000 St.	=	60.000,00	92.000,00
+ MGK	0,34695 × 32.000 €	=	11.102,61	0,34695 × 60.000 €	=	20.817,39	31.920,00
+ FEK	2 €/St. × 8.000 St.	=	16.000,00	3 €/St. × 12.000 St.	=	36.000,00	52.000,00

(Angaben in €)	Produkt A			Produkt B			Gesamt
+ FGK	0,95445 × 16.000 €	=	15.271,39	0,95445 × 36.000 €	=	34.360,61	49.632,00
= HK_{Umsatz}			74.374,00			151.178,00	225.552,00
+ VwGK	0,45533 × 74.374,00 €	=	33.864,52	0,45533 × 151.178,00 €	=	68.835,48	102.700,00
+ VtGK	0,250054 × 74.374,00 €	=	18.597,46	0,250054 × 151.178,00 €	=	37.802,54	56.400,00
= SK_{Umsatz}			126.835,98			257.816,02	384.652,00
Umsatzerlöse	20 €/St. × 8.000 St.	=	160.000,00	22 €/St. × 12.000 St.	=	264.000,00	424.000,00
Betriebsergebnis	160.000,00 – 126.835,98	=	**+33.164,02**	264.000 – 257.816,02	=	**+6.183,98**	**+39.348,00**

So wird das Betriebsergebnisses nach Variante II des Umsatzkostenverfahrens (= Überleitungsrechnung von den Herstellkosten der Produktion zu den Herstellkosten des Umsatzes) ermittelt:

Lösung zum Beispiel: Ermittlung des Betriebsergebnisses

(Angaben in €)	Produkt A			Produkt B			Gesamt
MEK	4 €/St. × 10.000 St.	=	40.000,00	5 €/St × 15.000 St.	=	75.000,00	115.000,00
+ MGK	0,34695 × 40.000 €	=	13.878,26	0,34695 × 75.000 €	=	26.021,74	39.900,00
+ FEK	2 €/St. × 10.000 St.	=	20.000,00	3 €/St. × 15.000 St.	=	45.000,00	65.000,00
+ FGK	0,95445 × 20.000 €	=	19.089,23	0,95445 × 45.000 €	=	42.950,77	62.040,00
= HK_{Prod}			92.967,49			188.972,51	281.940,00
- Bestandsmehrung	9,2967 €/St × 2.000 St.	=	18.593,50	12,5981 €/St. × 3.000 St.	=	37.794,50	56.388,00
= HK_{Umsatz}			74.374,00			151.178,00	225.552,00
+ VwGK	0,36426 × 92.967,49 €	=	33.864,51	0,36426 × 188.972,51 €	=	68.835,49	102.700,00

(Angaben in €)	Produkt A			Produkt B			Gesamt
+ VtGK	0,250054 × 74.374 €	=	18.597,46	0,250054 × 151.178 €	=	37.802,54	56.403,62
= SK_{Umsatz}			126.835,97			257.816,03	384.652,00
Umsatzerlöse	20 €/St. × 8.000 St.	=	160.000	22 €/St. × 12.000 St.	=	264.000,00	424.000,00
Betriebsergebnis	160.000,00 – 126.835,97	=	**+33.164,03**	264.000,00 – 257.816,03	=	**+6.183,97**	**+39.348,00**

Aus der Stückkalkulation ergeben sich die Preise für die Bewertung der Bestandsveränderungen.

Lösung zum Beispiel: Stückkalkulation

	Produkt A			Produkt B		
MEK			4,0000 €/St.			5,00000 €/St.
+ MGK	0,34695 × 4 €/St.	=	1,3878 €/St.	0,34695 × 5 €/St.	=	1,73475 €/St.
+ FEK			2,0000 €/St.			3,00000 €/St.
+ FGK	0,95445 × 2 €/St.	=	1,9089 €/St.	0,95445 × 3 €/St.	=	2,86335 €/St.
= HK_{Prod}			9,2967 €/St.			12,5981 €/St.

4.9.4 Kostenüberdeckung und Kostenunterdeckung

Nachdem die Ist-Kosten am Ende der Abrechnungsperiode vorliegen, kann durch den Vergleich der periodenbezogenen Ist-Kosten mit den periodenbezogenen Normalkosten eine Wirtschaftlichkeitskontrolle durchgeführt werden. Sobald die Normal- und Ist-Kosten nicht übereinstimmen, spricht man entweder von einer Kostenüber- bzw. Kostenunterdeckung.

- **Kostenüberdeckung** = Normalkosten > Ist-Kosten
- **Kostenunterdeckung** = Normalkosten < Ist-Kosten

Eine Kostenunterdeckung stellt eine Verringerung und eine Kostenüberdeckung eine Erhöhung des Betriebsergebnisses dar.

Im Betriebsergebnis werden die Kostenabweichungen folgendermaßen berücksichtigt:

Berücksichtigung der Kostenabweichungen im Betriebsergebnis	
	Umsatzerlöse der Periode
-	verrechnete Normalkosten
=	**Umsatzergebnis** der Abrechnungsperiode
+	Kostenüberdeckung der Abrechnungsperiode
-	Kostenunterdeckung der Abrechnungsperiode
=	**Betriebsergebnis** der Abrechnungsperiode

4.10 Kostenträgerzeitblatt (BAB II)

Ein Kostenträgerzeitblatt dient der übersichtlichen Darstellung der Betriebsergebnisrechnung. Der Anteil der einzelnen Kostenträger an den Periodenkosten sowie dem Periodenergebnis wird im Kostenträgerzeitblatt in tabellarischer Form ausgewiesen.

Dabei wird üblicherweise folgender Grundaufbau verwendet:

1. Mithilfe der Zuschlagssatzbildung aus der Kostenstellenrechnung werden aus den Materialeinzelkosten die Materialgemeinkosten ermittelt und eingetragen.
2. Ebenso bildet man aus den Fertigungseinzelkosten die Fertigungsgemeinkosten und fügt auch diese hinzu.
3. Die Summe aus Material- und Fertigungskosten ergibt die Herstellkosten der Produktion.
4. Falls die Produktionsmenge von der Absatzmenge abweicht, müssen die Bestandsminderungen der unfertigen und fertigen Erzeugnisse addiert, die Bestandserhöhungen der unfertigen und fertigen Erzeugnisse sowie die aktivierten Eigenleistungen subtrahiert werden, damit man die Herstellkosten des Umsatzes erhält.
5. Addition der Verwaltungsgemeinkosten
6. Addition der Vertriebsgemeinkosten
7. Man erhält die Selbstkosten des Umsatzes.
8. Vom Periodenumsatz werden die Selbstkosten des Umsatzes abgezogen.
9. So erhält man die Betriebsergebnisse der einzelnen Kostenträger.

Das Kostenträgerzeitblatt ist ein wichtiges Hilfsmittel der kurzfristigen Erfolgsermittlung. Mithilfe des Kostenträgerzeitblatts können ermittelt werden:

- der Anteil der verschiedenen Erzeugnisgruppen an den Gesamtkosten der Abrechnungsperiode,
- der Anteil der einzelnen Erzeugnisgruppen am Umsatzergebnis und
- das (monatliche) Betriebsergebnis.

Der Aufbau eines Kostenträgerzeitblatts orientiert sich an dem Kalkulationsschema der differenzierenden Zuschlagskalkulation, ergänzt um die Verkaufserlöse.

Das Kostenträgerzeitblatt stellt die Betriebsergebnisrechnung in tabellarischer Form dar.[69]

Kostenträgerzeitblatt							
		Normalkosten				**Ist-Kosten**	**Über- (+), Unterdeckung (-)**
	Produkte	**A**	**B**	**C**	**%**	**gesamt**	
	Materialeinzelkosten (MEK)						
+	Materialgemeinkosten (MGK)						
=	Materialkosten (MK)						
	Fertigungseinzelkosten (FEK)						
+	Fertigungsgemeinkosten (FGK)						
+	Sondereinzelkosten Fertigung (SEK_{Fert})						
=	Fertigungskosten (FK)						
=	Herstellkosten Produktion (HK_{Prod})						
-	Bestandsmehrungen der UFE und FE						
+	Bestandsminderungen der UFE und FE						
-	andere aktivierte Eigenleistungen						
=	**Herstellkosten Umsatzes (HK_{Umsatz})**						
+	Verwaltungsgemeinkosten (VwGK)						
+	Vertriebsgemeinkosten (VtGK)						
+	Sondereinzelkosten Vertriebs (SEK_{Vertr})						
=	Selbstkosten Umsatzes (SK_{Umsatz})						
	Umsatzerlöse						
-	Selbstkosten Umsatzes (SK_{Umsatz})						
=	Umsatzergebnis						
+/-	Kostenüberdeckung/-unterdeckung						
=	**Betriebsergebnis**						

Tab. 52: Kostenträgerzeitblatt

69 Vgl. Mumm, M., Kosten- und Leistungsrechnung, 2019, S. 223.

Beispiel: Kostenträgerzeitblatt[70]

Für das abgelaufene Geschäftsjahr der Maja GmbH liegen folgende Angaben vor:

			Verrechnete Normalkosten		
			Kostenträger gesamt	Kostenträger	
				Produkt A	Produkt B
1.		Materialeinzelkosten	50.000 €	30.000 €	20.000 €
2.	+	10 % Materialgemeinkosten	5.000 €	3.000 €	2.000 €
3.	=	**Materialkosten (1 + 2)**	**55.000 €**	**33.000 €**	**22.000 €**
4.		Fertigungseinzelkosten	40.000 €	25.000 €	15.000 €
5.	+	200 % Fertigungsgemeinkosten	80.000 €	50.000 €	30.000 €
6.	+	Sondereinzelkosten der Fertigung	5.000 €	5.000 €	0 €
7.	=	**Fertigungskosten (4 + 5 + 6)**	**125.000 €**	**80.000 €**	**45.000 €**
8.	=	**Herstellkosten Produktion (3 + 7)**	**180.000 €**	**113.000 €**	**67.000 €**
9.	+	Minderbestand UFE	+50.000 €	+35.000 €	+ 15.000 €
10.	-	Mehrbestand FE	-10.000 €	-5.000 €	-5.000 €
11.	=	**Herstellkosten des Umsatzes**	**220.000 €**	**143.000 €**	**77.000 €**
12.	+	10 % VwGK (bezogen auf HK_{Prod})	18.000 €	11.300 €	6.700 €
13.	+	8 % VtGK (bezogen auf HK_{Umsatz})	17.600 €	11.440 €	6.160 €
14.	+	Sondereinzelkosten des Vertriebs	8.000 €	6.000 €	2.000 €
15.	=	**Selbstkosten des Umsatzes**	**263.600 €**	**171.740 €**	**91.860 €**
16.		Netto-Umsatzerlöse	340.000 €	250.000 €	90.000 €
17.	-	Selbstkosten des Umsatzes	263.600 €	171.740 €	91.860 €
18.	=	**Umsatzergebnis**	**76.400 €**	**78.260 €**	**-1.860 €**
19.	+/-	Überdeckung/Unterdeckung	-20.000 €	+ 12.140 €	+ 5.860 €
20.	=	**Betriebsergebnis**	**56.400 €**	**90.400 €**	**4.000 €**

70 Vgl. Steger, J., Kosten- und Leistungsrechnung, 2010, S. 360 ff.

Aufgaben Kapitel 4

Aufgabe 1: Äquivalenzziffernkalkulation
Die Schreibfix GmbH stellt im Monat März hochwertige Filzstifte (900 Stück), Buntstifte (1.300 Stück) und Bleistifte (1.500 Stück) her.

Die **Materialkosten** in Höhe von 8.460 € stehen im Verhältnis 1,3 : 1,2 : 1,0.

Die **Fertigungskosten** in Höhe von 7.766 € fallen im Verhältnis 1,0 : 1,1 : 0,8 an.

Die **Verwaltungs- und Vertriebskosten** verteilen sich auf die einzelnen Produktgruppen im Verhältnis 1,1 : 1,0 : 1,2.

Die gesamten Verwaltungs- und Vertriebskosten betragen 6.953 €.

a) Wie hoch sind die **Selbstkosten**, die für jede Einheit der Produkte anfallen?
b) Ermitteln Sie die Netto-Verkaufspreise pro Einheit für die jeweiligen Stifte bei einem Gewinnzuschlag von 20 %.

Aufgabe 2: Äquivalenzziffernkalkulation
In einem kleinen Unternehmen werden Holzfiguren in drei verschiedenen Größen (klein, mittel, groß) gefertigt. Die **Materialkosten** verhalten sich **proportional** zu den **Größen**.

Sorte	klein	mittel	groß
Größe	10 cm	40 cm	70 cm
Produktionsmenge	75.000 St.	95.000 St.	30.000 St.

Die gesamten Materialkosten belaufen sich auf insgesamt 3.125.500 €.

Bestimmen Sie die Materialkosten pro Holzfigur und pro Sorteneinheit mithilfe der Äquivalenzziffernkalkulation. Ermitteln Sie zunächst die Äquivalenzziffern.

Aufgabe 3: Ermittlung des Brutto-Angebotspreises
Ein Unternehmen hat eine Anfrage zur Fertigung von zehn Spezialmaschinen erhalten. Für die Kalkulation der zehn Spezialmaschinen stehen folgende Daten zur Verfügung:

Fertigungsmaterial (MEK)	500.000 €
Fertigungslöhne (FEK)	410.000 €
Sondereinzelkosten der Fertigung	30.000 €
Sondereinzelkosten des Vertriebes	20.000 €
Normal-MGK-Zuschlagssatz	55 %

Normal-FGK-Zuschlagssatz	45 %
Normal-VwGK-Zuschlagssatz	12 %
Normal-VtGK-Zuschlagssatz	10 %
Gewinnaufschlag	20 %
Kundenskonto	3 %
Kundenrabatt	5 %
Umsatzsteuer	19 %

Ermitteln Sie die Selbstkosten und den Brutto-Angebotspreis für diese Kundenanfrage.

Aufgabe 4: Berechnung des Maschinenstundensatzes

Ein Hersteller von automatischen Türanlagen möchte den Maschinenstundensatz für eine Maschine ausrechnen. In dem Unternehmen wird von Montag bis einschließlich Samstag im Schichtbetrieb täglich 15 Stunden gearbeitet. In dieser Zeit steht die Maschine aber durchschnittlich 20 % still.

Zusätzlich steht sie während des Jahres an Sonntagen (52 Tage), an Feiertagen (12 Tage) und während der Betriebsferien (21 Tage) still.

Es liegen folgende Daten über die Maschine vor:

Anschaffungskosten	750.000 €
Nutzungsdauer	8 Jahre
Raumbedarf	25 m^2
Raumkostensatz (pro Jahr)	45 €/m^2
Zinssatz	9 %
Anschlusswert des Motors	52 kW
Auslastungsgrad	70 %
Strompreis	0,15 €/kWh
Instandhaltungskosten	7.500 €/Jahr

a) Wie hoch ist die jährliche produktive Maschinenarbeitszeit (365 Tage) in Stunden?
b) Wie hoch sind die Maschinenkosten pro Jahr und der Maschinenstundensatz?
c) Bisher wurden die Maschinenkosten zu den Fertigungsgemeinkosten gezählt und über einen Fertigungsgemeinkostenzuschlagssatz von 425 % verrechnet. Die Fertigungslöhne betragen jährlich 90.000 €. Wie hoch ist der Zuschlagssatz für die Restfertigungsgemeinkosten, wenn man die Maschinenkosten getrennt betrachtet?
d) Um sich die Auswirkungen einer Umstellung von der bisher angewandten reinen Lohnzuschlagskalkulation auf eine getrennte Lohnzuschlags- und Maschinenzuschlagskalkulation zu verdeutlichen, sollen die Fertigungskosten von zwei auf der Maschine angefertigten Produkten ausgerechnet werden. Hierzu liegen dem Hersteller folgende Daten vor:

Produkt	A	B
Fertigungslohn (€/St.)	47	63
Maschinenzeit (Min./St.)	19	35

Wie hoch sind die Fertigungskosten, wenn Sie zum einen die differenzierende Zuschlagskalkulation und zum anderen die Maschinenstundensatzrechnung anwenden?

Aufgabe 5: Kuppelkalkulation nach der Restwertmethode
In einem Unternehmen betragen die Herstellkosten für die Kuppelproduktion 286.000 €. Ferner stehen Ihnen die folgenden Daten zur Verfügung:

Kuppelprodukt	Produktions-menge	Folgekosten			Marktpreis
		Weiterver-arbeitung	Entsorgung	Verwaltung u. Vertrieb	
Hauptprodukt	12.000 t	10,00 €/t	0	8,00 €/t	
Nebenprodukt 1	500 t	6,00 €/t	0	3,00 €/t	30,00 €/t
Nebenprodukt 2	300 t	2,00 €/t	0	2,00 €/t	40,00 €/t
Nebenprodukt 3	100 t	0 €/t	3,00 €/t	0 €/t	10,00 €/t

a) Ermitteln Sie mithilfe der Restwertmethode die Stückherstellkosten und die Stückselbstkosten für das Hauptprodukt.
b) Ermitteln Sie die Stückherstellkosten für die Nebenprodukte 1, 2 und 3.

Aufgabe 6: Betriebsergebnis nach dem Gesamtkostenverfahren
Ein Biolebensmittelhersteller produziert nur die Gesundheitsprodukte Bio-Vital, Bio-Super und Bio-Longlife. Aus der Verkaufs- und Produktionsstatistik des Monats Juni sowie aus der Artikelbeschreibung liegen folgende Daten vor:

Produkt	Bio-Vital	Bio-Super	Bio-Longlife
Absatz (St.)	20.200 St.	52.600 St.	28.000 St.
Produktion (St.)	20.200 St.	54.000 St.	28.800 St.
Verkaufspreis (€/St.)	12,50 €/St.	14,80 €/St.	16,00 €/St.
Materialeinzelkosten (€/St.)	5,20 €/St.	3,50 €/St.	3,00 €/St.
Fertigungslohn (€/St.)	1,80 €/St.	2,00 €/St.	3,20 €/St.
Herstellkosten (€/St.)	10,00 €/St.	10,63 €/St.	14,01 €/St.

Aus dem Betriebsabrechnungsbogen für den Monat Juni sind folgende Gemeinkosten zu entnehmen:

Personalgemeinkosten:	241.600 €
Fremdleistungskosten:	135.500 €
Sonstige Gemeinkosten:	348.010 €

a) Wie hoch ist der Umsatz im Monat Juni, wie hoch sind gesamten Materialeinzelkosten, die gesamten Fertigungslöhne und der Wert der Bestandsveränderungen der fertigen Erzeugnisse?
b) Ermitteln Sie das Betriebsergebnis nach dem Gesamtkostenverfahren.

Weitere Aufgaben mit Lösungen finden Sie bei den digitalen Extras.

Teil 3: Systeme der Kostenrechnung

Es werden die Vorteile der Teilkosten- gegenüber der Vollkostenrechnung und der Plankostenrechnung gegenüber der Ist- und Normalkostenrechnung dargestellt.

Mithilfe der Teilkostenrechnung werden Informationen für kurzfristige Entscheidungen gewonnen. Es werden die Deckungsbeitragsrechnung sowie die relative Einzelkostenrechnung behandelt. In diesem Zusammenhang können Entscheidungen bzgl. einer Gewinnschwellenanalyse, Bestimmung des gewinnoptimalen Produktionsprogramms, der Preisuntergrenzen und Preisobergrenzen getroffen werden. Auch können Entscheidungen über einen Eigen- und Fremdbezug (Make or Buy) herbeigeführt werden.

Sie lernen, ausgehend von der starren Plankostenrechnung, die flexible Plankostenrechnung auf Vollkostenbasis sowie die Grenzplankostenrechnung kennen. Ferner werden zukünftige Kosten (Plankosten) zur Steuerung des Unternehmens prognostiziert und es wird Zahlenmaterial für dispositive Zwecke bereitgestellt. Dabei können zur Kontrolle der Wirtschaftlichkeit Abweichungen (Beschäftigungs- und Verbrauchsabweichung) im Rahmen von Soll-Ist-Vergleichen bestimmt und interpretiert werden.

5 Teilkostenrechnung

Teilkostenrechnung
Deckungsbeitrag

Stückbezogener Deckungsbeitrag (db)

Stückdeckungsbeitrag
= Stückpreis – var. Stückkosten

$$db = p - k_{var}$$

Zeitraumbezogener Deckungsbeitrag (DB)

Deckungsbeitrag (Zeitraum)
= Umsatz – var. Gesamtkosten

$$DB = U - K_{var}$$

Anwendungsgebiete der Teilkostenrechnung

- Break-even-Analyse
- Ermittlung von Preisuntergrenzen
- optimale Produktionsverfahren
- optimales Produktionsprogramm
- Make-or-buy-Entscheidung

Die ein- und mehrstufige Deckungsbeitragsrechnung liefert bessere Aussagen bei betriebswirtschaftlichen Entscheidungssituationen als die Vollkostenrechnung

Erfolgskontrolle → **Aufgaben → Lösungen (s. digitale Extras)**

Abb. 70: Kapitelübersicht

Summary

Die bisher dargestellten traditionellen Kalkulationsverfahren basieren ausnahmslos auf der Zurechnung aller durch die Leistungserstellung und Leistungsverwertung verursachten Kosten. Mit den Verfahren der Vollkostenrechnung können hingegen die Stückgewinne/-verluste je Kostenträger ermittelt werden. In der Vollkostenrechnung werden auch die fixen Kosten verrechnet. Dies führt bei Beschäftigungsänderungen dazu, dass die so ermittelten Preise nicht marktgerecht sind.

Dagegen werden in der Teilkostenrechnung den Kostenträgern von den angefallenen Gesamtkosten jeweils nur die von ihnen unmittelbar verursachten Kosten zugerechnet, während die nicht unmittelbar verursachten Kosten nicht in die Betriebsergebnisrechnung übernommen werden.[71] Bei den unmittelbaren Kosten handelt es sich entweder um Einzelkosten oder um variable Kosten – je nach verwendetem Teilkostenrechnungssystem. Die fixen Kosten bzw. die Gemeinkosten fließen nicht mit ein. Somit berücksichtigt die Teilkostenrechnung die Beschäftigungsschwankungen.

Grundlage der Deckungsbeitragsrechnung ist die Aufteilung der Kosten in fixe Kosten (K_{fix}) und variable Kosten (K_{var}). Variable Kosten sind z. B. die Materialkosten des Produkts oder die Lohnkosten, die für dessen Herstellung anfallen.

Der Verkaufserlös (Umsatzerlös) abzüglich der variablen Kosten ergibt den einzelnen Deckungsbeitrag (DB). Die Fixkosten fließen anschließend als Block in die kurzfristige Erfolgsrechnung ein. Die Summe der einzelnen Deckungsbeiträge minus der gesamten Fixkosten des Unternehmens ergibt das (kalkulatorische) Betriebsergebnis.

Aus dieser Überlegung heraus ergibt sich folgende Zusammensetzung der Gesamtkosten (K):

$$K = k_{var} \times X + K_{fix}$$

K = Gesamtkosten
k_{var} = variable Stückkosten
X = Ausbringungsmenge (Stückzahl)
K_{fix} = gesamte Fixkosten

Dieses Kapitel wird Ihnen alle erforderlichen Kenntnisse vermitteln, um
- die Wesensmerkmale der Teilkostenrechnungssysteme zu unterscheiden,
- das Verfahren des Direct Costings (= einstufige Deckungsbeitragsrechnung) anzuwenden,

71 Steger, J., Kosten- und Leistungsrechnung, 2010, S. 375.

- den Stückdeckungsbeitrag (= Deckungsspanne) zu ermitteln,
- die Preisuntergrenze festzulegen,
- eine relative Einzelkostenrechnung durchführen zu können,
- die Vorteile der Teilkostenrechnung gegenüber der Vollkostenrechnung zu erkennen,
- eine mehrstufige Deckungsbeitragsrechnung durchzuführen,
- das Grundprinzip der Break-even-Analyse zu verstehen,
- zu entscheiden, ob ein Zusatzauftrag angenommen werden soll oder nicht,
- die Bedeutung des relativen Deckungsbeitrags (= relative Deckungsspanne) zu erkennen,
- die Ermittlung eines optimalen Produktionsprogramms zu beherrschen.

5.1 Deckungsbeitragsrechnung

Damit eine Deckungsbeitragsrechnung implementiert werden kann, müssen die Kosten in variable und fixe Kosten aufgelöst werden. Die auf kurze Sicht veränderbaren und damit entscheidungsrelevanten Kosten sind nur die variablen Kosten, die in einem ersten Schritt von den Erlösen abgezogen werden. Es entsteht der sogenannte **Deckungsbeitrag.** Er zeigt, mit welchem Betrag ein Projekt oder ein Auftrag zur Deckung der übrigen Kosten beiträgt. Für ein Unternehmen gilt, je höher der Deckungsbeitrag ist, desto mehr Fixkosten werden gedeckt und umso besser ist das Ergebnis.

Die nachfolgende Grafik verdeutlicht den Zusammenhang zwischen Erlösen, variablen Kosten, Deckungsbeitrag, Fixkosten und Gewinn.

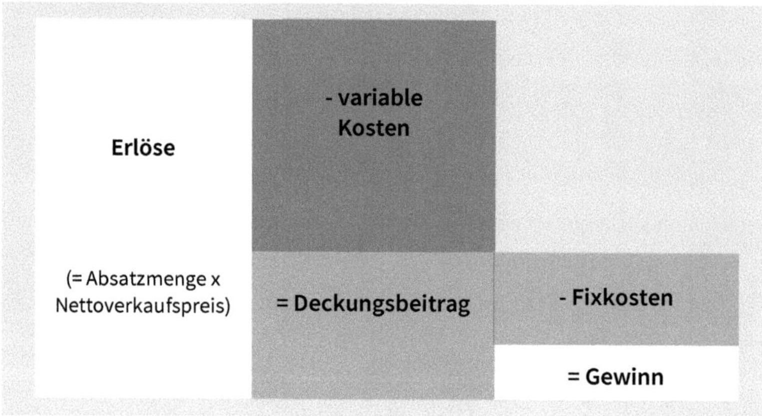

Abb. 71: Wirkungsweise von Deckungsbeiträgen

Die Deckungsbeitragsrechnung funktioniert nach dem Schema der Teilkostenrechnung. Den Kostenträgern werden bei der einstufigen Deckungsbeitragsrechnung, auch Grenzkostenrechnung genannt, nur variable Kosten zugerechnet. Bei der mehrstufigen Deckungsbeitragsrechnung arbeitet man nicht mehr mit einem einzigen Fixkostenblock, sondern weist die Fixkosten den Produkten, den Produktgruppen, den Kostenstellen, den Kostenbereichen und dem Gesamtunternehmen zu. Daher ist die exakte Trennung zwischen variablen und fixen Kosten unabdingbare Voraussetzung.

Teilkostenrechnungssysteme entsprechen bei der Kostenzuordnung dem Verursachungsprinzip besser, weil sie nur die Teile der Kosten auf die Kostenträger verrechnen, bei denen ein Verursachungszusammenhang vorliegt.[72] Als Basis für die Kostenverteilungen kommen die

- variablen und fixen Kosten sowie
- Einzel- und Gemeinkosten

in Betracht.

Die Voraussetzung für eine sinnvolle Deckungsbeitragsrechnung ist ein möglichst hoher Anteil an variablen Gemeinkosten, die sich direkt den entsprechenden Kostenträgern zurechnen lassen. Dabei sollte gewährleistet sein, dass die Kostenstellen in Anlehnung an den betrieblichen Fertigungsfluss gebildet werden und pro Kostenstelle idealerweise nur ein Produkt beziehungsweise eine Produktgruppe bearbeitet wird.[73] Allerdings kann die genaue Differenzierung von variablen und fixen Kosten in der Praxis oft Schwierigkeiten bereiten, außerdem ist die Erhebung der Daten sehr zeitintensiv.

Es ist zu beachten, dass die Produkt- und Programmplanung nicht nur auf Basis des Deckungsbeitrags eines Produkts oder einer Produktgruppe entschieden werden darf. Denn in der Deckungsbeitragsrechnung können keine Verbundeffekte zwischen einzelnen Produkten oder Produktgruppen berücksichtigt werden. Somit ist, bevor entschieden wird, ob Produkte bzw. Sparten stillgelegt oder weitergeführt werden, unbedingt zu beachten, dass bei einer Stilllegung eines Produkts nicht grundsätzlich alle damit verbundenen fixen Kosten abbaubar sind.[74]

Ziel der Deckungsbeitragsrechnung ist in erster Linie, den wirtschaftlichen Produkterfolg zu ermitteln und zu analysieren. Mithilfe der Deckungsbeitragsrechnung kann das optimale Produktions- und Absatzprogramm ebenso wie die Entscheidung über Eigenerstellung oder Fremdbezug einzelner Produkte oder Produktteile abgeleitet werden.[75]

Insbesondere die mehrstufige Deckungsbeitragsrechnung eignet sich zur Identifizierung von möglichen Schwachstellen innerhalb des Produktportfolios und deren Auswirkungen auf das Betriebsergebnis, da die Fixkosten nicht in einer Stufe, sondern in mehreren Stufen von den Deckungsbeiträgen subtrahiert werden. Dennoch werden die gesamten Fixkosten dargestellt und vermitteln so einen Überblick über die Situation der ausgewählten Rechnungsperiode.[76]

72 Deimel, K. et al., Kosten- und Erlösrechnung, 2017, S. 302.
73 Vgl. Coenenberg, A. G., Kostenrechnung und Kostenanalyse, 2003, S. 256 f.
74 Vgl. Coenenberg, A. G., Kostenrechnung und Kostenanalyse, 2003, S. 256.
75 Vgl. Corsten, H., Lexikon der Betriebswirtschaftslehre, 2000, S. 169.
76 Vgl. Coenenberg, A. G., Kostenrechnung und Kostenanalyse, 2003, S. 251.

Die Deckungsbeitragsrechnung ist für kurzfristige Entscheidungen geeignet, da sie nur die beschäftigungsabhängigen (variablen), d. h. entscheidungsrelevanten Kosten berücksichtigt. Die fixen Kosten haben auf kurzfristige Entscheidungen keinen Einfluss, da sie nicht kurzfristig abbaubar sind und damit in jedem Fall entstehen, egal ob produziert wird oder nicht.

Die folgende Abbildung zeigt die verschiedenen Teilkostenrechnungssysteme:

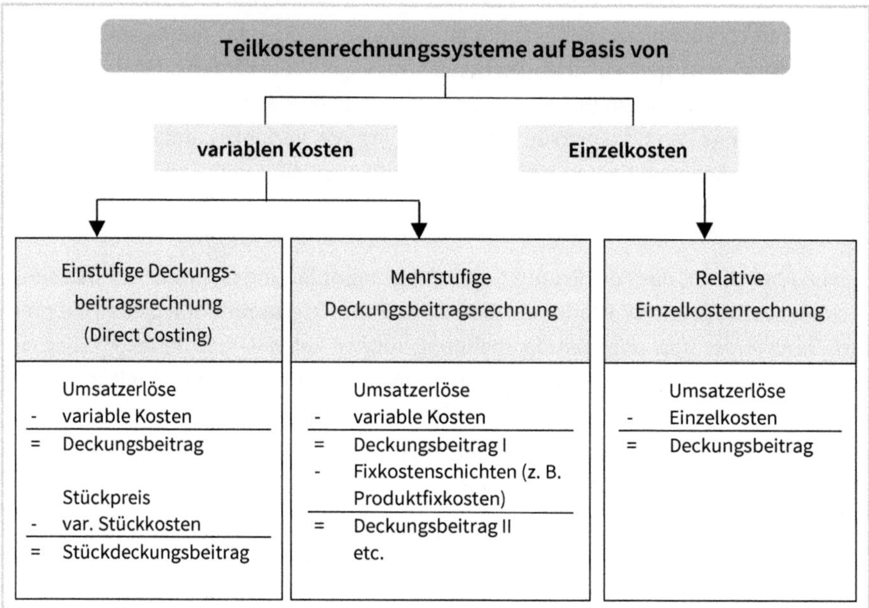

Abb. 72: Systeme der Teilkostenrechnung[77]

Die **einstufige Deckungsbeitragsrechnung** unterscheidet nur zwischen variablen (beschäftigungsabhängigen) und fixen (beschäftigungsunabhängigen) Kosten. Die Differenz aus den Umsatzerlösen und den variablen Kosten ergibt den **Deckungsbeitrag**.

In der **mehrstufigen Deckungsbeitragsrechnung** werden von den Umsatzerlösen zunächst die variablen und anschließend in mehreren Schritten die fixen Kosten subtrahiert. So entstehen Deckungsbeiträge für die einzelnen betrieblichen Teilbereiche (z. B. bezogen auf das Produkt, auf die Produktgruppen, auf Kostenstellen, auf die Unternehmensbereiche und auf das Gesamtunternehmen).

77 In Anlehnung an Tanne, M., Kostenrechnung, 2007, S. 200.

Im Gegensatz zu der Deckungsbeitragsrechnung befasst sich die **relative Einzelkostenrechnung** nicht mit variablen Kosten, sondern ausschließlich mit den Einzelkosten. Die Einzelkosten sind Kosten (Ausgaben), die einem sachlich und zeitlich exakt abzugrenzenden Bezugsobjekt eindeutig zugerechnet werden können.[78] Es werden nur die direkt zurechenbaren Einzelkosten, d. h. die ausgabewirksamen Kosten berücksichtigt.

5.1.1 Einstufige Deckungsbeitragsrechnung (Direct Costing)

In der Praxis wird häufig die **einstufige Deckungsbeitragsrechnung** angewendet. Die Deckungsbeitragsrechnung eignet sich zur Bestimmung marktgerechter Absatzpreise und der kurzfristigen Preisuntergrenze. Sie stellt die **Entscheidungsbasis** für die **kurzfristige Planung** des optimalen Produktionsprogramms dar.

Bei der einstufigen Deckungsbeitragsrechnung werden die Fixkosten »en bloc« - d. h. alle Fixkosten werden zu einem Block zusammengefasst - in die Erfolgsrechnung übernommen. Der Deckungsbeitrag ist der Betrag, der nach Abzug der variablen Kosten von den Umsatzerlösen zur Deckung der Fixkosten übrig bleibt. Falls der verbleibende Betrag höher ist als die gesamten Fixkosten, entsteht ein Gewinn. Ist der verbleibende Betrag niedriger als die gesamten Fixkosten, entsteht ein Verlust, da nur ein Teil der Fixkosten gedeckt wurde. Die Deckungsbeiträge aller Produkte werden somit zur Deckung der Fixkosten im Unternehmen verwendet. Man erhält mit der einstufigen Deckungsbeitragsrechnung den Deckungsbeitrag I. Sie ist die einfachste und auch allgemeinste Art der Deckungsbeitragsrechnung.

Gesamtkosten (K):

K = Gesamtfixkosten (K_{fix}) + [variable Stückkosten (k_{var}) x Menge (X)]

Das Schema der einstufigen Deckungsbeitragsrechnung:

	Produkt 1	Produkt 2	Produkt 3	Summe
Umsatzerlöse	X	X	X	X
- variable Kosten	X	X	X	X
= **Deckungsbeitrag**	X	X	X	X
- fixe Kosten				X
= **Betriebsergebnis**				X

Tab. 53: Schema der einstufigen Deckungsbeitragsrechnung

78 Vgl. Coenenberg, A. G. et al., Kostenrechnung und Kostenanalyse, 2009, S. 218.

Falls kein Kapazitätsengpass vorliegt, sind diejenigen Produkte zu fördern, die positive Deckungsbeiträge erwirtschaften. Die **Produktionsreihenfolge** orientiert sich an der **Höhe der absoluten Stückdeckungsbeiträge** (= Verkaufserlös pro Stück minus variable Stückkosten).

Beispiel: Ermittlung der Deckungsbeiträge und des Betriebsergebnisses

		Produkt A	Produkt B
	Umsatzerlöse	500 €	750 €
-	variable Kosten	- 250 €	- 400 €
=	**Deckungsbeiträge**	**= 250 €**	**= 350 €**
	Gesamtdeckungsbeitrag	= 600 €	
-	gesamte Fixkosten	- 450 €	
=	**Betriebsergebnis**	**= 150 €**	

Bei der Deckungsbeitragsrechnung wird in der Regel von einem linearen Kostenverlauf ausgegangen, d. h., man unterstellt, dass die variablen Stückkosten immer gleich hoch sind. Das bedeutet: Steigt die Beschäftigung um 10 %, so steigen die Gesamtkosten ebenfalls um 10 %.

Die Deckungsbeiträge werden folgendermaßen berechnet:

- Deckungsbeitrag (DB) = Umsatzerlöse [(U) = (Preis pro Stück (p) x Stück (X)] – variable Gesamtkosten (K_{var})
- Stückdeckungsbeitrag (db) = Preis pro Stück (p) – variable Stückkosten (k_{var})

Falls ein **Kapazitätsengpass** auftritt, weil z. B. die Produktionskapazität einer Maschine beschränkt ist, kann das optimale Produktionsprogramm mithilfe des **relativen Deckungsbeitrags** bestimmt werden:

$$\text{relativer Deckungsbeitrag } (db_{rel}) = \frac{\text{absoluter Stückdeckungsbeitrag (db)}}{\text{Engpassbeanspruchung}}$$

Je höher der relative Deckungsbeitrag eines Produkts ist, desto vorteilhafter ist seine Erstellung. Das Absatzprogramm ergibt sich dann aus den vorteilhaftesten Produkten, die gerade noch produziert werden können.

Ein positiver Deckungsbeitrag trägt zur Deckung der anfallenden fixen Kosten bei. Sobald ein positiver Deckungsbeitrag erwirtschaftet wird, verbessert sich das Gesamtergebnis des Unternehmens. Allerdings erwirtschaftet ein Unternehmen erst dann einen Gewinn, wenn die Summe der Deckungsbeiträge aller Leistungen bzw. Aufträge mindestens so hoch ist wie die Summe der gesamten fixen Kosten.

Das **Kalkulationsschema der einstufigen Deckungsbeitragsrechnung** lautet:

	Kalkulationsschema der einstufigen Deckungsbeitragsrechnung
	Preis pro Stück
-	variable Kosten pro Stück
=	Stückdeckungsbeitrag (absoluter Stückdeckungsbeitrag)
x	verkaufte Stückzahl
=	Gesamtdeckungsbeitrag
-	gesamte Fixkosten
=	**Betriebsergebnis (Gewinn/Verlust)**

Tab. 54: Kalkulationsschema der einstufigen Deckungsbeitragsrechnung

Beispiel: Deckungsbeitragsrechnung

In einem Betrieb liegt folgende Situation vor: Die gesamten Fixkosten betragen 180.000 €. Das Produkt Alpha wird zu einem Stückpreis von 550 €/St. verkauft und die variablen Stückkosten hierfür belaufen sich auf 160 €/St. Insgesamt werden 300 Stück produziert und verkauft. Beim Produkt Beta beträgt der Verkaufspreis 785 €/St. und die variablen Stückkosten betragen 520 €/St. Vom Produkt Beta werden 400 Stück produziert und verkauft. Das Betriebsergebnis wird nun folgendermaßen ermittelt:

		Produkt Alpha	Produkt Beta
	Verkaufspreis	550 €/St.	785 €/St.
-	variable Stückkosten	- 160 €/St.	- 520 €/St.
=	Stückdeckungsbeitrag	= 390 €/St.	= 265 €/St.
x	verkaufte Menge	x 300 St.	x 400 St.
=	Deckungsbeitrag je Produkt	= 117.000 €	= 106.000 €
	gesamter Deckungsbeitrag	223.000 €	
-	gesamte Fixkosten	- 180.000 €	
=	**Betriebsergebnis (Gewinn)**	**= 43.000 €**	

In diesem Beispiel zeigt sich, dass die variablen Kosten verursachungsgemäß auf das Produkt verteilt werden. Anschließend wird der Gesamtdeckungsbeitrag errechnet und davon werden die gesamten Fixkosten abgezogen, was zu dem Betriebsergebnis führt, das in diesem Fall positiv ausfällt.

Anhand des Deckungsbeitrags kann man erkennen, ob sich die Fertigung oder der Vertrieb eines Produkts positiv oder negativ auf das gesamte Betriebsergebnis auswirkt. Falls ein Produkt einen negativen Deckungsbeitrag hat, sollte es nicht mehr weiter produziert werden.

Vor- und Nachteile der einstufigen Deckungsbeitragsrechnung

Vorteile:

- Die einfache und schnelle Kalkulation des Betriebsergebnisses.
- Bei kurzfristigen Entscheidungen sind die Informationen besser als bei einer Vollkostenrechnung (z. B. beim Zusammenstellen des gewinnoptimalen Sortiments).

Nachteile:

- Aussagen über die Ursachen und die Abbaufähigkeit des Fixkostenblocks sind kaum möglich, da dieser nicht differenziert betrachtet wird.
- Die Trennung von variablen und fixen Kosten ist nicht immer eindeutig, z. B. werden Fertigungslöhne meist als variabel angesehen, obwohl diese zum Teil fix sind, denn bei einer Unterbeschäftigung können die Kosten aufgrund des Kündigungsschutzes nicht sofort abgebaut werden.
- Die Annahme, dass sich die variablen Kosten proportional zur Beschäftigungsmenge verhalten, ist fragwürdig, da z. B. die variablen Stückkosten bei zunehmender Beschäftigung aufgrund von Größendegressionen (Skaleneffekte) zunächst abnehmen, während sie an der Kapazitätsgrenze wiederum zunehmen (z. B. aufgrund der Zahlung von Überstundenzuschlägen).
- Die einzige betrachtete Einflussgröße auf die Kosten ist die Produktionsmenge. Andere Faktoren wie Variantenanzahl, Produktkomplexität werden nicht berücksichtigt.

! **Wichtig: Das sollten Sie sich merken**

Jedes Produkt mit einem positiven Deckungsbeitrag verbessert das Gesamtergebnis des Unternehmens, selbst wenn es bei einer Vollkostenbetrachtung zu negativen Produktergebnissen führt. Denn die fixen Kosten fallen im Unternehmen sowieso an, daher muss man versuchen, die Fixkosten zu decken.

5.1.2 Mehrstufige Deckungsbeitragsrechnung

Bislang wurden die Kosten in ihre fixen und variablen Bestandteile aufgegliedert. In der Praxis ist es aber häufig so, dass die Fixkosten noch weiter unterteilt werden können. Es gibt Fixkosten, die durch ein Produkt oder eine Produktgruppe verursacht werden, während andere Fixkosten das gesamte Unternehmen betreffen. Da aber Fixkosten, die nur durch die Herstellung eines bestimmten Produkts anfallen, leichter abgebaut werden können als Fixkosten, die das gesamte Unternehmen insgesamt betreffen, ist es oft sinnvoll, diese entsprechend aufzuteilen. Aus diesem Grund ist die mehrstufige Deckungsbeitragsrechnung entstanden. Das Betriebsergebnis wird bei der mehrstufigen Deckungsbeitragsrechnung folgendermaßen ermittelt:

	Ermittlung des Betriebsergebnisses bei der mehrstufigen Deckungsbeitragsrechnung
	Bruttoerlöse je Produkt
-	Erlösschmälerung je Produkt
=	Nettoerlöse je Produkt
-	variable Kosten der Produkte
=	**Deckungsbeitrag I (Erzeugnis- oder Produkt-DB)**
-	produktbezogene Fixkosten
=	**Deckungsbeitrag II**
+	Deckungsbeitrag II aller anderen Produkte in dieser Produktgruppe
=	**Produktgruppendeckungsbeitrag**
-	produktgruppenbezogene Fixkosten dieser Produktgruppe
=	**Deckungsbeitrag III**
+	Deckungsbeitrag III aller anderen Produktgruppen dieser Kostenstelle
=	**Kostenstellendeckungsbeitrag**
-	kostenstellenbezogene Fixkosten
=	**Deckungsbeitrag IV**
+	Deckungsbeitrag IV aller anderen Kostenstellen in diesem Betriebsbereich
=	**Bereichsdeckungsbeitrag**
-	bereichsbezogene Fixkosten
=	**Deckungsbeitrag V**
+	Deckungsbeitrag V aller anderen Betriebsbereiche
=	**Unternehmensdeckungsbeitrag**
-	(Rest-)Fixkosten des Unternehmens
=	**Betriebsergebnis**

Tab. 55: Betriebsergebnis in der mehrstufigen Deckungsbeitragsrechnung

Die folgende Abbildung zeigt, wie eine Fixkostengliederung in der Praxis aussehen könnte. Unternehmen, die mit der Deckungsbeitragsrechnung arbeiten, stellen sich den Fixkostenblock nach zahlreichen individuellen Kriterien zusammen, wie etwa Unternehmensgröße, Branche und Erzeugnisse.

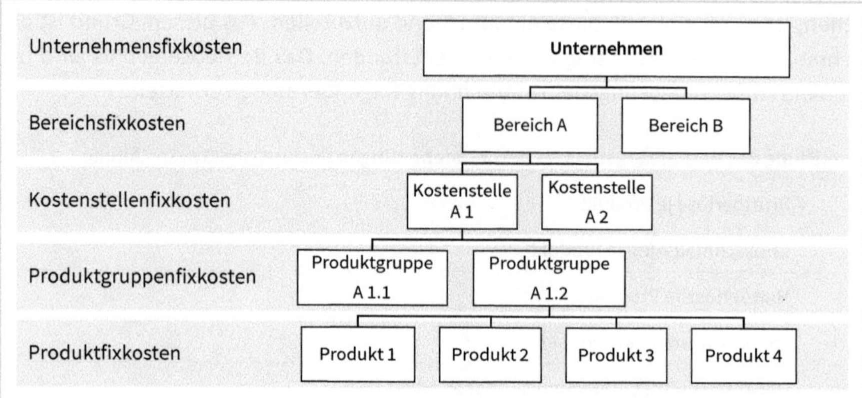

Abb. 73: Struktur der Fixkostenblöcke[79]

Wie Sie bereits anhand des Schemas erkennen können, werden häufig folgende Fixkostenebenen gebildet:

- **Produktfixkosten**: Unter die Produktfixkosten fallen alle Fixkosten, die einem bestimmten Produkt direkt zugerechnet werden können. Diese Kosten fallen nur durch die Produktion des bestimmten Produkts an, sind aber dann von der Ausbringungsmenge unabhängig (Fixkosten). Diese Art von Kosten können z. B. durch Abschreibungen, Mieten und Zinsen für Spezialmaschinen und -werkzeuge sowie durch Patent- oder Lizenzgebühren anfallen.
- **Produktgruppenfixkosten**: Dies sind Fixkosten, die ausschließlich durch eine Produktgruppe verursacht werden, beispielsweise Kosten des Lagers für diese Gruppe, Kosten einer Spezialmaschine für diese Gruppe, Werbekosten, die sich auf mehrere Produktarten beziehen, etc.
- **Kostenstellenfixkosten:** Kosten, die nur in der betreffenden Kostenstelle anfallen, beispielsweise die Gehälter der Angestellten in der jeweiligen Kostenstelle.
- **Bereichsfixkosten:** Sie fallen für einen übergeordneten Kostenbereich an, der sich aus mehreren Kostenstellen zusammensetzt. Fixkosten dieser Art fallen nur innerhalb eines Bereichs oder einer Sparte an, dies können beispielsweise gemeinsame Vertriebs-, Verwaltungs- oder Personalkosten eines bestimmten Bereichs oder einer bestimmten Sparte sein.
- **Unternehmensfixkosten:** Den Rest der gesamten Fixkosten, die nach der vorhergehenden Unterteilung noch vorhanden sind, bilden die unternehmensfixen Kosten. Sie können nicht einer der vorhergehenden Hierarchiestufen als Einzelfixkosten direkt zugeordnet werden und lassen sich vor allem in Zinsen, allgemeine Kosten der Unternehmensführung, Abschreibungen für Gebäude etc. untergliedern.

79 in Anlehnung an Eisele, W. u. Knobloch, A. P., Technik des betrieblichen Rechnungswesens, 2019, S. 962.

Im Rahmen der mehrstufigen Deckungsbeitragsrechnung werden die Fixkosten in verschiedene Fixkostenblöcke aufgeteilt. Dadurch können Aussagen über die Abbaubarkeit der jeweiligen fixen Kosten getroffen werden, damit man anschließend analysieren kann, an welchen Stellen kurzfristig Fixkosten abgebaut werden können. Die Abbaubarkeitsmöglichkeiten können in drei Zeitintervalle eingeteilt werden: Kurzfristig kann man von einer Abbaubarkeit von bis zu sechs Monaten sprechen, mittelfristig bis zu einem Jahr und langfristig über ein Jahr. Schließlich gibt es auch die nicht abbaubaren Fixkosten, die man nur durch die Aufgabe des Geschäftsbetriebs eliminieren kann.

Sowohl die Vorgehensweise bei der mehrstufigen Deckungsbeitragsrechnung wie auch ihr Aufbau setzen voraus, dass das Unternehmen zuerst in geeignete Kostenbereiche, Produktgruppen und Produktarten untergliedert wird. Danach werden die fixen Kosten den verschiedenen Stufen zugeordnet. Anschließend werden die Deckungsbeiträge jeder Unternehmensstufe berechnet. Mit dem Übergang zur nächsthöheren Stufe werden dabei die einzelnen Deckungsbeiträge der vorgelagerten Stufe addiert.

Wichtig: Das sollten Sie sich merken !

Bei der mehrstufigen Deckungsbeitragsrechnung werden die Fixkosten soweit wie möglich dem Ort der Kostenverursachung zugerechnet.

Beispiel: Mehrstufige Deckungsbeitragsrechnung

Das Unternehmen Stahl-Hart besitzt zwei Werke in denen drei verschiedene Produktgruppen hergestellt werden. Jede Produktgruppe ist wiederum in zwei Produkte unterteilt. Die Ermittlung der Deckungsbeiträge im mehrstufigen System sieht folgendermaßen aus:

(Angaben in Mio. €)	Unternehmen Stahl-Hart						Summe
Bereich	Werk I				Werk II		
Produktgruppe	Gruppe I		Gruppe II		Gruppe III		
Produkt	A	B	C	D	E	F	
Erlöse	100	120	110	80	150	210	770
- variable Materialkosten	40	45	55	45	80	100	365
= **Rohertrag**	**60**	**75**	**55**	**35**	**70**	**110**	**405**
- restliche variable Kosten	20	30	15	30	40	75	210
= **Deckungsbeitrag I**	**40**	**45**	**40**	**5**	**30**	**35**	**195**

(Angaben in Mio. €)	Unternehmen Stahl-Hart						Summe
Bereich	Werk I				Werk II		
Produktgruppe	Gruppe I		Gruppe II		Gruppe III		
Produkt	A	B	C	D	E	F	
- Produktfixkosten	0	10	0	15	0	0	25
= **Produkt-DB II**	**40**	**35**	**40**	**- 10**	**30**	**35**	**170**
= **Summe DB II**	**75**		**30**		**65**		**170**
- fixe Produktgruppenkosten	25		35		20		80
= **Produktgruppen DB III**	**50**		**- 5**		**45**		**90**
Summe DB III	**90**						**90**
- Unternehmensfixkosten	50						50
= **kalk. Betriebsergebnis**	**40**						**40**

Mithilfe der mehrstufigen Deckungsbeitragsrechnung lassen sich erheblich genauere Kostenanalysen durchführen als mit der einstufigen Deckungsbeitragsrechnung. In diesem Beispiel konnte man sehen, dass das Produkt D aufgrund der nun genauer zugerechneten Produktfixkosten einen negativen Deckungsbeitrag II von -10 Mio. € erwirtschaftet. Daher ist aus Sicht der Kostenrechnung die Einstellung der Produktion des Produkts D zu empfehlen. Dadurch würde sich das Betriebsergebnis auf insgesamt 50 Mio. € verbessern. Auch der Deckungsbeitrag III der Produktgruppe II, der vor der Einstellung noch negativ war, würde um 10 Mio. € steigen und somit einen positiven Deckungsbeitrag III von + 5 Mio. € aufweisen.

Vor- und Nachteile der mehrstufigen Deckungsbeitragsrechnung

Vorteile:

- Sie ermöglicht einen guten Einblick in die Erfolgsstruktur des Unternehmens.
- Verschiedene Deckungsbeiträge zeigen an, in welchem Maße die Produkte, Produktgruppen und Bereiche ihren Teil zum Unternehmenserfolg beisteuern.
- Sie bietet die Möglichkeit zu analysieren, bis zu welcher Produktionstiefe die Deckungsbeiträge der Produkte zur Kostendeckung ausreichen.
- Es werden Informationen zur Reduzierung der Fixkosten geliefert.
- Im Falle von negativen Deckungsbeiträgen können Strategien entwickelt werden, wie diese zu vermeiden sind (z. B. durch zielgerichtete Werbemaßnahmen).
- Sie verbindet die Vorteile der Voll- und Teilkostenrechnung, da zum einen nicht ganz auf die Zuordnung der fixen Kosten verzichtet wird (wie bei der einstufigen

Deckungsbeitragsrechnung), zum anderen die fixen Kosten nur soweit verrechnet werden, wie diese zurechenbar sind und somit keine Verwendung von Schlüsseln (wie bei einer Vollkostenrechnung) notwendig ist.
- Sie ist im Gegensatz zur einstufigen Deckungsbeitragsrechnung auch für die langfristige Programmoptimierung geeignet.

Nachteile:
- Die Einteilung der Fixkosten in verschiedene Fixkostenebenen ist sehr arbeitsaufwendig.
- Sie lässt sich nur sinnvoll einsetzen, wenn allgemein ein hoher Fixkostenanteil und insbesondere hohe Produkt- und Produktgruppenfixkosten bestehen.
- Folgendes Problem der Kostenremanenz (= zeitlich verzögerte Reaktion der Kosten insbesondere bei der Verminderung der Beschäftigung) ist zu beachten: Fixe Kosten sind kurz- und mittelfristig nicht so schnell abbaubar, sodass eine zu schnelle Produktionseinstellung mit Verlusten verbunden ist.
- Sie trifft keine Aussage über Verbundeffekte: Die Herausnahme eines Produkts oder einer Produktgruppe kann sich negativ auf den Erfolg der verbleibenden Produkte auswirken. Bevor ein Produkt oder eine Produktgruppe gestrichen wird, sind solche Verbundeffekte z. B. durch Marktstudien zu ermitteln.

5.1.3 Relative Einzelkostenrechnung

Die von Paul Riebel entwickelte relative Einzelkostenrechnung basiert im Gegensatz zur ein- und mehrstufigen Deckungsbeitragsrechnung nicht auf variablen Kosten, sondern auf Einzelkosten. Der Deckungsbeitrag ergibt sich folglich aus der Differenz zwischen den Erlösen und den Einzelkosten. Diesem Ansatz liegt zugrunde, dass nur Einzelkosten einem Kostenträger verursachungsgerecht zuzurechnen sind, wohingegen variable Kosten auch Gemeinkostenbestandteile enthalten können.

Vorgehensweise
Wie bei der mehrstufigen Deckungsbeitragsrechnung werden vom Deckungsbeitrag I die restlichen Kosten sukzessive abgezogen. Zu diesem Zweck werden alle Kosten unterschiedlichen Bezugsgrößen zugeordnet, welche hierarchisch aufgebaut sind:
- Kostenträgereinzelkosten, z. B. Materialeinzelkosten, Fertigungslöhne
- Kostenträgergruppeneinzelkosten, z. B. Meistergehälter, Raumkosten
- Unternehmenseinzelkosten, z. B. Geschäftsführergehalt

Wie bei der mehrstufigen Deckungsbeitragsrechnung sind auch weitere Bezugsgrößen möglich, die Einteilung hängt vom Unternehmen ab. Die Kosten werden derjenigen Bezugsgröße zugeordnet, die diese verursacht, sodass eine verursachungsgerechte Zuordnung stattfindet.

Die Kosten, die der Bezugsgröße Kostenträger direkt zugeordnet werden können, sind die schon bekannten Einzelkosten (oder Kostenträgereinzelkosten). Aber auch die der Kostenträger**gruppe** zugeordneten Kosten werden genau von dieser Kostengruppe verursacht. Sie stellen, bezogen auf die Kostengruppe, ebenfalls Einzelkosten dar, die als Kostenträgergruppeneinzelkosten bezeichnet werden.

Dies gilt für alle Bezugsgrößen, die so gewählt werden, dass nur direkt zuordenbare Kosten auf sie verrechnet werden. Die oberste Ebene stellen die Unternehmenseinzelkosten dar, die sonst keiner niedrigeren Ebene direkt zugeordnet werden können. Bezogen auf das gesamte Unternehmen fallen demnach nur Einzelkosten an.

Der Begriff der Einzelkosten ist also relativ zum Bezugsobjekt, was im Namen »**relative Einzelkostenrechnung**« zum Ausdruck kommt.

Beispiel: Relative Einzelkostenrechnung

Die Vorgehensweise bei der relativen Einzelkostenrechnung ist ähnlich der bei der stufenweisen Deckungsbeitragsrechnung. An die Stelle der Fixkostenebenen, welche sukzessive von den Deckungsbeiträgen abgezogen werden, treten die relativen Einzelkosten:

	Produkte	A	B	C	D
	Preis pro Stück	50 €	70 €	90 €	60 €
-	Kostenträgereinzelkosten	50 €	45 €	55 €	45 €
=	Stückdeckungsbeitrag (db)	0 €	25 €	35 €	15 €
x	Absatzmenge	1.000 St.	500 St.	800 St.	600 St.
=	Deckungsbeitrag DB I	0 €	12.500 €	28.000 €	9.000 €
	DB I der Kostenträgergruppen	12.500 €		37.000 €	
-	Kostenträgergruppen-EK	16.000 €		18.500 €	
=	DB II der Kostenträgergruppen EK	- 3.500 €		18.500 €	
	DB II des Unternehmens	15.000 €			
-	Unternehmenseinzelkosten	7.000 €			
=	Betriebsergebnis	8.000 €			

Vor- und Nachteile der relativen Einzelkostenrechnung

Vorteile:

- Die Kosten können den kostenverursachenden Objekten präzise zugeordnet werden.
- Es sind präzisere Kalkulationsergebnisse möglich.

Nachteile:

- Die Einteilung der Kosten in unterschiedliche Bezugsgrößen ist sehr aufwendig. Für die Praxis ist die relative Einzelkostenrechnung daher nahezu unbrauchbar, weil der Aufwand für die präzise Kostenzuordnung die Vorteile des Informationsgewinns überwiegt.

5.1.4 Break-even-Analyse

Für die Steuerung des Unternehmens ist nicht nur das aktuelle Betriebsergebnis wichtig, sondern auch die Frage, bei welcher Beschäftigung der Betrieb noch Gewinn erzielt bzw. bereits Verlust erleidet. Unter dem Begriff **»Break-even-Analyse«** oder **»Break-even-Point«** versteht man die **Mindestabsatzmenge**, bei der bei einem gegebenen Verkaufspreis keine Verluste mehr erwirtschaftet werden. Der »Break-even-Point« (BEP) kennzeichnet diejenige Absatzmenge, bei der die gesamten Kosten durch die Gesamterlöse gedeckt werden, d. h., das Unternehmen hat in diesem Fall die Gewinnschwelle erreicht und tritt aus der Verlustzone in die Gewinnzone ein.

Zur Ermittlung des Break-even-Points (= Gewinnschwelle) benötigt man folgende Informationen:

- Stückpreis des Produkts (p)
  (vom Verkaufspreis sind mögliche Erlösminderung wie z. B. Rabatte, Provisionen und Transportkosten abzuziehen)
- variable Stückkosten des Pordukts (k_{var})
  (kurzfrisitig veränderbare Kosten, z. B. Materialkosten und Fertigungslöhne)
- gesamte Fixkosten pro Periode (K_{fix})
  (kurzfristig nicht veränderbare Kosten, z. B. Abschreibungen, Miete und Gehälter)

Der »Break-even-Point« kann mithilfe der Gewinngleichung ermittelt werden. Bei Unterstellung einer linearen Erlös- und Kostenfunktion kann der Break-even-Point (Break-even-Menge) wie folgt berechnet werden:

Gewinn = Umsatzerlöse – Gesamtkosten = 0

Umsatzerlöse (U) = variable Kosten (K_{var}) + gesamte Fixkosten (K_{fix})

$(p \times X) = (k_{var} \times X) + K_{fix}$

$(p \times X) - (k_{var} \times X) = K_{fix}$

$(p - k_{var}) \times X = K_{fix}$

$db \times X = K_{fix}$

$$X = X_{BEP} = \text{Break-even-Point} = \frac{\text{gesamte Fixkosten } (K_{fix})}{\text{Stückdeckungsbeitrag } (p - k_{var})}$$

$p =$ Stückpreis des Produkts
$X_{BEP} =$ Break-even-Point = Gewinnschwelle
$k_{var} =$ variable Stückkosten des Produkts
$K_{fix} =$ gesamte Fixkosten pro Periode

Der Break-even-Point zeigt, welche Menge mindestens verkauft werden muss, damit die Fixkosten vollständig gedeckt werden. Sobald die Absatzmenge diesen Punkt übersteigt, wird mit dem Produkt ein Gewinn erwirtschaftet. Dabei sollten als Fixkosten nur jene berücksichtigt werden, welche durch das betrachtete Produkt zusätzlich anfallen.

! **Wichtig: Das sollten Sie sich merken**

Der Break-even-Point (X_{BEP}) beantwortet folgende Frage: Ab welcher Menge (X) erzielt das Unternehmen Gewinn (G)?

Wenn Sie die **Break-even-Formel** leicht ergänzen, lässt sich zusätzlich eine Gewinnvorgabe (G) einbauen.

$$\text{Break-even-Point mit Gewinnvorgabe} = \frac{\text{gesamte Fixkosten + Gewinn}}{\text{Stückdeckungsbeitrag } (p - k_{var})}$$

Mit der obigen **Formel** lässt sich genau diejenige **Menge (X)** errechnen, die verkauft werden muss, um bei gegebenen **Fixkosten** (K_{fix}), einem gegebenen **Stückverkaufspreis (p)** und gegebenen **variablen Stückkosten** (k_{var}) den geforderten Gewinn (**G**) zu realisieren.

Beispiel: Berechnung des Break-even-Points

Eine Tagung verursacht gesamte Fixkosten in Höhe von 5.800 €. Aufgrund der derzeitigen Marktbedingungen wird mit einer Teilnahmegebühr von 100 € pro Teilnehmer kalkuliert.

Die Fixkosten bestehen aus:

Personalkosten	2.000 €
Honoraren	3.000 €
Werbekosten	500 €
Versandkosten	100 €
Technikkosten	200 €

Die variablen Kosten betragen pro Teilnehmer 60 € und setzen sich folgendermaßen zusammen:

Kursunterlagen	20 €/Teilnehmer
Catering	30 €/Teilnehmer
Rahmenprogramm	10 €/Teilnehmer

Mit diesen Daten lässt sich der »Break-even-Point« ermitteln, oder anders ausgedrückt, wie viele Teilnehmer erforderlich sind, damit die Kosten der Tagung gedeckt sind.

$$\text{Anzahl der Teilnehmer} = \frac{\text{gesamte Fixkosten}}{\text{Teilnehmergebühr} - \text{var. Kosten pro Teilnehmer}}$$

$$\text{Anzahl der Teilnehmer} = \frac{5.800\ €}{100\ €/\text{Person} - 60\ €/\text{Person}} = 145\ \text{Personen}$$

Erst ab dem 145sten Teilnehmer lohnt es sich also, die Tagung durchzuführen, da dann die gesamten Fixkosten gedeckt sind und das Unternehmen folglich mit jedem zusätzlichen Teilnehmer Gewinn macht. Falls mit einer bestimmten Anzahl Teilnehmern gerechnet werden kann, ermöglicht die Formel umgekehrt auch die Berechnung der erforderlichen Höhe der Teilnehmergebühr:

$$\text{Teilnehmergebühr} = \frac{\text{gesamte Fixkosten}}{\text{Anzahl Teilnehmer}} + \text{var. Kosten pro Teilnehmer}$$

$$\text{Teilnehmergebühr} = \frac{5.800\ €}{145\ \text{Personen}} + 60\ €/\text{Person} = 100\ €/\text{Person}$$

Beispiel: Ermittlung der Gewinnschwelle (Break-even-Point)

Ein Pizzabäcker hat monatliche Fixkosten in Höhe von 6.000 €. Er verkauft eine Pizza für 8,00 €/St. Die variablen Kosten für die Pizza betragen 3,00 €/St. Der Stückdeckungsbeitrag (Deckungsspanne) beträgt pro Pizza 5,00 €/St. Der Break-even-Point berechnet sich wie folgt:

$$\text{Break-even-Point (Break-even-Menge)} = \frac{\text{Fixkosten}}{\text{Stückdeckungsbeitrag}} =$$

$$\text{Break-even-Point (Break-even-Menge)} = \frac{6.000\ €}{(8,00\ €/\text{St.} - 3,00\ €/\text{St.})} = 1.200\ \text{Pizzen}$$

Bei einem Verkauf von 1.200 Pizzen im Monat wird die mengenmäßige Gewinnschwelle erreicht.

Im Rahmen der Gewinnschwellenanalyse spielen neben der Break-even-Menge eine wichtige Rolle:

- der **Break-even-Umsatz (U_{BEP})**, der angibt, welcher Umsatz zur Deckung aller Kosten mindestens erreicht werden muss,

$$\text{Break-even-Umsatz} = \frac{\text{Fixkosten}}{1 - \frac{\text{variable Stückkosten}}{\text{Stückpreis}}} \text{ oder } \frac{\text{Fixkosten}}{1 - \frac{\text{variable Gesamtkosten}}{\text{Umsatz}}}$$

Beispiel: Ermittlung des Break-even-Umsatzes

Fortsetzung des Beispiels von oben. Es wird jetzt der Break-even-Umsatz ermittelt.

$$\text{Break-even-Umsatz } (U_{BEP}) = \frac{6.000\text{ €}}{1 - \frac{3{,}00\text{ €/St.}}{8{,}00\text{ €/St.}}} = 9.600\text{ €}$$

Das entspricht bei einem Preis von 8,00 € je Pizza einem Break-even-Umsatz von 9.600 €.

- der mengenbezogene **Sicherheitskoeffizient**, der auch als Sicherheitsspanne bezeichnet wird, gibt an, um wie viel Prozent die Kapazitätsauslastung höchstens sinken darf, damit ein Verlust vermieden werden kann[80],

$$\text{Sicherheitskoeffizient in \%} = \frac{\text{Absatzmenge} - \text{Break-even-Menge}}{\text{Absatzmenge}} \times 100$$

oder

$$\text{Sicherheitskoeffizient in \%} = 1 - \left(\frac{\text{gesamte Fixkosten}}{\text{Stückdeckungsbeitrag} \times \text{Normal-Menge}}\right) \times 100$$

Beispiel: Ermittlung des umsatzbezogenen Sicherheitskoeffizienten

Fortsetzung des Beispiels von oben. Im aktuellen Monat konnten 2.000 Pizzen verkauft werden. Dies entspricht einem Umsatz von 16.000 €/Monat. Es wird jetzt der Sicherheitskoeffizient (S) ermittelt.

$$\text{Sicherheitskoeffizient in \%} = \frac{\text{Normal-Umsatzerlöse - Break-even-Umsatz}}{\text{Normal-Umsatzerlöse}} \times 100$$

$$\text{Sicherheitskoeffizient in \%} = \frac{16.000\text{ €} - 9.600\text{ €}}{16.000\text{ €}} \times 100 = 40\text{ \%}$$

Der Umsatz könnte um 40 % sinken, ohne dass der Pizzabäcker einen Verlust erwirtschaften würde.

80 Coenenberg, A. G.. et al., Kostenrechnung und Kostenanalyse, 2016, S. 333.

Grundsätzlich gilt: Je größer der Sicherheitskoeffizient ist, desto besser ist ein Unternehmen gegen die Möglichkeit eines Verlustes abgesichert.

- der **Umsatz im Cashpoint** gibt den Umsatz wieder, der mindestens erzielt werden muss, um alle Ausgaben (Auszahlungen) des Unternehmens zu decken.

$$\text{Umsatz im Cashpoint } (U_{CP}) = \frac{\text{Fixkosten - Abschreibungen}}{1 - \frac{\text{variable Stückkosten}}{\text{Stückpreis}}}$$

Beispiel: Ermittlung des Umsatzes im Cashpoint

Fortsetzung des Beispiels von oben. Ein Pizzabäcker hat monatliche Fixkosten in Höhe von 6.000 €, davon sind 2.000 € Abschreibungen. Er verkauft eine Pizza für 8,00 €/St. Die variablen Kosten für die Pizza betragen 3,00 €/St. Der Stückdeckungsbeitrag (Deckungsspanne) beträgt pro Pizza 5,00 €/St. Der Umsatz im Cashpoint berechnet sich wie folgt:

$$\text{Umsatz im Cashpoint } (U_{CP}) = \frac{6.000\,€ - 2.000\,€}{1 - \frac{3{,}00\,€/\text{St.}}{8{,}00\,€/\text{St.}}} = 6.400\,€$$

Bei einem Umsatz von 6.400 € sind sämtliche Auszahlungen (Liquiditätsebene) des Unternehmens gedeckt.

Da Abschreibungen für das Unternehmen zwar Kosten/Aufwendungen aber keine Auszahlungen darstellen, werden sie für die Berechnung des Umsatzes im Cashpoint (U_{CP}) von dem zu deckenden Fixkostenblock abgezogen, wobei vereinfachend angenommen wird, dass sich der Cashflow aus Gewinn plus Abschreibungen zusammensetzt.

- den **Kapazitätsgrad (KG)** ermittelt man, indem man bei einer bestimmten Absatzmenge den erwirtschafteten Deckungsbeitrag durch die Fixkosten dividiert. Der Kapazitätsgrad wird gemäß der folgenden Formel berechnet:

$$\text{Kapazitätsgrad (KG)} = \frac{\text{Deckungsbeitrag (Absatzmenge} \times \text{db)}}{\text{fixe Kosten}}$$

Der Kapazitätsgrad beantwortet die Frage, wie oft die Fixkosten durch den erzielten Deckungsbeitrag gedeckt werden.[81]

Interpretation des Kapazitätsgrads (KG)

- = 1: Gewinnschwelle wurde gerade erreicht, d. h. Kosten gerade so gedeckt.
- < 1: Die Kosten der Betriebsbereitschaft sind nicht mehr gedeckt.
- > 1: Die Kosten der Betriebsbereitschaft sind um das KG-fache gedeckt.

81 Coenenberg et al.: Kostenrechnung und Kostenanalyse, 2009, S. 310.

Beispiel: Ermittlung des Kapazitätsgrades

Fortsetzung des Beispiels von oben. Ein Pizzabäcker hat monatliche Fixkosten in Höhe von 6.000 €. Er verkauft eine Pizza für 8,00 €/St. Die variablen Kosten für die Pizza betragen 3,00 €/St. Der Stückdeckungsbeitrag (Deckungsspanne) beträgt pro Pizza 5,00 €/St. Im aktuellen Monat konnten 2.000 Pizzas verkauft werden. Der Kapazitätsgrad (KG) für eine Absatzmenge von 2.000 St. berechnet sich wie folgt:

$$\text{Kapazitätsgrad (KG)} = \frac{2.000 \text{ St.} \times 5 \text{ €/St.}}{6.000 \text{ €}} = 1{,}67$$

Die anfallenden Fixkosten von 6.000 € werden 1,67-fach durch den erwirtschafteten Deckungsbeitrag gedeckt.

Der Break-even-Point kann auch grafisch ermittelt werden (folgende Abbildung). Um die Break-even-Analyse durchführen zu können, müssen als einzige Voraussetzung die variablen und fixen Kosten getrennt voneinander betrachtet werden, wie dies z. B. mithilfe der Deckungsbeitragsrechnung geschieht.

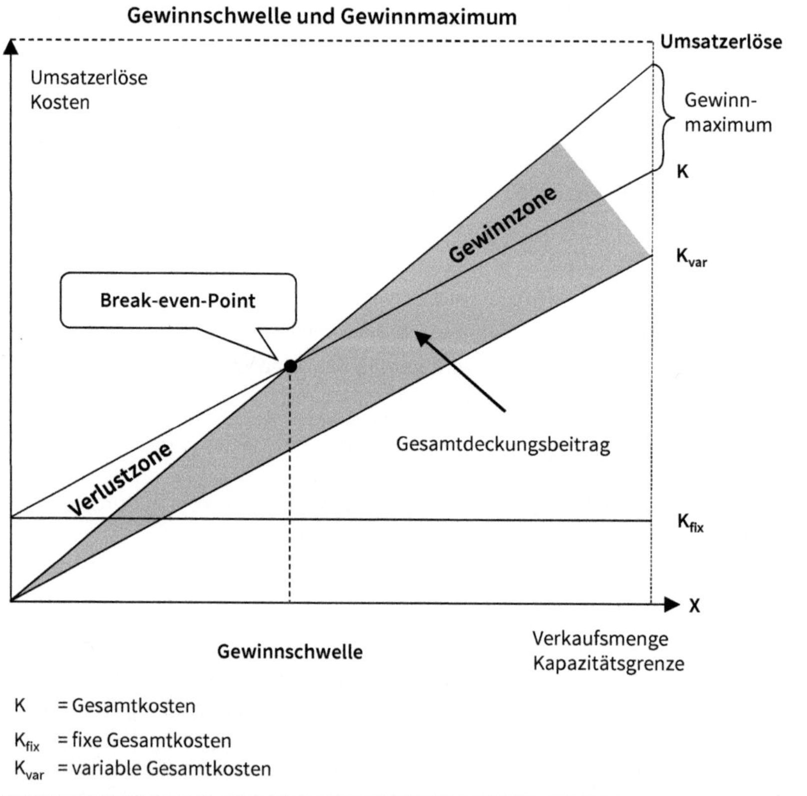

Abb. 74: Grafische Ermittlung der Gewinnschwelle

5.1.5 So prüfen Sie, ob sich Zusatzaufträge lohnen

Bei der Annahme eines Zusatzauftrages muss zuerst geprüft werden, ob noch freie Kapazitäten vorhanden sind oder nicht. Falls freie Kapazitäten vorhanden sind, kann der Zusatzauftrag angenommen werden, wenn das zu produzierende Produkt einen positiven Stückdeckungsbeitrag aufweist.

Anders ist es, wenn nach der Kapazitätsprüfung festgestellt wird, dass die Kapazitäten nur begrenzt zur Verfügung stehen. Dann muss man abwägen, ob das Produkt produziert werden kann oder nicht, und ob man dafür einen anderen Auftrag ablehnt bzw. ein bereits im Produktionsplan vorhandenes Produkt nicht länger produziert.

Die Abwägung, ob es sinnvoller ist, Zusatzaufträge entweder abzulehnen oder anzunehmen, kann nach folgendem Schema getroffen werden:

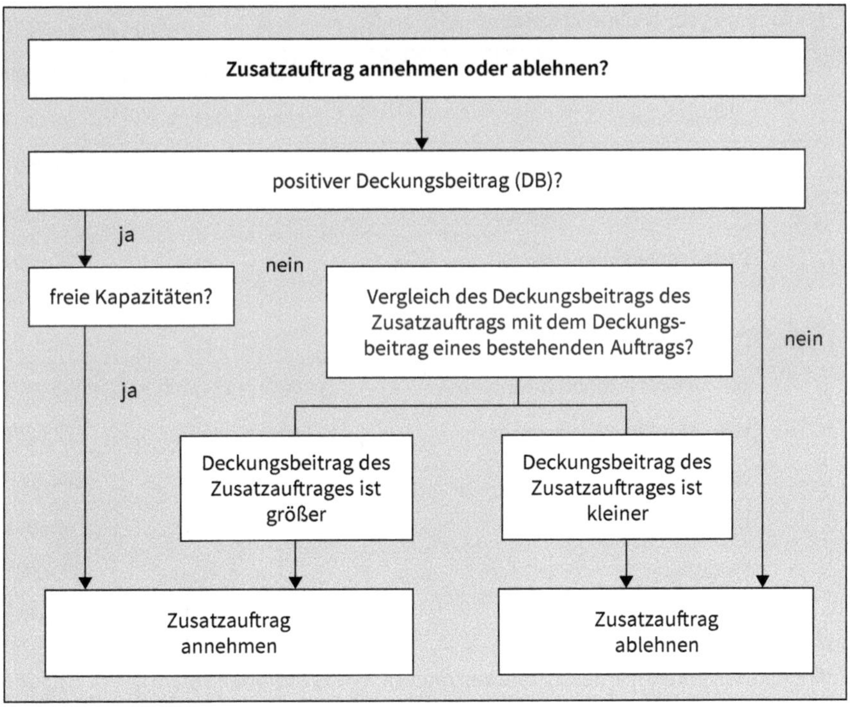

Abb. 75: Entscheidungssituation beim Zusatzauftrag

Man rechnet zuerst die Deckungsbeiträge beider Produkte (bzw. Aufträge) aus und vergleicht diese miteinander.

Dies geschieht nach der Formel:

$$\begin{bmatrix}\text{zusätzlicher Deckungs-}\\ \text{beitrag (Zusatzauftrag)}\end{bmatrix} - \begin{bmatrix}\text{entgangener Deckungsbeitrag}\\ \text{(verdrängtes Produkt)}\end{bmatrix} = \begin{matrix} >0 \rightarrow \text{Annahme}\\ <0 \rightarrow \text{Ablehnung}\end{matrix}$$

Wenn die Differenz beider Deckungsbeiträge positiv ist, sollte der Zusatzauftrag angenommen werden, wenn die Differenz negativ ist, sollte er abgelehnt werden.

Beispiel: Annahme eines Zusatzauftrags

Ein Unternehmen produziert Tischgrills zum Listenverkaufspreis von 150 €/St. Die monatlichen Fixkosten betragen 60.000 €, die variablen Stückkosten betragen 80 €/St. Die Absatzmenge beträgt 1.100 Stück im Monat bei einer Produktionskapazität von 1.500 Stück. Das Unternehmen hat die Möglichkeit kurzfristig 250 zusätzliche Tischgrills zu einem Preis von 130 €/St. abzusetzen.

Periodenergebnis ohne Zusatzauftrag:

	Verkaufserlöse	1.100 St. x 150 €/St. =	165.000 €
-	variable Kosten	1.100 St. x 80 €/St. =	- 88.000 €
=	**Deckungsbeitrag**		**= 77.000 €**
-	Fixkosten		- 60.000 €
=	**Periodenergebnis**		**= 17.000 €**

Periodenergebnis mit Zusatzauftrag:

	Verkaufserlöse (ohne Zusatzauftrag)	1.100 St. x 150 €/St. =	165.000 €
+	Verkaufserlöse Zusatzauftrag	250 St. x 130 €/St. =	+ 32.500 €
-	variable Kosten	1.350 St. x 80 €/St. =	- 108.000 €
=	**Deckungsbeitrag**		**= 89.500 €**
-	Fixkosten		- 60.000 €
=	**Periodenergebnis**		**= 29.500 €**

Mit der Hereinnahme des Zusatzauftrags kann das Periodenergebnis um 12.500 € verbessert werden.

5.1.6 So ermitteln Sie die Preisuntergrenzen

Damit ein Unternehmen keine Verluste macht, muss der Preis je Erzeugnis höher oder mindestens gleich den Stückkosten pro Erzeugnis sein. Bei den Preisuntergrenzen unterscheidet man zwischen der **kurzfristigen** Preisuntergrenze (auch absolute Preisuntergrenze genannt) und der **langfristigen** Preisuntergrenze.

Die **kurzfristige Preisuntergrenze** eines Produkts ist der Verkaufserlös, der gerade noch die gesamten variablen Stückkosten deckt. Ein Produkt, das dauerhaft nur einen Preis in Höhe der variablen Stückkosten erzielt, lässt dauerhaft die Fixkosten ungedeckt und verursacht infolgedessen Verluste.

Die **langfristige Preisuntergrenze** ist dann erreicht, wenn sowohl die fixen als auch die variablen Kosten, d. h. die vollen Stückkosten, durch die Verkaufserlöse gedeckt werden. Sie ist somit das Ergebnis der Vollkostenrechnung.

So werden die Preisuntergrenzen berechnet:

kurzfristig	**langfristig**
Verkaufserlös = variable Stückkosten → lässt dauerhaft die Fixkosten ungedeckt → Folge: Verluste	Verkaufserlös = variable + fixe Stückkosten → deckt dauerhaft alle Kosten → Folge: keine Verluste

	MEK
+	variable Fertigungskosten
=	kurzfr. Preisuntergrenze
+	Fixkosten pro Stück
+	Gemeinkosten/Stück
=	langfr. Preisuntergrenze

Abb. 76: Ermittlung der kurz- und langfristigen Preisuntergrenze

Beispiel: Ermittlung der Preisuntergrenzen

	Materialeinzelkosten pro Stück (MEK)	9,00 €/St.
+	variable Fertigungskosten pro Stück (FEK)	+ 41,00 €/St.
=	**kurzfristige Preisuntergrenze pro Stück**	**= 50,00 €/St.**
+	fixe Kosten pro Stück (k_{fix})	+ 15,00 €/St.
+	sonstige Gemeinkosten pro Stück	+ 5,00 €/St.
=	**langfristige Preisuntergrenze pro Stück**	**= 70,00 €/St.**

Die Ausrichtung auf die kurzfristige Preisuntergrenze kann ein Unternehmen in Liquiditätsschwierigkeiten bringen, da nur die variablen Kosten erfasst werden. Die fixen Kosten, die kurzfristig zu Auszahlungen und somit zu Liquiditätsschmälerungen führen, bleiben dabei unberücksichtigt; dies sind insbesondere Miet- und Leasingaufwendungen, betriebliche Steuern, Gehälter, Sozialabgaben, Versicherungsbeiträge etc. Daher empfiehlt es sich, zusätzlich die **liquiditätsorientierte Preisuntergrenze,** die die zahlungswirksamen Fixkosten berücksichtigt, zu ermitteln. Die liquiditätsorientierte Preisuntergrenze kann gemäß folgender Formel berechnet werden:

$$\text{liquiditätsorientierte Preisuntergrenze} = \frac{\text{variable Kosten + auszahlungswirksame Fixkosten}}{\text{Absatzmenge}}$$

5.1.7 Eigen- oder Fremdfertigung

Produktionsbetriebe stehen oft vor der Frage, ob es günstiger ist, Produkte selbst herzustellen oder diese als Fertigerzeugnisse einzukaufen.[82] Die sogenannte Make-or-Buy-Entscheidung wird einerseits von unternehmerischen und strategischen Gesichtspunkten beherrscht und andererseits von operativen, auf Kostenreduktion zielenden Maßnahmen beeinflusst. Mithilfe einer Unternehmensanalyse, z. B. einer SWOT-Analyse, sind die Risiken und Chancen der Unternehmensumwelt sowie die potenziellen Stärken und Schwächen der Unternehmung festzustellen, da der Entschluss für Outsourcing bzw. Insourcing eine langfristige und strategische Entscheidung darstellt.

Die Ergebnisse und Informationen der Deckungsbeitragsrechnung bilden die Datenbasis für Outsourcing- und Insourcing-Entscheidungen.

Ferner spielen ebenfalls Preisunter- sowie Preisobergrenzen eine entscheidende Rolle bei der Make-or-Buy-Entscheidung. Preisobergrenzen geben den Wert an, den ein Unternehmen am Beschaffungsmarkt maximal für Fremdleistungen bezahlen kann. Können die benötigten Zulieferteile selbst erstellt bzw. die benötigten Dienstleistungen intern erbracht werden, dann wird die Preisobergenze durch die Selbstkosten der Eigenfertigung bestimmt. Falls die Eigenfertigung kostengünstiger zu realisieren ist, sollte selbst gefertigt werden. Wenn der Beschaffungspreis unterhalb der Preisobergrenze liegt, dann entsteht durch Zukauf ein Gewinn, andernfalls ein Verlust.[83]

Die Gestaltung und damit Optimierung des Produktionsprogramms wird von der Entscheidung für Eigenfertigung oder Fremdbezug bedeutend beeinflusst.

Die folgende Tabelle illustriert eine Auswahl an Gründen, die für Eigenfertiung bzw. Fremdbezug sprechen und dementsprechend bei der Entscheidungsfindung berücksichtigt werden müssen:

82 Schmolke, S.; Deitermann, M.; Rückwart, W., Industrielles Rechnungswesen IKR, 2021, S. 568.
83 Macha, R., Grundlagen der Kosten- und Leistungsrechnung, 2010, S. 202 f.

	Gründe für Eigenfertigung	Gründe für Fremdbezug
Kosten	• Massenproduktion • außerbetriebliche Transport- und Verpackungskosten • Unabhängigkeit von Lieferanten bei Preiserhöhungen	• geringe Stückkosten durch Spezialisierung des Lieferanten und hohe Auslastung seiner Produktionsmittel • geringer Fixkostenanteil • geringe Entwicklungskosten • Verlagerung von Teilen mit geringem Umsatzanteil nach außen
Qualität	• Qualität kann von Unternehmen selbst sichergestellt werden • laufende Kontrolle • Ausnutzung von eigenen Schutzrechten und eigenem Fertigungs-Know-how	• bei richtiger Wahl hohe Qualität durch Spezialisierung des Lieferanten auf seine Produkte • Nutzung von Know-how und Erfahrungswissen des Lieferanten
Kapazitäten	• Auslastung von eigenen Kapazitäten (Personal & Material)	• Abbau von Kapazitätsengpässen • Vermeiden von Unterauslastung
Termine	• schnelle Reaktion bei Modellveränderung und Innovation • Wegfall von Transportzeiten • Termine können besser kontrolliert werden	• Terminengpässe in der eigenen Produktion werden beseitigt • Abruf von Lieferungen nach Bedarf
Risiko	• Know-how und Neuentwicklungen werden nicht nach außen an Lieferanten weitergegeben • Verhinderung der Vorwärtsintegration von Lieferanten	• Streuung des Risikos, da es sich auf mehr Lieferanten verteilen lässt • geringeres Risiko bei Produktionsrückgang oder bei Entwicklungsfehlschlägen
Absatz	• Verbundprodukte können einfacher in das Verkaufsprogramm übernommen werden	• hohes Qualitätsimage des Lieferanten kann zu Kundenpräferenzen führen

Tab. 56: Übersicht – Gründe für Eigenfertigung bzw. Fremdbezug

Beispiel: Make-or-Buy Entscheidung

Ein Unternehmen kauft für die Fertigung Gehäuseteile vom Typ 2345 seit Jahren zu. Zu Beginn des neuen Geschäftsjahres hat der Lieferant eine Preiserhöhung angekündigt. Der Netto-Listeneinkaufspreis beträgt 180 €/St., es werden 20 % Rabatt und 2 % Skonto innerhalb von 10 Tagen oder 30 Tage ohne Abzug gewährt. Die Bezugskosten pro Stück betragen 3,88 €/St. Es stellt sich die Frage, ob sich die Eigenfertigung bei einem Jahresbedarf von 4.000 Stück gegenüber dem Fremdbezug lohnt.

Für die Eigenfertigung muss eine neue Produktionslinie angeschafft werden. Der Anschaffungspreis für die neue Produktionslinie beträgt 900.000 €. Sie soll über acht Jahre linear abgeschrieben werden. Es wird mit einem Restverkaufserlös am Ende der geplanten Nutzungsdauer von 100.000 € gerechnet. Der Kalkulationszinssatz beträgt 10 %. Die sonstigen Fixkosten pro Jahr belaufen sich auf 26.000 €. Die Fertigungskosten betragen 35 €/St. und die Materialkosten 41 €/St.

Wie lässt sich anhand der Stückkalkulation feststellen, ob der Fremdbezug oder die Eigenfertigung die wirtschaftlichere Lösung ist. Wie groß ist die kritische Menge, ab der die Eigenfertigung günstiger ist als der Fremdbezug.

Lösung: Entscheidung anhand einer Stückkalkulation

Stückkalkulation						
Fremdbezug				**Eigenfertigung**		
	Listeneinkaufspreis	**180,00 €/St.**			kalk. Abschreibung (900.000 € – 100.000 €) : 8 J.	**100.000 €/J.**
-	Rabatt (20 %)	- 36,00 €/St.		+	kalk. Zinsen [(900 T€ + 100 T€) : 2] x 0,1	+ 50.000 €/J.
=	**Zieleinkaufspreis**	**= 144,00 €/St.**		+	sonstige Fixkosten	+ 26.000 €/J.
-	2 % Skonto	- 2,88 €/St.		=	**gesamte Fixkosten**	**= 176.000 €/J.**
=	Bareinkaufspreis	141,12 €/St.			**Stückfixkosten bei 4.000 St./J.**	**44,00 €/St.**
+	Bezugskosten	+ 3,88 €/St.		+	var. Fertigungskosten pro St.	+ 35,00 €/St.
=	**Einstandspreis**	**= 145,00 €/St.**		+	var. Materialkosten pro St.	+ 41,00 €/St.
				=	**gesamte Stückkosten**	**= 120,00 €/St.**

Es wird anhand der Stückkalkulation bei 4.000 Stück entschieden, ob die Gehäuseteile weiterhin eingekauft oder in Zukunft selbst gefertigt werden.

	Kosten Fremdbezug (4.000 St./J. x 145 €/St. =)	580.000 €/J.
-	Kosten Eigenfertigung (4.000 St./J. x 76 €/St. + 176.000 €/J. =)	- 480.000 €/J.
=	**Einsparung durch Eigenfertigung**	**= 100.000 €/J.**

Ermittlung der kritischen Menge:

$$\text{Kritische Menge} = \frac{\text{Fixkosten der Eigenfertigung}}{\text{Bezugspreis - var. Stückkosten}} = \frac{176.000\ €/J.}{145\ €/St. - 76\ €/St.} = 2.551\ \text{St./J.}$$

Die kritische Menge liegt bei 2.551 Stück. Die Eigenfertigung ist oberhalb dieser kritischen Menge kostengünstiger, da die variablen Stückkosten niedriger sind.

5.1.8 Ein optimales Produktions- und Absatzprogramm aufbauen

Während das Produktionsprogramm die Menge und Art der produzierten Güter regelt, ist das Absatzprogramm für das komplette Verkaufsprogramm »zuständig«.

5.2 Anwendungsmöglichkeiten der Engpassrechnung

Die Engpassrechnung ist eine Weiterführung der Deckungsbeitragsrechnung. Da in der Produktion, insbesondere in einem Mehrproduktunternehmen, immer wieder knappe Produktionsfaktoren um die vorhandenen Kapazitäten konkurrieren oder Restriktionen aufgrund von technischen Vorgaben gegeben sind, ist eine möglichst optimale und gewinnbringende Planung des Produktionsprogramms essenziell.[84] Mithilfe der Engpassrechnung lassen sich Kapazitätsengpässe in der Produktion abbilden, und mit den daraus gewonnen Informationen lassen sich so die entsprechenden Produktionsentscheidungen besser treffen. Um diese Entscheidungen fundiert treffen zu können, ist es von besonderer Bedeutung, den entgangenen Nutzen der bestmöglichen Alternative zu kennen. Aus diesem Grund werden Opportunitätskosten ermittelt. In diesem Fall stellt der entgangene Gewinn beziehungsweise der entgangene Deckungsbeitrag den entgangenen Nutzen dar.

Die Engpassrechnung ist in erster Linie für die Unterstützung kurzfristiger Entscheidungen gedacht. Zudem eignet sich die Ermittlung **relativer Deckungsbeiträge** dazu, kurzfristige Engpassentscheidungen zu optimieren. Damit können dann in der Produktion Entscheidungen über die Annahme oder Ablehnung von Zusatzaufträgen auf Basis der verfügbaren Kapazitäten getroffen werden.

84 Vgl. Coenenberg, A. G.., Kostenrechnung und Kostenanalyse, 2003, S. 306 f.

5.3 Restriktionssituationen[85]

Zunächst lassen sich verschiedene Restriktionssituationen unterscheiden:

Es liegen **keine Restriktionen** vor:

Liegen innerhalb der Produktion keinerlei Restriktionen und somit keine Produktions- beziehungsweise Absatzmengengrenzen vor, ist dasjenige Produkt zu bevorzugen, das den höchsten Stückdeckungsbeitrag erwirtschaftet. Wenn kein Kapazitätsengpass vorliegt, sollten alle Produkte produziert werden, die einen positiven Stückdeckungsbeitrag erwirtschaften.

Es liegt **eine Restriktion** vor:

Eine Restriktion ergibt sich, wenn die Kapazität der benötigten Fertigungsanlagen beschränkt ist. Somit ist hier zu prüfen, bei welcher Anlage es zu einem Engpass kommt.

Dies geschieht über den Vergleich der maximal verfügbaren Kapazitäten der Anlage und ihrer derzeitigen Nutzung. Besteht ein Engpass, wird im weiteren Verlauf der Engpassrechnung nur noch die »Engpass-Maschine« betrachtet. Hier reicht eine Betrachtung der absoluten Stückdeckungsbeiträge nicht aus, da dies nicht zu einer gewinnmaximalen Produktion führen würde. Üblicherweise wird daher der relative Deckungsbeitrag herangezogen, um den höchstmöglichen Gewinn zu ermitteln. Der relative Deckungsbeitrag (db_{rel}) ist der auf die Einheit dieses Engpasses bezogene Stückdeckungsbeitrag. Er wird wie folgt berechnet:

$$\text{relativer Deckungsbeitrag } (db_{rel}) = \frac{\text{absoluter Stückdeckungsbeitrag (db)}}{\text{Engpassbeanspruchung durch das Produkt}}$$

Sind die Absatzzahlen der Produkte begrenzt, wird das »gewinnmaximale« Produkt bis zur Absatzgrenze produziert und danach so lange das »nächstmaximale« Produkt hergestellt, bis die Maschinenkapazität vollständig ausgeschöpft ist.

Es liegen **mehrere Restriktionen** vor:

Liegen mehrere Restriktionen vor, müssen die Beziehungen zwischen den Kapazitäten und Deckungsbeiträgen gleichzeitig betrachtet werden, da eine getrennte Betrachtung der Engpässe zu unterschiedlichen und gegensätzlichen Ergebnissen führen würde.

85 Vgl. Coenenberg, A. G., Kostenrechnung und Kostenanalyse, 2003, S. 306 ff.

Lediglich den maximalen Gewinn oder die Opportunitätskosten[86] zu ermitteln, ist hier nicht ausreichend. Es müssen für die Entscheidungsfindung beispielsweise Verfahren der linearen Programmierung oder das Simplex-Verfahren eingesetzt werden.[87] Diese Berechnungen sind sehr zeit- und arbeitsintensiv und werden in der Praxis meist mit einer Software durchgeführt. Informationen hierzu finden Sie in der entsprechenden Fachliteratur. Daher wird dieses Verfahren an dieser Stelle nicht weiter erläutert.

Beispiel: Ermittlung des optimalen Produktionsprogramms

Die maximal zur Verfügung stehende Produktionszeit beträgt 10.800 Minuten. Die variablen Fertigungskosten betragen 3,00 € pro Minute. Es liegen die folgenden Informationen vor:

Produkt	Stückpreis	maximale Absatzmenge	Lageranfangsbestand	Materialeinzelkosten	Produktionszeit
A	20,00 €/St.	650 St.	200 St.	9,00 €/St.	2,0 min/St.
B	30,00 €/St.	1.500 St.	400 St.	10,00 €/St.	4,0 min/St.
C	17,00 €/St.	1.400 St.	0 St.	12,00 €/St.	2,5 min/St.
D	30,50 €/St.	1.800 St.	0 St.	15,00 €/St.	3,0 min/St.

Es wird das optimale Produktions- und Absatzprogramm ermittelt. Im ersten Schritt werden die absoluten Stückdeckungsbeiträge (db) berechnet.

	Produkt	A	B	C	D
	Preis pro Stück	20,00 €/St.	30,00 €/St.	17,00 €/St.	30,50 €/St.
-	Materialeinzelkosten	9,00 €/St.	10,00 €/St.	12,00 €/St.	15,00 €/St.
-	var. Fertigungskosten	(3,00 €/min x 2 min/St.) = 6,00 €/St.	(3,00 €/min x 4 min/St.) = 12,00 €/St.	(3,00 €/min x 2,5 min/St.) = 7,50 €/St.	(3,00 €/min x 3 min/St.) = 9,00 €/St.
=	Stückdeckungsbeitrag	5,00 €/St.	8,00 €/St.	- 2,50 €/St.	6,50 €/St.

86 Opportunitätskosten = entgangener Nutzen oder die Gewinneinbuße, die daraus resultiert, dass man eine Einheit eines Produktionsfaktors einer bestimmten Verwendung zuführt und sie dadurch einer anderen Verwendungsmöglichkeit entzieht.

87 Für weitere Informationen vgl. Coenenberg A. G. et al., Kostenrechnung und Kostenanalyse, 2009, S. 356 ff.

Ermittlung der Produktionsmengen:

	Gesamtkapazität in Minuten	10.800 min
-	Produkt B: (Produktion von 1.100 St.: max. Absatz – Lagerbestand (1.500 St. – 400 St. = 1.100 St.)	1.100 St. x 4 min/St. = 4.400 min
=	Restkapazität nach Produktion B	= 6.400 min
-	Produkt D: (Produktion von 1.800 St. = max. Absatz)	1.800 St. x 3 min/St. = – 5.400 min
=	Restkapazität nach Produktion von B und D	= 1.000 min
-	Produkt A: (Produktion von 450 St.: max. Absatz – Lagerbestand (650 St. – 200 St. = 450 St.)	450 St. x 2 min/St. = – 900 min
=	Restkapazität nach Produktion von A, D und B	= 100 min

Es werden die Produkte B, D und A in maximaler Absatzmenge angeboten.

Beispiel: Optimales Produktionsprogramm in einer Engpasssituation

Ein Engpass liegt dann vor, wenn zum Beispiel die Maschinenkapazität ausgeschöpft ist und nicht alle Produkte produziert werden können. Das bedeutet, dass man sich entscheiden muss, welche Produkte mit positivem Stückdeckungsbeitrag dann nicht mehr in der vorgesehenen Menge produziert werden. Die Entscheidung sollte so getroffen werden, dass dabei die geringsten Opportunitätskosten entstehen.

Hier wird genauso vorgegangen, wie es schon im vorherigen Beispiel beschrieben wurde. Allerdings reicht die Kapazität (Maximalzeit der Produktion) nicht aus, um alle absetzbaren Produkte zu produzieren. Somit wird das Produkt mit dem geringsten relativen Stückdeckungsbeitrag nicht mehr bzw. nur noch zum Teil produziert.

Es werden die Daten aus dem vorherigen Beispiel übernommen, jedoch ist der Lageranfangsbestand geringer, sodass es zu einem Produktionsengpass kommt.

Produkt	Stückpreis	maximale Absatzmenge	Lageranfangsbestand	Materialeinzelkosten	Produktionszeit
A	20,00 €/St.	650 St.	100 St.	9,00 €/St.	2,0 min/St.
B	30,00 €/St.	1.500 St.	200 St.	10,00 €/St.	4,0 min/St.
C	17,00 €/St.	1.400 St.	0 St.	12,50 €/St.	2,5 min/St.
D	30,50 €/St.	1.800 St.	0 St.	15,00 €/St.	3,0 min/St.

Die variablen Fertigungskosten betragen 3 €/min.

Es werden zunächst die absoluten Stückdeckungsbeiträge und anschließend die relativen Deckungsbeiträge berechnet.

	Produkt	A	B	C	D
	Preis pro Stück	20,00 €/St.	30,00 €/St.	17,00 €/St.	30,50 €/St.
-	Materialeinzel-kosten	9,00 €/St.	10,00 €/St.	12,00 €/St.	15,00 €/St.
-	var. Fertigungs-kosten	(3,00 €/min x 2 min/St.) = 6,00 €/St.	(3,00 €/min x 4 min/St.) = 12,00 €/St.	(3,00 €/min x 2,5 min/St.) = 7,50 €/St.	(3,00 €/min x 3 min/St.) = 9,00 €/St.
=	Stückdeckungs-beitrag	5,00 €/St.	8,00 €/St.	- 2,50 €/St.	6,50 €/St.

Nun werden die relativen Deckungsbeiträge für die Produkte mit positivem Deckungsbeitrag (also für die Produkte A, B und D) berechnet. Das Produkt C wird nicht mehr produziert, da es einen negativen Stückdeckungsbeitrag hat und somit jede weitere produzierte Einheit von Produkt C das Betriebsergebnis verschlechtern würde.

$$\text{relativer Deckungsbeitrag} = \frac{\text{absoluter Stückdeckungsbeitrag}}{\text{Engpassbeanspruchung pro Stück}}$$

	A	B	C	D
relativer Deckungs-beitrag	2,50 €/min	2,00 €/min	negativ	2,17 €/min

Die Reihenfolge entsprechend den relativen Deckungsbeiträgen lautet nun:

A > D > B.

Entsprechend dieser Reihenfolge wird das optimale Produktionsprogramm gemäß dem Engpassfaktor »Produktionszeit in Minuten« berechnet.

Ermittlung der Produktionsmengen:

	Gesamtkapazität in Minuten	10.800 min
-	Produkt A: (Produktion von 550 St. max. Absatz – Lagerbestand: 650 St. - 100 St. = 550 St.)	550 St. x 2 min/St. = - 1.100 min
=	Restkapazität nach Produktion von A	= 9.700 min
-	Produkt D: (Produktion von 1.800 St. = max. Absatz)	1.800 St. x 3 min/St. = - 5.400 min
=	Restkapazität nach Produktion von A und D	= 4.300 min
-	Produkt B: (Produktion von 1.300 St.: max. Absatz – Lagerbestand: 1.500 St. - 200 St. = 1.300 St.)	1.300 St. x 4 min/St. = 5.200 min Es stehen aber nur 4.300 min zur Verfügung, d. h., es können max. 1.075 St. produziert werden.
=	**Restkapazität nach Produktion von A, D und B**	**= 0 min**

Die Produkte A und D können nach wie vor in maximaler Absatzmenge auf dem Markt angeboten werden. Produkt B kann allerdings nur zum Teil angeboten werden, da anstatt 1.300 Stück nur maximal 1.075 Stück produziert werden können.

Der gesamte Deckungsbeitrag beträgt unter Berücksichtigung des Produktionsprogramms nach den relativen Deckungsbeiträgen: 25.150 €.

	Absatzmenge	Stückdeckungsbeitrag	Deckungsbeitrag
Produkt A	650 St.	5,00 €/St.	3.250 €
Produkt B	1.275 St.	8,00 €/St.	10.200 €
Produkt D	1.800 St.	6,50 €/St.	11.700 €
gesamt			**25.150 €**

Wie hoch wäre nun der gesamte Deckungsbeitrag, wenn das optimale Produktionsprogramm anhand der absoluten Stückdeckungsbeiträge festgelegt worden wäre?

Produktionsreihenfolge: B > D > A

Produktionskapazität: 10.800 min

Produkt B: 1.300 St. x 4 min/St. = 5.200 min → Restkapazität = 5.600 min

Produkt D: 1.800 St. x 3 min/St. = 5.400 min → Restkapazität = 200 min

Produkt A: 100 St. x 2 min/St. = 200 min → Restkapazität = 0 min

	Absatzmenge	Stückdeckungsbeitrag	Deckungsbeitrag
Produkt A	200 St.	5,00 €/St.	1.000 €
Produkt B	1.500 St.	8,00 €/St.	12.000 €
Produkt D	1.800 St.	6,50 €/St.	11.700 €
gesamt			**24.700 €**

Es zeigt sich, dass nur die Entscheidung auf Basis der »relativen Deckungsbeiträge« zu einem optimalen Ergebnis führt.

Aufgaben Kapitel 5

Aufgabe 1: Deckungsbeitragsrechnung
In einem Unternehmen werden verschiedene Bügeleisen produziert. Für die Produkte »Classic«, »Comfort« und »Expert« liegen folgende Daten vor:

Absatzzahlen pro Bügeleisen			
	Bügeleisen Classic	Bügeleisen Comfort	Bügeleisen Expert
Absatzpreis	20 €/St.	35 €/St.	55 €/St.
Absatzmenge pro Periode	1.300 St.	900 St.	1.100 St.
var. Herstellkosten pro Periode	19.500 €	18.000 €	38.500 €

Die Absatzmenge entspricht der Produktionsmenge.

a) Wie hoch ist der Umsatz pro Produkt und insgesamt (pro Produktionsperiode)? Welches der Produkte trägt am meisten zum Periodengewinn bei?

Es wird damit gerechnet, dass die Absatzzahlen der Branche in der nächsten Periode auf 90 Prozent des laufenden Jahres sinken. Des Weiteren werden sich auch die variablen Herstellkosten verändern. Für das Produkt »Classic« werden als variable Herstellkosten nun 16.380 €, für Produkt »Comfort« 14.175 € und für das Produkt »Expert« 38.610 € angesetzt.

b) Wie hoch wird der Umsatz pro Produkt in der nächsten Periode sein? Wie hoch sind die neuen Stückdeckungsbeiträge (Deckungsspannen)?

Aufgabe 2: Mehrstufige Deckungsbeitragsrechnung
Der Umsatz des Unternehmens X ist in den letzten Jahren zurückgegangen. Nun sollen mithilfe der mehrstufigen Deckungsbeitragsrechnung die Förderungspräferenzen einzelner Produkte geklärt werden, um eventuelle Veränderungen des Produktionssortiments einleiten zu können.

Das Unternehmen stellt Kühlschränke (Typ E, Typ F, Typ G) und Tiefkühltruhen her (Typ A und Typ B). Es gibt zwei Produktbereiche, den Bereich »Kühlschränke« und den Bereich »Tiefkühltruhen«. Der Produktbereich »Tiefkühltruhen« besteht nur aus einer Produktgruppe »Classic« (Typ A, Typ B). Der Produktbereich »Kühlschränke« ist allerdings in zwei Produktgruppen gegliedert, Produktgruppe »Energiesparend Classic« (Typ E, Typ F) und Produktgruppe »Bio-Fresh« (Typ G).

Für die Produktion und den Absatz der jeweiligen Kühlschränke und Tiefkühltruhen wurden folgende Daten ermittelt:

Produktions- und Absatzdaten pro Produkt					
	Tiefkühltruhe		**Kühlschrank**		
	Typ A	**Typ B**	**Typ E**	**Typ F**	**Typ G**
Absatzpreis [€/St.]	560	790	380	950	620
Absatzmenge [St.]	40.000	18.000	31.000	13.000	42.000
gewährte Nachlässe [€]	120.000	0	62.000	0	84.000
Materialstückkosten [€/St.]	200	330	120	350	400
Fertigungsstückkosten [€/St.]	20	15	10	40	35
produktfixe Kosten gesamt [€]	3.270.000	1.600.000	8.940.000	2.940.000	6.590.000

Zusätzlich fallen **produktgruppenspezifische Kosten** an. Für die Produktgruppe »Tiefkühltruhen Classic« fallen 6.200.000 € an, für »Kühlschränke energiesparend Classic« 800.000 € und für »Kühlschränke Bio-fresh« 1.250.000 €. Ferner werden Fixkosten im Bereich »Tiefkühltruhen« in Höhe von 3.000.000 € und im Bereich »Kühlschränke« in Höhe von 1.000.000 € verursacht. Zudem müssen unternehmensfixe Kosten in Höhe von 4.150.000 € gedeckt werden.

a) Erstellen Sie eine mehrstufige Deckungsbeitragsrechnung und ermitteln Sie das Betriebsergebnis.
b) Geben Sie mögliche Förderungspräferenzen für die einzelnen Produkte an. Interpretieren Sie das Ergebnis der einzelnen Deckungsbeiträge bis hin zum Betriebsergebnis. Bleiben die ursprünglichen Förderungspräferenzen bei einer ganzheitlichen Betrachtung bestehen? Welche Maßnahmen zur Ergebnisverbesserung gibt es?

Aufgabe 3: Break-even-Analyse

Die italienische Sportartikelhersteller LIGEA AG versucht, sich den Boom, den die WM ausgelöst hat, zunutze zu machen und seine Fußballschuhe auf dem deutschen Markt zu etablieren. Die Kapazitätsgrenze der für den deutschen Markt zu produzierenden Schuhen liegt bei 20.000 Stück pro Monat.

Im Monat September des aktuellen Jahres werden 18.800 Schuhe produziert und Umsatzerlöse in Höhe von 1.786.000 € erzielt. Die fixen Kosten beliefen sich auf 527.000 €, die variablen Kosten auf 601.600 €.

1. Wie hoch war der Gesamtgewinn bzw. der Stückgewinn der LIGEA AG im Monat September?
2. Berechnen Sie den Beschäftigungsgrad der LIGEA AG für den Monat September.
3. Bestimmen Sie rechnerisch den Break-even-Point für den Monat September.
4. Wie lautet das Gewinnmaximum bzw. das Erlösmaximum der LIGEA AG im Abrechnungszeitraum?
5. Bei welcher Absatzmenge hätte der Sportartikelhersteller im September einen Gewinn von 670.000 € erzielt?
6. Die LIGEA AG hat eine Marktforschungsagentur beauftragt, eine Umfrage hinsichtlich des Kaufverhaltens infolge einer Preissenkung durchzuführen. Die Auswertung ergab, dass eine Preissenkung um 5 €/St. die Verkaufszahlen um 700 Stück steigern würde.
   a) Bei welcher Absatzmenge würde unter Berücksichtigung des gesenkten Preises der Break-even-Point erreicht?
   b) Wie wären die Auswirkungen dieser Maßnahmen auf den Gesamtgewinn im Vergleich zu dem gemäß Frage 1 berechneten Gesamtgewinn?

Aufgabe 4: Engpassrechnung

In einem Unternehmen werden verschiedene Arten von Leuchten hergestellt. Für die kommende Produktionsperiode soll das Produktionsprogramm optimal geplant werden. Für die Produktion sind folgende Plandaten bekannt:

Ermittelte Produktions- und Absatzdaten der Leuchtenproduktion				
	Schreibtisch-lampe	**Deckenfluter**	**Stehlampe**	**Hänge-leuchte**
Absatzpreis [€/St.]	15	49	59	39
maximale Absatzmenge [St.]	1.200	1.500	850	800
Gesamtkosten [€]	13.500	54.000	36.350	34.300
davon variable Kosten [€]	12.000	52.500	34.850	32.800
Fertigungsinsel 1 [h/St.]	0,30	1,50	2,00	1,00
Fertigungsinsel 2 [h/St.]	0,30	1,00	0,50	0,30
Fertigungsinsel 3 [h/St.]	0,40	0,50	1,00	0,50

Alle Leuchten durchlaufen jede Fertigungsinsel, die alle jeweils eine Kapazität pro Periode von **4.200 Stunden** aufweisen. Diese Fertigungsinseln können parallel produktiv sein. Die angegebenen Fixkosten fallen zwingend an und sind nicht abbaubar.

a) Wie hoch sind die Deckungsbeiträge der einzelnen Produkte? Für welche Produkte bestehen Förderungspräferenzen?
b) Wo besteht ein Engpass in dieser Produktion und wie sieht das optimale Produktionsprogramm für die kommende Periode aus? Ermitteln Sie das Betriebsergebnis bei gleichbleibenden Stückkosten.

Aufgabe 5: Engpassrechnung

Ein Kaffeemaschinenhersteller ist auf Maschinen mit außergewöhnlicher Aufschäumtechnik spezialisiert. Die Kaffeemaschinen werden in drei unterschiedlichen Varianten angeboten, die aber alle dieselbe Prüfmaschine durchlaufen müssen. Die Prüfmaschine kann maximal 16 Stunden am Tag in Anspruch genommen.

Folgende Daten liegen vor:

Produktart	Benötigte Maschinenstunden je Stück	Variable Kosten der Fertigung
Standard	0,2 h/St.	170 €/St.
Elegance	0,4 h/St.	270 €/St.
Designo	0,6 h/St.	380 €/St.

Folgende Aufträge sind für den aktuellen Monat (= 30 Arbeitstage) eingegangen:

Produktart	Stückzahl	Preis je Stück
Standard	1.000 St.	220 €/St.
Elegance	400 St.	350 €/St.
Designo	600 St.	480 €/St.

Entscheiden Sie:

1. Wie viele Maschinenstunden stehen für die Produktion zur Verfügung, wie viele würden benötigt, um alle Aufträge auszuführen?
2. Wie hoch ist der Stückdeckungsbeitrag (Deckungsspanne je Stück) der einzelnen Kaffeemaschinen?
3. Welche Aufträge werden durchgeführt, wieviele Maschinenstunden werden dafür benötigt?
4. Wie hoch ist der Deckungsbeitrag und wie hoch der »Gewinn«, wenn die gesamten Fixkosten des Unternehmens 37.000 € betragen?

Weitere Aufgaben mit Lösungen finden Sie bei den digitalen Extras.

6 Plankostenrechnung

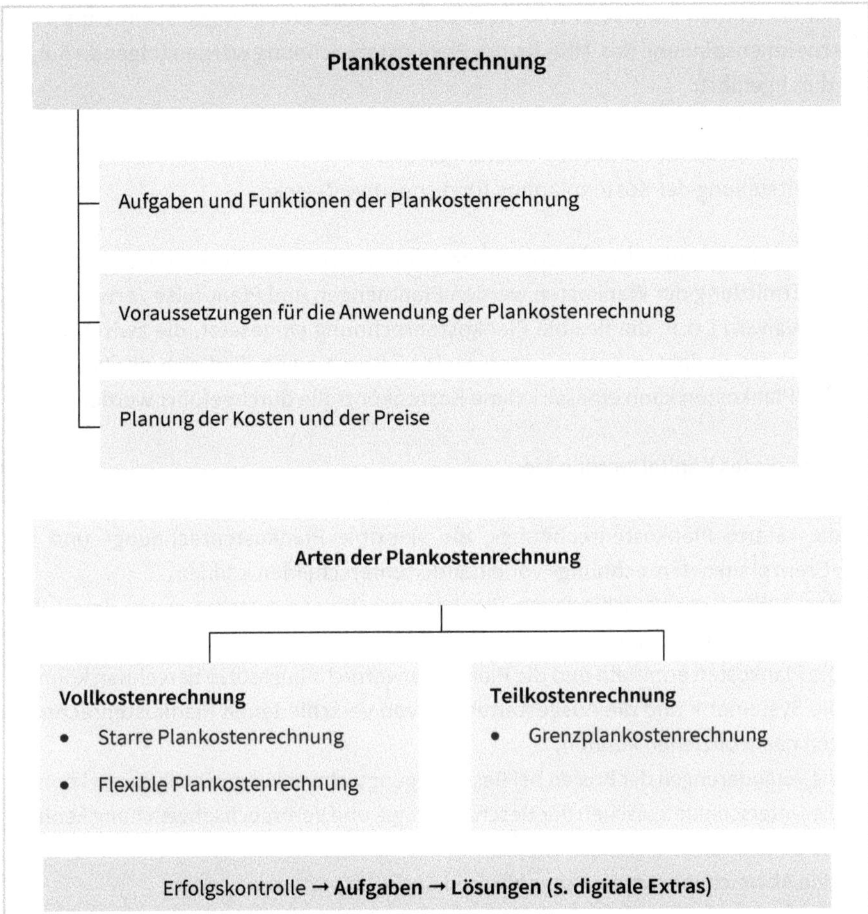

Abb. 77: Kapitelübersicht

Summary

Die Plankostenrechnung gilt angesichts des Wettbewerbsdrucks, dem die Unternehmen ausgesetzt sind, zunehmend als unverzichtbar. Sie wird regelmäßig in Großunternehmen eingesetzt und stellt ein wichtiges Steuerungsinstrument für die Unternehmensplanung dar. Mithilfe der Plankostenrechnung werden folgende Aufgaben durchgeführt:

- Wirtschaftlichkeitskontrolle,
- Kalkulation der betrieblichen Leistungen und
- Bereitstellung der Kostenplanung für dispositive Zwecke.

Um die Kosten für zukünftige Sachverhalte zu planen sind die Plankosten unerlässlich. Für die Ermittlung der Plankosten werden Planmengen und Planpreise verwendet. In der Praxis wird i. d. R. die flexible Plankostenrechnung eingesetzt, die zwischen den fixen und den variablen Kosten unterscheidet. Durch einen Vergleich der Ist-Kosten mit den Plankosten kann eine wirksame Kostenkontrolle durchgeführt werden.

Am Ende dieses Kapitel werden Sie:

- die Notwendigkeit und den Nutzen der Plankostenrechnung verstehen,
- die »Starre Plankostenrechnung«, die »Flexible Plankostenrechnung« und die »Grenzplankostenrechnung« voneinander unterscheiden können,
- den Aufbau der verschiedenen Plankostenrechnungssysteme sowie deren Vor- und Nachteile kennen,
- die Plankosten ermitteln und die Plankostenverrechnungssätze berechnen können,
- die Systematik und die Ausgestaltungen von verschiedenen Plankostenrechnungen nachvollziehen können,
- die Veränderungen der Kosten bei Beschäftigungsschwankungen analysieren können,
- die Unterschiede zwischen der Beschäftigungs- und Verbrauchsabweichung kennen,
- die Sollkosten ermitteln und
- eine Abweichungsanalyse durchführen und interpretieren können.

6.1 Einführung in die Plankostenrechnung

Bei der Plankostenrechnung handelt es sich um eine zukunftsorientierte Rechnung. Mit ihr lassen sich zukünftige Kosten für das Unternehmen, für Unternehmensbereiche, Prozesse und Produkte bestimmen.

Im Vergleich zur Ist- und Normalkostenrechnung, die beide ausschließlich Vergangenheitswerte verwenden, basiert die Plankostenrechnung auf **zukunftsorientierten Kosten**. Das sind jene Einzel- und Gemeinkosten, die sich aus dem Produkt von Planverbrauchsmenge und Planpreis für eine geplante Beschäftigung ergeben.[88] Ist- und Normalkosten sind kein sinnvoller Maßstab für Kosten einer zukünftigen Periode. Dennoch kann die Plankostenrechnung nicht als Alternative zur Ist-Kostenrechnung angewendet werden, da sie erst im direkten Vergleich ihren vollen Nutzen entfaltet.[89]

Die Plankostenrechnung erfüllt im Wesentlichen die drei folgenden Aufgaben:

- **Wirtschaftlichkeitskontrolle:** Mithilfe eines Soll-Ist-Vergleichs werden die tatsächlich angefallenen Ist-Kosten mit den sogenannten Sollkosten verglichen, die bei einer wirtschaftlich angebrachten Arbeitsweise hätten entstehen dürfen. Durch den Soll-Ist-Vergleich lassen sich Abweichungen analysieren, was u. a. eine frühzeitige Einleitung von erforderlichen Korrekturmaßnahmen ermöglicht.[90]
- **Steuerung der betrieblichen Aktivitäten:** Für die Steuerung der betrieblichen Aktivitäten ist die Bereitstellung von entscheidungsrelevanten Informationen unerlässlich. Die Plankostenrechnung fokussiert unter anderem Fragestellungen zur Sortimentsplanung sowie zur Produktions- und Absatzplanung.[91]
- **Kalkulation von betrieblichen Leistungen:** Die Kalkulation erfasst sowohl Produkte, die auf dem Absatzmarkt vertrieben werden, als auch innerbetriebliche Leistungen. Die im Rahmen einer Plankalkulation ermittelten Ergebnisse lassen sich für unternehmerische Entscheidungen heranziehen.[92]

6.2 Grundbegriffe in der Plankostenrechnung

Bevor die Plankostenrechnung und insbesondere die Abweichungsanalyse dargestellt werden, ist es sinnvoll, zunächst die relevanten Begriffe zu erklären. Im Folgenden die wesentlichen Begriffe der Plankostenrechnung:

88 Schmidt, A., Kostenrechnung, 2014, S. 198.
89 Zimmermann, G., Grundzüge der Kostenrechnung, 2001, S. 164.
90 Schmidt, A., Kostenrechnung, 2014, S. 198.
91 Horsch, J., Kostenrechnung, 2010, S. 225 f.
92 Zimmermann, G., Grundzüge der Kostenrechnung, 2001, S. 164.

Plankosten (K^{Plan})
Bei den Plankosten handelt es sich um Kosten, die für eine zukünftige Abrechnungsperiode erwartet werden. Plankosten werden ex ante ermittelt und bilden eine wirtschaftliche Situation ab. Sie werden wie folgt berechnet:

Plankosten (K^{Plan}) = Planbeschäftigung (X^{Plan}) x Planverrechnungspreise (P^{Plan})

Ist-Kosten (K^{Ist})
Bei den Ist-Kosten handelt es sich um die tatsächlich realisierten Kosten einer Abrechnungsperiode. Es muss klar sein, dass sich die Ist-Kosten der Ist-Kostenrechnung von den Ist-Kosten der Plankostenrechnung unterscheiden.

Ist-Kosten der Ist-Kostenrechnung ($K^{Ist}{}_{IKR}$)
Die Ist-Kosten der Ist-Kostenrechnung ergeben sich aus der mit Ist-Einstandspreisen (P^{Ist}) bewerteten Ist-Beschäftigung (X^{Ist}).

Ist-Kosten der **Ist-Kosten**rechnung = Ist-Beschäftigung x **Ist-Preis**

Ist-Kosten der Plankostenrechnung ($K^{Ist}{}_{PKR}$)
Hierbei handelt es sich um die mit Planeinstandspreisen (P^{Plan}) bewertete Ist-Beschäftigung (X^{Ist}).

Ist-Kosten der **Plan**kostenrechnung = Ist-Beschäftigung x **Planpreis**

Sollkosten (K^{Soll})
Unter den Sollkosten versteht man die auf eine Ist-Beschäftigung (X^{Ist}) umgerechneten Plankosten (deren Basis die Planbeschäftigung darstellt). Sollkosten müssen immer dann betrachtet werden, wenn die Ist-Beschäftigung von der Planbeschäftigung abweicht. Zur Wirtschaftlichkeitskontrolle müssen in diesem Fall die variablen Plankosten an die Ist-Beschäftigung angepasst werden, während die fixen Plankosten unverändert bleiben.

$$\text{Sollkosten} = \text{geplante Fixkosten} + \frac{\text{variable Plankosten}}{\text{Planbeschäftigung}} \times \text{Istbeschäftigung}$$

oder

Sollkosten = Fixkosten + (variabler Plankostenverrechnungssatz x Ist-Beschäftigung)

Plankostenverrechnungssatz (VS)
Der Plankostenverrechnungssatz (VS) ermittelt die geplanten Stückkosten:

$$\text{Plankostenverrechnungssatz (VS)} = \frac{\text{gesamte Plankosten } (K^{Plan})}{\text{Planbeschäftigung } (X^{Plan})}$$

Verrechnete Plankosten (K^{verr})
Die verrechneten Plankosten (K^{verr}) stellen die Plankosten der Planperiode dar, die in der Plankalkulation über den Plankostenverrechnungssatz (VS) auf die Kostenträger verrechnet worden sind. Sie berechnen sich wie folgt:

K^{verr} = Plankostenverrechnungssatz (VS) x Ist-Beschäftigung (X^{Ist})

Alternativ kann können die verrechneten Plankosten (K^{verr}) aus dem Produkt der Plankosten (K^{Plan}) und dem Beschäftigungsgrad (BG) zur Berechnung herangezogen werden.

K^{verr} = Plankosten (K^{Plan}) x Beschäftigungsgrad (BG)

Abweichungsanalyse
Mithilfe der Abweichungsanalyse sollen Kostenabweichungen identifiziert werden, sowie deren Ursachen und die Verantwortlichkeiten ermittelt werden. Die Abweichungsanalyse wird im Wesentlichen in drei Hauptschritten durchgeführt:

- Zunächst müssen die Grundlagen für den Soll-Ist-Vergleich die Ist-Kosten und die Ist-Beschäftigung ermittelt werden.
- In der zweiten Phase der Berechnung werden die verschiedenen Abweichungen ermittelt.
- In der dritten Phase, der Auswertung, sind die Ursachen und Verantwortlichkeiten festzustellen.

Ziel ist es, alle Abweichungen aufzudecken, damit zielgerichtete Maßnahmen zur Vermeidung dieser Abweichungen in der Zukunft ergriffen werden können.

6.3 So gehen Sie bei der Plankostenrechnung vor

Bevor Sie die unterschiedlichen Plankostenrechnungssysteme kennenlernen, soll zuerst der allgemeine Ablauf einer Plankostenrechnung und Abweichungsanalyse dargestellt werden.

1. Schritt: Zunächst wird die **Planbeschäftigung (X^{PLan})** für jede relevante Kosteneinflussgröße festgelegt. Als Bezugsgrößen für die Planbeschäftigung dienen z. B. Stückzahlen, Fertigungsstunden oder Maschinenstunden.

2. Schritt: Ebenfalls für jede relevante Kosteneinflussgröße werden die **Plankosten (K^{Plan})** ermittelt. Dazu werden die ermittelten Planmengen (Planbeschäftigung) mit den Planpreisen multipliziert. Für die **Plankalkulation** wird der **Plankostenverrech-**

nungssatz (VS) gebildet, der die Kosten pro Stück darstellt. Der Plankostenverrechnungssatz wird folgendermaßen berechnet:

$$\text{Plankostenverrechnungssatz (VS)} = \frac{\text{gesamte Plankosten } (K^{Plan})}{\text{Planbeschäftigung } (X^{Plan})}$$

3. Schritt: Nach Kenntnis der Ist-Beschäftigung können die **verrechneten Plankosten (K^{verr})** bestimmt werden. Die verrechneten Plankosten ergeben sich, indem der Plankostenverrechnungssatz (VS) mit der Ist-Beschäftigung (= die in einer Abrechnungsperiode tatsächlich realisierte Leistung einer Kostenstelle) multipliziert wird:

verrechnete Plankosten (K^{verr}) = Plankostenverrechnungssatz x Ist-Beschäftigung

Die verrechneten Plankosten (K^{verr}) stellen die Plankosten der Planperiode dar, die in der Plankalkulation über den Plankostenverrechnungssatz auf die Kostenträger verrechnet worden sind.

4. Schritt: Die verrechneten Plankosten (K^{verr}) werden im Rahmen einer Abweichungsanalyse mit den Ist-Kosten (K^{Ist}), d. h. den tatsächlich angefallenen Kosten, verglichen. Die Gesamtabweichung berechnet sich wie folgt:

$$\text{Gesamtabweichung } (\Delta G) = \text{Istkosten } (K^{Ist}) - \text{verrechnete Plankosten } (K^{verr})$$

6.4 Systeme der Plankostenrechnung

Im Laufe der Zeit haben sich drei verschiedene Formen der Plankostenrechnung entwickelt. Diese sind:

- die starre Plankostenrechnung,
- die flexible Plankostenrechnung auf Vollkostenbasis und
- die flexible Plankostenrechnung auf Teilkostenbasis, die auch als Grenzplankostenrechnung bezeichnet wird.

Die Systeme unterscheiden sich zum einen durch die Aufteilung der Kosten in fixe und variable Bestandteile und zum anderen durch den Umfang der auf die Kostenträger verrechneten Kosten.

Bei der **starren Plankostenrechnung** werden die Kosten nicht in fixe und variable Bestandteile getrennt. Sie ist also stets als Vollkostenrechnung gestaltet. Dabei werden alle Kosten auf die Kostenträger verrechnet.

Bei der **flexiblen Plankostenrechnung** hingegen findet im Hinblick auf die Kostenkontrolle eine Aufteilung der Kosten in fixe und variable Bestandteile statt.

- In der flexiblen Plankostenrechnung auf Vollkostenbasis erfolgt die Kalkulation zu Vollkosten.
- Die flexible Plankostenrechnung auf Teilkostenbasis, auch als Grenzplankostenrechnung bezeichnet, verrechnet nur die variablen Kosten auf die Kostenträger.

6.5 Starre Plankostenrechnung

Die starre Plankostenrechnung ist der Normalkostenrechnung ähnlich, unterscheidet sich jedoch durch die zukunftsorientierten Kostenvorgaben und in ihrer Zielsetzung, die Kostenrechnung in die Unternehmensgesamtplanung zu integrieren.[93]

6.5.1 Allgemeiner Aufbau der starren Plankostenrechnung

Die starre Plankostenrechnung ist eine reine Vollkostenrechnung, bei der die Plankosten unter folgenden Voraussetzungen ermittelt werden:[94]

- Es wird von einer bestimmten Planbeschäftigung (erwarteter Beschäftigungsgrad) für die Planungsperiode ausgegangen.
- Es wird nur eine Bezugsgröße je Kostenstelle festgelegt.
- Alle sonstigen Kosteneinflussgrößen (z. B. das geplante Produktionsverfahren oder die Werkstoffqualitäten) bleiben unverändert.
- Die ermittelten Verrechnungspreise sind fest.
- Sowohl in der Kostenstellenrechnung als auch in der Plankalkulation wird ein Vollkostenkalkulationssatz verwendet.

Die Plankosten werden für jede Kostenstelle nur für einen einzigen Beschäftigungsgrad (BG), die Planbeschäftigung (X^{Plan}), ermittelt. Das heißt, die Plankosten werden nicht an eventuelle Beschäftigungsänderungen angepasst. Die Ermittlung der Plankosten geschieht kostenstellenweise und nach Kostenarten differenziert. Die Plankosten werden im Rahmen der Abweichungsuntersuchung nicht auf die Ist-Beschäftigung (= die in einer Abrechnungsperiode tatsächlich realisierte Leistung in einer Kostenstelle) umgerechnet. Es werden demzufolge auch keine Sollkosten (K^{Soll}) (= planmäßige Kostenvorgabe der Ist-Beschäftigung (X^{Ist})) errechnet, obwohl dies gerade für den Zweck der Wirtschaftlichkeitskontrolle wichtig wäre.[95]

93 Vgl. Olfert, K., Kostenrechnung, 2018, S. 262.
94 Vgl. Steger, J., Kosten- und Leistungsrechnung, 2010, S. 559.
95 Vgl. Haberstock, L., Kostenrechnung II, 2008, S. 10.

Den Plankostenverrechnungssatz (VS), mit dem die Produkte kalkuliert werden, erhält man aus der Division der gesamten Plankosten (K^{Plan}) durch die Planbeschäftigung (X^{Plan}). Die Formel für den Plankostenverrechnungssatz (VS) lautet:

$$\text{Plankostenverrechnungssatz (VS)} = \frac{\text{Plankosten } (K^{Plan})}{\text{Planbeschäftigung } (X^{Plan})}$$

Mit diesem Plankostenverrechnungssatz werden die Kosten von der Kostenstelle auf die Kostenträger weiterverrechnet. Da bei der Ermittlung des Plankostenverrechnungssatzes die Plankosten nicht in fixe und variable Bestandteile getrennt werden, wird völlige Proportionalität zwischen diesen und der Bezugsgröße unterstellt. Es werden demnach auch die nicht zurechenbaren Fixkostenbestandteile proportional auf die Kostenträger verrechnet. Das bedeutet, bei einer Unterbeschäftigung werden zu wenige Fixkosten und bei einer Überbeschäftigung zu viele Fixkosten verrechnet. Der Plankostenverrechnungssatz entspricht nicht dem Verursachungsprinzip, wenn in den Plankosten fixe Kostenbestandteile enthalten sind, da sich nur variable Kosten bei einer Beschäftigungsänderung verändern.[96]

Die verrechneten Plankosten erhält man, indem der Plankostenverrechnungssatz (VS) mit der effektiv erzeugten Menge (Ist-Beschäftigung) multipliziert wird.

$$\text{Verrechnete Plankosten } (K^{verr}) = \text{Plankostenverrechnungssatz (VS)} \times \text{Ist-Beschäftigung } (K^{Ist})$$

6.5.2 Kostenkontrolle bei der starren Plankostenrechnung

Das Ziel der Kostenkontrolle ist, die Wirtschaftlichkeit des Betriebsablaufs und die Kostenplanung zu verbessern. Dazu verwendet man den Plan-Ist-Vergleich, bei dem die tatsächlich angefallenen Ist-Kosten mit den verrechneten Plankosten verglichen werden.[97] Die Gesamtabweichung (ΔG) wird wie folgt ermittelt:

$$\text{Gesamtabweichung } (\Delta G) = \text{Istkosten } (K^{Ist}) - \text{verrechnete Plankosten } (K^{verr})$$

Bei der starren Plankostenrechnung kann nur eine Gesamtabweichung bei der Kostenkontrolle ermittelt werden.

96 Vgl. Steger, J., Kosten- und Leistungsrechnung, 2008, S. 525.
97 Vgl. Jorasz, W., Kosten- und Leistungsrechnung, 2008, S. 242.

Die Gesamtabweichung kann sich aus folgenden Komponenten zusammensetzen:

- Einer Preisabweichung (ΔP) (= Kostenabweichung, die auf eine Abweichung zwischen den Ist-Preisen (Einstandspreisen) und den Planpreisen der bezogenen Güter und Dienstleistungen zurückzuführen ist),
- einer Beschäftigungsabweichung (ΔB) (= auslastungsbedingt, d.h. eine Abweichung der Ist-Beschäftigung von der Planbeschäftigung),
- einer Verbrauchsabweichung (ΔV) (= mengenbedingt, d.h., wenn die geplanten und die tatsächlich verbrauchten Mengen an Kostengütern unterschiedlich hoch sind).

Für die Zwecke der Kostenkontrolle möchte man auch bei der starren Plankostenrechnung eine mögliche Preisabweichung (z. B. eine Erhöhung der Materialpreise) ausschließen. Daher benötigt man **Planpreise (P^{Plan}) als feste Verrechnungspreise** mit einer eher langfristigen Gültigkeitsdauer (i. d. R. ein Jahr), um eine mögliche Preisabweichung beim Plan-Ist-Vergleich von anderen Abweichungen zu isolieren. Dies geschieht, indem die Ist-Mengen (X^{Ist}) mit Planpreisen (P^{Plan}) bewertet werden; hier spricht man von Ist-Kosten der Plankostenrechnung ($K^{Ist}{}_{PKR}$). Die Ist-Kosten der Ist-Kostenrechnung unterscheiden sich insofern von den Ist-Kosten der Plankostenrechnung ($K^{Ist}{}_{IKR}$), da die Ist-Mengen mit den Ist-Preisen (P^{Ist}) und nicht mit den Planpreisen (P^{Plan}) multipliziert werden.[98]

Die Preisabweichung ergibt sich aus der Differenz zwischen den »Ist-Kosten der Ist-Kostenrechnung« und den »Ist-Kosten der Plankostenrechnung«.

	Ist-Kosten der Ist-Kostenrechnung = $K^{Ist}_{IKR} = X^{Ist} \times P^{Ist}$	Preisabweichung
–	Ist-Kosten der Plankostenrechnung = $K^{Ist}_{PKR} = X^{Ist} \times P^{Plan}$	
=	Preisabweichung (ΔP)	

Für die Kostenkontrolle müssen zuerst die Ist-Beschäftigung (X^{Ist}) und die Ist-Kosten (zu Planpreisen bewertet) der Kostenstelle festgestellt werden. Anschließend werden die verrechneten Plankosten (K^{verr}) ermittelt. Sie sind die auf die Kostenträger verrechnete Kostensumme. Dabei richtet sich der Umfang der Kostenverrechnung nach der Ist-Beschäftigung:

$$K^{verr} = VS \times X^{Ist} \text{ oder } K^{verr} = K^{Plan} \times \frac{X^{Ist}}{X^{Plan}} = K^{Plan} \times BG$$

K^{verr} = verrechnete Plankosten
VS = Plankostenverrechnungssatz
K^{Plan} = Plankosten
X^{Ist} = Ist-Beschäftigung
X^{Plan} = Planbeschäftigung
BG = Beschäftigungsgrad

98 Vgl. Däumler, K.-D.; Grabe, J., Kostenrechnung 3, 2009, S. 23.

Die starre Plankostenrechnung unterstellt, dass sich die gesamten Gemeinkosten im Verhältnis zur Beschäftigung ändern, d. h., für den Extremfall einer Nullbeschäftigung würden keine Kosten verrechnet werden[99].

Die Gesamtabweichung (ΔG) ergibt sich dadurch, dass von den Ist-Kosten die verrechneten Plankosten (K^{verr}) abgezogen werden:

Gesamtabweichung = Ist-Kosten – verrechnete Plankosten

$$\text{Gesamtabweichung } (\Delta G) = K^{Ist} - K^{verr}$$

Zur Verdeutlichung der dargestellten Sachverhalte dient das folgende Beispiel.

Beispiel: Starre Plankostenrechnung

Der Spielzeughersteller »Games and More« plant für das Jahr 01 für die Kostenstelle »Produktion Spielzeugroboter« eine Ausbringungsmenge (X^{Plan}) von 10.000 Stück. Die fixen Kosten der Kostenstelle belaufen sich auf 250.000 €. Die variablen Kosten werden mit 550.000 € angesetzt, die geplanten Gesamtkosten betragen 800.000 €.

Zu Beginn des Jahres 02 liegen die tatsächlichen Kosten und die tatsächlich realisierte Ausbringungsmenge vor. Die Ist-Kosten (K^{Ist}) betragen 700.000 € bei einer Ausbringungsmenge von 6.000 Stück. Eine Preisabweichung gibt es in diesem Beispiel nicht.

Da in der starren Plankostenrechnung keine Trennung der fixen und variablen Kosten erfolgt, wird mit den gesamten Plankosten (K^{Plan}) von 800.000 € gerechnet. Der Plankostenverrechnungssatz (VS), der die Plankosten auf die Kostenträger verteilt, ergibt sich durch:

$$\text{Plankostenverrechnungssatz (VS)} = \frac{K^{Plan}}{X^{Plan}} = \frac{800.000\ €}{10.000\ \text{St.}} = 80\ €/\text{St.}$$

Das heißt, es wurde geplant, dass die Produktion eines Roboters 80 €/St. kostet. Um nun herauszufinden, welche Kosten für die hergestellte Stückzahl in der Kostenträgerrechnung eingeplant waren, werden die verrechneten Plankosten (K^{verr}) ermittelt:

$$K^{verr} = VS \times X^{Ist} = 80\ €/\text{St.} \times 6.000\ \text{St.} = 480.000\ €$$

99 Vgl. Joos-Sachse, T., Controlling, Kostenrechnung und Kostenmanagement, 2006, S. 236.

Die ermittelten verrechneten Plankosten (K^{verr}) besagen, dass bei einer Ausbringungsmenge von 6.000 Stück mit den geplanten verrechneten Stückkosten von 80 €/St. Kosten in Höhe von 480.000 € entstehen werden.

Durch den Vergleich der Ist-Kosten (K^{Ist}) mit den verrechneten Plankosten (K^{verr}) erhält man die Gesamtabweichung (ΔG):

$$\Delta G = K^{Ist} - K^{verr} = 700.000\ € - 480.000\ € = 220.000\ €$$

Die Gesamtabweichung ist jedoch nicht sehr aussagekräftig. Der Grund dafür ist, dass die Plankosten fixe Bestandteile enthalten. Diese fixen Kosten verändern sich somit nicht im gleichen Maß wie die Beschäftigung, was aber durch die Proportionalisierung unterstellt wird. Die Fixkosten werden also nur anteilig und nicht in voller Höhe in den verrechneten Plankosten berücksichtigt.[100] In diesem Beispiel wurden zu wenige Fixkosten verrechnet, obwohl während der Abrechnungsperiode die gesamten Fixkosten angefallen sind.

Wenn man nun die Plankosten mit den Ist-Kosten vergleicht, werden die Plankosten zwar um 100.000 € unterschritten, jedoch war die tatsächliche Beschäftigung um 40 % geringer als die geplante:

$$\text{Beschäftigungsgrad (BG)} = \frac{\text{Ist-Beschäftigung } (x^{Ist})}{\text{Planbeschäftigung } (x^{Plan})}$$

Eine sinnvolle Kontrolle der Wirtschaftlichkeit ist so nicht möglich, da Plan- und Ist-Kosten auf unterschiedlichen Beschäftigungsgraden beruhen. Es kann nicht gesagt werden, ob wirtschaftlich gearbeitet wurde oder ob die Kosten bei einem Beschäftigungsgrad (BG) von 60 % noch geringer hätten sein müssen. Dazu benötigt man die Sollkosten, die aber in der starren Plankostenrechnung nicht bekannt sind.

Die Sachverhalte der starren Plankostenrechnung lassen sich für dieses Beispiel grafisch folgendermaßen darstellen:

100 Vgl. Fandel, G.; Fey, A.; Heuft, B.; Pitz, T., Kostenrechnung, 2009, S. 280 f.

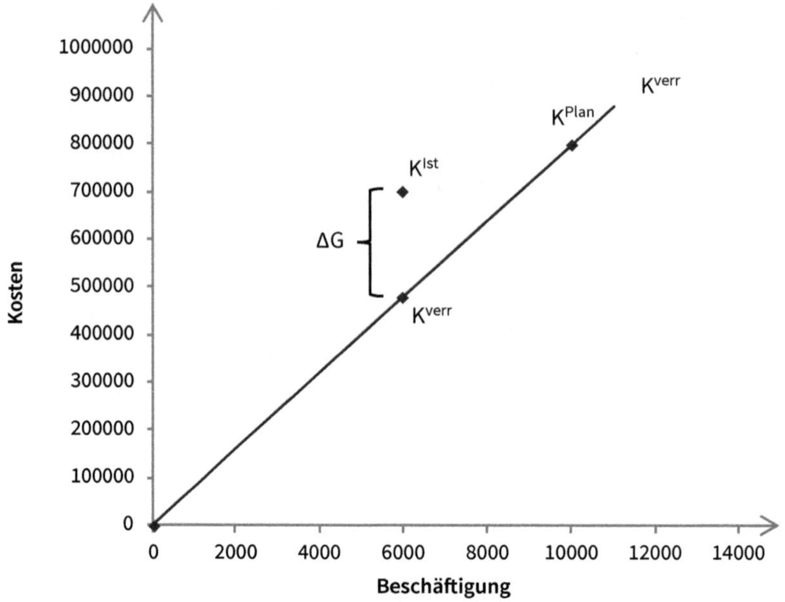

Abb. 78: Starre Plankostenrechnung

6.5.3 Beurteilung der starren Plankostenrechnung

Die starre Form der Plankostenrechnung ist zwar einfach und zügig zu handhaben, sie hat jedoch zwei entscheidende Nachteile:

Zum einen findet keine Anpassung der Plankosten an die wechselnde Ist-Beschäftigung statt. Die Sollkosten, d. h. die auf die jeweilige Ist-Beschäftigung umgerechneten Plankosten, sind in der starren Plankostenrechnung nicht bekannt. Sie sind aber gerade für eine differenzierte Kostenabweichungsanalyse (Verbrauchs- und Beschäftigungsabweichung) erforderlich. So ist die Kostenkontrolle nur dann sinnvoll, wenn Plan- und Ist-Beschäftigung übereinstimmen oder nur wenig voneinander abweichen. Das ist beispielsweise in Kostenstellen des Verwaltungs- oder Vertriebsbereichs der Fall.[101]

Zum anderen ist die starre Plankostenrechnung eine Vollkostenrechnung, bei der die Kosten ohne die Trennung in fixe und variable Bestandteile den einzelnen Kostenträgern zugerechnet werden. Es wird somit gegen das Verursachungsprinzip verstoßen

101 Vgl. Haberstock, L., Kostenrechnung II, 2008, S. 11 ff.

und die Kalkulationsergebnisse werden aufgrund der Verwendung von Plankalkulationssätzen auf Vollkostenbasis verzerrt.[102]

6.6 Flexible Plankostenrechnung auf Vollkostenbasis

Der große Nachteil der starren Plankostenrechnung ist, dass sie keine zuverlässigen Kostenvergleiche bei unterschiedlichen Beschäftigungsgraden[103] zulässt. Deshalb passt die flexible Plankostenrechnung die Plankosten »flexibel« an die Ist-Beschäftigung an. Die für verschiedene Beschäftigungsgrade ermittelten Plankosten werden als Sollkosten (K^{Soll}) bezeichnet. Zusätzlich werden in der flexiblen Plankostenrechnung die variablen Kosten (K_{var}) von den fixen Kosten (K_{fix}) getrennt, wodurch eine differenziertere Abweichungsanalyse möglich ist.

6.6.1 Allgemeiner Aufbau der flexiblen Plankostenrechnung

Die flexible Plankostenrechnung auf Vollkostenbasis ist eine Weiterentwicklung der starren Plankostenrechnung. Die Plankosten werden während der Abrechnungsperiode an die jeweilige Ist-Beschäftigung angepasst, und es werden die sogenannten »Sollkosten« abgebildet, die für eine wirkungsvolle Kostenkontrolle unerlässlich sind. Für jede beliebige Ist-Beschäftigung stellen die Sollkosten die Kostenvorgabe dar. Für die Ermittlung der Sollkosten bedarf es einer Aufteilung der Kosten in fixe und variable Bestandteile. Die Sollkosten werden wie folgt berechnet:

$$\text{Sollkosten} = \text{fixe Plankosten} + \frac{\text{Istbeschäftigung}}{\text{Planbeschäftigung}} \times \text{variable Plankosten}$$

Folgende Voraussetzungen müssen für die Anwendung der flexiblen Plankostenrechnung auf Vollkostenbasis erfüllt sein:[104]

- es gibt festgelegte Verrechnungspreise,
- die Beschäftigung ist eine variable Kosteneinflussgröße,
- sonstige Kosteneinflussgrößen können sich verändern,
- Trennung der Plankosten in fixe und variable Bestandteile in der Kostenstellenrechnung und
- in die Kostenträgerrechnung geht weiterhin der Plankostenverrechnungssatz zu Vollkosten ein.

102 Vgl. Schmidt, A., Kostenrechnung, 2017, S. 209.

103 Der Beschäftigungsgrad drückt das Verhältnis von Ist-Beschäftigung zur Planbeschäftigung aus, wobei bei der Planbeschäftigung von 100 % ausgegangen wird.

104 Vgl. Steger, J., Kosten- und Leistungsrechnung, 2010, S. 563.

Kongruent zur starren Plankostenrechnung wird auch in der flexiblen Plankostenrechnung auf Vollkostenbasis der Plankostenverrechnungssatz (VS) verwendet, um die Kosten auf die einzelnen Kostenträger zu verrechnen. Falls die Planbeschäftigung (X^{Plan}) und die Ist-Beschäftigung (X^{Ist}) identisch sind, entsprechen die Sollkosten (K^{Soll}) den Plankosten (K^{Plan}).

$$\text{Plankostenverrechnungssatz (VS)} = \frac{\text{Plankosten } (K^{Plan})}{\text{Planbeschäftigung } (X^{Plan})}$$

$$\text{verrechnete Plankosten } (K^{verr}) = \text{VS x Ist-Beschäftigung } (X^{Ist})$$

oder

$$\text{verrechnete Plankosten } (K^{verr}) = K^{Plan} \text{ x Beschäftigungsgrad (BG)}$$

Bei der flexiblen Plankostenrechnung wird auf Kostenstellenebene zwischen fixen und variablen Kosten unterschieden. Somit können Sollkosten nicht nur für einen bestimmten Beschäftigungsgrad (d. h. nicht nur als fester Betrag), sondern als Funktion für unterschiedliche Beschäftigungsgrade angegeben werden. Der variable Plankostenverrechnungssatz (VS_{var}) wird wie folgt berechnet:

$$\text{variabler Plankostenverrechnungssatz } (VS_{var}) = \frac{\text{var. Plankosten}}{\text{Planbeschäftigung}} = \frac{K_{var}^{Plan}}{X^{Plan}}$$

Es wird angenommen, dass die Kostenfunktion linear ist und dass die Fixkosten (K_{fix}) absolut fix sind, d. h., es gibt keine sprungfixen Kosten.[105] Demzufolge werden die Sollkosten (K^{Soll}) als eine Gerade dargestellt, der die folgende Gleichung zugrunde liegt:

$$\text{Sollkosten } (K^{Soll}) = (K_{fix}) + (VS_{var}) \text{ x } (X^{Ist})$$

105 Vgl. Kilger, W.; Pampel, J.; Vikas, K., Flexible Plankostenrechnung und Deckungsbeitragsrechnung, 2007, S. 59.

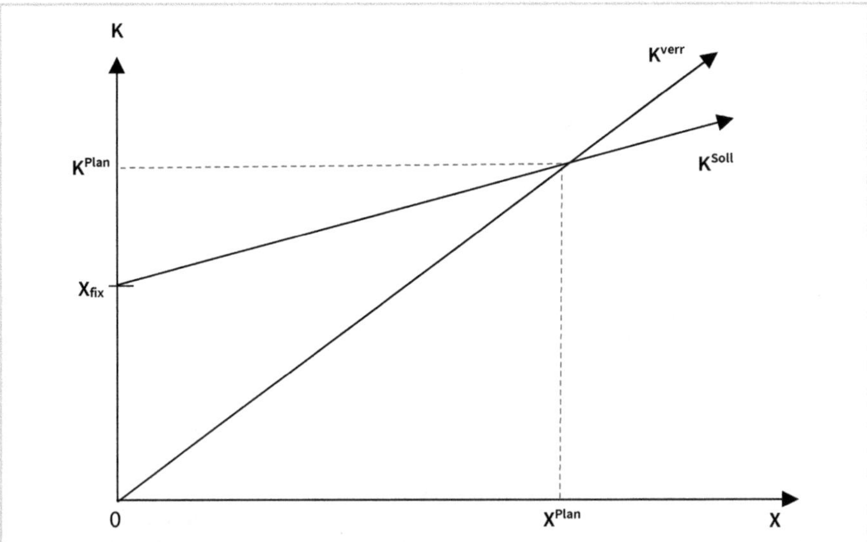

Abb. 79: Sollkosten der flexiblen Plankostenrechnung

Für jeden Beschäftigungsgrad beschreiben die Sollkosten eine angemessene Zielvorgabe der Kosten bei wirtschaftlicher Arbeitsweise. Die Gerade der Sollkostenfunktion verläuft durch den Punkt der fixen Kosten (K_{fix}) bei Nullbeschäftigung ($X = 0$) und schneidet sich mit der Geraden der verrechneten Plankosten (K^{verr}) im Punkt der Plankosten (K^{Plan}) bei Plan-Beschäftigung (X^{Plan}). In der flexiblen Plankostenrechnung werden im Vergleich zur starren Plankostenrechnung Kostenfunktionen in Abhängigkeit zur Beschäftigung konstruiert, anstatt feste Plankostenbeträge vorzugeben.[106]

Die Kosten in der Kostenstellenrechnung haben demnach einen anderen Inhalt als die Kosten in der Kostenträgerrechnung. Mit dem Plankostenverrechnungssatz auf Vollkostenbasis (VS) werden, wie in der starren Plankostenrechnung, die Kosten auf die Kostenträger verrechnet. Die verrechneten Plankosten (K^{verr}) stimmen also mit denen der starren Plankostenrechnung überein und errechnen sich wieder folgendermaßen:[107]

$$\text{Plankostenverrechnungssatz (VS)} = \frac{\text{Plankosten}}{\text{Planbeschäftigung}} = \frac{K^{Plan}}{X^{Plan}}$$

$$K^{verr} = VS \times X^{Ist} \quad \text{oder} \quad K^{verr} = K^{Plan} \times \frac{X^{Ist}}{X^{Plan}} \quad \text{oder} \quad K^{verr} = K^{Plan} \times BG$$

106 Zimmermann, J., Die flexible Plankostenrechnung und Deckungsbeitragsrechnung, 1990, S. 71.
107 Vgl. Haberstock, L., Kostenrechnung II, 2008, S. 16 f.

6.6.2 Methoden der Kostenauflösung bei Beschäftigungsänderung

Bei der flexiblen Plankostenrechnung müssen die Kosten in fixe und variable Anteile aufgeteilt werden. Dabei müssen Änderungen des Beschäftigungsgrades berücksichtigt werden, weil diese Änderungen die Kostenstruktur beeinflussen. Das bedeutet, dass man das Kostenverhalten bei Beschäftigungsschwankungen kennen muss. Nur so können die Sollkosten für die unterschiedlichen Beschäftigungsgrade ermittelt werden.

Für die Kostenauflösung können Sie folgende Methoden anwenden:

- die Variatorenrechnung und
- die planmäßige Kostenauflösung.

Die Variatorenrechnung können Sie anwenden, wenn sich der variable Kostenanteil proportional zur Beschäftigung verhält. Durch die **Variatorenrechnung** soll die Kostenauflösung erleichtert werden, indem eine Kostenveränderungskennziffer, der Variator (V), bestimmt wird. Der Variator (= Kostenänderungsfaktor) gibt die Höhe des Anteils der variablen Kosten an den Gesamtkosten an und zeigt, um wie viel Prozent sich die Plankosten bei einer 10%igen Abweichung der Ist-Beschäftigung von der Planbeschäftigung ändern. Somit ist eine Umrechnung der Plankosten bei einer Planbeschäftigung von 100 % in Sollkosten (K^{Soll}) bei anderen Beschäftigungsgraden möglich.[108]

Der Variator (V) wird wie folgt berechnet:

$$\text{Variator (V)} = \frac{\text{variable Plankosten der Planbeschäftigung } (K_{var}^{Plan})}{\text{gesamte Plankosten der Planbeschäftigung } (K^{Plan})} \times 10$$

Der Variator (V) liegt immer zwischen 0 und 10. Ein Variator von 7 bedeutet, dass 70 % der Kosten variabel und 30 % fix sind. Bei einer Beschäftigungsänderung um 20 % müssten die Sollkosten um 70 % x 20 % = 14 % angepasst werden.

Sind nur die Fixkostenanteile bekannt, kann der Variator folgendermaßen ermittelt werden:

$$\text{Variator (V)} = 10 - \frac{K_{fix}^{Plan}}{K^{Plan}} \times 10$$

Die **Sollkosten** können mithilfe des Variators durch folgende Formel ermittelt werden:[109]

$$\text{Sollkosten } (K^{Soll}) = K^{Plan} \times \left(1 - \frac{V}{10}\right) + K^{Plan} \times \frac{V}{10} \times \frac{X^{Ist}}{X^{Plan}}$$

108 Vgl. Schweitzer, M.; Küpper, H.-U., Systeme der Kosten- und Erlösrechnung, 2008, S. 292.
109 Vgl. Steger, J., Kosten- und Leistungsrechnung, 2010, S. 520.

Beispiel: Variatorenrechnung

In der Kostenstelle »Fertigung II« sind im Monat Mai bei einer Planbeschäftigung von 20.000 Stück Gesamtkosten in Höhe von 110.000 € geplant. Von diesen Kosten sind 88.000 € variabel. Die Ist-Beschäftigung liegt jedoch nur bei 14.000 Stück. Hierbei ergibt sich folgender Variator:

$$\text{Variator (V)} = \frac{K_{var}^{Plan}}{K^{Plan}} \times 10 = \frac{88.000\ €}{110.000\ €} \times 10 = 8$$

oder

$$\text{Variator (V)} = 10 - \frac{K_{fix}^{Plan}}{K^{Plan}} \times 10 = 10 - \frac{22.000\ €}{110.000\ €} \times 10 = 8$$

Das bedeutet, dass sich bei einer 10%igen Beschäftigungsänderung die Kosten der Kostenstelle um 8 % ändern. Da der Variator den Wert 8 hat, heißt das, dass 80 % der Kosten variabel und 20 % fix sind. In der Kostenstelle Fertigung II liegt der Beschäftigungsgrad bei 70 %:

$$\frac{14.000\ \text{St.}}{20.000\ \text{St.}} \times 100 = 70\ \%$$

Die Ist-Beschäftigung weicht also um 30 % von der Planbeschäftigung ab. Das heißt, dass zur Berechnung der Sollkosten, die Plankosten um 80 % x 30 % = 24 % variiert werden müssen. Die Sollkosten betragen demnach:

$$K^{Soll} = 110.000\ € \times 0{,}76 = 83.600\ €$$

Die Berechnung der Sollkosten kann auch durch die oben angegebene Formel erfolgen:

$$K^{Soll} = K^{Plan} \times \left(1 - \frac{V}{10}\right) + K^{Plan} \times \frac{V}{10} \times \frac{X^{Ist}}{X^{Plan}}$$

$$K^{Soll} = 110.000\ € \times \left(1 - \frac{8}{10}\right) + 110.000\ € \times \frac{8}{10} \times \frac{14.000\ \text{St.}}{20.000\ \text{St.}} = 83.600\ €$$

Die Werte der Variatoren bewegen sich zwischen 0 und 10:

V = 0	V = 10	V = 8
$K^{Plan} = K^{Plan}_{fix}$ Gesamtkosten sind zu 100 % fix.	$K^{Plan} = K^{Plan}_{var}$ Gesamtkosten sind zu 100 % variabel.	$K^{Plan}_{var} = 80\%$; $K^{Plan}_{fix} = 20\%$ Bei einer 10%igen Beschäftigungsänderung ändern sich die Gesamtkosten um 8 %.

Tab. 57: Bedeutung Variatorenwerte[110]

110 Vgl. Steger, J., Kosten- und Leistungsrechnung, 2010, S. 521.

Bei der **planmäßigen Kostenauflösung** werden die geplanten Kostenbeträge einer Kostenstelle und Kostenart untersucht, um herauszufinden, welche Kosten als Fixkosten und welche als variable Kosten anzusetzen sind. Die Kosten, bei denen man davon ausgeht, dass sie sich im selben Maße wie die Beschäftigung ändern, werden als variabel angesetzt. Als fix werden diejenigen Kosten angesehen, die bestehen bleiben, solange die Betriebsbereitschaft beibehalten wird, die Beschäftigung der Kostenstelle jedoch gegen null geht.[111]

6.6.3 Kostenkontrolle bei der flexiblen Plankostenrechnung

Ziel jeder Kostenkontrolle ist ein Soll-Ist-Vergleich, bei dem die Plankosten den tatsächlich entstandenen Ist-Kosten gegenübergestellt werden. Auf diese Weise kann zum einen die Kostenentwicklung überwacht werden. Zum anderen ist eine nach Kostenstellen und nach Kostenarten differenzierte Kostenkontrolle möglich, d. h., die Verbrauchs- und Beschäftigungsabweichung kann ermittelt werden.

Dazu werden die Kosten in fixe und variable Bestandteile zerlegt. Für die Ermittlung der Sollkosten benötigt man den variablen Plankostenverrechnungssatz. Den **variablen Plankostenverrechnungssatz** (VS_{var}) erhält man, indem die variablen Plankosten durch die Planbeschäftigung dividiert werden:

$$\text{variabler Plankostenverrechnungssatz } (VS_{var}) = \frac{K_{var}^{Plan}}{X^{Plan}}$$

Die variablen Kosten werden durch den variablen Verrechnungssatz in Abhängigkeit von der Ist-Beschäftigung dargestellt. Durch die Addition der Fixkosten, die unabhängig vom Beschäftigungsgrad anfallen, entstehen die **Sollkosten**, welche für jede Ist-Beschäftigung die angemessene Kostenvorgabe abbilden:[112]

Sollkosten = fixe Plankosten + (var. Plankostenverrechnungssatz x Ist-Beschäftigung)

$$K^{Soll} = K_{fix}^{Plan} + VS_{var} \times X^{Ist} \quad \text{oder} \quad K^{Soll} = K_{fix}^{Plan} + K_{var}^{Plan} \times BG$$

Die Sollkosten berücksichtigen, dass bei einer geringeren Beschäftigung als der Planbeschäftigung nur die variablen Kosten abgebaut werden, wohingegen die fixen Kosten in voller Höhe bestehen bleiben. Somit stellen die Sollkosten den Maßstab des Kostenvergleichs dar.

111 Vgl. Jorasz, W., Kosten- und Leistungsrechnung, 2008, S. 234.
112 Vgl. Schmidt, A., Kostenrechnung, 2017, S. 209.

Abweichungsanalyse

Für die Abweichungsanalyse müssen neben den Ist-Kosten und der Ist-Beschäftigung zusätzlich die verrechneten Plankosten und die Sollkosten ermittelt werden. Ziel der Abweichungsanalyse ist die möglichst verursachungsgerechte Aufspaltung der Gesamtabweichung der Kosten in einzelne Teilabweichungen, da die Gesamtabweichung allein nicht sehr aussagefähig ist. Es ist z.B. möglich, dass die Gesamtabweichung gleich null ist, obwohl es verschiedene Abweichungen gegeben hat, die sich jedoch gegenseitig ausgleichen.[113] Deshalb wird die Gesamtabweichung analysiert und man versucht die einzelnen Ursachen für die Kostenabweichungen aufzudecken, um geeignete und gezielte Verbesserungsmaßnahmen einzuleiten bzw. durchführen zu können.[114]

In der flexiblen Plankostenrechnung auf Vollkostenbasis können verschiedene Abweichungen innerhalb des Soll-Ist-Vergleichs festgestellt werden, die unterschiedliche Ursachen haben. Diese Abweichungen können in verschiedenen Verantwortungsbereichen liegen und nach folgendem Schema berechnet werden:

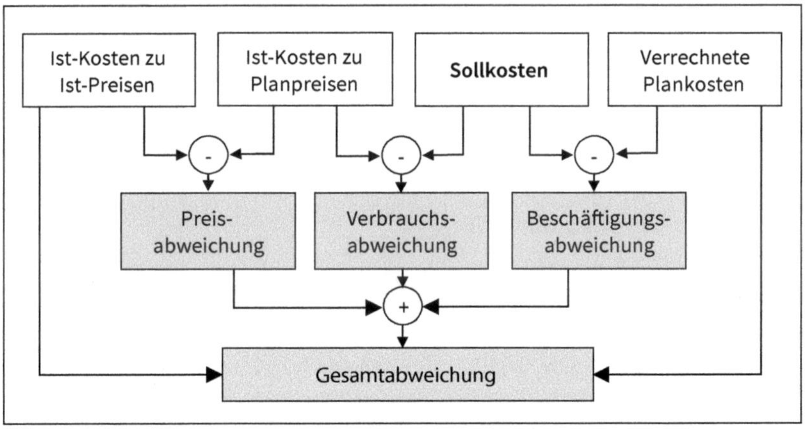

Abb. 80: Berechnung der Kostenabweichungen[115]

Aus welchen Teilabweichungen die **Gesamtabweichung** (ΔG) besteht, ist davon abhängig, ob die Preisabweichung im Vorfeld eliminiert wurde. Ist dies nicht der Fall, setzt sich die Gesamtabweichung wie folgt zusammen:

113 Vgl. Ewert, R.; Wagenhofer, A., Interne Unternehmensrechnung, 2014, S. 312.
114 Vgl. Steger, J., Kosten- und Leistungsrechnung, 2010, S. 534 f.
115 In Anlehnung an: Ziegenbein, K., Controlling, 2012, S. 575.

$$\Delta G = \Delta P + \Delta V + \Delta B \text{ oder } \Delta G = K_{IKR}^{Ist} - K^{verr}$$

ΔP = Preisabweichung
ΔG = Gesamtabweichung
ΔV = Verbrauchsabweichung
ΔB = Beschäftigungsabweichung

Bei vorheriger Eliminierung der Preisabweichung (ΔP), erhält man folgende **Gesamtabweichung (ΔG)**:

$$\Delta G = \Delta V + \Delta B \text{ oder } \Delta G = K_{PKR}^{Ist} - K^{verr}$$

Preisabweichung
Die **Preisabweichung** (ΔP) entspricht der Differenz zwischen den Ist-Kosten der Ist-Kostenrechnung und den Ist-Kosten der Plankostenrechnung und stellt i. d. R. eine Veränderung des Materialpreises dar. Sie wird wie folgt berechnet:

Preisabweichung (ΔP) = Ist-Kosten auf Basis von Ist-Preisen – Ist-Kosten auf Basis von Planpreisen

$$\Delta P = K_{IKR}^{Ist} - K_{PKR}^{Ist} = (\text{Ist-Menge} \times \text{Ist-Preis}) - (\text{Ist-Menge} \times \text{Planpreis})$$

Beispiel: Preisabweichung (ΔP)

Falls der tatsächliche Preis eines Produktionsfaktors (Ist-Preis) von dem geplanten Preis (Planpreis) abweicht, entsteht eine Preisabweichung. Ein Möbelhersteller bezahlt beispielsweise für Holz tatsächlich 15 €/m^2, statt der ursprünglich angenommenen 12 €/m^2. Die Planpreise stimmen nicht mehr mit den Ist-Preisen überein, d. h. es liegt eine Preisabweichung vor. Die Höhe der Preisabweichung kann folgendermaßen berechnet werden:

Für die Herstellung eines Tisches werden z. B. 4 m^2 Holz verbraucht, dieses Holz war tatsächlich um 3 €/m^2 teurer als geplant. Dies sind pro Tisch 12 € mehr an Materialkosten. Bei einer Produktion von 100 Tischen führt dies zu höheren Kosten von 1.200 €.

In der Regel wird die Preisabweichung für die Wirtschaftlichkeitskontrolle im Voraus eliminiert. Die Preisabweichung kann eliminiert werden, indem man die Ist-Verbrauchsmengen mit den Planpreisen anstatt mit den Ist-Preisen bewertet. Dies geschieht deshalb, weil die Gründe für Änderungen der Bezugspreise häufig außerhalb des Unternehmens liegen und die Kostenstellenleiter keinerlei Einfluss auf diese Änderungen haben und sie somit auch nicht in ihrer Verantwortung liegen. Unter Umständen kann die Preisabweichung zur Bewertung des Einkaufsbereichs herangezogen werden, da sie eventuell auf vom Einkauf beeinflussbare Gründe zurückzuführen ist. Solche Gründe können beispielsweise die Lieferantenauswahl, ein Lieferantenwechsel oder Änderungen der Bestellmengen und Bestellzeitpunkte sein. Vom Einkaufsbereich können konjunkturelle und saisonale Marktpreisschwankungen nicht beeinflusst werden.[116]

Verbrauchsabweichung

Der eigentliche Fokus bei der Abweichungsanalyse liegt auf der **Verbrauchsabweichung (ΔV)**. Sie gilt als eigentlicher Maßstab der Wirtschaftlichkeit, oder anders ausgedrückt: Sie deckt die innerbetrieblichen Unwirtschaftlichkeiten auf. Die Verbrauchsabweichung (ΔV) stellt den bewerteten mengenmäßigen Mehr- oder Minderverbrauch im Vergleich zur bewerteten Sollmenge dar und wird deshalb auch als Mengenabweichung bezeichnet.[117] Entsprechen die Sollmengen nicht den verbrauchten Ist-Mengen, ergibt sich eine **Verbrauchsabweichung (ΔV)**.

Die Verbrauchsabweichung wird wie folgt berechnet:

Verbrauchsabweichung (ΔV) = Ist-Kosten zu Planpreisen – Sollkosten

$$\Delta V = K_{PKR}^{Ist} - K^{Soll}$$

Ist die Verbrauchsabweichung größer null, bildet dieser positive Wert die Unwirtschaftlichkeit einer Kostenstelle ab. Diese Mehrkosten beim Zeit- oder Materialverbrauch liegen im Verantwortungsbereich des Kostenstellenleiters und können ihm angelastet werden. Mögliche Ursachen für den Mehrverbrauch sind beispielsweise Ausschuss, Veränderungen im Arbeitsablauf, Bedienfehler, Mehrarbeit oder Leistungsschwankungen.[118]

Ist die Verbrauchsabweichung (ΔV) negativ, könnten fehlerhafte oder zu hohe Plankosten der Grund sein.[119]

Beschäftigungsabweichung

Die Beschäftigungsabweichung (ΔB) entsteht, wenn die Ist-Beschäftigung von der Planbeschäftigung abweicht, also z. B. weniger Stück als geplant produziert oder weniger Stunden als geplant gearbeitet wurde. Sie stellt somit die Verrechnungsdifferenz zwischen der Kostenstellen- und der Kostenträgerrechnung dar. Sie ist keine echte Abweichung, sondern ein Verrechnungsfehler, der dadurch hervorgerufen wird, dass

116 Vgl. Haberstock, L., Kostenrechnung II, 2008, S. 280 f.
117 Vgl. Fandel, G.; Fey, A.; Heuft, B.; Pitz, T., Kostenrechnung, 2009, S. 287.
118 Vgl. Steger, J., Kosten- und Leistungsrechnung, 2010, S. 536.
119 Vgl. Schmidt, A., Kostenrechnung, 2017, S. 210.

es sich um eine Kalkulation zu Vollkosten handelt: Der Plankostenverrechnungssatz (VS), der zur Ermittlung der verrechneten Plankosten (K^{verr}) verwendet wird, bleibt auch bei einer Beschäftigungsänderung bestehen.

Das Problem liegt hier in der Proportionalisierung der Fixkosten. Dabei wird unterstellt, dass sich die Fixkosten variabel verhalten und mit der Beschäftigung schwanken, was aber nicht der Fall ist. Liegt die Ist-Beschäftigung unter der Planbeschäftigung, werden zu viele fixe Kosten auf die Kostenträger verrechnet. Liegt die Planbeschäftigung über der Ist-Beschäftigung, werden zu wenige Fixkosten auf die Kostenträger verrechnet, und zwar jeweils im Umfang der Beschäftigungsabweichung (ΔB). Der Kostenstellenleiter ist für die Beschäftigungsabweichung (ΔB) nicht verantwortlich zu machen, da er auf die Beschäftigungsmenge meist keinen Einfluss hat. Verantwortliche könnten möglicherweise im Vertrieb oder bei den für die Planung verantwortlichen Mitarbeitern gefunden werden.[120]

Wie eben erwähnt, stellt die Beschäftigungsabweichung (ΔB) also keine echte Kostenstellenabweichung dar, sondern einen Kalkulationsfehler. Die Differenz zwischen den Sollkosten (K^{Soll}) und den verrechneten Plankosten (K^{verr}) bezeichnet man als **Beschäftigungsabweichung** (ΔB). Die Beschäftigungsabweichung (ΔB) signalisiert ein Über- oder Unterschreiten der Planbeschäftigung (X^{Plan}). Die **Beschäftigungsabweichung** (ΔB) kommt bei einer niedrigeren Ist-Beschäftigung durch ungedeckte Fixkosten in Form von Leerkosten für die nicht genutzten Kapazitäten zustande. Sie kann folgendermaßen ermittelt werden:

Beschäftigungsabweichung (ΔB) = Sollkosten – verrechnete Plankosten bei Ist-Beschäftigung

$$\Delta B = K^{Soll} - K^{verr}$$

In der folgenden Abbildung sind die Kostenabweichungen dargestellt, die im Rahmen der flexiblen Plankostenrechnung auf Vollkostenbasis ermittelt werden können. Außerdem wird die Aufteilung des Fixkostenblocks in Nutzkosten und Leerkosten dargestellt. Man erkennt, dass im Schnittpunkt der Plankosten (K^{Plan}) bei Plan-Beschäftigung (X^{Plan}) die verrechneten Kosten (K^{verr}) gleich den Sollkosten (K^{Soll}) sind. Bei optimaler Planung sollte die Ist-Beschäftigung (X^{Ist}) der geplanten Beschäftigung (X^{Plan}) entsprechen und die Ist-Kosten (K^{Ist}) sollten denselben Umfang wie die Plankosten (K^{Plan}) und gleichzeitig auch die Sollkosten (K^{Soll}) haben.

120 Vgl. Steger, J., Kosten- und Leistungsrechnung, 2010, S. 539 f. und Schmidt, A., Kostenrechnung, 2017, S. 210.

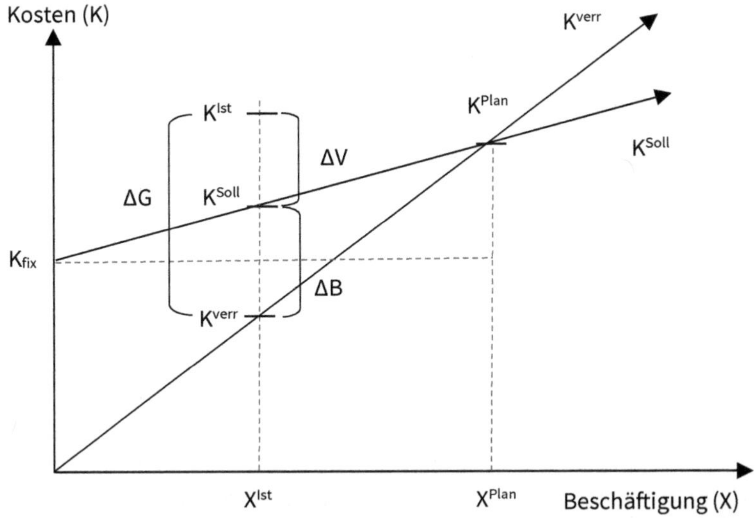

Abb. 81: Verbrauchs- und Beschäftigungsabweichung in der flexiblen Plankostenrechnung auf Vollkostenbasis

Zur Verdeutlichung der bisher angesprochenen Fakten wird für das Beispiel des Spielzeugherstellers »Games and More« nun anstelle der starren Plankostenrechnung die flexible Plankostenrechnung auf Vollkostenbasis eingesetzt.

Beispiel: Flexible Plankostenrechnung auf Vollkostenbasis

Im Gegensatz zur starren Plankostenrechnung müssen bei der flexiblen Plankostenrechnung auf Vollkostenbasis für die Kostenkontrolle die Kosten in fixe und variable Bestandteile aufgeteilt werden. Für die Kosten der Kostenstelle »Produktion Spielzeugroboter« ergeben sich folgende Werte:

$$K^{Plan} = 800.000\ €;\quad K_{var}^{Plan} = 550.000\ €;\quad K_{fix}^{Plan} = 250.000\ €$$

Es wird mit einer Ausbringungsmenge (X^{Plan}) von 10.000 Stück geplant. Die tatsächliche Ausbringungsmenge (X^{Ist}) beträgt aber nur 6.000 Stück, dabei entstanden Ist-Kosten (K^{Ist}) in Höhe von 700.000 €.

Der Plankostenverrechnungssatz (VS) auf Vollkostenbasis beträgt:

$$VS = \frac{K^{Plan}}{X^{Plan}} = \frac{800.000\ €}{10.000\ St.} = 80\ €/St.$$

Mit diesem Plankostenverrechnungssatz (VS) werden die verrechneten Plankosten (K^{verr}) ermittelt:

$$K^{verr} = VS \times X^{Ist} = 80\ €/St. \times 6.000\ St. = 480.000\ €$$

Die auf die Kostenträger verrechneten Kosten betragen wie bei der Anwendung der starren Plankostenrechnung 480.000 €.

Für die Zwecke der Kostenkontrolle wird der variable Plankostenverrechnungssatz (VS_{var}) benötigt.

$$VS_{var} = \frac{K_{var}^{Plan}}{X^{Plan}} = \frac{550.000\ €}{10.000\ St.} = 55\ €/St.$$

Die Herstellung eines Spielzeugroboters verursacht variable Stückkosten in Höhe von 55 €/St. Für die Abweichungsanalyse sind die **Sollkosten (K^{Soll})** bei Ist-Beschäftigung (X^{Ist}) zu ermitteln, indem die Plankosten an die Ist-Beschäftigung (X^{Ist}) angepasst werden. Während der variable Plankostenverrechnungssatz (VS_{var}) anteilig einfließt, gehen die Fixkosten (K_{fix}) in voller Höhe ein, da sie unabhängig vom Beschäftigungsgrad anfallen:

$$K^{Soll} = K_{fix} + VS_{var} \times X^{Ist} = 250.000\ € + 55\ €/St. \times 6.000\ St. = 580.000\ €$$

Nun ist es möglich, die Abweichungen zu ermitteln. Durch die Differenz von Ist-Kosten (K^{Ist}) und Sollkosten (K^{Soll}) ergibt sich eine Verbrauchsabweichung (ΔV) in Höhe von:

$$\Delta V = K^{Ist} - K^{Soll} = 700.000\ € - 580.000\ € = 120.000\ €$$

Der Kostenstellenleiter ist für diese Verbrauchsabweichung (ΔV) in Höhe von 120.000 € verantwortlich, da sie auf Mehrverbräuche der Kostenstelle zurückzuführen ist.

Die Beschäftigungsabweichung (ΔB) wird wie folgt berechnet:

$$\Delta B = K^{Soll} - K^{verr} = 580.000\ € - 480.000\ € = 100.000\ €$$

Die Ursache für die Beschäftigungsabweichung ist, dass anstatt der geplanten 10.000 Spielzeugroboter nur 6.000 Stück hergestellt wurden und somit die verrechneten Plankosten nur einen Teil der Fixkosten von 25 €/St. enthalten. Die Sollkosten (K^{Soll}) enthalten jedoch die gesamten Fixkosten. Da Fixkosten meist kurzfristig nicht veränderbar sind und der Kostenstellenleiter die Beschäftigungsmenge nicht beeinflussen kann, ist er für diese Abweichung von 100.000 € nicht verantwortlich zu machen.

Durch die Addition der Verbrauchs- und Beschäftigungsabweichung ergibt sich die Gesamtabweichung (ΔG):

$$\Delta G = \Delta V + \Delta B = 120.000\ € + 100.000\ € = 220.000\ €$$

In der Kostenstelle wurden insgesamt 220.000 € nicht gedeckt.

Grafisch lässt sich das Beispiel folgendermaßen darstellen:

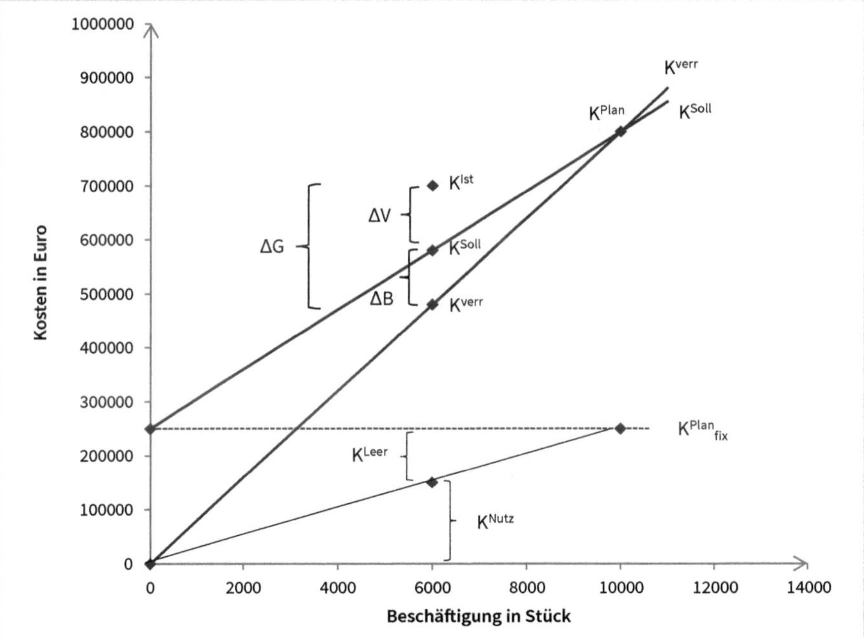

Abb. 82: Flexible Plankostenrechnung auf Vollkostenbasis

Leer- und Nutzkosten

Leer- und Nutzkosten sind Begriffe, die bei der Verteilung von Fixkosten auf Kostenträger eine Rolle spielen. Die Fixkostenanalyse kann, neben dem Soll-Ist-Vergleich, dem Kostenrechner weitere wichtige Informationen liefern. Die Fixkosten sind die Kosten der Betriebsbereitschaft und können in Leerkosten (K^{Leer}) und Nutzkosten (K^{Nutz}) aufgespalten werden:

$$K_{fix}^{Plan} = K^{Leer} + K^{Nutz}$$

Die Nutzkosten sind der Anteil der Fixkosten, der im Zuge der Beschäftigung tatsächlich ausgenutzt wird. Entspricht der Beschäftigungsgrad 100 %, sind die gesamten Fixkosten = Nutzkosten (K^{Nutz}). Im Falle einer Nullbeschäftigung wären die gesamten Fixkosten = Leerkosten (K^{Leer}). Die Leerkosten stehen für ungenutzte Kosten der Betriebsbereitschaft und zeigen so unausgelastete Kapazitäten. Leer- und Nutzkosten lassen sich mit dieser Formel ermitteln:[121]

$$K^{Nutz} = VS_{fix} \times X^{Ist} \quad \text{und} \quad K^{Leer} = VS_{fix} \times (X^{Plan} - X^{Ist})$$

Im Beispiel beträgt der fixe Plankostenverrechnungssatz (VS_{fix}) 25 €/St. Die tatsächliche Beschäftigung liegt aber nur bei 6.000 Stück, sodass sich Nutzkosten von (25 €/St. x 6.000 St. =) 150.000 € ergeben. Das bedeutet, dass nur 150.000 € der Fixkosten gedeckt werden.

Da in die verrechneten Plankosten nur die auf die Kostenträger verrechneten Kosten (= Nutzkosten) eingehen, in die Sollkosten jedoch die Fixkosten in voller Höhe, sind Beschäftigungsabweichung (ΔB) und Leerkosten (K^{Leer}) in der flexiblen Plankostenrechnung auf Vollkostenbasis identisch:

$$\Delta B = K^{Leer} = 100.000\ €$$

Abweichungsüberschneidungen

In dem bisherigen Beispiel konnten die einzelnen Abweichungen (Preis-, Verbrauchs- und Beschäftigungsabweichungen) von der Gesamtabweichung ohne Probleme »abgespalten« werden. Allerdings kann bei der Abweichungsanalyse folgendes Problem auftreten: Kosten sind das Produkt aus Mengen und Preisen und somit besteht zwischen den Kostenbestimmungsfaktoren eine multiplikative Verknüpfung. Wenn zwei oder mehr Kostenbestimmungsfaktoren, die multiplikativ miteinander verknüpft sind, von ihren Planwerten abweichen, entstehen Abweichungen höheren Grades. Sie können keiner der anderen Teilabweichungen (Abweichung ersten Grades), die jeweils nur durch die Änderung eines Kostenbestimmungsfaktors entstehen, verursachungsgerecht zugerechnet werden. Welchen Grades (zweiten, dritten, ... n-ten) die Abweichung ist, hängt davon ab, wie viele Kostenstimmungsfaktoren, denen keine bestimmte Abweichungsursache mehr zugewiesen werden kann, multiplikativ miteinander verknüpft sind.[122]

121 Vgl. Schmidt, A., Kostenrechnung, 2014, S. 215.

122 Vgl. Coenenberg, A. G. . et al., Kostenrechnung und Kostenanalyse, 2016, S. 268 und Freidank, C.-C., Kostenrechnung, 2012, S. 229 f.

Das folgende Beispiel verdeutlicht das geschilderte Problem:

Beispiel: Abweichungsüberschneidungen

Die Möbelfabrik »Tisch & Stuhl« hat im letzten Monat Mahagonitischplatten gekauft. Geplant wurde, dass die Tischplatten im Einkauf 60 € je Stück kosten. Tatsächlich wurden die Tischplatten jedoch zu einem Stückpreis von 75 €/St. eingekauft. Für die Herstellung von 120 Tischen wurden wegen eines Produktionsfehlers 140 Tischplatten verbraucht.

Die Gesamtabweichung (ΔG) ergibt sich als Differenz zwischen Ist-Kosten und Plankosten:

$$\Delta G = K_{IKR}^{Ist} - K^{Plan} = (P^{Ist} \times X^{Ist}) - (P^{Plan} \times X^{Plan})$$

$$\Delta G = (75\,€/St. \times 140\,St.) - (60\,€/St. \times 120\,St.) = 3.300\,€$$

Diese Gesamtabweichung (ΔG) allein gibt aber noch keine Auskunft darüber, warum die Kosten überschritten wurden. Um die Ursachen herauszufinden, muss die Gesamtabweichung (ΔG) in Preisabweichung (ΔP) und Verbrauchsmengenabweichung (ΔV) aufgespalten werden. Dabei gilt:

$$K_{IKR}^{Ist} = (P^{Ist} \times X^{Ist}) \quad \text{und} \quad K^{Plan} = (P^{Plan} \times X^{Plan})$$

$$P^{Ist} = P^{Plan} + \Delta P \quad \text{und} \quad X^{Ist} = X^{Plan} + \Delta X$$

Durch Einsetzen und Ausklammern ergeben sich dann folgende Formeln zur Ermittlung der Preis- (ΔP) und Verbrauchsmengenabweichung (ΔV):

$$\Delta P = X^{Plan} \times \Delta p = 120\,St. \times 15\,€/St. = 1.800\,€$$

$$\Delta V = P^{Plan} \times \Delta X = 60\,€/St. \times 20\,St. = 1.200\,€$$

Hierbei ergeben sich also für die Preisabweichung (ΔP) nur 1.800 € und für die Verbrauchsmengenabweichung (ΔV) 1.200 €. Die Gesamtabweichung (ΔG) beträgt jedoch 3.300 €. Die fehlenden 300 € werden als Sekundärabweichung (ΔS), d. h. als Abweichung zweiten Grades bezeichnet und es ist nicht möglich, diese Abweichung einer bestimmten Abweichungsursache zuzuordnen. Die Gesamtabweichung (ΔG) besteht demnach aus den zwei Primärabweichungen (Preis- und Verbrauchsmengenabweichung) und der Sekundärabweichung (ΔS), die durch die multiplikative Verknüpfung von Verbrauchs- und Preisänderung entstanden ist:[123]

$$\Delta G = X^{Plan} \times \Delta P + P^{Plan} \times \Delta X + \Delta P \times \Delta X = \Delta P + \Delta V + \Delta S$$

$$\Delta G = 1.800\,€ + 1.200\,€ + 300\,€ = 3.300\,€$$

Die folgende Abbildung veranschaulicht den im Beispiel beschriebenen Sachverhalt:

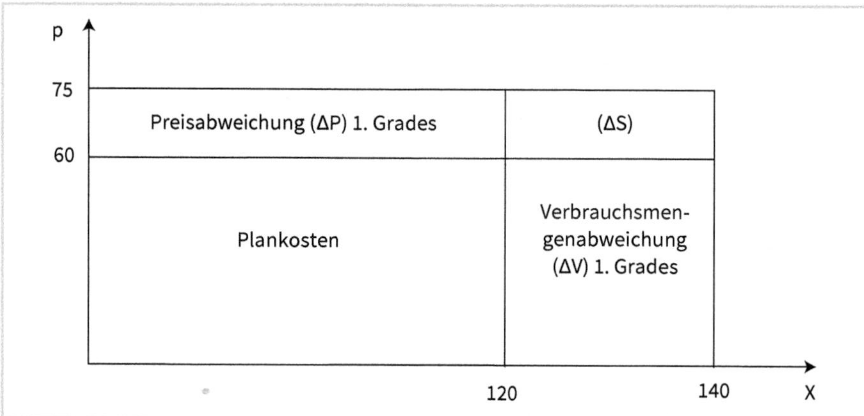

Abb. 83: Abweichungsüberschneidung auf Planbezugsbasis

Es stellt sich nun die Frage, wie und welcher Primärabweichung die Sekundärabweichung (ΔS) zugerechnet werden soll.

Zur Verrechnung der Abweichungen höheren Grades gibt es verschiedene Methoden. Im Folgenden wird auf drei dieser Methoden anhand des Beispiels genauer eingegangen. Diese Methoden sind die:

- proportionale und symmetrische Abweichungsverrechnung,
- alternative Abweichungsverrechnung und
- kumulative Abweichungsverrechnung.

Bei der **proportionalen Abweichungsverrechnung** (ΔP_{prop}) wird die Sekundärabweichung (ΔS) auf die Primärabweichungen verteilt, und zwar proportional zur Höhe der Teilabweichungen. Die Höhe der Kosten, inklusive der Sekundärkostenteile, die

123 Vgl. Coenenberg, A. G. et al.: Kostenrechnung und Kostenanalyse, 2009, S. 248.

jeweils von Preis- (ΔP_{prop}) und Verbrauchsmengenabweichung (ΔV_{prop}) zu tragen sind, können durch folgende Formeln ermittelt werden:[124]

$$\Delta P_{prop} = \Delta P + \frac{\Delta P}{\Delta P + \Delta V} \times \Delta S$$

$$\Delta V_{prop} = \Delta V + \frac{\Delta V}{\Delta P + \Delta V} \times \Delta S$$

Für das Beispiel ergeben sich so folgende Abweichungen:

$$\Delta P_{prop} = 1.800 \text{ €} + \frac{1.800 \text{ €}}{1.800 \text{ €} + 1.200 \text{ €}} \times 300 \text{ €} = 1.980 \text{ €}$$

$$\Delta V_{prop} = 1.200 \text{ €} + \frac{1.200 \text{ €}}{1.800 \text{ €} + 1.200 \text{ €}} \times 300 \text{ €} = 1.320 \text{ €}$$

Grafisch lässt sich dies folgendermaßen darstellen:

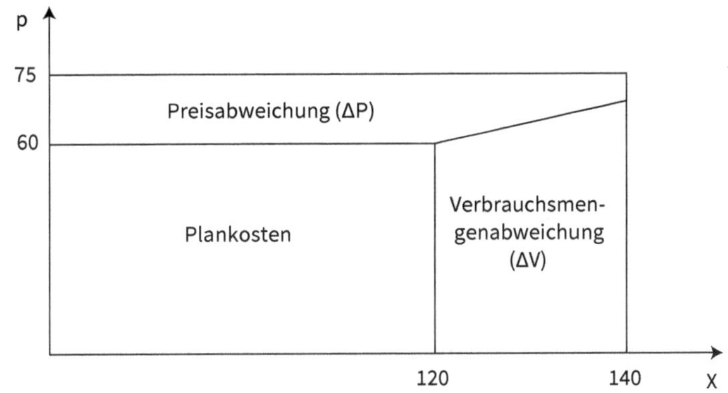

Abb. 84: Proportionale Abweichungsverrechnung

Bei der **symmetrischen** Abweichungsverrechnung wird die Sekundärabweichung (ΔS) einfach zu gleichen Teilen der Preis- und Verbrauchsmengenabweichung zugeschlagen. Im Beispiel werden dann 150 € der Preisabweichung (ΔP) und 150 € der Verbrauchsmengenabweichung (ΔV) zugerechnet. Beide Verfahren haben den Nachteil, dass die Verrechnung der Sekundärkosten nicht verursachungsgerecht ist.

In der **alternativen Abweichungsverrechnung** wird davon ausgegangen, dass bei jeweils einem Kostenbestimmungsfaktor, z. B. bei der Menge oder beim Preis, eine Abweichung zwischen Plan- und Ist-Werten auftritt. Für die anderen Kostenbestimmungsfaktoren werden entweder Ist-Werte (Abweichungsverrechnung auf Ist-Bezugsgröße) oder Plan-

124 Vgl. Coenenberg, A. G. et al., Kostenrechnung und Kostenanalyse, 2009, S. 248.

werte (Abweichungsverrechnung auf Planbezugsgröße) berücksichtigt. Man spricht in diesem Zusammenhang von alternativer Abweichungsverrechnung auf Ist-Bezugsbasis oder alternativer Abweichungsverrechnung auf Planbezugsbasis.[125] Für das Beispiel soll die alternative Abweichungsverrechnung auf Ist-Bezugsbasis angesetzt werden. Zur Ermittlung der Verbrauchsabweichung (ΔV) werden Plan- und Ist-Mengen zu Ist-Preisen bewertet, das bedeutet, dass die Menge variiert:

$$\Delta V = (P^{Ist} \times X^{Ist}) - (P^{Ist} \times X^{Plan}) = (75\ €/St. \times 140\ St.) - (75\ €/St. \times 120\ St.) = 1.500\ €$$

Zur Ermittlung der Preisabweichung (ΔP) werden die Ist-Mengen zu Plan- und Ist-Preisen bewertet, der Preis variiert also:

$$\Delta P = (P^{Ist} \times X^{Ist}) - (P^{Plan} \times X^{Ist}) = (75\ €/St. \times 140\ St.) - (60\ €/St. \times 140\ St.) = 2.100\ €$$

So ergibt sich eine Gesamtabweichung (ΔG) von:

$$\Delta G = 1.500\ € + 2.100\ € = 3.600\ €$$

Die Sekundärabweichung (ΔS) wird bei diesem Verfahren mehrfach verrechnet. Einmal geht ihr Wert in voller Höhe in die Verbrauchsmengenabweichung (ΔV) ein und einmal in die Preisabweichung (ΔP). Dieser Wert ist somit einmal zu viel in der Gesamtabweichung enthalten. Wendet man die alternative Abweichungsverrechnung auf Planbezugsbasis an, wird die Sekundärabweichung (ΔS) gar nicht verrechnet und fällt einfach weg. Das bedeutet, dass in beiden Fällen die Summe der Teilabweichungen nicht mehr mit der Gesamtabweichung (ΔG) übereinstimmt.[126]

Dieser Nachteil der Doppelzählung bzw. Nichtzählung wird beim Verfahren der **kumulativen Abweichungsverrechnung** vermieden. Hier legt man die Reihenfolge fest, in der die Teilabweichungen abgespalten werden. Dabei wird die Sekundärabweichung (ΔS) immer der zuerst abgespaltenen Abweichung komplett zugerechnet.[127] Bei der Reihenfolge der Abspaltung der Abweichungen gibt es im Prinzip kein »richtig« oder »falsch«, sondern es kommt darauf an, auf welchem betrieblichen Teilbereich der Fokus bei der Kostenkontrolle liegt und welche Abweichung man »rein«, also frei von Überschneidungen haben will.

---

125 Vgl. Coenenberg, A. G. et al., Kostenrechnung und Kostenanalyse, 2009, S. 249.
126 Vgl. Ewert, R.; Wagenhofer, A., Interne Unternehmensrechnung, 2014, S. 320.
127 Vgl. Schweitzer, M.; Küpper, H.-U., Systeme der Kosten- und Erlösrechnung, 2011, S. 707 ff.

Zielt man z. B. auf eine bessere Beurteilung des Einkaufbereichs ab, also eine möglichst »reine« Preisabweichung (ΔP), so würde die Verbrauchsmengenabweichung (ΔV) zuerst abgespalten und somit die Sekundärabweichung (ΔS) dieser voll zugerechnet werden. Im Normalfall möchte man aber eine »reine« Verbrauchsmengenabweichung (ΔV) ermitteln, um mögliche Unwirtschaftlichkeiten in der Kostenstelle aufzudecken.

In der Regel ist die Abspaltungsreihenfolge so festzulegen, dass im Hinblick auf die Kostenkontrolle weniger aussagefähige Abweichungen zuerst abgespalten werden. Dies sind beispielsweise extern bestimmte Abweichungen wie die Preisabweichung, da dort der Anteil sekundärer oder höhergradiger Abweichungen am stärksten ist.[128]

Im Beispiel soll die Preisabweichung (ΔP) zuerst abgespalten werden, für sie ergibt sich:

$$\Delta P = X^{Plan} \times \Delta p + \Delta S = 120 \text{ St.} \times 15 \text{ €/St.} + 300 \text{ €} = 2.100 \text{ €}$$

Im nächsten Schritt wird die Verbrauchsabweichung (ΔV) ermittelt:

$$\Delta V = P^{Plan} \times \Delta X = 60 \text{ €/St.} \times 20 \text{ St.} = 1.200 \text{ €}$$

Als Gesamtabweichung (△G) ergibt sich nun 3.300 €, da die Sekundärabweichung nur einmal in voller Höhe der Preisabweichung zugerechnet wurde.

Welche Methode der Kostenabweichungsanalyse angewendet wird, können Sie frei entscheiden. In der Praxis wird meist die kumulative Abweichungsverrechnung angewandt.[129]

Schema zur kumulativen Abweichungsverrechnung:
Gibt es mehrere Kostenbestimmungsfaktoren (KBF), kann mit der kumulativen Abweichungsverrechnung zur Abspaltung und somit zur Ermittlung der Teilabweichungen eine strukturierte Vorgehensweise angewandt werden. Die Teilabweichungen werden stufenweise ermittelt, indem jeweils ein Kostenbestimmungsfaktor an den Plan- bzw. Sollwert angepasst wird. Die dabei zuerst abgespaltenen Teilabweichungen beinhalten den Großteil der Abweichungen höheren Grades.

Indem man ein Schema in Tabellenform aufstellt, wird dieses Vorgehen erleichtert und die Abweichungen können einzeln ausgewiesen werden. Dazu werden abhängig

128 Vgl. Coenenberg, A. G. et al., Kostenrechnung und Kostenanalyse, 2016, S. 268 ff.
129 Vgl. Coenenberg, A. G. et al., Kostenrechnung und Kostenanalyse, 2016, S. 290.

von der Anzahl der Veränderungen der Kostenbestimmungsfaktoren mehrere Sollkosten (K^{Soll}) gebildet.

Beispielhaft wird dies in der folgenden Abbildung dargestellt:

KBF	K^{IKR}	K^{PKR}	K^{Soll1}	K^{Soll2}	K^{Soll3}	K^{verr}	K^{Plan}
Preis	Ist →	Plan	Plan	Plan	Plan	Plan	Plan
Mix	Ist	Ist →	Plan	Plan	Plan	Plan	Plan
Intensität	Ist	Ist	Ist →	Plan	Plan	Plan	Plan
Input-Menge	Ist	Ist	Ist	Ist →	Soll	Soll ←	Plan
Output-Menge	Ist	Ist	Ist	Ist	Ist	Ist ←	Plan
Abweichungen	ΔP		ΔX	ΔY	Δ Rest	ΔB	Proportionalisierung der Fixkosten
				ΔV			

Abb. 85: Schema zur kumulativen Abweichungsverrechnung auf Vollkostenbasis[130]

Im ersten Schritt wird die Preisabweichung (ΔP) von der Gesamtabweichung (ΔG) abgespalten. Danach werden die verschiedenen Teilabweichungen ermittelt, die hier als ΔX (Mixabweichung) und ΔY (Intensitätsabweichung) bezeichnet werden. Sie sind jeweils auf die Veränderung eines Kostenbestimmungsfaktors, wie beispielsweise Intensität oder Mix, zurückzuführen. Die Restabweichung (ΔRest) beinhaltet den Unterschied zwischen Soll- und Ist-Mengen des Ressourcenverbrauchs und allen anderen nicht analysierten Kostenbestimmungsfaktoren.[131] Diese drei Abweichungen ergeben in der Summe die Verbrauchsabweichung (ΔV). Die Beschäftigungsabweichung (ΔB) ergibt sich als Differenz zwischen Sollkosten (K^{Soll}) und verrechneten Kosten (K^{verr}), die aufgrund der Proportionalisierung der Fixkosten entsteht.

Bei der Aufstellung eines solchen Schemas ist hauptsächlich darauf zu achten, dass der aktuell betrachtete Kostenbestimmungsfaktor vom Ist- auf den Planwert umgestellt wird, wobei bereits untersuchte Kostenbestimmungsfaktoren weiterhin mit Planwerten und noch nicht betrachtete Kostenbestimmungsfaktoren mit den Ist-Werten angesetzt werden.[132] Zur Verdeutlichung der Vorgehensweise soll folgendes Beispiel dienen.

130 In Anlehnung an Coenenberg, A. G. et al., Kostenrechnung und Kostenanalyse, 2016, S. 278.
131 Vgl. Coenenberg, A. G. et al., Kostenrechnung und Kostenanalyse, 2016, S. 279 f.
132 Vgl. Coenenberg, A. G. et al., Kostenrechnung und Kostenanalyse, 2016, S. 280.

Beispiel: Kumulative Abweichungsverrechnung

In der Kostenstelle »Fertigung Gelenkteile Roboter« des Spielzeugherstellers »Games and More« wird eine Ausbringungsmenge von 2.000 Stück je Abrechnungsperiode geplant. Die Gelenkteile werden aus einem Kunststoffgemisch hergestellt, das von einem Lieferanten bezogen wird. Es wird von einem Planmaterialpreis von 0,02 €/g ausgegangen, wobei pro Gelenkteil 20 g des Kunststoffgemischs benötigt werden. Die Fixkosten der Kostenstelle betragen 300 €.

Am Ende der Abrechnungsperiode liegen die Ist-Werte vor. Der Ist-Materialpreis beträgt 0,025 €/g und der tatsächliche Materialverbrauch pro Stück liegt bei 22 g. Insgesamt wurden 2.000 Gelenkteile hergestellt, aufgrund eines Fehlers beim Härtungsverfahren mussten jedoch 200 Stück ausgesondert werden.

Für die Kostenstelle lassen sich folgende Abweichungen ermitteln:

KBF	K^{IKR}	K^{PKR}	K^{Soll1}	K^{Soll2}	K^{verr}	K^{Plan}
Preis (€/g)	0,025	→ 0,02	0,02	0,02	(0,02)	0,02
Verbrauch (g/St.)	22	22	→ 20	20	(20)	20
Stück produziert	2.000	2.000	2.000	→ 1.800	(1.800)	2.000
Gutteile (St.)	1.800	1.800	1.800	1.800	1.800	← 2.000
var. Kosten (€)	1.100	880	800	720	(720)	800
Fixkosten (€)	300	300	300	300	(270)	300
Σ Kosten (€)	1.400	1.180	1.100	1.020	990	1.100
Abweichungen	ΔP = 220	ΔEV = 80	ΔA = 80	ΔB = 30	VS = 1.100 : 2.000 = 0,55	

Die variablen Kosten errechnen sich durch die Multiplikation des Preises mit dem Verbrauch und der produzierten Stückzahl. Für die Kostenstelle ergibt sich eine Preisabweichung (ΔP) von 220 €. Die Verbrauchsabweichung (ΔV) beträgt 160 €. Sie besteht aus zwei Teilabweichungen, die zum einen auf den Extraverbrauch (ΔEV) und zum anderen auf den Ausschuss (ΔA) zurückzuführen sind.

Zur Ermittlung der verrechneten Kosten muss zunächst der Plankostenverrechnungssatz (VS) bestimmt werden. Dies geschieht, indem die Plankosten (K^{Plan}) durch die geplante Menge (X^{Plan}) dividiert werden: VS = (1.100 € : 2.000 St.) = 0,55 €/St. Dementsprechend ergeben sich verrechnete Plankosten (K^{verr}) in Höhe von 0,55 €/St. x 1.800 St. = 990 €. Als Differenz zwischen Sollkosten (K^{Soll}) und verrechneten Kosten (K^{verr}) ergibt sich eine Beschäftigungsabweichung (ΔB) von 30 €.

Die Reihenfolge bei der Abspaltung der einzelnen Teilabweichungen ist nicht fest vorgeschrieben. Die Abspaltungsreihenfolge ist davon abhängig, welche Abweichungen man möglichst »rein«, also weitestgehend frei von Abweichungsüberschneidungen haben möchte. So wäre es im gegebenen Beispiel auch möglich, zuerst die auf dem Ausschuss basierende Abweichung zu berechnen und dann den Kostenbestimmungsfaktor »Verbrauch« anzupassen.[133]

6.6.4 Plankalkulation auf Vollkostenbasis

In den letzten Jahrzehnten hat die Plankostenrechnung in den Unternehmen als Instrument, das Entscheidungen unterstützt, immer mehr an Bedeutung und Wichtigkeit gewonnen. Den Unternehmen müssen deshalb Plandaten zur Verfügung gestellt werden. Dies kann mittels einer Plankalkulation geschehen. Bei einer Plankalkulation werden die Kosten eines Kostenträgers auf der Basis geplanter Kosten ermittelt. Die Kosten sollen für die ganze Planungsperiode gültig sein und das Ergebnis der Plankalkulation wird während dieser nicht geändert.[134] Die Anwendung der Plankalkulation eignet sich vor allem für marktorientierte Unternehmen mit Massen-, Sorten- und Großserienfertigung. In diesen Unternehmen werden für standardisierte Erzeugnisse Plankalkulationen erstellt.

Für die Plankalkulation können dieselben Verfahren wie bei der Ist-Kalkulation eingesetzt werden – dies sind Divisions-, Äquivalenzziffern-, Kuppel- oder Zuschlagskalkulation. In der Regel wird die Zuschlagskalkulation angewandt, die anderen Verfahren nur in besonderen Fällen, wie z. B. die Äquivalenzziffernkalkulation bei einer Sortenfertigung. Für die Plankalkulation auf Vollkostenbasis in Form der Zuschlagskalkulation wird folgendes Grundschema verwendet:[135]

Grundschema Plankalkulation auf Vollkostenbasis		
1)		Plan-Materialeinzelkosten
2)	+	Plan-Materialgemeinkosten (in % von 1)
3)	**=**	**Plan-Materialkosten**
4)		Plan-Fertigungseinzelkosten
5)	+	Plan-Fertigungsgemeinkosten (in % von 4)
6)	+	Plan-Sondereinzelkosten der Fertigung
7)	**=**	**Plan-Fertigungskosten**

133 Vgl. Coenenberg, A. G. . et al., Kostenrechnung und Kostenanalyse, 2009, S. 258.
134 Vgl. Steger, J., Kosten- und Leistungsrechnung, 2010, S. 548.
135 Vgl. Steger, J., Kosten- und Leistungsrechnung, 2010, S. 550 und Däumler, K.-D.; Grabe, J., Kostenrechnung 3, 2009, S. 155 f.

Grundschema Plankalkulation auf Vollkostenbasis		
8)	=	**Plan-Herstellkosten (3+7)**
9)	+	Plan-Verwaltungsgemeinkosten (in % von 8)
10)	+	Plan-Vertriebsgemeinkosten (in % von 8)
11)	+	Plan-Sondereinzelkosten des Vertriebs
12)	=	**Plan-Selbstkosten**

Tab. 58: Kalkulationsschema mit Plankosten auf Vollkostenbasis

6.6.5 Beurteilung der flexiblen Plankostenrechnung auf Vollkostenbasis

Der Vorteil der flexiblen im Vergleich zur starren Plankostenrechnung liegt darin, dass durch sie eine aussagefähige Kostenkontrolle möglich ist. Durch die Aufteilung der Plankosten in fixe und variable Bestandteile ist eine Ableitung der Sollkosten in Abhängigkeit von der Beschäftigung möglich und somit kann die Verbrauchsabweichung bei jeder Beschäftigung ermittelt und analysiert werden.[136] Der Nachteil des Verfahrens besteht in der Verwendung des Plankostenverrechnungssatzes auf Vollkostenbasis und der daraus resultierenden Proportionalisierung der Fixkosten. Aufgrund des Vollkostenansatzes können die Fixkosten den Kostenträgern nicht verursachungsgerecht zugerechnet werden.[137]

Die flexible Plankostenrechnung auf Vollkostenbasis eignet sich deshalb nicht für die dispositiven Aufgaben der Kostenrechnung. Sie kann zu Fehlentscheidungen im Zusammenhang mit der kurzfristigen Planung führen, wenn z. B. entschieden werden muss, welche Produktmengen mit den vorhandenen Kapazitäten hergestellt und welche Fertigungsverfahren hierfür eingesetzt werden sollen.[138]

Die flexible Plankostenrechnung kann sehr gut zur Kosten- und Wirtschaftlichkeitskontrolle einer Kostenstelle eingesetzt werden, sie liefert aber keine Informationen für kurzfristige Entscheidungen.

136 Vgl. Steger, J., Kosten- und Leistungsrechnung, 2014, S. 567.
137 Vgl. Haberstock, L., Kostenrechnung II, 2008, S. 18.
138 Vgl. Kilger, W.; Pampel, J.; Vikas, K., Flexible Plankostenrechnung und Deckungsbeitragsrechnung, 2007, S. 65 ff.

6.7 Grenzplankostenrechnung

Ein Nachteil der beiden vorangegangen Plankostensysteme ist, wie bei allen Vollkostensystemen, dass die gesamten Kosten (variable und fixe Kosten) auf die Kostenträger verrechnet werden. Bei kurzfristigen Entscheidungen (z. B. Zusatzaufträge) sind jedoch die Fixkosten nicht entscheidungsrelevant, da diese sowieso anfallen.

Die Grenzplankostenrechnung, auch flexible Plankostenrechnung auf Teilkostenbasis genannt, betrachtet deshalb nur variable Kosten. Sie verrechnet nur die variablen Kosten auf die Kostenträger, also nur diejenigen Kosten, die bei der Produktion einer zusätzlichen Mengeneinheit entstehen: die sogenannten »Grenzkosten«.

6.7.1 Aufbau der Grenzplankostenrechnung

Die flexible Plankostenrechnung auf Teilkostenbasis verfolgt konsequent die Trennung der Kosten in fixe und variable Bestandteile, und zwar sowohl in der Kostenstellenrechnung als auch in der Kostenträgerrechnung. Ansonsten gelten die gleichen Voraussetzungen wie bei der flexiblen Plankostenrechnung auf Vollkostenbasis.[139] Den variablen Kosten wird bei Beschäftigungsänderungen ein proportionaler Verlauf unterstellt, darum wird auch ein linearer Gesamtkostenverlauf angenommen. Unter diesen Bedingungen sind die variablen Stückkosten gleich den Grenzkosten, daher auch der Name Grenzplankostenrechnung. Da die Fixkosten getrennt verrechnet werden, kann rechnerisch keine Beschäftigungsabweichung entstehen.[140]

Die Fixkosten werden in die Betriebsergebnisrechnung als ein Gesamtblock eingestellt und erst dort in Entscheidungen mit einbezogen. Da die Betriebsergebnisrechnung hier auf Teilkostenbasis erfolgt, hat sie die Form einer Deckungsbeitragsrechnung. Der **variable Plankostenverrechnungssatz (VS_{var})** ist somit identisch mit dem der flexiblen Plankostenrechnung auf Vollkostenbasis:

$$VS_{var} = \frac{K^{Plan}_{var}}{X^{Plan}}$$

6.7.2 Kostenkontrolle bei der Grenzplankostenrechnung

In der Kostenkontrolle werden nur die variablen Kosten verwendet und auf die Produkte verrechnet, d. h., die variablen Sollkosten (K^{Soll}_{var}) beinhalten nur variable und

139 Vgl. Steger, J., Kosten- und Leistungsrechnung, 2006, S. 530.
140 Vgl. Zdrowomyslaw, N., Kosten-, Leistungs- und Erlösrechnung, 2001, S. 495.

keine fixen Kosten. Deshalb stimmen die verrechneten variablen Plankosten mit den Sollkosten überein:

$$K_{var}^{Soll} = K_{var}^{verr} = VS_{var} \times X^{Ist}$$

oder

$$K_{var}^{Soll} = K_{var}^{verr} = K_{var} \times BG$$

Da es keine Beschäftigungsabweichung in der Grenzplankostenrechnung gibt, ist die einzige für die Kontrolle relevante Abweichung die Verbrauchsabweichung (ΔV). Sie ergibt sich als Differenz zwischen den variablen Ist-Kosten und den Sollkosten:

$$\text{Verbrauchsabweichung}\,(\Delta V) = K_{var}^{Ist} - K_{var}^{Soll}$$

Die Verbrauchsabweichung (ΔV) stimmt mit der der flexiblen Plankostenrechnung auf Vollkostenbasis überein, da sowohl die Ist-Kosten als auch Sollkosten um denselben Fixkostenbetrag niedriger sind. Die Gesamtabweichung (ΔG) in der Grenzplankostenrechnung kann aus der Preisabweichung (ΔP) und der Verbrauchsabweichung (ΔV) bestehen. Da die Preisabweichung (ΔP) aber meist im Vorfeld eliminiert wird, entspricht die Gesamtabweichung (ΔG) dann der Verbrauchsabweichung (ΔV).[141]

In welchem Umfang die angefallenen Fixkosten genutzt wurden, kann man in einer Fixkostenanalyse ermitteln. Dabei werden die fixen Kosten in Nutzkosten und in Leerkosten unterteilt. Beim geplanten Beschäftigungsgrad repräsentieren die Nutzkosten 100 % der gesamten Fixkosten. Bei Nullbeschäftigung hingegen entsprechen alle Fixkosten den Leerkosten und es ergeben sich keine Nutzkosten.[142]

$$\text{fixer Plankostenverrechnungssatz}\,(VS_{fix}) = \frac{K_{fix}}{X_{Plan}}$$

$$\text{Nutzkosten} = VS_{fix} \times X^{Ist}$$

oder

$$\text{Nutzkosten} = K_{fix} \times BG$$

$$\text{Leerkosten} = VS_{fix} \times [(X^{Plan}) - (X^{Ist})]$$

141 Vgl. Schmidt, A., Kostenrechnung, 2017, S. 214.
142 Vgl. Schmidt, A., Kostenrechnung, 2017, S. 215.

oder

Leerkosten = $(K_{fix}) \times [1 - (BG)]$

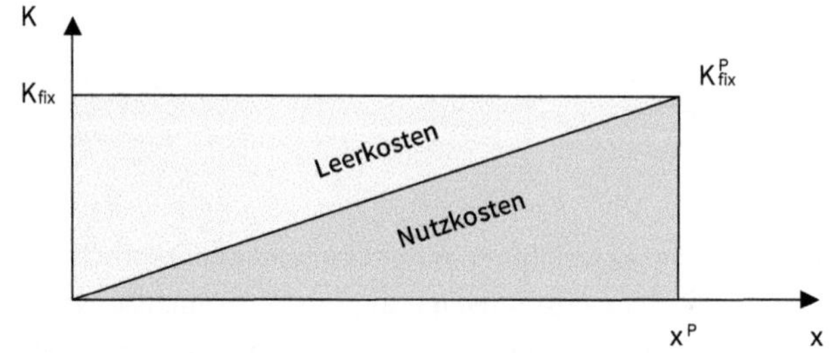

Abb. 86: Fixkostenanalyse

Zur Veranschaulichung dient wieder das Beispiel des Spielzeugherstellers »Games and More«:

Beispiel: Grenzplankostenrechnung

Für die Kostenstelle »Produktion Spielzeugroboter« des Spielzeugherstellers »Games and More« sind folgende Plandaten bekannt:

$$K^{Plan} = 800.000\ €; \quad K^{Plan}_{var} = 550.000\ €;$$

$$K^{Plan}_{fix} = 250.000\ €; \quad X^{Plan} = 10.000\ St.$$

Am Ende der Abrechnungsperiode stehen die Ist-Daten zur Verfügung. Es wurden 6.000 Stück hergestellt und die variablen Ist-Kosten betragen 450.000 €.

Die Fixkosten in Höhe von 250.000 € werden in der Grenzplankostenrechnung nicht berücksichtigt und gehen als Block in die Betriebsergebnisrechnung der Abrechnungsperiode ein.

Für Kalkulationszwecke ist der variable Plankostenverrechnungssatz (VS_{var}) zu bilden:

$$VS_{var} = \frac{K^{Plan}_{var}}{X^{Plan}} = \frac{550.000\ €}{10.000\ St.} = 55\ €/St.$$

Um die Verbrauchsabweichung (ΔV) bestimmen zu können, werden die variablen Sollkosten ($K^{Soll}{}_{var}$) berechnet:

$$K^{Soll}_{var} = K^{verr}_{var} = VS_{var} \times X^{Ist} = 55\ €/St. \times 6.000\ St. = 330.000\ €$$

Die Verbrauchsabweichung (ΔV) ergibt sich, indem die variablen Sollkosten von den variablen Ist-Kosten abgezogen werden. Sie stimmt mit dem Ergebnis aus der flexiblen Plankostenrechnung auf Vollkostenbasis überein:

$$\Delta V = K_{var}^{Ist} - K_{var}^{Soll} = 450.000\ € - 330.000\ € = 120.000\ €$$

Da keine Preisabweichung vorliegt, entspricht die Verbrauchsabweichung hier der Gesamtabweichung.

Folgende Grafik veranschaulicht das Beispiel zur Grenzplankostenrechnung.

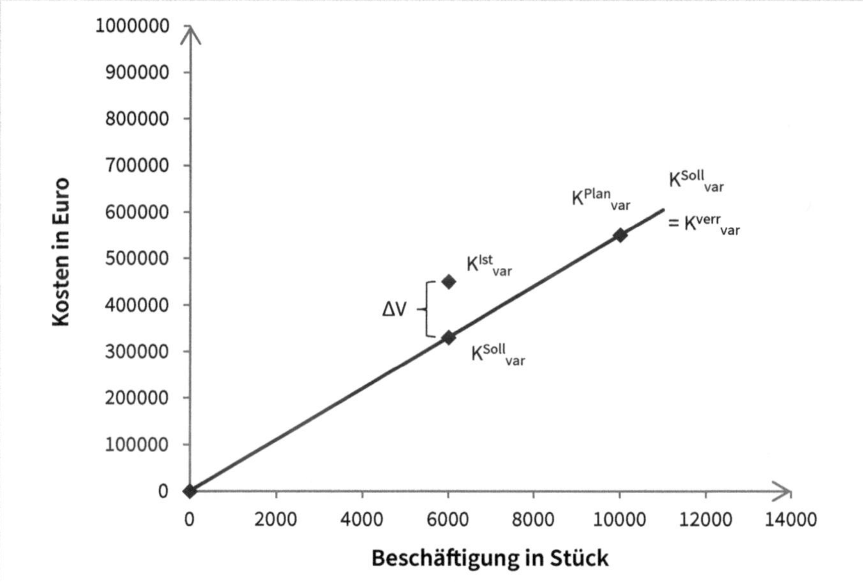

Abb. 87: Grenzplankostenrechnung

6.7.3 Plankalkulation auf Teilkostenbasis

In der Plankalkulation auf Teilkostenbasis, auch Grenzplankalkulationgenannt, werden den Kostenträgern nur die durch sie selbst verursachten variablen Kosten (Grenzkosten) zugerechnet. Für die Grenzplankalkulation in Form einer Zuschlagskalkulation kann folgendes Grundschema verwendet werden:

Grundschema Grenzplankalkulation		
1)		Plan-Materialeinzelkosten
2)	+	variable Plan-Materialgemeinkosten (in % von 1)
3)	**=**	**variable Plan-Materialkosten**
4)		Plan-Fertigungseinzelkosten
5)	+	variable Plan-Fertigungsgemeinkosten (in % von 4)
6)	+	Plan-Sondereinzelkosten der Fertigung
7)	**=**	**variable Plan-Fertigungskosten**
8)	**=**	**variable Plan-Herstellkosten (3+7)**
9)	+	variable Plan-Verwaltungsgemeinkosten (in % von 8)
10)	+	variable Plan-Vertriebsgemeinkosten (in % von 8)
11)	+	Plan-Sondereinzelkosten des Vertriebs
12)	**=**	**variable Plan-Selbstkosten**

Tab. 59: Kalkulationsschema der Grenzplankostenrechnung

6.7.4 Beurteilung der Grenzplankostenrechnung

Durch die Grenzplankostenrechnung werden die Nachteile, die andere Plankostenrechnungssysteme mit sich bringen, beseitigt. Sie schafft die Möglichkeit einer wirksamen Kostenkontrolle. Darüber hinaus eignet sie sich auch als Grundlage für kurzfristige Planungs- und Entscheidungsaufgaben, wie z. B. für Entscheidungen über Zusatzaufträge, Fremdbezug oder das optimale Produktionsprogramm, da hier die Fixkosten nicht geändert werden und nur die variablen Kosten relevant sind.[143]

Da nur variable Kosten ausgewiesen werden, ist die Grenzplankostenrechnung generell überschaubarer und besser zu verstehen und trifft daher meist auf mehr Akzeptanz bei den Kostenstellenleitern.[144]

Nachteilig ist an der Grenzplankostenrechnung, dass für die Bewertung der Bestände der unfertigen und fertigen Erzeugnisse in der Bilanz eine Vollkostenkalkulation erforderlich ist, da eine Bewertung auf Teilkostenbasis nicht erlaubt ist. Deshalb ist eine Umbewertung von variablen Kosten auf Vollkosten notwendig.

143 Vgl. Däumler, K.-D.; Grabe, J., Kostenrechnung 3, 2009, S. 67.
144 Vgl. Schmidt, A., Kostenrechnung, 2017, S. 217.

Weiterhin ist zu berücksichtigen, dass ein Erzeugnis mit niedrigen Grenzplankosten sehr wohl hohe Produktfixkosten verursachen kann, die aber aufgrund des Teilkostenansatzes nicht sichtbar sind, da keine Fixkosten auf die Kostenträger verrechnet werden können.

Ferner ist zu beachten, dass die Fixkosten für alle langfristigen Entscheidungen unbedingt berücksichtigt werden müssen, um Fehlentscheidungen, z. B. bei Investitionsvorhaben, Organisationsentscheidungen und Personalfragen zu vermeiden.[145]

6.8 Die Plankostenrechnungssysteme im Vergleich

Die folgende Tabelle gibt einen Überblick über die Gemeinsamkeiten und Unterschiede der besprochenen Systeme der Plankostenrechnung und darüber, wofür sich die Systeme jeweils eignen.

Vergleich der Systeme der Plankostenrechnung (PKR)[146]

Kriterium	Starre PKR	Flexible PKR auf Vollkostenbasis	Grenzplankostenrechnung
Planung			
• Ermittlung der Planwerte für die Planbeschäftigung	Ja	Ja	Ja
• Jährliche Anpassung der Planwerte an veränderte Daten	Ja	Ja	Ja
• Laufende Anpassung der Planwerte an die Beschäftigung (= Kenntnis der Sollkosten)	Nein	Nein	Nein
Kontrolle			
• Trennung fixer und variabler Kosten in der Kostenstellenrechnung	Nein	Ja	Ja
• Ermittlung von Verbrauchsabweichungen	Nein	Ja	Ja
• Ermittlung von Beschäftigungsabweichungen	Nein	Ja	Nein
• Eignung für die Kostenkontrolle	Nein	Ja	Ja

145 Vgl. Haberstock, L., Kostenrechnung II, 2008, S. 23 ff. und Steger, J., Kosten- und Leistungsrechnung, 2006, S. 534.

146 In Anlehnung an Däumler, K.-D.; Grabe, J., Kostenrechnung 3, 2009, S. 69.

Vergleich der Systeme der Plankostenrechnung (PKR)[146]			
Kriterium	**Starre PKR**	**Flexible PKR auf Vollkostenbasis**	**Grenzplankostenrechnung**
Kalkulation			
Trennung von fixen und variablen Kosten in der Kostenträgerrechnung	Nein	Nein	Ja
Fixkostenverrechnung auf Kostenträger	Ja	Ja	Nein
Kenntnis der Grenzkosten der betrieblichen Leistung	Nein	Nein	Ja
Kalkulationsergebnisse als Unterstützung für kurzfristige Entscheidungen geeignet	Nein	Nein	Ja

Tab. 60: Plankostenrechnungssysteme

6.9 Formelsammlung zur Plankostenrechnung

$$K^{Plan} = X^{Plan} \times P^{Plan}; \quad K^{Ist}_{IKR} = X^{Ist} \times P^{Ist}; \quad K^{Ist}_{PKR} = X^{Ist} \times P^{Plan}$$

$$BG = \frac{X^{Ist}}{X^{Plan}}$$

$$VS = \frac{K^{Plan}}{X^{Plan}}$$

$$K^{verr} = VS \times X^{Ist} = K^{Plan} \times BG$$

$$\Delta G = K^{Ist} - K^{verr}$$

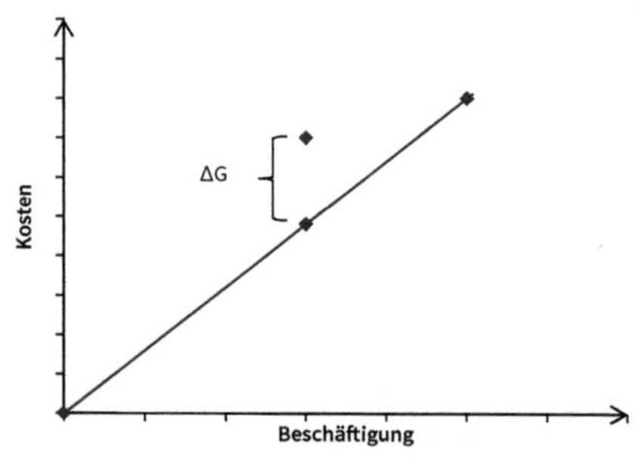

Abb. 88: Starre Plankostenrechnung

$$VS = \frac{K^{Plan}}{X^{Plan}}$$

$$K^{verr} = VS \times X^{Ist} = K^{Plan} \times BG$$

$$VS_{var} = \frac{K^{Plan}_{var}}{X^{Plan}}$$

$$K^{Soll} = K^{Plan}_{fix} + VS_{var} \times X^{Ist}$$

$$K^{Soll} = K^{Plan}_{fix} + K^{Plan}_{var} \times BG$$

$$\Delta V = K^{Ist} - K^{Soll}$$

$$\Delta B = K^{Soll} - K^{verr} = \text{Leerkosten}$$

$$\Delta G = K^{Ist} - K^{verr}$$

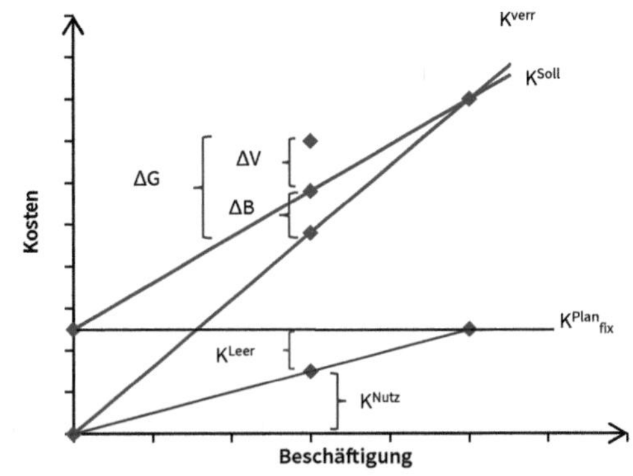

Abb. 89: Flexible Plankostenrechnung auf Vollkostenbasis

$$VS_{var} = \frac{K^{Plan}_{var}}{X^{Plan}}$$

$$K^{Soll} = K^{verr}_{var} = VS_{var} \times X^{Ist}$$

$$K^{Soll} = K^{Plan}_{var} \times BG$$

$$\Delta V = K^{Ist}_{var} - K^{Soll}_{var}$$

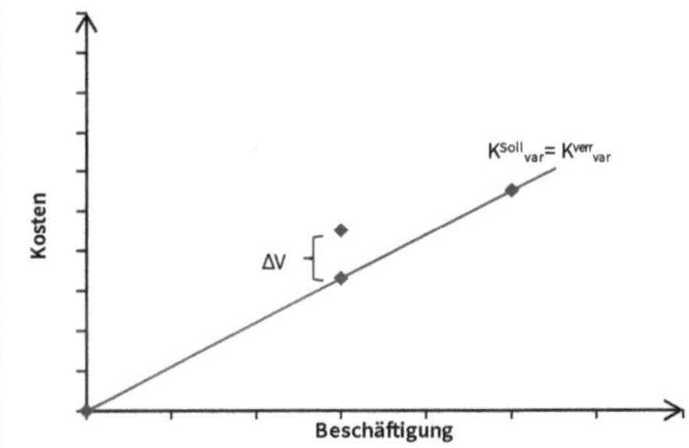

Abb. 90: Grenzplankostenrechnung

Aufgaben Kapitel 6

Aufgabe 1: Flexible Plankostenrechnung

Ein Automobilzulieferer hat bisher nur mit einer Ist-Kostenrechnung gearbeitet. Als neue(r) Mitarbeiter(in) schlagen Sie vor, zusätzlich eine flexible Plankostenrechnung auf Vollkostenbasis einzuführen. Dem Leiter des Rechnungswesens möchten Sie an einem Beispiel die flexible Plankostenrechnung erklären.

Es sind die folgenden Daten der Kostenstelle Vormontage für den Abrechnungsmonat Juni 01 bekannt:

Planbeschäftigung:	6.000 Stück
Plankosten:	204.000 €, davon sind 60 % variable Kosten
Ist-Beschäftigung:	5.400 Stück
Ist-Kosten:	194.000 €

a) Erklären Sie den Unterschied zwischen der starren und flexiblen Plankostenrechnung auf Vollkostenbasis.
b) Ermitteln Sie die Verbrauchsabweichung.
c) Ermitteln Sie die Beschäftigungsabweichung.
d) Ermitteln Sie die Gesamtabweichung.
e) Woraus setzt sich die Gesamtabweichung zusammen?

Aufgabe 2: Grenzplankostenrechnung

Ein Automobilzulieferer stellt elektrisch verstellbare Sportsitze her. Im März fallen in der Kostenstelle Produktion Lohn- und Gehaltskosten in Höhe von 427.800 € an. Die Plankosten wurden in diesem Monat um 22.800 € überschritten. Als Controller(in) möchten Sie die Abweichungen mithilfe der Grenzplankostenrechnung genauer analysieren.

Es stehen Ihnen die folgenden Daten zur Verfügung:

Planmenge (Input):	900 Fertigungsstunden, davon 30 % fix
Planpreis (Input):	450 € je Fertigungsstunde
Ist-Menge (Input):	930 Fertigungsstunden
Ist-Preis (Input):	460 € je Fertigungsstunde
Planmenge (Output):	160 Sportsitze
Ist-Menge (Output):	200 Sportsitze

a) Was versteht man unter einer Grenzplankostenrechnung?
b) Wie hoch sind die Preisabweichung und die Verbrauchsabweichung bei der Grenzplankostenrechnung?

Weitere Aufgaben mit Lösungen finden Sie bei den digitalen Extras.

Teil 4: Weiterentwicklung der Kostenrechnung und des Kostenmanagements

Dem Kostenmanagement stehen eine Reihe von Instrumenten zur Verfügung, um (Kosten-)Informationen zu erhalten und Abläufe zu strukturieren. Darunter fallen z. B. das Target Costing, die Prozesskostenrechnung und das Life Cycle Costing, die alle im Teil 4 näher betrachtet werden. Beispiele für weitere Instrumente, die jedoch in diesem Buch nicht weiter vertieft werden, sind: Kaizen Costing, Budgetierung, Total Cost of Ownership sowie Quality Function Deployment.[147]

Ein richtig installiertes Kostenmanagement sichert den Erfolg und die Existenz eines Unternehmens. Ziel des Kostenmanagements ist es, die Kosten einzugrenzen bzw. zu senken, aber auch, sie im Hinblick auf das Kostenniveau, die Kostenstruktur und Verbesserung der Wirtschaftlichkeit der Leistungserstellung im Unternehmen zu beeinflussen.

147 Götze, U., Kostenrechnung und Kostenmanagement, 2010, S. 275.

7 Prozesskostenrechnung

Prozesskostenrechnung

Notwendigkeit | **Ziele** | **Voraussetzungen**

Vorgehensweise bei der Prozesskostenrechnung

- Tätigkeitsanalyse
- Erfassen von Teilprozessen
  - Ermittlung der Teilprozesskosten
  - Ermittlung der Teilprozesskostensätze
- Verdichten von Teilprozessen zu Hauptprozessen
- Bestimmen der Hauptprozesskostensätze
- Verrechnen der Prozesskosten auf die Kostenträger (Kalkulation)

Anwendungsgebiete der Prozesskostenrechnung

- Steuerung der Kosten in indirekten Gemeinkostenbereichen
- Prozesskostenorientierte Kalkulation
  - Degressionseffekt
  - Komplexitätseffekt
  - Allokationseffekt

Erfolgskontrolle → **Aufgaben → Lösungen (s. digitale Extras)**

Abb. 91: Kapitelübersicht

Summary
Bestandteil jeder Kostenrechnung sollte immer eine verursachungsgerechte Verrechnung der Kosten auf die Kostenträger beinhalten. Die Verrechnung der Gemeinkosten gestaltet sich häufig problematisch, da sie nicht direkt einem Kostenträger zugerechnet werden können. Bei der Zuschlagskalkulation werden sie mithilfe von Zuschlagssätzen auf die Einzelkosten der jeweiligen Kostenstellen aufgeschlagen, was jedoch nicht immer dem Verursachungsprinzip entspricht. In vielen Branchen gibt es immer weniger Einzelkosten, zudem sind die Kostenstellen meist so verzahnt, dass eine einzelne Betrachtung nicht mehr sinnvoll ist. Die Kosten für die Produkte bzw. Dienstleistungen entstehen nicht in einzelnen Kostenstellen, sondern in übergreifenden Prozessen.

Die Prozesskostenrechnung versucht, die Gemeinkosten nun nicht mehr auf Basis der Einzelkosten, sondern auf Basis bestimmter Aktivitäten (Prozesse) zu verrechnen. Der Betrachtungsgegenstand der Kostenrechnung hat sich also von der Kostenzuordnung auf die Identifizierung der Kostenentstehung verlagert.[148]

Die Kosten sollen mithilfe der Prozesskostenrechnung verursachungsgerechter verteilt und die Gemeinkostenbereiche transparenter dargestellt werden.

Die Prozesskostenrechnung hat vor allem bei der Kalkulation von Prozessvarianten ihre Vorzüge.

Am Ende dieses Kapitels werden Sie

- die Gründe kennen, die zur Entwicklung und zum Einsatz der Prozesskostenrechnung geführt haben,
- wissen, welche Merkmale eine Prozesskostenrechnung hat und welche Zielsetzungen mit der Prozesskostenrechnung verfolgt werden,
- die Funktionsweise der Prozesskostenrechnung nachvollziehen können,
- in der Lage sein, die traditionellen Kostenrechnungssysteme von der Prozesskostenrechnung abzugrenzen und ihre Vorzüge erklären zu können,
- die Vorgehensweise für die Abbildung der Prozesse beherrschen sowie die Kostentreiber bestimmen und die Kosten auf sie verrechnen können,
- die Unterschiede zwischen leistungsmengeninduzierten (lmi) und leistungsmengenneutralen (lmn) Kosten/Prozessen verstanden haben,
- die Vorgehensweise zur Weiterverrechnung der Prozesskosten auf die Produkte verstanden haben,
- sich der Vorteile und Nachteile der Prozesskostenrechnung bewusst sein.

148 Vgl. Remer, D., Einführen der Prozesskostenrechnung, 2005, S. 23.

7.1 Charakter und Ziele der Prozesskostenrechnung

In den meisten Fällen stellen die klassischen Verfahren der Kosten- und Leistungsrechnung die variablen Einzelkosten in den Mittelpunkt der Rechnung. Jedoch hat sich die Wertschöpfung in den letzten Jahrzehnten auf die vorbereitenden, planenden, steuernden und kontrollierenden Aktivitäten, die fixe Gemeinkosten zur Folge haben, verschoben. Dabei ist nicht die Beschäftigung der wesentliche Kosteneinflussfaktor, das sind vielmehr Variantenreichtum sowie Produkt- und Prozesskomplexität.[149] Durch die in der jüngeren Vergangenheit zunehmende Automatisierung und Globalisierung der Märkte, den zunehmenden Einsatz moderner Informations- und Kommunikationstechnologie und die damit verbundene Veränderung der Kostenstrukturen wuchs die Bedeutung der indirekten Leistungsbereiche wie Produktionsplanung und -steuerung, Forschung und Entwicklung, Logistik sowie Beschaffung.

Die Prozesskostenrechnung ist aufgrund der Kritik an der Zuschlagskalkulation entstanden. Sie basiert auf der Annahme, dass ein Großteil der Gemeinkosten eines Unternehmens nicht unmittelbar durch die Kostenträger (Produkte), sondern durch Prozesse (Arbeitsgänge, Tätigkeiten), die sich vor allem in den indirekten Leistungsbereichen vollziehen, verursacht werden.[150]

Die Prozesskostenrechnung »will durch die detaillierte Analyse aller Tätigkeiten Kostentransparenz in den indirekten Leistungsbereichen schaffen, indem sie konkret aufzeigt, welche Kosten in den Kostenstellen für welche Aktivitäten (Prozesse) anfallen.«[151] Sie versucht eine verursachungsgerechtere Verteilung der Gemeinkosten zu gewährleisten. Gleichzeitig lässt sich mithilfe der Prozesskostenrechnung die Leistungserstellung auf ihre Effizienz hin überprüfen und im Hinblick auf die Leistung ihre Notwendigkeit, ihr Umfang und ihr Wert. Um dies tun zu können, werden die Prozesse, die Gemeinkosten verursachen, näher analysiert und die Kostentreiber, sogenannte »Cost Driver«, aufgedeckt.[152]

Daher orientiert sich die Prozesskostenrechnung an den im Unternehmen ablaufenden Prozessen und identifiziert die Haupteinflussfaktoren für die Entstehung der Kosten in den Gemeinkostenbereichen. Die vorherrschende Fragestellung in der Prozesskostenrechnung lautet: Was kosten uns ein interner Produktions- oder Dienstleistungsprozess? Z. B.:

- das Schreiben eines Geschäftsbriefs (in der Verwaltung),
- die Abwicklung einer Reklamation (im Kundenservice),
- ein Rüstprozess beim Einrichten einer Maschine (in der Fertigung) etc.

---

149 Vgl. Horváth, P.; Gleich, R.; & Seiter, M., Controlling, 2020, S. 253.

150 Kalenberg, F., Kostenrechnung, 2013, S. 299.

151 Schmidt, A., Kostenrechnung, 2017, S. 222.

152 Kremin-Buch, B., Strategisches Kostenmanagement, 2007, S. 36 und Graumann, M., Kostenrechnung und Kostenmanagement, 2021, S. 361.

7.1.1 Gründe für die Einführung der Prozesskostenrechnung

Die traditionellen Vollkostenrechnungssysteme wurden entwickelt, um den Produktionsprozess im Industriebetrieb kostenrechnerisch abzubilden. Der in früheren Jahren geringe Anteil der Gemeinkosten an den Gesamtkosten erlaubte eine Zuschlagskalkulation auf Basis der Material- und Fertigungseinzelkosten.

Durch den Anstieg des Gemeinkostenanteils sind die Gemeinkostenzuschlagssätze enorm angestiegen, teilweise kommt es zu Zuschlagssätzen von über 1.000 %.

So führen kleine Veränderungen der Einzelkosten zu unverhältnismäßig hohen Veränderungen bei den Gemeinkostenzuschlagssätzen und es kommt zu Verzerrungen in der Produktkalkulation: Gemeinkosten sind vor allem vom Variantenreichtum und der Produktkomplexität abhängig, nicht von der Höhe der Einzelkosten. Dies kann zu preis- und produktpolitischen Fehlentscheidungen führen.

Für wichtige strategische Entscheidungen sind fundiertere Informationen über die aktuelle Kostensituation und die Veränderungen der Kosten bei Strukturveränderungen unbedingt erforderlich.

Beispiel: Zuschlagskalkulation versus Prozesskostenrechnung

Produktverteilung eines Produktionsunternehmens	Umsatz Standardprodukte 80 %	Umsatz Individualprodukte 20 %
Verteilung der Fertigungseinzelkosten	FEK der Standardprodukte 80 %	FEK der Individualprodukte 20 %
Tatsächliche Verteilung der Fertigungsgemeinkosten	FGK Standardprodukte 40 %	FGK Individualprodukte 60 %

Die Zuschlagskalkulation verteilt Gemeinkosten der Produkte unabhängig von ihrer Komplexität mit einem einheitlichen Zuschlagssatz.

Gesamte Fertigungseinzelkosten:

- Standardprodukte: 500 €/St. = 2.000.000 € für 4.000 Stück
- Individualprodukte: 500 €/St. = 500.000 € für 1.000 Stück
- gesamte Fertigungsgemeinkosten für alle Kostenstellen = 2.000.000 €

Kalkulation in der Zuschlagskalkulation mit Gemeinkostenzuschlagssatz

$$\text{FGK-Zuschlagssatz} = \frac{\text{Fertigungsgemeinkosten}}{\text{Fertigungseinzelkosten}} = \frac{2.000.000\,€}{2.500.000\,€} \times 100 = 80\,\%$$

	Standardprodukte	Individualprodukte
Fertigungseinzelkosten	500 €/St.	500 €/St.
80 % Zuschlag für Fertigungsgemeinkosten	400 €/St.	400 €/St.

Verteilung der Fertigungsgemeinkosten laut Zuschlagskalkulation:

- Standardprodukt: 400 €/St. x 4.000 Stück = 1.600.000 € (= 80 %)
- Individualprodukt: 400 €/St. x 1.000 Stück = 400.000 € (= 20 %)

Tatsächliche Verteilung der Fertigungsgemeinkosten:

- Standardprodukte: 800.000 € (40 %) bei 4.000 Stück: 200 € pro Produkt
- Individualprodukte: 1.200.000 € (60 %) bei 1.000 Stück: 1.200 € pro Produkt

Vergleich zwischen kalkulierter und tatsächlicher Fertigungsgemeinkosten-verteilung

Realistische Kalkulation:

	Standardprodukte	Individualprodukte
Fertigungseinzelkosten	500 €/St.	500 €/St.
Fertigungsgemeinkosten	200 €/St.	1.200 €/St.
Realistische gesamte Fertigungskosten	**700 €/St.**	**1.700 €/St.**

Kalkulation gemäß Zuschlagskalkulation:

	Standardprodukt	Individualprodukt
Fertigungseinzelkosten	500 €/St.	500 €/St.
80 % Zuschlag für Fertigungsgemeinkosten	400 €/St.	400 €/St.
Gesamte Fertigungskosten	**900 €/St.**	**900 €/St.**
Selbstkostenkalkulation und Marktpreis damit	**zu hoch**	**zu niedrig**
	Quersubventionierung →	

7.1.2 Ziele der Prozesskostenrechnung

Die allgemeinen Zielsetzungen bei der Prozesskostenrechnung sind:

- Steigerung der Kostentransparenz in den indirekten Bereichen (Forschung und Entwicklung, Auftragsbearbeitung, Produktionsplanung etc.),
- eine effizientere Planung, Steuerung und Kontrolle der Gemeinkosten,
- Verbesserung der Kalkulationsgrundlage durch eine verursachungsgerechtere Verteilung der Kosten der indirekten Bereiche,
- Effizienzsteigerung der innerbetrieblichen Leistungsprozesse durch Wirtschaftlichkeitskontrolle (prozessorientierte Kalkulation),
- die Verbesserung der abteilungsübergreifenden Zusammenarbeit durch prozessorientiertes Denken und die Optimierung von Prozessen zu fördern,
- Identifikation von Rationalisierungspotenzial,
- mengenorientierte bzw. analytische Planung der Gemeinkostenbereiche, um pauschale Kostenbudgets zu ersetzen,
- Verbesserung der Produktions- und Absatzentscheidungen, da Gemeinkosten verursachungsgerechter auf Kostenträger (Produkte, Dienstleistungen) zugerechnet werden können,
- Transparenz zu schaffen hinsichtlich des Ressourcenverbrauchs, der Kapazitätsauslastung der Gemeinkostenbereiche und der Kosten von Produkt- und Verfahrensänderungen und
- differenzierte und dadurch bessere Angebotskalkulation.[153]

Ein positiver Nebeneffekt der Prozesskostenrechnung ist die Förderung des Prozessdenkens anstatt des Funktions- oder Abteilungsdenkens im Unternehmen.

153 Vgl. Stoi, R., Prozessorientiertes Kostenmanagement in der deutschen Unternehmenspraxis, 1999, S. 25; Kaplan, R.; Cooper, R., Prozesskostenrechnung als Managementinstrument, 1999, S. 301 und Ewert, R.; Wagenhofer, A., Interne Unternehmensrechnung, 2005, S. 689 f.; Horváth, P., Controlling, 2006, S. 536.

Die folgende Abbildung veranschaulicht die Ziele der Prozesskostenrechnung:

Transparenz im Gemeinkostenbereich schaffen

- Inanspruchnahme von Ressourcen durch Prozesse
- Abbildung des Mengen- und Werteflusses
- Kostentransparenz in den indirekten Bereichen (z. B. Forschung, Entwicklung, Auftragsbearbeitung).

Effizienz und Kontrolle steigern

- Kapazitätsauslastung der indirekten Bereiche
- Kontinuierliche Kontrolle und Verbesserung der Wirtschaftlichkeit der innerbetrieblichen Prozesse
- Schnittstellenmanagement durch prozessorientiertes Denken

Kalkulation verbessern

- Verursachungsgerechte Verrechnung der internen Aktivitäten
- Abbildung der Komplexitätskosten
- Abbildung der Kosten von Produkt- und Verfahrensänderungen

Entscheidungsrelevante Informationen gewinnen zur

- Preisfestsetzung der Produkte
- Make-or-buy-Entscheidung
- Reduzierung der Gemeinkosten durch Prozessoptimierung
- Steigerung der Profitabilität durch Identifikation profitabler Produkte und Kunden

Abb. 92: Ziele der Prozesskostenrechnung

7.2 Anwendungsbereiche der Prozesskostenrechnung

Die Prozesskostenrechnung ist eine Variante der Vollkostenrechnung, die ebenso wie die traditionelle Kostenrechnung die Teilgebiete der Kostenarten-, Kostenstellen- und Kostenträgerrechnung durchläuft, wobei Einzelkosten den Kostenträgern direkt zugerechnet und Gemeinkosten über die Kostenstellenrechnung auf die Kostenträger verteilt werden. In der Kostenartenrechnung bestehen keine wesentlichen Unterschiede zwischen der Prozesskostenrechnung und der klassischen Kostenrechnung. Bei der Kostenstellenrechnung hingegen wird die Verrechnung der Gemeinkosten in den indirekten Kostenstellen weiterentwickelt und verfeinert, da diese in eine prozessorientierte Aufteilung überführt werden.

Es ist das Hauptziel der Prozesskostenrechnung, die Kosten- und Leistungstransparenz hinsichtlich der Aktivitäten und der durch sie ausgelösten Ressourceninanspruchnahme in Gemeinkostenbereichen zu erhöhen. Dadurch soll eine Optimierung der Prozesse hinsichtlich Qualität, Zeit und Effizienz sowie die Verbesserung der Gemeinkostenverrechnung erreicht werden. Ferner sollen strategische Fehlentscheidungen vermieden werden.[154]

Die Prozesskostenrechnung kann für repetitive (sich wiederholende) Tätigkeiten mit wenig Entscheidungsspielraum der ausführenden Person eingesetzt werden, damit die Tätigkeit standardisiert, beschrieben und bewertet werden kann. Somit bietet sich der Einsatz der Prozesskostenrechnung insbesondere in den indirekten Leistungsbereichen an. Die Verrechnung der Gemeinkosten erfolgt über die Anzahl der Prozesse (Prozessmenge) und nicht über die Einzelkosten wie bei der Zuschlagskalkulation. Nur so ist eine verursachungsgerechte Kostenverteilung möglich. Außerdem muss ein kausaler Zusammenhang zwischen den zu verrechnenden Kostenarten und den Zurechnungsobjekten (Produkten oder Kunden) bestehen. Sachverhalte, auf die die Kosten je Prozess heruntergebrochen werden können, bezeichnet man in die Prozesskostenrechnung als **Kostentreiber**.

Die **Kostentreiber,** auch Cost Driver genannt, sind für jedes Unternehmen individuell zu bestimmen. Sie sind Größen, welche die Kosten innerhalb von Teilprozessen beeinflussen; sie verursachen die Kosten im jeweiligen Prozess und stellen die Messgrößen zur Quantifizierung des Outputs der Prozesse dar. Die Prozesskostenrechnung muss den Bedürfnissen und Ansprüchen eines Unternehmens individuell angepasst werden.

Die folgende Tabelle zeigt typische Beispiele für Kostentreiber:

Beispiele für Kostentreiber	
Teilprozesse	**Kostentreiber (Bezugsgrößen)**
Angebote einholen	Anzahl der eingeholten Angebote
Bestellungen aufgeben	Anzahl der Bestellungen
Wareneingangskontrolle durchführen	Anzahl der Lieferungen
Material lagern	Materialvielfalt
Reklamationen bearbeiten	Anzahl der Reklamationen
Produktion	produzierte Stückzahl
Qualitätskontrolle	Anzahl der Kontrollvorgänge
Geräte und Anlagen einkaufen	Anzahl der Bestellungen
Lieferanten betreuen	Anzahl der Lieferanten

154 Jung, H., Allgemeine Betriebswirtschaftslehre, 2016, S. 1169 und Jung, H., Controlling, 2014, S. 97 und Horváth, P.; Gleich, R.; Seiter, M., Controlling, 2020, S. 254.

Beispiele für Kostentreiber	
Teilprozesse	**Kostentreiber (Bezugsgrößen)**
Rahmenverträge abschließen	Anzahl der Rahmenverträge
Auftragsabwicklung	Anzahl der Aufträge
Personalbetreuung	Anzahl der Mitarbeiter

Tab. 61: Beispiele für Teilprozesse und Kostentreiber

Für Unternehmen mit einem relativ homogenen Produktprogramm sind die Ergebnisse der zuschlags- und prozessorientierten Kalkulation sehr ähnlich. Hier sollte man zunächst nur eine stark vereinfachte Prozesskostenrechnung aus vorhandenen Daten ableiten, um abschätzen zu können, welches Potenzial in der Einführung einer vollständigen Prozesskostenrechnung steckt.[155]

Die Prozesskostenrechnung wird vor allem bei Dienstleistungsunternehmen oder in den indirekten Bereichen von Industrieunternehmen verwendet, wie z. B. bei der Verrechnung von Materialgemeinkosten, allgemeinen Fertigungskosten und Vertriebsgemeinkosten.

Im Fertigungsbereich kommt sie nicht so häufig zum Einsatz, da dort oft die Maschinenstundensatzrechnung bevorzugt wird.[156]

7.3 So gehen Sie bei der Prozesskostenrechnung vor

Die Prozesskostenrechnung ist i. d. R. als Vollkostenrechnung aufgebaut und verfolgt das aus der traditionellen Kostenrechnung bekannte Prinzip der Kostenarten-, Kostenstellen- und Kostenträgerrechnung. Einzelkosten können den Kostenträgern direkt zugerechnet werden, die Gemeinkosten werden in eine prozessorientierte Aufteilung überführt und erfahren eine differenzierte Analyse.

Um von der Kostenstellenrechnung zur Kostenträgerrechnung zu kommen, müssen innerhalb jeder Kostenstelle die Tätigkeiten analysiert und in Teilprozesse zusammengefasst werden. Die Teilprozesse, die sachlich zusammenhängen, werden zu Hauptprozessen verdichtet. Über die Hauptprozesse fließen die Prozesskosten den Kostenträgern zu.

155 Vgl. Remer, D., Einführen der Prozesskostenrechnung, 2005, S. 45.
156 Vgl. Coenenberg, A. G., Kostenrechnung und Kostenanalyse, 2003, S. 234.

In der Prozesskostenrechnung werden ausschließlich die Kosten von tatsächlich genutzten Kapazitäten bzw. Prozessen erfasst, ungenutzte Kapazitäten bleiben unberücksichtigt. Dadurch wird die Ressourcennutzung transparent gemacht und Überkapazitäten können aufgedeckt werden.

Die Vorgehensweise veranschaulicht die folgende Abbildung:

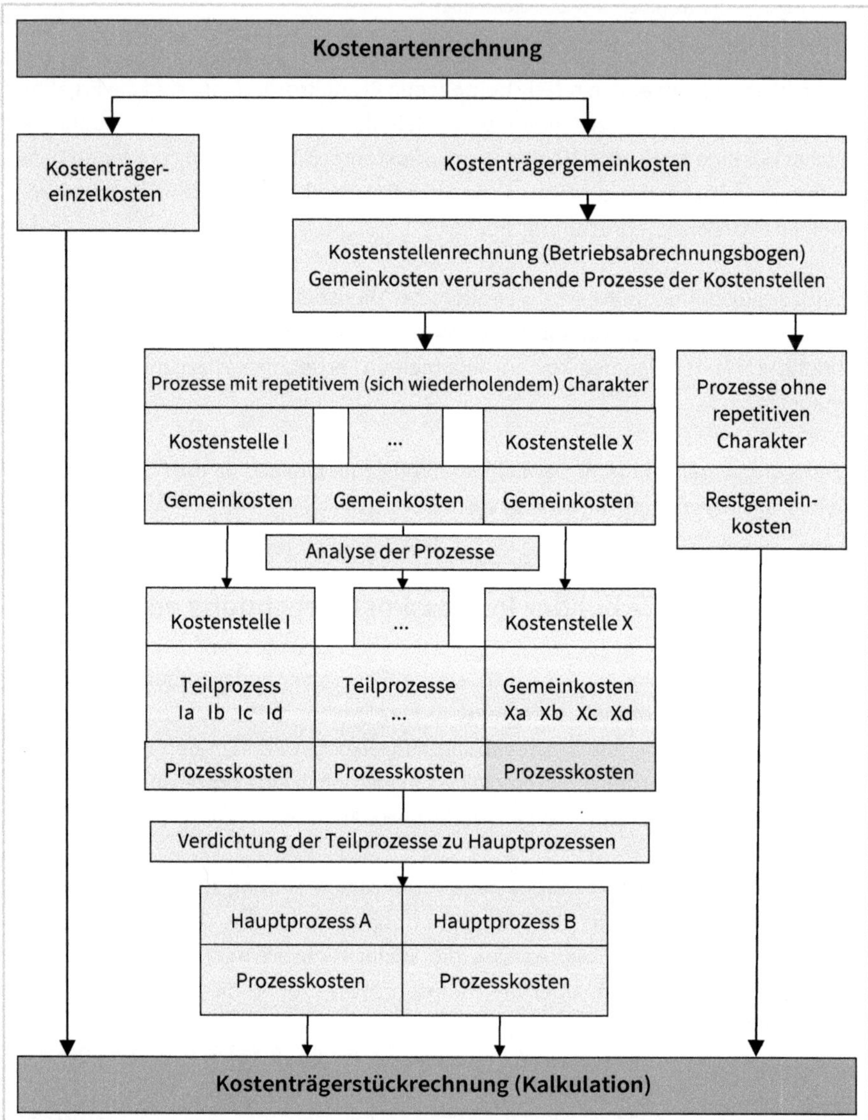

Abb. 93: Übersicht über die Prozesskostenrechnung

Es sind mehrere Schritte notwendig, um von der Kostenstellenrechnung zur Kostenträgerrechnung zu gelangen. Als Erstes müssen innerhalb jeder Kostenstelle die stattfindenden Tätigkeiten analysiert und in Teilprozesse gruppiert werden. Die Teilprozesse, die sachlich zusammenhängen, werden dann zu Hauptprozessen verdichtet. Über die Hauptprozesse fließen die Prozesskosten dann auf die Kostenträger.

Bevor diese Schritte genauer erläutert und durch Beispiele veranschaulicht werden, sollen zunächst die Elemente von Prozessen erklärt werden.

7.3.1 Strukturelemente von Prozessen

Ein Prozess wird definiert als »eine auf die Erbringung eines Leistungsoutputs gerichtete Kette von Aktivitäten.«[157] Ein Prozess besteht aus beliebig vielen Ebenen.

Die grundlegenden Ebenen werden im Folgenden hierarchisch dargestellt:[158]

- **Geschäftsprozesse:** Ein Geschäftsprozess besteht aus umfangreichen Tätigkeitsfeldern, welche schrittweise vom Unternehmen betrachtet und ausgeführt werden.
- **Hauptprozesse:** Sie setzen sich aus mehreren sachlich zusammenhängenden Teilprozessen zusammen. Es ist wichtig zu verstehen, dass die Hauptprozesse in einer Unternehmung kostenstellenübergreifend sind und die Teilprozesse, aus denen sie bestehen, von unterschiedlichen Bereichen durchgeführt werden. Die folgende Abbildung veranschaulicht kostenstellenübergreifende Hauptprozesse.
- **Teilprozesse**: Sie bestehen aus einer Reihe gleichartiger Aktivitäten innerhalb einer Kostenstelle und können mehreren Hauptprozessen zugeordnet werden. Die Teilprozesse müssen deshalb kostenstellenbezogen ermittelt werden, da sie eine Verbindung zwischen den Kosten der einzelnen Kostenstellen und den Kosten der bereichsübergreifenden Hauptprozesse darstellen.
- **Aktivitäten**: Sie dienen zur Beschreibung von Teilprozessen.[159]

157 Mayer, R., Prozesskostenrechnung, 1998, S. 6.
158 Vgl. Mayer, R., Prozesskostenrechnung, 1998, S. 6 ff.
159 Vgl. Mayer, R., Prozesskostenrechnung, 1998, S. 7.

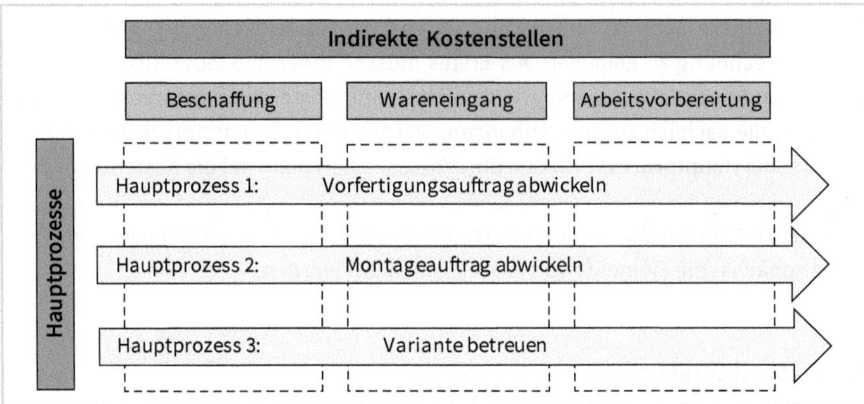

Abb. 94: Kostenstellenübergreifende Hauptprozesse[160]

7.3.2 Tätigkeitsanalyse und Erfassen von Teilprozessen

Als Basis für die Prozesskostenrechnung werden die einzelnen Aktivitäten in den zuvor ausgewählten Unternehmensbereichen ermittelt. Aktivitäten sind Vorgänge in der Kostenstelle, die Ressourcen in Anspruch nehmen oder verbrauchen. Deren Ermittlung kann mithilfe von Arbeitsplänen, Mitarbeiterbefragungen und Stellenbeschreibungen durchgeführt werden. Den einzelnen Tätigkeiten werden gleichzeitig auch der Umfang (Menge) und der Zeitaufwand zugeordnet. Auf dieser Grundlage werden dann die kostenstellenbezogenen repetitiven, homogenen Aktivitäten sinnvoll zu Teilprozessen zusammengefasst. Teilprozesse stellen eine Kette von sachlich zusammenhängenden Tätigkeiten in einer Kostenstelle dar, deren gemeinsame Bezugsgröße das Erbringen einer bestimmten Leistung ist.

Nach der Abgrenzung der Teilprozesse muss festgestellt werden, ob eine Abhängigkeit zur Leistungsmenge der Kostenstelle besteht. Leistungsmengeninduzierte Prozesse (lmi-Prozesse) liegen vor, wenn die Prozessmenge bzw. -häufigkeit direkt vom Leistungsvolumen einer Kostenstelle abhängt und sie durch eine Maßgröße quantifizierbar ist. Ist das Arbeitsvolumen jedoch unabhängig von der Leistungsmenge, handelt es sich um leistungsmengenneutrale Prozesse (lmn-Prozesse). Das sind zumeist leitende oder verwaltende Tätigkeiten. Für lmi-Prozesse werden Kostentreiber ermittelt, um Kostensätze bilden zu können.[161]

---

160 In Anlehnung an Horváth, P., Controlling, 2011, S. 485.

161 Götze, U., Kostenrechnung und Kostenmanagement, 2010, S. 220 f., Schmidt, A., Kostenrechnung, 2017, S. 224 ff., Kajüter, P., Prozesskostenmanagement, 2002, S. 267 f., Kremin-Buch, B., Strategisches Kostenmanagement, 2007, S. 47 f., Plötner et al., Kosten- und Erlösrechnung, 2010, S. 113 ff. und Joos, T., Controlling, Kostenrechnung und Kostenmanagement, 2014, S. 353 ff.

Differenzierung zwischen lmi-und lmn-Kosten:

- **Leistungsmengeninduzierte Kosten (lmi):** Kosten, die sich proportional zur Menge der in Anspruch genommenen Kostentreiber/Bezugsgrößen verhalten, ähnlich wie die variablen Kosten.
- **Leistungsmengenneutrale Kosten (lmn):** Kosten, die unabhängig von der Menge der in Anspruch genommenen Kostentreiber/Bezugsgrößen entstehen, ähnlich wie die fixen Kosten.

Der Prozesskostensatz wird wie folgt ermittelt:

$$\text{Prozesskostensatz} = \frac{\text{Prozesskosten}}{\text{Prozessmenge}}$$

Tätigkeitsanalyse

Zuerst wird mithilfe der Kostenstellenleiter eine Tätigkeitsanalyse zur Identifikation von Prozessen in den Kostenstellen durchgeführt. Zur Dokumentation der Tätigkeiten können z. B. Interviews oder Beobachtungen mit Selbstaufschreibungen der Mitarbeiter verwendet werden.[162]

Wichtig: Das sollten Sie sich merken !

Tätigkeit = produktionsfaktorverzehrender Arbeitsvorgang eines Mitarbeiters in einer Kostenstelle.

Nachdem die Tätigkeiten ausführlich erfasst sind, werden sie strukturiert und zu Teilprozessen zusammengefasst. Diese Teilprozesse können übersichtlich in einer Prozessliste aufgeführt werden.

Wichtig: Das sollten Sie sich merken !

Teilprozess = Zusammenfassung mehrerer Tätigkeiten einer oder mehrerer Mitarbeiter innerhalb einer Kostenstelle, so dass diese einen logischen Ablauf bilden. Am Ende steht ein festgelegtes Arbeitsergebnis.

162 Vgl. Steger, J., Kosten- und Leistungsrechnung, 2010, S. 585 f.

Beispiele für Teilprozesse in Abhängigkeit zu einer Kostenstelle	
Kostenstelle	**Teilprozesse**
Einkauf	• Material einkaufen • Hilfs- und Betriebsstoffe einkaufen • Geräte und Anlagen einkaufen • Lieferanten betreuen • Rahmenverträge abschließen • Abteilung leiten
Wareneingang	• Prüfung der Lieferscheine • Materiallieferung entgegennehmen • Abteilung leiten
Qualitätssicherung	• Prüfpläne erstellen • Stichproben bei Materialeingang durchführen • Stichproben bei Endprodukten durchführen • Abteilung leiten
Lager	• Einlagerung der Waren bzw. des Materials • Auslagerung der Waren bzw. des Materials • Abteilung leiten
Innerbetrieblicher Transport	• Innerbetrieblicher Transport • Sicherstellen der Ladungsträger • Entsorgung der Ladungsträger
Versand	• Versand der Waren bzw. des Materials • Überwachung der Verladung • Koordination der Transporte und Verkehrsträger
Vertrieb	• Anfrage prüfen • Angebot erstellen

Tab. 62: Beispiele für Teilprozesse in Abhängigkeit von einer Kostenstelle

7.3.3 Ermittlung der Teilprozesskosten

Durch Zeit- und Verbrauchsstudien werden die Gemeinkosten der Kostenstelle einer Periode den Teilprozessen zugeordnet. Dabei wird deutlich, welche Kosten einer Kostenstelle jeder Teilprozess in einer Periode verursacht.

Beispiel: Kostenstelle Einkauf

Da die Personalkosten im Einkauf den Großteil der Gesamtkosten ausmachen, wird eine Verteilung der Gemeinkosten anhand der Arbeitsstunden vorgenommen (in anderen Kostenstellen können andere Maßgrößen verwendet werden, wie z. B. Material- bzw. Mitteleinsatz oder Maschinenlaufzeiten).

Bestimmung der Kosten von Teilprozessen im Einkauf:

Teilprozess	Mitarbeiter (Mannjahre)	Personal- und Sachkosten
Kostenstelle Einkauf gesamt	13,00	1.300.000 €
Kosten eines Mitarbeiters	1,00	100.000 €
1. Material einkaufen	7,50	750.000 €
2. Hilfs- und Betriebsstoffe einkaufen	2,50	250.000 €
3. Geräte und Anlagen einkaufen	1,25	125.000 €
4. Lieferanten betreuen	0,75	75.000 €
5. Rahmenverträge abschließen	0,50	50.000 €
6. Abteilung leiten	0,50	50.000 €

7.3.4 Bestimmen der Teilprozesskostensätze

Damit die Kosten einer einzelnen Teilprozessdurchführung bestimmt werden können, müssen zunächst geeignete Prozessgrößen gefunden werden, um die Teilprozesse zu quantifizieren.

Es müssen Prozessgrößen gewählt werden, die proportional zur Beanspruchung der Ressourcen sind. So bestimmt z. B. beim Teilprozess »Material einkaufen« die Anzahl der Bestellungen die Anzahl der Durchführungen. Allerdings sind nicht alle Teilprozesse quantifizierbar, d. h., es gibt für manche keine eindeutig messbaren Prozessgrößen. Ein Beispiel hierfür ist der Teilprozess »Abteilung leiten«.

Somit wird unterschieden zwischen quantifizierbaren Teilprozessen, die man als **»leistungsmengeninduziert« (lmi)** bezeichnet, und nicht quantifizierbaren **»leistungsmengenneutralen« (lmn)** Teilprozessen.[163]

Bei leistungsmengeninduzierten Teilprozessen hängen die zugeordneten Kosten von der zugehörigen Prozessmenge ab, es wird eine proportionale Beziehung zwischen den Kosten und der Prozessmenge unterstellt. Einem leistungsmengenneutralen Teilprozess hingegen kann keine Prozessmenge zugeordnet werden. Die Kosten für

163 Die Begriffe »leistungsmengeninduziert« und »leistungsmengenneutral« wurden von Horváth und Mayer geprägt (vgl. Horváth, P., Mayer, R., Prozesskostenrechnung, 1998, S. 216).

diesen Prozess fallen unabhängig an und sind somit prozessfixe Kosten, wie beispielsweise der Teilprozess »Abteilung leiten«.[164]

Übersicht: Leistungsmengeninduzierte und -neutrale Teilprozesse
Leistungsmengeninduzierter (lmi) Teilprozess • direkter Zusammenhang der im Leistungsprozess entstehenden Kosten mit dem Leistungsvolumen • repetitive Tätigkeiten Beispiele: »Bestellungen aufgeben« oder »Rechnung erstellen«
Leistungsmengenneutraler (lmn) Teilprozess • kein direkter Zusammenhang zwischen entstehenden Kosten und Leistungsvolumen • für diese Prozesse können keine Kostentreiber zugewiesen werden; Kosten sind als fixe Kosten zu behandeln, • die lmn-Kosten stellen einen Fixkostensockel der indirekten Bereiche dar, sind mittelbar aber prozessabhängig, da sie zur Unterstützung der lmi-Tätigkeiten notwendig und somit relativ prozessnah sind. Beispiele: »Abteilung Einkauf leiten« oder »Meeting organisieren«

Tab. 63: Leistungsmengeninduzierte und -neutrale Teilprozesse

Neben den Prozessgrößen werden die jeweiligen Prozessmengen ermittelt.

! **Wichtig: Das sollten Sie sich merken**

Prozessmenge = die der Prozessgröße zugehörige messbare Leistung, mit der der Verbrauch an Ressourcen und die daraus resultierenden Kosten gemessen werden.

Beispiel für die Kostenstelle Einkauf			
Teilprozess	**lmi/lmn**	**Prozessgröße**	**Prozessmenge**
Material einkaufen	lmi	Bestellungen	4.000
Hilfs- und Betriebsstoffe einkaufen	lmi	Bestellungen	2.500
Geräte und Anlagen einkaufen	lmi	Bestellungen	100
Lieferanten betreuen	lmi	Lieferanten	160
Rahmenverträge abschließen	lmi	Rahmenverträge	80
Abteilung leiten	lmn	-	

Tab. 64: Beispiel Kostenstelle Einkauf

164 Vgl. Friedl, G. et al., Kostenrechnung, 2013, S. 441 f.

Verrechnung der lmi-Prozesskosten

Die Grundlage der durch einen lmi-Teilprozess in Anspruch genommenen Ressourcen ist der **lmi-Prozesskostensatz.**[165] Der lmi-Prozesskostensatz drückt aus, welche Kosten bei einmaliger Durchführung eines Teilprozesses anfallen. Er wird wie folgt ermittelt:

$$\text{lmi-Prozesskostensatz} = \frac{\text{lmi-Prozesskosten}}{\text{Prozessmenge}}$$

Verrechnung der lmn-Prozesskosten

Bei der Verrechnung der lmn-Prozesskosten muss die Prozesskostenrechnung auf Schlüsselungen zurückgreifen, wobei meist eine proportionale Verteilung vorgenommen wird. Hierzu verwendet man den **lmn-Umlagesatz**.

Der **lmn-Umlagesatz** kann folgendermaßen berechnet werden:

$$\text{lmn-Umlagesatz in Prozent} = \frac{\text{lmn-Prozesskosten}}{\sum \text{lmi-Prozesskosten}} \times \text{lmi-Prozesskostensatz} \times 100$$

Ermittlung des Teilprozesskostensatzes

Der Teilprozesskostensatz drückt die Kosten aus, die für eine Einheit eines Kostentreibers (= Haupteinflussgrößen der Kostenentstehung des Teilprozesses) im Unternehmen anfallen. Durch Addition des lmi-Prozesskostensatzes und des lmn-Umlagesatzes ergibt sich der Gesamtprozesskostensatz des jeweiligen Teilprozesses, der die Kosten für die einmalige Durchführung des Teilprozesses beschreibt. Wie die beiden Formeln zur Berechnung der Teilprozesskostensätze bzw. -umlagesätze erkennen lassen, werden die Gemeinkosten über die Prozessmenge verrechnet. Da es sich bei den Gemeinkosten der indirekten Leistungsbereiche überwiegend um fixe Gemeinkosten handelt, erfolgt also eine Proportionalisierung der fixen Gemeinkosten, d. h., der Teilprozesskostensatz ändert sich mit der Änderung der Prozessmenge.[166] Dieses Vorgehen ist häufig auch der stärkste Kritikpunkt an der Prozesskostenrechnung.

$$\text{Gesamtprozesskostensatz} = \text{lmi-Prozesskostensatz} + \text{lmn-Umlagesatz (EUR)}$$

Beispiel: Kostenstelle Einkauf

Es werden die Teilprozesskostensätze für alle Teilprozesse berechnet. Beispielhaft werden die Berechnungen für den Teilprozess »Material einkaufen« durchgeführt. Die Vorgehensweise trifft entsprechend auch für die anderen Teilprozesse zu.

$$\text{lmi-Prozesskostensatz} = \frac{\text{Prozesskosten}}{\text{Prozessmenge}} = \frac{750.000\text{ €}}{4.000\text{ St.}} = 187{,}50\text{ €/St.}$$

165 Vgl. Steger, J., Kosten- und Leistungsrechnung, 2010, S. 594.

166 Vgl. Schweitzer, M. u. Küpper, H.-U., Systeme der Kosten- und Erlösrechnung, 2008, S. 356.

$$\text{lmn-Umlagesatz (EUR)} = \frac{\text{lmn-Prozesskosten}}{\sum \text{lmi-Prozesskosten}} \times \text{lmi-Prozesskostensatz}$$

$$\text{lmn-Umlagesatz (EUR)} = \frac{50.000\ €}{1.250.000\ €} \times 187{,}50\ €/\text{St.} = 7{,}50\ €/\text{St.}$$

Teilprozesskostensatz = lmi-Prozesskostensatz + lmn-Umlagesatz (EUR)

Teilprozesskostensatz = 187,50 €/St. + 7,50 €/St. = 195 €/St.

Wendet man das soeben beschriebene Verfahren auf alle weiteren Teilprozesse an, erhält man die folgenden Ergebnisse:

Teilprozess	**lmi/ lmn**	**Prozess-größe**	**Pro-zess-menge**	**Prozess-kosten**	**lmi-Pro-zesskos-tensatz**	**lmn-Umla-gesatz (4,0 %)**	**Teilpro-zesskos-tensatz**
Material ein-kaufen	lmi	Bestellun-gen	4.000	750.000 €	187,50 €	7,50 €	195 €
Hilfs- und Be-triebsstoffe einkaufen	lmi	Bestellun-gen	2.500	250.000 €	100 €	4 €	104 €
Geräte und Anlagen ein-kaufen	lmi	Bestellun-gen	100	125.000 €	1.250 €	50 €	1.300 €
Lieferanten betreuen	lmi	Lieferanten	160	75.000 €	468,75 €	18,75 €	487,50 €
Rahmen-verträge ab-schließen	lmi	Rahmenver-trag	80	50.000 €	625 €	25 €	650 €
∑lmi Prozess-kosten				1.250.000 €			
Abteilung leiten	lmn			50.000 €			

Man sieht beispielhaft, dass der Einkauf 80 Rahmenverträge abgeschlossen hat und dabei pro Rahmenvertrag Teilprozesskosten in Höhe von 650 € angefallen sind.

7.3.5 Teilprozesse zu Hauptprozessen verdichten

In diesem wichtigen Schritt werden die sachlich zusammengehörenden Teilprozesse der Kostenstellen des Untersuchungsbereichs zu je einem kostenstellenübergreifenden Hauptprozess verdichtet. Diese Aggregation lässt sich übersichtsartig in einer Prozesshierarchie darstellen (vgl. Abb. 95).

Nachdem die Tätigkeiten der indirekten Bereiche in Teilprozesse strukturiert wurden, werden nun die Teilprozesse den Hauptprozessen zugeordnet. Die Teilprozesse können in einen, aber auch in mehrere Hauptprozesse eingehen. Sachlich zusammenhängende Teilprozesse können zu Hauptprozessen verdichtet werden.

Wichtig: Das sollten Sie sich merken !

Hauptprozess = ein zusammenhängender, kostenstellenübergreifender Prozess, der die Gemeinkosten beeinflusst.
Beispiele: »Kunden betreuen«, »Bestellung durchführen«, »Fertigungsauftrag abwickeln«

Es ist zu beachten, dass alle Teilprozesse mit ihren Prozessmengen ganz in den Hauptprozessen vertreten sind, damit alle Kosten später über die Hauptprozesskostensätze auf die Produkte verrechnet werden können. Die Relationen zwischen Tätigkeiten, Teilprozessen (TP) und bereichsübergreifenden Hauptprozessen (HP) können unterschiedliche Ausprägungen aufweisen, siehe folgende Abbildung:

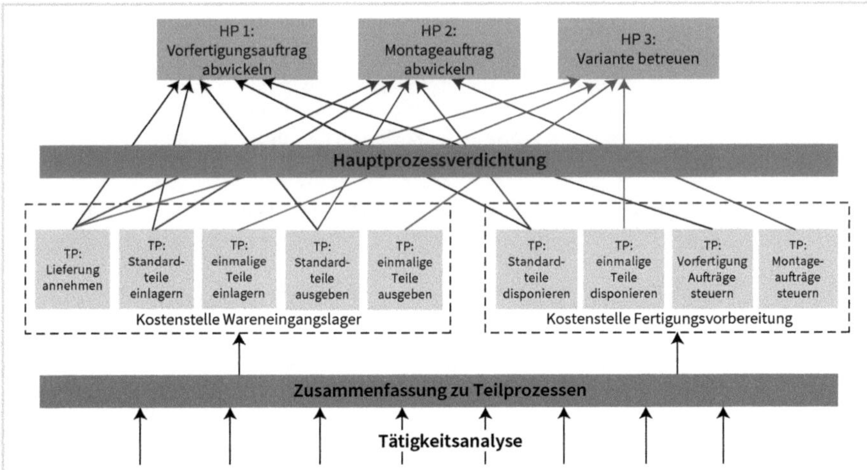

Abb. 95: Prinzip der Prozesskostenrechnung bzw. Hauptprozessverdichtung[167]

Wie aus der obigen Abbildung zu erkennen ist, fassen die Hauptprozesse 1, 2 und 3 mehrere Teilprozesse einer Kostenstelle mit vollständiger bzw. anteiliger Zurechnung zusammen.

167 Leicht modifiziert: Mayer, R., Prozesskostenrechnung, 1998, S. 86.

Zur Ermittlung der **Prozesskosten eines Hauptprozesses** werden zunächst die Kosten je Teilprozess auf den Hauptprozess verrechnet, indem die Anzahl der Teilprozesse mit dem Teilprozesskostensatz multipliziert wird. Die Summe der Prozesskosten der beteiligten Teilprozesse ergibt die **Prozesskosten des Hauptprozesses**. Der Hauptprozesskostensatz beschreibt die Kosten für die einmalige Durchführung des Hauptprozesses.

Beispiel: Hauptprozess Materialbereitstellung

Die Teilprozesse »Material einkaufen«, »Lieferanten betreuen«, »Rahmenverträge abschließen«, »Materiallieferungen entgegennehmen«, »Prüfpläne erstellen«, »Stichproben Materialeingang« und »Material lagern« sind notwendige Bestandteile der Materialbereitstellung und können somit als Hauptprozess definiert werden. Der Hauptprozess »Materialbereitstellung« nimmt nur 75 % der Teilprozesse »Lieferanten betreuen« und »Rahmenverträge abschließen« in Anspruch, da auch der Hauptprozess »Produktfertigung« (zur Bereitstellung der notwendigen Maschinen) einen Teil dieser Aktivitäten auslöst. Der Teilprozess »Prüfpläne erstellen« wird vom Hauptprozess »Materialbereitstellung« nur zu 50 % in Anspruch genommen.

Es stehen folgende Daten zur Verfügung:

Kostenstelle	Teilprozesse	Prozessgröße	Teilprozesskostensatz	Kapazitätsbeanspruchung	Hauptprozesskosten gesamt[168]
Einkauf	Material einkaufen	Bestellungen	195,00 €	4.000 (100 %)	780.000 €
	Hilfs- und Betriebsstoffe einkaufen	Bestellungen	104,00 €	0	
	Geräte und Anlagen einkaufen	Bestellungen	1.300,00 €	0	
	Lieferanten betreuen	Lieferanten	487,50 €	120 (75 %)	58.500 €
	Rahmenverträge abschließen	Rahmenvertrag	650,00 €	60 (75 %)	39.000 €
Wareneingang	Materiallieferung annehmen	Paletten	4,53 €	10.000 (100 %)	45.300 €

168 Hauptprozesskosten gesamt = Teilprozesskostensatz x Kapazitätsbeanspruchung, z. B. Material einkaufen: 195 € x 4.000 = 780.000 €.

Kostenstelle	Teilprozesse	Prozessgröße	Teilprozesskostensatz	Kapazitätsbeanspruchung	Hauptprozesskosten gesamt[168]
Qualität	Prüfpläne erstellen	Prüfungssystem	315,15 €	30 (50 %)	9.455 €
	Stichproben Materialeingang	Paletten	8,00 €	1.000 (100 %)	8.000 €
	Stichproben Endkontrolle	Endprodukte	0,45 €	0	
Lager	Hilfs- und Betriebsstoffe lagern	Ladungsträger	5,26 €	0	
	Material lagern	Gitterboxen	7,80 €	12.000 (100 %)	93.600 €
	Fertigerzeugnisse lagern	Ladungsträger	9,00 €	0	
Hauptprozesskosten »Materialbereitstellung« gesamt (pro Periode)					1.033.855 €

Anhand des Beispiels sieht man die Vorgehensweise für die Ermittlung der Hauptprozesskosten »Materialbereitstellung«.

7.3.6 Die Hauptprozesskostensätze bestimmen

Ebenso wie für die Teilprozesse, müssen auch für die Hauptprozesse die Kostentreiber festgelegt werden. Die Kriterien dieser Bezugsgrößen sind dabei die gleichen: Berechenbarkeit und Proportionalität zur Leistungsmenge. Die Prozesskosten des Hauptprozesses ergeben sich aus der Summe der Produkte der zugehörigen Teilprozessmengen und des jeweiligen Teilprozesskostensatzes. Fließt ein Teilprozess in mehrere Hauptprozesse ein, werden die Kosten entsprechend der jeweiligen Prozessmenge verteilt. Der Prozesskostensatz eines Hauptprozesses wird wiederum als Division der Hauptprozesskosten durch die Hauptprozessmenge gebildet.[169]

Der Zusammenhang zwischen Haupt- und Teilprozessen kann auch über den Prozesskoeffizienten beschrieben werden. Dieser gibt an, wie oft der jeweilige Teilprozess zur Vollendung eines Hauptprozesses abläuft. Errechnet wird er, indem die jeweilige Teilprozessmengen durch die Menge des Hauptprozesses dividiert wird. Der Hauptprozesskostensatz ergibt sich dann aus der Multiplikation der Teilprozesskostensätze

169 Graumann, M., Kostenrechnung und Kostenmanagement, 2021, S. 370 und Götze, U., Kostenrechnung und Kostenmanagement, 2010, S. 225 f.

und dem zugehörigen Prozesskoeffizienten und der anschließenden Addition dieser Produkte jedes Teilprozesses.[170] Dieser Prozesskostensatz gibt analog die durchschnittlichen Kosten für das einmalige Durchführen dieses Hauptprozesses an und gewährleistet so eine verursachungsgerechte Verteilung von Gemeinkosten.

Um die Hauptprozesskostensätze zu bestimmen, muss die Anzahl der Prozessdurchführungen einer Periode (Prozessmenge) ermittelt werden. Zur Quantifizierung der Prozessmengen benötigt man Prozessgrößen (wie oben bei der Bestimmung der Teilprozesskostensätze), die bei Hauptprozessen Kostentreiber genannt werden.

! **Wichtig: Das sollten Sie sich merken**

Kostentreiber (Cost Driver) = kostenverursachendes Element bei Hauptprozessen mit möglichst proportionalem Bezug zur Kostenhöhe

Die dem Kostentreiber zugehörige messbare Leistung wird als **Prozessmenge** bezeichnet. Sie ist der Kapazitätsmaßstab des Prozesses. Mit den Prozessmengen wird der Verbrauch an Ressourcen und den daraus resultierenden Kosten gemessen.

Die geschickte Wahl eines Kostentreibers ist eine wesentliche und schwierige Aufgabe, da die Kostentreiber je nach Unternehmen neu definiert werden müssen und nicht mehr so leicht von den Prozessen abzuleiten sind, wie das bei den Teilprozessen der Fall war.[171] Der Kostentreiber muss zum einen die Anzahl der Hauptprozessdurchführungen widerspiegeln können und zum anderen die Beanspruchung der Teilprozesse durch den Hauptprozess proportional darstellen. So muss z. B. die doppelte Ausführung des Hauptprozesses auch die doppelte Ausführung aller Teilprozessmengen zur Folge haben. Es ist von Vorteil, wenn ein Bezug zwischen den Kostentreibern und den Kostenträgern besteht, damit die Prozesskosten den Kostenträgern verhältnismäßig zugeordnet werden können.

Um die Prozessmenge eines Hauptprozesses zu erfassen, wird vorab derjenige Kostentreiber für jeden Hauptprozess festgelegt (z. B. Anzahl der Vorfertigungsaufträge für den Hauptprozess »Vorfertigungsaufträge abwickeln«), der es zulässt, die Prozesskosten eines Hauptprozesses auf die Kostenträger (z. B. Produkte oder Dienstleistungen) zu verrechnen. Somit kann man den Hauptprozesskostensatz ermitteln und dem Kostenträger zurechnen. Der Hauptprozesskostensatz wird folgendermaßen berechnet:

$$\text{Hauptprozesskostensatz} = \frac{\text{Prozesskosten eines Hauptprozesses}}{\text{Prozessmenge eines Hauptprozesses}}$$

170 Schmidt, A., Kostenrechnung, 2017, S. 228 und Plötner et al., Kosten- und Erlösrechnung, 2010, S. 120.
171 Vgl. Coenenberg, A. G., Kosten- und Leistungsrechnung, 2003, S. 214.

Beispiel: Hauptprozess Materialbereitstellung

Es wird davon ausgegangen, dass der Prozess »Materialbereitstellung« über Gitterboxen abgewickelt wird, die direkt aus dem Lager entnommen werden. Die Gitterboxen können als Kostentreiber bestimmt werden, da sie die Anzahl der Hauptprozessdurchführungen widerspiegeln. Somit stellen die Gitterboxen auch die Prozessgröße des Teilprozesses »Material lagern« dar, weil die Prozessmenge mit der Teilprozessmenge »Material lagern« identisch (12.000 St.) ist.

$$\text{Hauptprozesskostensatz} = \frac{1.033.855\ €}{12.000\ \text{St.}} = 86,15\ €/\text{St.}$$

Das bedeutet, dass die einmalige Durchführung des Hauptprozesses »Materialbereitstellung« Teilprozesse und somit Ressourcen beansprucht, die einem Wert von 86,15 € je Bereitstellung entsprechen.

7.3.7 Prozesskosten auf die Kostenträger verrechnen

Durch das Erfassen der Prozessmengen, die ein Kostenträger in Anspruch genommen hat, können die Prozesskosten mithilfe der Prozesskostensätze dem Kostenträger zugerechnet werden.

Beispiel: Kostenträger

Das betrachtete Unternehmen stellt zwei Produkte her. Einen hochwertigen Liegestuhl »Deluxe« mit einer Produktions- und Absatzmenge von 20.000 Stück und das Standardmodell »Classic« mit einer Produktions- und Absatzmenge von 100.000 Stück pro Jahr.

Für die Herstellung der Liegestühle sind folgende (Haupt-)Prozesse nötig:

Prozess	Prozessmengen (gesamt)	Prozessmengen		Prozesskostensätze
		Deluxe	Classic	
Materialbereitstellung	12.000	4.000	8.000	86,15 €
Fertigung	6.000	3.500	2.500	420,33 €
Vertriebsaktivität	500	300	200	4.520,50 €
Produkt- und Variantenbetreuung	10	8	2	50.800,25 €

Das Beispiel zeigt, dass trotz der niedrigeren Produktionsmenge des Liegestuhls »Deluxe« mehr Prozessmengen je Prozess nötig sind als für den Liegestuhl

»Classic«. Einzige Ausnahme ist der Prozess »Materialbereitstellung«. Die Gründe hierfür sind die höhere Variantenzahl des Produkts, die intensivere Betreuung und der höhere Aufwand in der Fertigung. Die Prozesskostensätze sind in diesem Beispiel vorgegeben.

Kalkulation:

Prozess	Prozesskostensatz	Deluxe		Classic	
		Inanspruchnahme	Kosten	Inanspruchnahme	Kosten
Materialbereitstellung	86,15 €	4.000	344.618 €	8.000	689.236 €
Fertigung	420,33 €	3.500	1.471.155 €	2.500	1.050.825 €
Vertriebsaktivität	4.520,50 €	300	1.356.150 €	200	904.100 €
Produkt- und Variantenbetreuung	50.800,25 €	8	406.402 €	2	101.601 €
Gesamtkosten		3.578.325 €		2.745.762 €	
Ausbringungsmenge		20.000 St.		100.000 St.	
Kosten pro Stück		178,92 €/St.		27,46 €/St.	

7.4 Anwendungsgebiete der Prozesskostenrechnung

Die ermittelten Daten der Prozesskostenrechnung können zum einen zur Steuerung der indirekten Unternehmensbereiche und zum anderen für die Produktkalkulation benutzt werden. Im Folgenden werden verschiedene Anwendungsgebiete vorgestellt.

7.4.1 Kosten in indirekten Gemeinkostenbereichen steuern

Ein Unternehmen kann beispielsweise durch die Analyse der Tätigkeiten in den einzelnen Kostenstellen Teilprozesse ermitteln, die unwirtschaftlich sind. Das Unternehmen hat somit die Möglichkeit, die Aktivitäten zu optimieren, Kosten zu senken, Prozesse wirtschaftlicher zu gestalten oder, falls für einen Prozess die Tätigkeiten unwichtig sind, diese unwichtigen Tätigkeiten einzustellen.[172]

172 Vgl. Götze, U., Kostenrechnung und Kostenmanagement, 2010, S. 229; vgl. Horváth, P. u. Mayer, R., Prozesskostenrechnung, 1989, S. 216.

Außerdem können Kostenkontrollen innerhalb der Hauptprozesse oder Teilprozesse durchgeführt werden, bei denen durch den Vergleich von den Plankosten zu den Ist-Kosten Abweichungen ermittelt und analysiert werden können.

7.4.2 Prozessorientierte Produktkalkulation

Die prozessorientierte Produktkalkulation verläuft entsprechend dem Muster der Zuschlagskalkulation, da die Gemeinkosten einiger Kostenstellen (z. B. Verwaltung, Forschung) nicht über die Teil- und Hauptprozesse auf die Kostenträger verrechnet werden können, sondern nur über Zuschlagssätze der differenzierenden Zuschlagskalkulation – siehe Kapitel 4.5.2 »Differenzierende (mehrstufige) Zuschlagskalkulation«. Dagegen werden die Kosten der prozessmäßig erfassten Kostenstellen über die Inanspruchnahme der Hauptprozesse mit dem dazugehörigen Hauptprozesskostensatz auf die Kostenträger verrechnet.[173]

Kalkulationsschema mit Hauptprozesskostensätzen

Grundschema einer Prozesskalkulation					
	Materialeinzelkosten				
+	Materialprozesskosten	Menge/Cost Driver	Prozesskostensatz		
+	Restmaterialgemeinkosten		Zuschlagssatz		
=	**Materialkosten (1)**				
	Fertigungseinzelkosten				
+	Fertigungsprozesskosten	Menge/Cost Driver	Prozesskostensatz		
+	Restfertigungsgemeinkosten		Zuschlagssatz		
+	Sondereinzelkosten der Fertigung				
=	**Fertigungskosten (2)**				
=	**Herstellkosten (= 1 + 2)**				
+	Verwaltungsgemeinkosten		Zuschlagssatz		
+	Vertriebsprozesskosten	Menge/Cost Driver	Prozesskostensatz		
+	Restvertriebskosten		Zuschlagssatz		
+	Sondereinzelkosten des Vertriebs				
=	**Selbstkosten (pro Stück/pro Auftrag)**				

Tab. 65: Grundschema einer Prozesskalkulation

173 Vgl. Schmidt, A., Kostenrechnung, 2017, S. 233 f.

Die Prozesskostenrechnung liefert aufgrund des Allokations-, des Komplexitäts- und des Degressionseffekts eine Reihe von Informationen zur Kostenverursachung und hilft dadurch, Entscheidungen zu verbessern.

Zu den soeben genannten drei Effekten im Detail:

- **Allokationseffekt**: Durch eine beanspruchungsgerechte Verteilung (Allokation) der Gemeinkosten in der Prozesskostenrechnung, ergibt sich eine Differenz zu der wertmäßigen Zurechnung der traditionellen Zuschlagskalkulation.[174] Der Allokationseffekt macht die Verzerrung der Gemeinkosten bei der Zurechnung auf den Kostenträger deutlich. Die Gemeinkosten der indirekten Leistungsbereiche werden in der Prozesskostenrechnung nach der Inanspruchnahme der betrieblichen Ressourcen und nicht wie bei der traditionellen Zuschlagskalkulation in Abhängigkeit von wertorientierten Zuschlagsbasen wie Material-, Fertigungseinzel- und Herstellkosten verteilt. Sichtbar wird dieser, wenn man beide Kalkulationsverfahren gegenüberstellt.

Beispiel: Allokationseffekt

Produkt	Materialeinzelkosten	Materialgemeinkosten		Allokationseffekt (Gemeinkostendifferenz)
		Zuschlagskalkulation (Zuschlagssatz = 15 %)	Prozesskostenrechnung (Prozesskostensatz = 14 €/St.)	
A	60 €/St.	9 €/St.	14 €/St.	+ 5 €/St.
B	80 €/St.	12 €/St.	14 €/St.	+ 2 €/St.
C	140 €/St.	21 €/St.	14 €/St.	- 7 €/St.

Wie man sehr gut erkennen kann, sind die Produkte A und B durch die Zuschlagskalkulation zu niedrig bewertet, wohingegen Produkt C zu teuer bewertet wurde. Die Prozesskostenkalkulation kann dies verhindern.

- **Komplexitätseffekt:** Die Berücksichtigung der Produktkomplexität und ihrer damit verbundenen Prozessintensität führt dazu, dass komplexen Produkten höhere Gemeinkosten zugerechnet werden, da sie tendenziell mehr gemeinkostentreibende Tätigkeiten erfordern.[175] Es können sowohl die Komplexität wie auch der Variantenreichtum der Produkte in der Kalkulation verursachungsgerecht ab-

174 Kremin-Buch, B., Strategisches Kostenmanagement, 2007, S. 89 und Fischer, T. M. et al., Controlling, 2015, S. 251.

175 Graumann, M., Kostenrechnung und Kostenmanagement, 2021, S. 396.

gebildet werden. Komplexere Produkte weisen gegenüber einfachen Produkten einen weitaus höheren Bedarf an gemeinkostenverursachenden Aktivitäten auf, z. B. für die Materialdisposition, das Qualitätsmanagement oder die Produktionsplanung und -steuerung. Die Prozesskostenrechnung berücksichtigt die höhere Inanspruchnahme der betrieblichen Ressourcen bei der Herstellung komplexer Produkte in Form von höheren anteiligen Gemeinkosten.

Beispiel Komplexitätseffekt

Ein Unternehmen stellt zwei Produkte her, das Standardmodell und das Premiummodell. Beide Modelle unterscheiden sich sowohl hinsichtlich der Fertigungseinzelkosten als auch der Anzahl ihrer Teile. Es liegen folgende Daten vor:

Modell	Fertigungseinzelkosten (€/St.)	Menge an Einzelteilen (Teile/St.)	Stückzahl
Standard	20	8	8.000
Premium	30	18	2.000

Die Fertigungsgemeinkosten betragen 132.000 €.

Modell	Fertigungsgemeinkosten (€/St.)	
	Zuschlagskalkulation (Gemeinkostenzuschlagssatz = 60 %)*	Prozesskostenrechnung (Prozesskostensatz = 1,32 €)**
Standard	12,00	10,56
Premium	18,00	23,76

* Die gesamten Fertigungseinzelkosten betragen 8.000 St. x 20 €/St. + 2.000 St. x 30 €/St. = 220.000 €. Als Fertigungsgemeinkostenzuschlagssatz ergibt sich somit

$$\text{FGK-Zuschlagssatz} = \frac{\text{FGK}}{\text{FEK}} \times 100 = \frac{132.000\ €}{220.000\ €} \times 100 = 60\ \%$$

** Die Anzahl der Einzelteile kann als Kostentreiber gesehen werden. Für beide Modelle zusammen werden also insgesamt 8 Teile/St. x 8.000 St. + 18 Teile/St. x 2.000 St. = 100.000 Teile benötigt. Es ergibt sich also ein Prozesskostensatz von

$$\text{Prozesskostensatz} = \frac{\text{Prozesskosten}}{\text{Prozessmenge}} = \frac{132.000\ €}{100.000\ \text{Teile}} = 1,32\ €/\text{Teil}$$

Durch den Komplexitätseffekt wird das Standardmodell um 1,44 €/St. entlastet, das Premiummodell um 5,76 €/St. mehr belastet.

- **Degressionseffekt:** Die Tatsache, dass die Prozesskosten je Stück von der Auftragsmenge abhängig sind, wird in der Prozesskostenrechnung durch die leistungsmengeninduzierte Verrechnung von Gemeinkosten berücksichtigt, da die fixen Gemeinkosten pro Einheit bei steigender Stückzahl sinken. Dadurch werden bei großvolumigen Produkten geringere Kosten pro Stück verrechnet. Bei der traditionellen Zuschlagskalkulation besteht dagegen eine auftragsmengenunabhängige Verteilung der Gemeinkosten.[176] Der Degressionseffekt tritt bei der Verrechnung von Gemeinkosten auf, die von der Anzahl der produzierten Stücke einer Produktart unabhängig sind, wie z. B. Vertriebsgemeinkosten oder Kosten in der Verwaltung für die Bearbeitung eines Kundenauftrags. Die Prozesskosten pro Stück verringern sich mit steigender Stückzahl und umgekehrt. D. h., bei einer ablauforientierten Kostenverrechnung wie der Prozesskostenrechnung sinken die Gemeinkosten pro Stück mit einem Anstieg der Stückzahl, während die traditionelle Zuschlagskalkulation einen konstanten Gemeinkostensatz pro Stück verrechnet. Die Materialgemeinkosten lassen sich beispielsweise durch Bestellmengen verringern, da die Kosten für die administrative Bearbeitung bei jeder Bestellung in gleicher Höhe anfallen. Es lässt sich eine Kostendegression durch weniger Bestellungen dafür aber mit größeren Mengen erreichen. Durch die leistungsmengeninduzierte Verrechnung von Gemeinkosten sinken die fixen Gemeinkosten pro Stück mit steigender Stückzahl. Die Einsparung durch den Degressionseffekt kann nur durch eine Prozesskostenrechnung abgebildet werden.

Beispiel: Degressionseffekt

	Zuschlagskalkulation (Zuschlagssatz 10 %)			Prozesskostenrechnung (Prozesskostensatz = 660 €)		
Menge	**Herstell-kosten (€)**	**Vertriebs-gemein-kosten (€)**	**Stückkos-ten (€/St.)**	**Herstell-kosten (€)**	**Vertriebs-gemein-kosten (€)**	**Stückkos-ten (€/St.)**
1	300	30	330	300	660	960
5	1.500	150	330	1.500	660	432
10	3.000	300	330	3.000	660	366
22	6.600	660	330	6.600	660	330
50	15.000	1.500	330	15.000	660	314
100	30.000	3.000	330	30.000	700	307

176 Fischer et al., Controlling, 2015, S. 251 und Stibbe, R., Kostenmanagement, 2009, S. 208 f.

Wie sich sehr gut erkennen lässt, verbleiben die Stückkosten bei der Zuschlagskalkulation mit einem Zuschlagssatz von 10% auf die Herstellkosten konstant bei 330€/ Stück. Allerdings sinken die Vertriebsgemeinkosten in Wahrheit mit steigender Stückzahl, wie man durch die Anwendung der Prozesskostenkalkulation erkennen kann. Bei exakt einer Menge von 22 Stück sind die Stückkosten von 330€ bei der Zuschlagskalkulation und der Prozesskostenrechnung gleich. Bei einer Menge kleiner als 22 Stück verrechnet die Zuschlagskalkulation zu niedrige, bei einer Menge größer als 22 Stück zu hohe Stückkosten. Diese Menge wird in der Literatur als *kritische Menge* bezeichnet.[177]

Beispiel: Prozessorientierte Produktkalkulation[178]

Ein Unternehmen erhält Anfragen zu drei verschiedenen Produkten: Produkt X (aus der Produktgruppe X), Produkt Y und Produkt Y+ (aus der Produktgruppe Y). Produkt Y+ stellt dabei eine Variante von Produkt Y dar. Für Y+ wird Sondermaterial benötigt.

Um prozesskostenabhängige Unterschiede der Produkte X, Y und Y+ aufzeigen zu können, werden die verschiedenen Produkte mit identischen Einzelkosten berechnet.

Es liegen folgende Daten vor:
- Materialeinzelkosten (MEK) = 420€/St.
- Fertigungslohn I (FEK I) = 30€/St.
- Fertigungslohn II (FEK II) = 50€/St.

Aufgrund des unterschiedlichen Aufbaus der Produkte werden jeweils unterschiedliche Hauptprozesse ausgeführt.
- Produkt X: Hauptprozess 1, Hauptprozess 2
- Produkt Y: Hauptprozess 2
- Produkt Y+: Hauptprozess 2, Hauptprozess 3

Die Prozesskostensätze der Hauptprozesse betragen:
- Prozesskostensatz Hauptprozess 1 = 350€
- Prozesskostensatz Hauptprozess 2 = 250€
- Prozesskostensatz Hauptprozess 3 = 300€

177 Vgl. Coenenberg, A. G. et al., Kostenrechnung und Kostenanalyse, 2012, S. 177.
178 Vgl. Schmidt, A., Kostenrechnung, 2017, S. 234ff.

Die Gemeinkosten der Kostenstellen erhält das Unternehmen aus dem Betriebsabrechnungsbogen, siehe folgende Tabelle:

Betriebsabrechnungsbogen für die traditionelle Zuschlagskalkulation							
Ausschnitt aus dem Betriebsabrechnungsbogen							
(Angaben in T€)	Wareneingangslager	Materialbereich gesamt	Fertigungsvorbereitung	Fertigung I	Fertigung II	Verwaltung u. Vertrieb	Σ
Primärkosten	420	0	900	500	1.000	820	3.700
Umlagen	-420	420	-900	300	600	-	0
Endkosten	0	420	0	800	1.600	820	3.700
Zuschlagsbasen:							
Materialeinzelkosten		4.200					
Fertigungseinzelkosten				400	500		
Herstellkosten des Umsatzes						8.800	
Zuschlagssätze		10%		200%	320%	10%	

Wie am Anfang des Abschnitts erläutert, werden bei der prozessorientierten Kalkulation die Einzelkosten direkt den Kostenträgern zugerechnet. Die Gemeinkosten der prozessmäßig erfassten Kostenstellen werden entsprechend der Inanspruchnahme mit Hauptprozesskostensätzen auf die Kostenträger verrechnet. Die nicht prozessorientierten Gemeinkosten werden den Kostenträgern wie in der traditionellen Zuschlagskalkulation zugerechnet.

Dabei ist zu beachten, dass die prozessorientierten Gemeinkosten nicht mehr auf die Sammelstellen umgelegt werden. Somit fällt für die prozessorientierte Kalkulation die Kostenstelle »Materialbereich« weg, und es werden keine Materialgemeinkosten verrechnet. Ferner verändern sich im Vergleich zur traditionellen Zuschlagskalkulation bei der prozesskostenorientierten Kalkulation die Gemeinkosten und somit die Gemeinkostenzuschlagssätze der Kostenstellen »Fertigung I« und »Fertigung II« wie folgt:

- Fertigung I: 500 T€ → Zuschlagssatz = 125%
- Fertigung II: 1.000 T€ → Zuschlagssatz = 200%

Bei der prozessorientierten Kalkulation können verschiedene Effekte festgestellt werden. Die nächsten drei Beispiele zeigen den **Degressions-, Komplexitäts- und Allokationseffekt** auf.

Fortführung des Beispiels: Degressionseffekt[179]

Ein Kunde stellt an das genannte Unternehmen eine Anfrage für das Produkt X. Die Anfrage erstreckt sich auf die Mengengrößen 1 Stück, 25 Stück, 50 Stück und 100 Stück. Die Fertigungskapazität erlaubt es, dass alle Teile auf einmal produziert werden können. Dadurch müssen die Hauptprozesse nur einmalig ausgeführt werden.

Die folgende Tabelle zeigt die Zuschlagskalkulation im Vergleich zu der prozessorientierten Kalkulation.

Degressionseffekt bei prozessorientierter Kostenkalkulation					
(Angaben in €)	**Zuschlagskalkulation**	**Prozesskostenkalkulation**			
Menge	1 St.	1 St.	25 St.	50 St.	100 St.
Materialeinzelkosten	420,00	420,00	10.500,00	21.000,00	42.000,00
+ MGK (10 % bzw. 0 %)	42,00	----	----	----	----
+ Fertigungseinzelkosten I	30,00	30,00	750,00	1.500,00	3.000,00
+ FGK I (200 % bzw. 125 %)	60,00	37,50	937,50	1.875,00	3.750,00
+ Fertigungseinzelkosten II	50,00	50,00	1.250,00	2.500,00	5.000,00
+ FGK II (320 % bzw. 200 %)	160,00	100,00	2.500,00	5.000,00	10.000,00
+ Kosten des Hauptprozesses 1	----	350,00	350,00	350,00	350,00
+ Kosten des Hauptprozesses 2	----	250,00	250,00	250,00	250,00
= Herstellkosten	**762,00**	**1.237,50**	**16.537,50**	**32.475,00**	**64.350,00**
+ Verw.-/Vertr.-Gemeinkosten	76,20	123,75	1.653,75	3.247,50	6.435,00
= Selbstkosten gesamt (€)	**838,20**	**1.361,25**	**18.191,25**	**35.722,50**	**70.785,00**
= Selbstkosten pro Stück (€/St.)	**838,20**	**1.361,25**	**727,65**	**714,45**	**707,85**

→

Degressionseffekt

179 In Anlehnung an Schmidt, A., Kostenrechnung, 2014, S. 235 ff.

Vergleicht man die Zuschlagskalkulation mit der Prozesskostenkalkulation bei einer Kalkulationsmenge von einem Stück, so kann man sehen, dass die Selbstkosten pro Stück bei der Zuschlagskalkulation geringer ausfallen. Die Selbstkosten pro Stück bleiben bei der Zuschlagskalkulation auch bei steigender Menge konstant.

Dagegen tritt bei der Prozesskostenkalkulation ein sogenannter Degressionseffekt auf. Dies bedeutet, dass die Selbstkosten pro Stück bei steigender Produktionsmenge sinken. Dieser Effekt entsteht dadurch, dass die Prozesskosten indirekter Kostenstellen von der produzierten Stückzahl unabhängig sind, so dass die Hauptprozesskosten auch bei steigender Menge nur einmalig anfallen. Beispielsweise fällt der Teilprozess »Lieferung annehmen« nur einmalig an, unabhängig von der Bestellmenge. Somit werden diese Kosten auf eine größere Menge verteilt und die Selbstkosten pro Stück sinken bei steigender Menge.[180]

Fortführung des Beispiels: Komplexitätseffekt

Der Kunde aus dem vorherigen Beispiel möchte zusätzlich ein Angebot für Produkt Y über 25 Stück, um es mit dem Produkt X vergleichen zu können. Das Unternehmen muss daher die Selbstkosten von Produkt Y mittels der prozessorientierten Kalkulation ermitteln. Die Materialeinzelkosten und Fertigungseinzelkosten sind identisch mit denen des Produktes X. Der Unterschied liegt allerdings bei den in Anspruch genommenen Hauptprozessen. Während Produkt X zwei Hauptprozesse (HP 1 und HP 2) auslöst, wird bei Produkt Y nur der Hauptprozess (HP 2) »Montageauftrag abwickeln« ausgelöst.

Komplexitätseffekt bei prozessorientierter Kostenkalkulation[181]:

(Angaben in €)	Produkt X	Produkt Y
Menge	25 St.	25 St.
Materialeinzelkosten	10.500,00	10.500,00
+ Materialgemeinkosten	----	----
+ Fertigungseinzelkosten I	750,00	750,00
+ Fertigungsgemeinkosten I (125 %)	937,50	937,50
+ Fertigungseinzelkosten II	1.250,00	1.250,00
+ Fertigungsgemeinkosten II (200 %)	2.500,00	2.500,00

180 Vgl. Joos-Sachse, T., Controlling, Kostenrechnung und Kostenmanagement, 2006, S. 335; Schmidt, A., Kostenrechnung, 2014, S. 235.

181 Leicht modifiziert: vgl. Schmidt, A., Kostenrechnung, 2014, S. 236.

(Angaben in €)	Produkt X	Produkt Y
+ Kosten des Hauptprozesses 1	350,00	----
+ Kosten des Hauptprozesses 2	250,00	250,00
= Herstellkosten	16.537,50	16.187,50
+ Verw.-/ Vertr.-Gemeinkosten	1.653,75	1.618,75
= Selbstkosten gesamt (€)	18.191,25	17.806,25
= Selbstkosten pro Stück (€/St.)	727,65	712,25

→

Komplexitätseffekt

Wie aus der obigen Tabelle ersichtlich, sind die Selbstkosten pro Stück bei Produkt Y geringer als bei Produkt X. Dies wird durch die unterschiedlich in Anspruch genommenen Hauptprozesse bei den jeweiligen Produkten begründet. Diesen Effekt bezeichnet man als Komplexitätseffekt. Bei der traditionellen Zuschlagskalkulation wird der Komplexitätseffekt vernachlässigt: Es wird nicht berücksichtigt, dass komplexe Produkte die indirekten Bereiche mehr in Anspruch nehmen als die Produktvarianten, die einfacher strukturiert sind. Bei der Zuschlagskalkulation werden die Gemeinkosten proportional zu den Zuschlagssätzen verteilt.[182] Dies hat zur Folge, dass einfache Produktvarianten zu teuer berechnet werden und somit einen geringen Deckungsbeitrag ausweisen. Dagegen werden die komplexeren Produktvarianten zu billig kalkuliert und erscheinen für das Unternehmen gewinnbringender. Gehen die Unternehmen nach diesen Zahlen, kann es zu Fehlentscheidungen kommen. Somit könnten die angeblich profitableren komplexen Produktvarianten gefördert werden. Folglich würden die Gemeinkosten weiter steigen, die Betriebsergebnisse allerdings sinken.[183]

Die prozessorientierte Kalkulation dagegen berücksichtigt die Komplexität der Produktvarianten. Somit werden die komplexeren Produkte, wie z. B. Produkt X, entsprechend dem Arbeitsaufwand teurer kalkuliert als die einfacheren Produkte, wie z. B. Produkt Y.

Fortführung des Beispiels: Allokationseffekt

Ein Kunde fragt 25 Stück des Produktes Y an, allerdings mit einer kleinen Modifikation. Ein Standardteil des Produktes Y soll durch ein Sonderteil ersetzt werden. Die Kosten des Sonderteils gleichen dabei den Kosten des Standardteils

182 Vgl. Joos-Sachse, T., Controlling, Kostenrechnung und Kostenmanagement, 2006, S. 336.
183 Vgl. Horváth, P., Controlling, 2008, S. 496; vgl. Horváth, P.; Mayer, R., Prozesskostenrechnung, 1989, S. 215 f.

und somit bleiben die Einzelkosten gleich. Der Kunde geht deshalb davon aus, dass sich der Preis der Variante Y+ nicht von dem des Standardprodukts Y unterscheidet.

Die Herstellkosten (ohne Prozesskosten) der Produkte Y und Y+ bleiben identisch, da sich die Einzelkosten der Produktvariante Y+, trotz Sonderteils, nicht verändern. Allerdings wird bei der Fertigung der Produktvariante ein zusätzlicher Hauptprozess ausgelöst. Somit müssen bei der prozessorientierten Kostenkalkulation die Prozesskosten des Hauptprozesses HP 3 »Variante betreuen« berücksichtigt werden.

Allokationseffekt bei prozessorientierter Kostenkalkulation[184]:

(Angaben in €)	**Zuschlagskalkulation**	**Prozesskostenkalkulation**	
	Y bzw. Y+	Produkt Y	Produkt Y+
Menge	25 St.	25 St.	25 St.
MEK	10.500,00	10.500,00	10.500,00
+ MGK (10 %)	1.050,00	----	----
+ FEK I	750,00	750,00	750,00
+ FGK I (200 % bzw. 125 %)	1.500,00	937,50	937,50
+ FEK II	1.250,00	1.250,00	1.250,00
+ FGK II (320 % bzw. 200 %)	4.000,00	2.500,00	2.500,00
+ HP 2	----	250,00	250,00
+ HP 3	----	----	300,00
= Herstellkosten	19.050,00	16.187,50	16.487,50
+ Verw.-/Vertr.-GK (10 %)	1.905,00	1.618,75	1.648,75
= Selbstkosten gesamt (€)	20.955,00	17.806,25	18.136,25
= Stückselbstkosten (€/St.)	838,20	712,25	725,45

←——————→

Allokationseffekt

184 Leicht modifiziert: vgl. Schmidt, A, Kostenrechnung, 2014, S. 237.

Durch den zusätzlichen Hauptprozess (HP3) steigen die Selbstkosten pro Stück bei der Variante Y+ an (siehe obige Tabelle). Bei der traditionellen Zuschlagskalkulation wären die Stückselbstkosten gleichgeblieben, da die Gemeinkosten verhältnismäßig zu den Zuschlagskosten verrechnet werden. Bei der prozessorientierten Kostenkalkulation werden die Gemeinkosten allerdings genau den Kostenträgern zugeteilt. Diese Kostenverzerrung zwischen der traditionellen Zuschlagskalkulation und der Prozesskostenkalkulation nennt man Allokationseffekt (Allokation = unterschiedliche Verteilung der Gemeinkosten, d. h. Verwendung von Mengengrößen anstatt Wertgrößen).[185]

7.5 Was leistet die Prozesskostenrechnung?

Die Prozesskostenrechnung eignet sich hauptsächlich zur Gemeinkostenverrechnung der indirekten Bereiche im Zusammenhang mit repetitiven Tätigkeiten.

7.5.1 Vorteile der Prozesskostenrechnung

Die Prozesskostenrechnung ermöglicht es, die anfallenden Gemeinkosten der indirekten Leistungsbereiche verursachungsgerecht zu verrechnen. Das bedeutet:

- **Präzisere Produktkalkulation**: Durch eine relativ verursachungsgerechte Gemeinkostenverrechnung ist eine präzise Produktkalkulation möglich. Vor allem bei einer heterogenen Produktpalette erhält man bessere Ergebnisse als mit der traditionellen differenzierenden Zuschlagskalkulation.
- **Höhere Transparenz bei der Gemeinkostenentstehung**: Gemeinkosten können differenzierter betrachtet werden, da ihre Entstehung über die Kostenstellen hinweg erkennbar sind. So wird erkannt, welche Teile der Gemeinkosten beeinflusst werden, wodurch unwirtschaftliche Prozesse entlarvt werden können.
- **Verdeutlichung von Abhängigkeiten** zwischen Unternehmensbereichen: Da bereichsübergreifende Prozesse erfasst werden, erkennt man deren Zusammenhänge und es können neue Ansatzpunkte für Kosteneinsparungen aufgedeckt werden.
- **Allokations-, Degressions- und Komplexitätseffekte** werden berücksichtigt.

185 Vgl. Barth, T.; Barth, D., Controlling, 2008, S. 348.

7.5.2 Nachteile der Prozesskostenrechnung

Als Vollkostenrechnung ist die Prozesskostenrechnung für kurzfristige Entscheidungen ungeeignet, außerdem kann auch hier nicht auf eine Schlüsselung von Gemeinkosten verzichtet werden. Es gibt folgende Nachteile:

- **Erheblicher Zeit- und Kostenaufwand**: Datenerfassung, Datenaufarbeitung und Datenpflege sind aufwendig, es ist ein qualitativ hochwertiges IT-System notwendig. Es kann sinnvoll sein, die Prozesskostenrechnung nur in bestimmten Bereichen einzuführen.
- **Fixkosten werden proportionalisiert**: Es werden proportionale Zusammenhänge zwischen Kosten und Kostentreibern unterstellt und so kann es wie bei traditionellen Kostenrechnungssystemen zu Verzerrungen kommen.
- **Kein Ersatz von Teilkostenrechnungen**: Die Prozesskostenrechnung ist vom Grundsatz her ein Vollkostenrechnungssystem und muss zur kurzfristigen Entscheidungsvorbereitung durch ein Verfahren der Teilkostenrechnung ergänzt werden.

7.5.3 Verbesserungen durch die Prozesskostenrechnung

Anders als die Zuschlagskalkulation offenbart die Prozesskostenrechnung die folgenden drei Effekte:

Der **Allokationseffekt** beschreibt die Veränderung der Produktkosten, die als Folge der Verwendung von Mengenbezugsgrößen anstelle von Wertbezugsgrößen entstehen.[186]

Beispiel: Einem Produkt mit niedrigem Wert (niedrige Einzelkosten oder Herstellkosten) werden bei der Zuschlagskalkulation zu wenige bzw. einem Produkt mit hohem Wert (hohe Einzelkosten oder hohe Herstellkosten) zu viele Gemeinkosten zugeteilt.

Der **Degressionseffekt** tritt bei der Verrechnung der Kosten von stückzahlunabhängigen Abläufen auf. Bei einer ablauforientierten Kostenverrechnung verringern sich die Kosten pro Stück mit steigender Stückzahl, während die Zuschlagskalkulation immer einen konstanten Gemeinkostensatz pro Stück verrechnet.[187]

Ein in kleiner Stückzahl aufgelegtes Produkt erhält so bei der traditionellen Zuschlagskalkulation zu wenig bzw. ein Großserienprodukt zu viele Gemeinkosten zugeteilt.

186 Vgl. Olshagen, C., Prozesskostenrechnung: Aufbau und Einsatz, 1994, S. 15.
187 Vgl. Steger, J., Kosten- und Leistungsrechnung, 2001, S. 560 f.

Der **Komplexitätseffekt** entsteht, weil die Ressourceninanspruchnahme bei der Herstellung komplexer Produkte ungleich höher ist als bei der Herstellung einfacher Produkte.[188]

Ein komplexeres Produkt mit vielen Einkaufsteilen erhält zu wenige Gemeinkosten bzw. ein relativ einfaches Produkt zu viele Gemeinkosten.

7.5.4 Fazit

Die Prozesskostenrechnung bildet die Vielzahl der auch bereichsübergreifenden Prozesse, die durchgeführt werden müssen, um ein Produkt auf den Markt zu bringen, ab. Dadurch ist eine Gemeinkostenzuordnung entsprechend der Inanspruchnahme der betrieblichen Ressourcen möglich. Im Mittelpunkt steht die Kostenzuordnung zu den einzelnen Prozessen. Die Prozesse bilden einen Bestandteil einer Prozesskette. So wird eine kostenstellenübergreifende Betrachtung und eine verursachungsgerechtere Zuordnung der Gemeinkosten im Vergleich zur traditionellen Zuschlagskalkulation ermöglicht.[189]

In einem Unternehmen können diese Informationen dazu verwendet werden, um z. B. folgende Fragen zu beantworten:

- Wie teuer ist die Bearbeitung einer Reklamation für ein bestimmtes Produkt?
- Was kostet die Abwicklung eines Kundenauftrags vom Vertrieb über Materialwirtschaft, Arbeitsvorbereitung, Produktion und Montage bis hin zum Versand?
- Wie unterscheiden sich die Kosten verschiedener Prozessabläufe in verschiedenen Regionen, Filialen, im internationalen Vergleich?
- Wie hoch sind z. B. die Vorlauf- und Steuerungskosten bei einer Fertigung von 10 Stück im Vergleich zu einer Fertigung von 100 Stück oder 1.000 Stück?

188 Vgl. Steger, J., Kosten- und Leistungsrechnung, 2001, S. 561 f.
189 Vgl. Remer, D., Einführen der Prozesskostenrechnung, 2005, S. 42.

7.6 Zusammenfassung: Alles Wissenswerte über die Prozesskostenrechnung im Überblick

Die folgende Abbildung bietet eine Übersicht über die Vorgehensweise bei der Prozesskostenrechnung:

1. Tätigkeitsanalyse	• Ermittlung der in den Kostenstellen ablaufenden Tätigkeiten • Zusammenfassen der Tätigkeiten zu Teilprozessen
2. Teilprozesskostensätze ermitteln	• Teilprozesskosten bestimmen • Prozessgrößen definieren (lmi – lmn) • Teilprozesskostensätze bilden
3. Teilprozesse zu Hauptprozessen verdichten	
4. Hauptprozesskostensätze ermitteln	• Kostentreiber definieren • Hauptprozessmenge ermitteln • Hauptprozesskostensätze bilden
5. Prozesskosten auf Kostenträger verrechnen	

Abb. 96: Die Vorgehensweise bei der Prozesskostenrechnung

Aufgaben Kapitel 7

Aufgabe 1: Prozesskostenrechnung[190]

In der Fertigungssteuerung der Holler GmbH sind im letzten Jahr Personalkosten in Höhe von 600.000 € angefallen. Zur besseren Verrechnung dieser Gemeinkosten verlangt der Chef, dass die Aktivitäten der Kostenstelle wertmäßig mit Prozesskostensätze bestimmt werden.

a) Ermitteln Sie die (Teil-)Prozesskosten, die lmi-Prozesskostensätze und (Teil-) Prozesskostensätze anhand der folgenden Informationen:

Teilprozess	Prozessgröße	Prozessmenge	Mitarbeiter (Mannjahre)
Vorfertigung disponieren	Vorfertigungsaufträge	1.500	1,25
Vorfertigung überwachen	Vorfertigungspositionen	8.000	1,75
Montage disponieren	Montageaufträge	1.000	1,50
Montage überwachen	Montagepositionen	6.000	2,50
Abteilung leiten			0,70
Sekretariat führen			0,30
Gesamt			**8,00**

b) Welche Kosten der Fertigungssteuerung müssen die Produkte A und B bei einer Ausbringungsmenge von 10.000 St. bzw. 16.000 St. jeweils tragen, wenn sie die Prozesse wie folgt in Anspruch nehmen:

Teilprozess	Kapazitätsbeanspruchung durch A	Kapazitätsbeanspruchung durch B
Vorfertigung disponieren	600	800
Vorfertigung überwachen	2.500	3.500
Montage disponieren	400	500
Montage überwachen	1.500	3.000

190 In Anlehnung an Michel, R. et al., Neuere Formen der Kostenrechnung und Prozesskostenrechnung, 1998, S. 278.

Welcher Effekt der Prozesskostenrechnung wird in diesem Beispiel besonders deutlich? (Tipp: Wie verhalten sich die Kosten pro Stück bei Produkt B, wenn dieses ebenfalls nur 10.000-mal produziert würde?) Welche Annahme liegt diesem Effekt zugrunde?

Weitere Aufgaben mit Lösungen finden Sie bei den digitalen Extras.

8 Target Costing

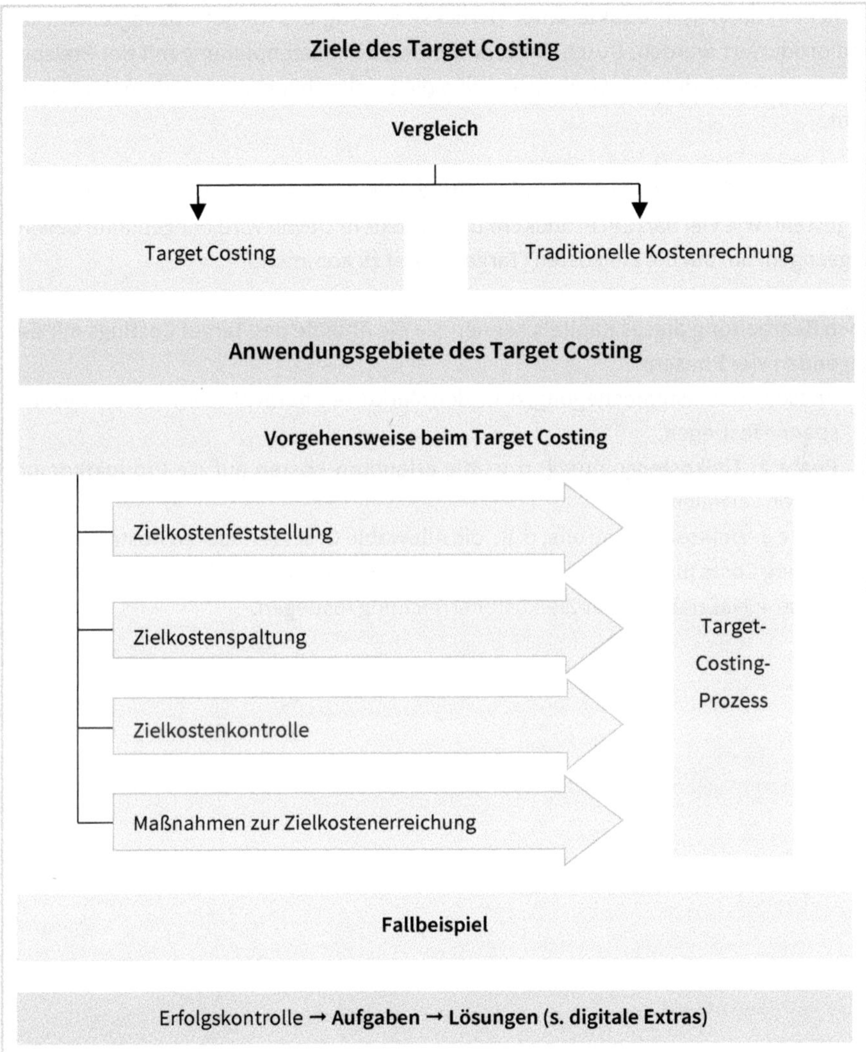

Abb. 97: Kapitelübersicht

Summary

Das Target Costing, auch bekannt als Zielkostenmanagement, gehört zu den Steuerungs- und Planungsinstrumenten des Kostenmanagements für Unternehmen aller Branchen, da viele Produkte unter Berücksichtigung des Target Costing entwickelt und produziert werden. Durch die Verknüpfung der Kostenplanung mit der Preisplanung und der Produktentwicklung werden die Erfolgschancen von jedem Produkt erhöht.

Bei der Anwendung des Target Costing wird bereits zu Beginn der Entwicklung die Frage gestellt: Wie viel darf ein Produkt maximal kosten? Davon wird der geplante Gewinn abgezogen, um auf die Zielkosten (Target Costs) zu kommen.

Nach Bearbeitung dieses Kapitels kennen Sie die Abläufe des Target Costings mit den folgenden vier Phasen:

- Phase 1: Zielkostenfestlegung, d. h., den Marktpreis herausfinden und die Gewinnspanne festlegen.
- Phase 2: Zielkostenspaltung, d. h., die erlaubten Kosten auf die Produktkomponenten verteilen.
- Phase 3: Zielkostenkontrolle, d. h., die Allowable Costs (erlaubten Kosten) mit den Drifting Costs (unternehmensintern prognostizierte Standardkosten) vergleichen.
- Phase 4: Maßnahmen zur Zielkostenerreichung festlegen.

8.1 Grundzüge des Target Costings

Das Target Costing stellt einen marktorientierten Ansatz der Kostenplanung dar. Anders als bei der traditionellen Kostenrechnung, bei der zunächst die Selbstkosten des fertigen Produkts ermittelt werden, darauf der Gewinn aufgeschlagen und schließlich der Verkaufspreis festgelegt wird, stellt man beim Target Costing bereits zu Beginn der Entwicklungsphase die Frage, was ein neues Produkt oder eine neue Dienstleistung maximal kosten darf. Das Ergebnis sind die Zielkosten. Die Zielkosten werden vom Absatzmarkt abgeleitet und an die Entwicklung und Produktion als zu realisierende Vorgabekosten weitergereicht. Das Target Costing fragt somit, was ein Produkt kosten darf, und nicht, was es kostet. Ausgehend vom Marktpreis können Sie die Zielkosten nach dem folgenden Schema berechnen:

	am Markt erzielbarer Preis (Zielverkaufspreis)
-	geplanter Gewinn (Zielrendite)
=	**Zielkosten (Target Costs)**

8.1.1 Was ist Target Costing?

Das Target Costing, das auch als Zielkostenmanagement bezeichnet wird, ist ein strategisch ausgerichtetes Controllinginstrument und wird den marktorientierten Kostenmanagementsystemen zugeordnet. Target Costing stellt ein »Bündel von Kostenplanungs-, Kostenkontroll-, und Kostenmanagementinstrumenten dar, die schon in den frühen Phasen der Produkt- und Prozessgestaltung zum Einsatz kommen, um die Kostenstruktur frühzeitig im Hinblick auf Marktanforderungen gestalten zu können.«[191]

8.1.2 Abgrenzung Target Costing zur traditionellen Kostenrechnung

Um erfolgreich im Wettbewerb bestehen zu können, müssen sich die Unternehmen heutzutage kontinuierlich an die Gegebenheiten des Marktes anpassen können. In der heutigen Wirtschaftswelt spielen, aufgrund des zunehmenden Konkurrenzkampfes und des damit verbundenen steigenden Kostendrucks, die Faktoren Kunde, Kosten und Markt eine entscheidende Rolle, um wirtschaftlichen Erfolg zu haben. Da die meisten Unternehmen auf Käufermärkten mit hoher Wettbewerbsintensität vertreten sind, hat dies zur Folge, dass zum einen das Erreichen der Unternehmensziele weitestgehend an die Befriedigung der Kundenwünsche gekoppelt ist, zum anderen wird der Absatzpreis eines Produktes größtenteils durch die Marktverhältnisse bestimmt (marktorientierte Preisbildung). Für die Unternehmen bedeutet dies, dass sie gezwun-

191 Horváth, P. et al., Target Costing, 1993, S. 4.

gen werden, Produkte anzubieten, die den Präferenzen der Kunden entsprechen und deren Kosten den marktüblichen Preis nicht übersteigen.[192]

Die traditionellen Kostenrechnungssysteme kommen hier jedoch an ihre Grenzen: Diese sind an einem Verkäufermarkt ausgerichtet und zeigen in erster Linie die Kosten eines Produktes auf. Anhand der Selbstkosten eines Produktes zuzüglich eines gewünschten Gewinnzuschlags leitet sich der Verkaufspreis ab. Allerdings ist bei dieser Vorgehensweise die Gefahr groß, dass sich der errechnete Verkaufspreis aufgrund des zunehmenden Preiswettbewerbs nicht in der Praxis umsetzen lässt.

An dieser Stelle greift das Target Costing: Hier wird der Preis als »Marktdatum« verstanden. Anhand von diesem werden produktbezogene Kostenvorgaben, unter Berücksichtigung einer vorab festgelegten Gewinnspanne, abgeleitet. Die Obergrenze der Selbstkosten eines Produktes wird also vom Markt vorgegeben. Somit steht beim Target Costing nicht, wie bei vielen traditionellen Kostenrechnungssystemen, die Frage im Vordergrund »Was **wird** ein Produkt kosten?«, sondern vielmehr: »Was **darf** ein Produkt höchstens kosten?«[193] Wie hoch soll der Gewinn aus dem Produkt/der Dienstleistung sein?

Target Costing beginnt, im Gegensatz zu den traditionellen Systemen, schon in den frühen Phasen der Produktentwicklung. Dies lässt sich damit begründen, dass in den ersten 20 % des Produktentwicklungsprozesses bereits 80 % der über den gesamten Lebenszyklus anfallenden Kosten entstehen. Auch lässt sich mit zunehmendem Fortschreiten des Lebenszyklus immer weniger Einfluss auf die Kosten nehmen. Deshalb kann beim Einsatz traditioneller Kostenrechnungssysteme, welche schwerpunktmäßig erst in der Phase der Produktion eingesetzt werden, kaum noch Einfluss auf die Gesamtkosten genommen werden.[194]

Beim Target Costing, bei dem ein Großteil der Produktkosten schon in der Entwicklungsphase festgelegt wird, kann hingegen in der Regel sichergestellt werden, dass es zum Zeitpunkt der Zielkostenvorgabe noch möglich ist, die Kosten zu beeinflussen bzw., dass die Zielkosten erreicht werden können. Zudem können Einsparungspotenziale noch aufgedeckt werden.[195] Die Aufgabe des Target Costings ist nicht nur die laufende Kontrolle und Ermittlung der periodischen Kosten, sondern eine mittel- bis langfristige aktive Planung, Kontrolle und Steuerung produktbezogener Kosten über den gesamten Produktlebenszyklus hinweg.[196]

192 Vgl. Wöhe, G., Einführung in die Allgemeine Betriebswirtschaftslehre, 2020, S. 931.
193 Vgl. Schulte-Henke, C., Kundenorientiertes Target Costing, 2007, S. 5.
194 Vgl. Hiller, S., Target Costing, 2008, S. 3.
195 Vgl. Schulte-Henke, C., Kundenorientiertes Target Costing, 2007, S. 6.
196 Vgl. Schweitzer, M.; Küpper, H.-U., Systeme der Kosten- und Erlösrechnung, 2008, S. 704.

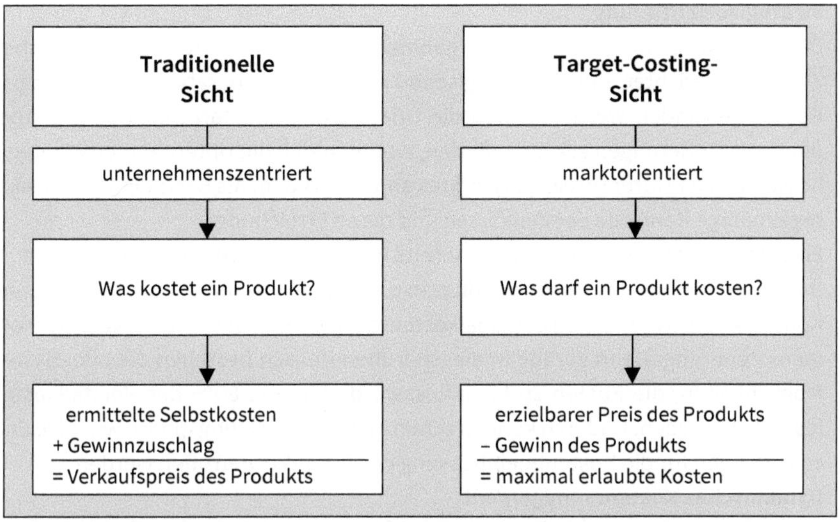

Abb. 98: Vergleich Target Costing mit der traditionellen Kostenrechnung

8.1.3 Wesentliche Ziele und Merkmale des Target Costings

Das wesentliche Ziel des Target Costings ist, marktorientierte Produkte durch die Anpassung der Produkt- und Leistungskosten an die Markt- bzw. Kundenbedürfnisse zu gestalten bzw. zu realisieren. Dadurch soll sowohl das gesamte Unternehmen als auch speziell das Kostenmanagement am Markt ausgerichtet werden. Im Fokus steht dabei die Produktrentabilität, welche bei steigender Wettbewerbsintensität erhalten bzw. vergrößert werden soll, indem die am Kunden ausgerichteten Kostenvorgaben auf jeder Stufe der Wertschöpfungskette eingehalten werden.[197]

Im Einzelnen lässt sich Target Costing durch die nachfolgenden Merkmale charakterisieren:[198]

- **Marktorientierung des gesamten Unternehmens und besonders des Kostenmanagements**
  Ausgangspunkt des Target Costings sind die Anforderungen, welche die Kunden- bzw. der Markt an die Eigenschaften oder den Preis eines Produkts stellen. Kostenziele werden somit aus dem Markt abgeleitet. Dadurch kann das Over-Engineering-Problem verhindert werden: Funktionen, die keinen zusätzlichen Kundennutzen bringen oder über der Zahlungsbereitschaft der Kunden liegen, werden nicht umgesetzt.

197 Vgl. Volkmann, M., Target Costing, 2000.
198 Vgl. Spidlen, W., Target Costing, 2007, S. 3 f. und Lörch, A., Verhaltensorientierte Aspekte des Target Costing, 2010, S. 5 f.

- **Strategieorientierung**
  Durch Target Costing werden unternehmensinterne Aktivitäten an strategischen Zielen ausgerichtet, indem strategische Zielgrößen in operationale Vorgabegrößen umgewandelt werden. Durch die Orientierung am Markt können marktbedingte Veränderungen erkannt werden, wodurch sich die Unternehmensstrategie besser an die Erfordernisse des Marktes anpassen kann. Als Basis dienen u. a. eine regelmäßige Kontrolle der Zielkosten und deren Erreichung.
- **Einsatz des Kostenmanagements bereits in den frühen Entwicklungsphasen**
  Durch den Einsatz des Target Costings in den frühen Phasen der Entwicklung und Konstruktion ermöglicht dieses Zielkostenmanagement eine proaktive Unternehmenssteuerung: Denn gerade in diesen frühen Phasen bestehen die effektivsten Möglichkeiten, die Kosten zu beeinflussen, da hier ca. 80 % der Herstellkosten festgelegt werden. Dadurch können schon in der Entwicklungsphase wichtige Entscheidungen für die Kostenbeeinflussung des Produkts getroffen werden.
- **Dynamisches Kostenmanagement**
  Durch die ständigen Veränderungen am Markt ist es wichtig, dass Preise, Zielkosten und Leistungsstandards regelmäßig überprüft und ggf. angepasst werden. Durch diese kontinuierliche Abweichungsanalyse der Kostenziele am Markt können Einsparpotenziale identifiziert und Kostensenkungen erreicht werden.
- **Produktlebenszeit- und Vollkostensicht**
  Beim Target Costing werden die totalen Kosten, die während der Lebensdauer eines Produktes anfallen, berücksichtigt. Dazu gehören u. a. auch Kosten für Reparatur, Wartung und Gewährleistungen. Denn der Markt unterscheidet nicht zwischen fixen und variablen bzw. Einzel- und Gemeinkosten, weshalb das Target Costing auf einer Vollkostensicht basiert.
- **Motivationssteigerung der Mitarbeiter**
  Da sich die Kostenziele an realen Marktgegebenheiten und nicht an losgelösten Unternehmenszielen orientieren, ist deren Akzeptanz und Nachvollziehbarkeit bei den Mitarbeitern sehr hoch. Außerdem wird durch das Target Costing die unternehmensübergreifende Teamarbeit gefördert. Im Team können die Kostenbeeinflussungsmöglichkeiten besser analysiert und eigenständig umgesetzt werden. Dies fördert auch die Motivation der Mitarbeiter, denn durch die Zusammenarbeit können die im Team gesetzten Ziele (z. B. Kostensenkung) leichter erreicht werden. Die Zusammenarbeit erfolgt dabei in interdisziplinären bereichsübergreifenden Arbeitsgruppen z. B. mit Mitarbeitern aus Controlling, Marketing, Marktforschung, Produktion, Forschung und Entwicklung.

8.1.4 Anwendungsgebiete des Target Costings

Target Costing wird vor allem in Industriebereichen eingesetzt, in denen komplexe und hoch technisierte Serienprodukte hergestellt werden, wie beispielsweise in der Automobil- oder Elektronikindustrie, aber auch beim Werkzeugmaschinenbau. Außerdem wird Target Costing auch oftmals in der Massenproduktion eingesetzt, da besonders dort durch die geringe Anzahl von Modellwechseln alle während der Entwicklungsphase der Produkte getroffenen Entscheidungen langfristige Auswirkungen auf den Unternehmenserfolg haben.[199]

Der Einsatz des Target Costings eignet sich vor allem in der Entwicklungs- und Konstruktionsphase, da in dieser Phase 80 % der Kosten festgelegt werden. Zudem kann die Methode zur Rationalisierung von bestehenden Produkten eingesetzt werden, wobei hier die Gestaltungsmöglichkeiten zur Kosteneinsparung eingeschränkt sind. Ferner wird das Target Costing im Produktionsprozess zur Kostensenkung und Leistungssteigerung angewendet sowie in indirekten Bereichen (z. B. Personalwesen, Marketing und Werbung, Organisationsabteilung, Beschaffung und Arbeitsvorbereitung) zur Steigerung der Effizienz. Die folgende Abbildung veranschaulicht die Anwendungsbereiche des Target Costings:[200]

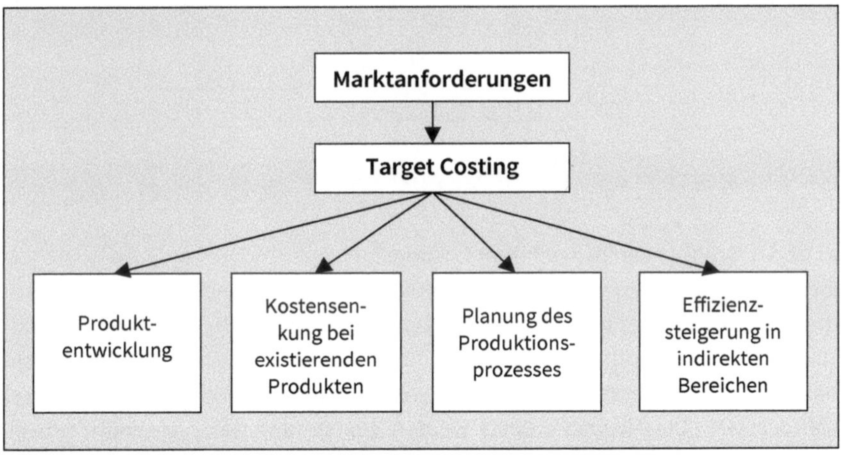

Abb. 99: Anwendungsgebiete des Target Costings

8.2 So führen Sie das Target Costing durch

Bei der Durchführung des Target Costings hat sich bislang noch kein einheitlicher Standard durchgesetzt. Jedoch ähneln sich die verschiedenen Ansätze in ihrer Vorgehensweise und bauen auf der gleichen Grundidee auf. In der folgenden Abbildung[201]

199 Vgl. Coenenberg A. G. et al., Kostenrechnung und Kostenanalyse, 2016, S. 569.
200 Vgl. Kemmetmüller, W. u. Bogensberger, S., Handbuch der Kostenrechnung, 2004, S. 285.
201 Abbildungen entnommen aus: Coenenberg A. G. et al., Kostenrechnung und Kostenanalyse, 2009, S. 545.

wird das Konzept bzw. die Vorgehensweise des Target Costings schematisch dargestellt:

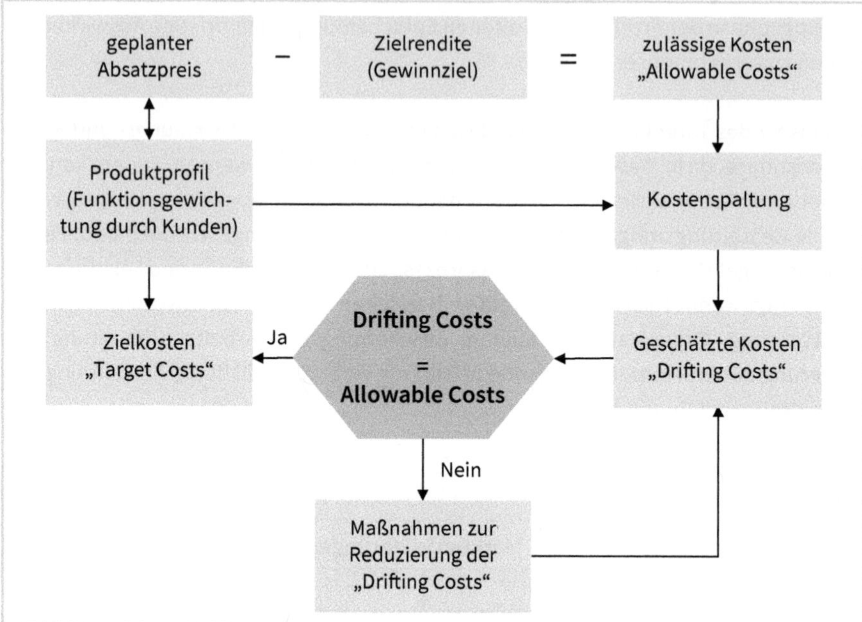

Abb. 100: Allgemeine Vorgehensweise beim Target-Costing-Prozess

Was ist der Grundgedanke des Target Costings?

Zunächst wird von dem möglichen zukünftigen Marktpreis eines Produktes, welcher mithilfe des Marketing und der Marktforschung ermittelt wurde, eine gewünschte Gewinnmarge (Target Profit) abgezogen, um die **zulässigen Kosten (Allowable Costs)** zu erhalten, welche keinesfalls überschritten werden dürfen, damit der Markterfolg nicht gefährdet wird. Die Allowable Costs werden den Drifting Costs gegenübergestellt. Unter Drifting Costs versteht man den Kostenbeitrag, den ein in der Entwicklungsphase befindliches Produkt gegenwärtig bei der Herstellung auf Basis bestehender Verfahren und Technologien verursachen würde.

In der Regel weichen Allowable Costs und Drifting Costs voneinander ab, d. h., es entsteht eine Kostenlücke. Daher muss überprüft werden, ob diese Diskrepanz noch annehmbar ist. Meist sind die Drifting Costs jedoch zu hoch und damit nicht mehr annehmbar, sodass nach Einsparungspotenzialen gesucht werden sollte, um diese Kosten zu senken. Im Falle einer annehmbaren Kostenlücke werden die Allowable Costs und Drifting Costs gegeneinander austariert und die Zielkosten (Target Costs) ermittelt.[202]

202 Vgl. Syska, A., Produktionsmanagement, 2009, S. 148.

Sie werden den Konstrukteuren und Entwicklern schon in der Entstehungsphase des Produkts als Leitlinie vorgegeben, damit sie ihre Arbeiten daran ausrichten können.

Grundsätzlich kann man den Target-Costing-Prozess in vier Phasen unterteilen:[203]

1. Zielkostenermittlung
2. Zielkostenspaltung
3. Zielkostenkontrolle
4. Maßnahmen zur Zielkostenerreichung

Damit ein Target-Costing-Prozess durchgeführt werden kann, muss auf Basis der verfolgten Unternehmens- und Geschäftsbereichsstrategien ein erster Produktplan erstellt werden. Ausgehend von den durch Marktforschung ermittelten Kundenwünschen werden Funktions- und Eigenschaftsstruktur des Produktes detailliert beschrieben.

8.2.1 Ansätze zur Zielkostenermittlung

Mithilfe der Zielkostenermittlung kann eine Kostenobergrenze für das Produkt bestimmt werden. Zur Bestimmung der Zielkosten sind mehrere, alternative Methoden entwickelt worden, die in der folgenden Abbildung dargestellt sind:[204]

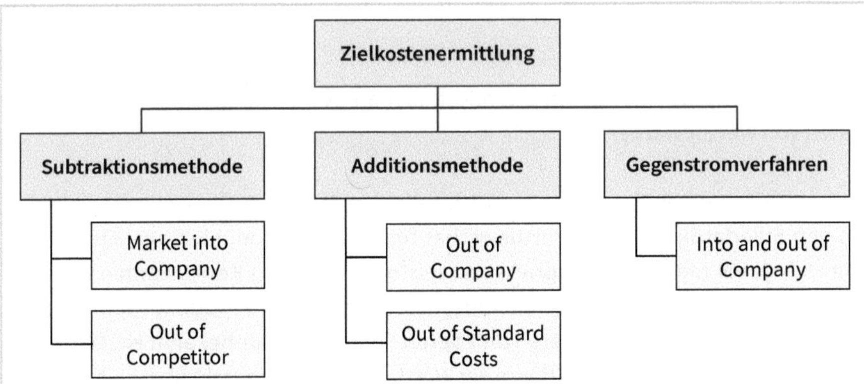

Abb. 101: Ansätze zur Zielkostenermittlung

203 Vgl. Friedl, G. et al., Kostenrechnung, 2010, S. 494 f.

204 Vgl. Friedl, G. et al., Kostenrechnung, 2010, S. 495 f. und Däumler, K.-D. u. Grabe, J., Kostenrechnung 3, 2009, S. 215.

Subtraktionsmethode
Bei der Subtraktionsmethode werden die Zielkosten entweder aus dem Marktpreis (Market into Company) oder aus den Kosten der Konkurrenz (Out of Competitor) ermittelt.

Market-into-Company-Methode
Bei der Market-into-Company-Methode werden die Zielkosten (Target Costs) aus dem Zielverkaufspreis am Absatzmarkt abgeleitet. Dabei werden die von den Kunden geforderten Produktfunktionen und der dafür am Markt erzielbare Preis durch Marktforschungsinstrumente ermittelt.[205]

Wichtig ist, dass die von den Kunden bestimmten Produktmerkmale als Sachziel formuliert werden und als genauso wichtig erachtet werden wie das eigentliche Kostenziel. Anderenfalls kann es passieren, dass das Kostenziel durch Verminderung oder Variation von Produktfunktionen durchgesetzt wird und dadurch ein Produkt entsteht, das den Kundenanforderungen letztlich nicht mehr entspricht. Nach der Ermittlung der Zielkosten sollten diese überprüft und gegebenenfalls angepasst werden, damit deren Erreichbarkeit auch möglich ist und somit bei den Mitarbeitern eine motivierende und kreativitätssteigernde Wirkung erzielt wird. Der vom Markt abgeleitete Zielverkaufspreis muss den Gewinn berücksichtigen, sodass sich die »erlaubten Kosten« (Allowable Costs) als Saldo aus dem vorgegebenen Zielverkaufspreis und dem Zielgewinn ergeben.[206]

Out-of-Competitor-Methode
Die Bestimmung der Zielkosten orientiert sich an den Produktfunktionen und den Kosten von Wettbewerbern.[207]

Hier steht das Kostenniveau der Konkurrenz im Vordergrund. Die Zielkosten werden von den Standardkosten der Wettbewerber für ähnliche Produkte abgeleitet, wobei man sich dabei meist auf den preis- und leistungsstärksten Konkurrenten konzentriert. Diese Methode setzt jedoch voraus, dass vergleichbare Produkte vom Wettbewerber bereits am Markt existieren und deren Kostenstruktur bekannt ist. Nachteilig ist allerdings, dass durch ein Imitieren der Wettbewerber diese nicht überholt, sondern bestenfalls nur eingeholt werden können. Auch werden nur vergangenheitsorientierte Kostenwerte betrachtet, die oftmals nicht mehr der aktuellen Marktsituation entsprechen. Ferner werden, durch die Ausrichtung am Wettbewerber, die bestehenden Kundenwünsche nur teilweise in den Zielkostenfindungsprozess mit einbezogen.

205 Vgl. Däumler, K.-D. u. Grabe, J., Kostenrechnung 3, 2009, S. 215.
206 Vgl. Däumler, K.-D. u. Grabe, J., Kostenrechnung 3, 2009, S. 215.
207 Ehrlenspiel et al., Zielkostenorientierte Produktentwicklung, 2002, S. 121.

Additionsmethode

Bei der Additionsmethode werden die Zielkosten aus dem eigenen Unternehmen heraus bestimmt. Dabei kann zwischen der Out-of-Company-Methode und der Out-of-Standard-Costs-Methode unterschieden werden.

Out-of-Company-Methode

Durch die Analyse von Vorgänger- bzw. existierenden Produkten innerhalb des Unternehmens werden die Zielkosten mithilfe dieser Kosteninformationen und unter diesen Bedingungen ermittelt.[208]

Bei diesem Ansatz werden die Zielkosten durch eine Analyse im eigenen Unternehmen ermittelt. Die Zielkosten werden aufgrund der im Unternehmen vorherrschenden Situationen bezogen auf die Entwicklung und Produktion festgelegt. Dabei werden die gegenwärtigen Produktionstechnologien und Kapazitäten berücksichtigt sowie die bisherigen Erfahrungen des Unternehmens beachtet. Die Zielkostenfindung erfolgt in Form von Abschlägen (Abschläge für realistisch erscheinende Rationalisierungsfortschritte) vom bisherigen Kostenniveau. Nachteilig an dieser Methode ist, dass keine Marktpreise ermittelt werden können und die Marktseite somit ausgeblendet wird. Strukturelle Änderungen in Prozessen und Verfahrensweisen zur Kostensenkung im Unternehmen sind bei dieser Methode nur dann möglich, wenn deutliche Abschläge von den ermittelten Kosten (Drifting Costs) vorgenommen werden. Trotz der fehlenden Marktorientierung findet diese Methode Anwendung, wenn sich Marktpreise nicht oder nur mit einem sehr großen Aufwand bestimmen lassen.[209]

Out of Standard Costs

Hierbei handelt es sich um eine spezielle Form des Target Costings, die für unterstützende Bereiche ohne direkten Marktbezug geeignet ist. Die Zielkosten werden durch Abschläge aus den Standardkosten bestehender Produkte abgeleitet, wobei Konstruktionsänderungen und Kostensenkungspotenziale im Produktionsprozess beachtet werden. Genauso wie bei der Out-of-Company-Methode fehlt auch dieser Variante die Marktorientierung. Eventuelle Fehlkalkulationen bei bestehenden Produkten werden fortgeführt.[210]

Gegenstromverfahren

Bei dem Gegenstromverfahren (Into and out of Company) handelt es sich um eine Kombination aus der Market-into-Company-Methode, der Subtraktionsmethode und dem Out-of-Company-Verfahren der Additionsmethode. Das Gegenstromverfahren lässt somit externe und interne Faktoren in die Zielkostenermittlung mit einfließen.

208 Ehrlenspiel et al., Zielkostenorientierte Produktentwicklung, 2002, S. 120.
209 Vgl. Joos-Sachse, T.: Controlling, Kostenrechnung und Kostenmanagement, 2006, S. 300.
210 Vgl. Freidank, C.-C.: Kostenrechnung, 2012, S. 395.

Into and out of Company

Das Into-and-out-of-Company-Verfahren stellt eine Kombination der beiden oben genannten Ansatzpunkte dar, um sowohl die Marktorientierung als auch eine gewisse Praxisnähe zu berücksichtigen.[211]

Beim Gegenstromverfahren (= Kombination der Top-down- und Bottom-up-Methode bei der Unternehmensplanung) werden die Marktanforderungen mit den unternehmensinternen Fähigkeiten abgeglichen. Der Nachteil des Into-and-out-of-Company-Verfahrens: Es kommen Zielkonflikte auf, die z. B. aufgrund verschiedener Vorstellungen der Produktions- und Vertriebsmitarbeiter entstehen und langwierige Diskussionen nach sich ziehen.

Bewertung der Methoden der Zielkostenermittlung

Die folgende Tabelle[212] stellt die Methoden der Zielkostenermittlung übersichtlich dar und bewertet sie anhand der Kriterien Marktorientierung, Einsetzbarkeit für innovative Neuprodukte und Einsetzbarkeit für Standardprodukte.

	Ansatz der Zielkostenermittlung	Ableitung der Zielkosten aus	Marktorientierung	Einsetzbarkeit für neue innovative Produkte	Einsetzbarkeit für Standardprodukte
Subtraktionsmethode	Market into Company	erzielbaren Marktpreisen	sehr stark	empfohlen	möglich
	Out of Competitor	Standardkosten von Konkurrenzprodukten	stark	nicht möglich	empfohlen
Additionsmethode	Out of Company	konstruktions- und fertigungstechnischen Gegebenheiten	fehlt	nicht empfohlen	möglich
	Out of Standard Costs	Standardkosten bereits durchgeführter Projekte/ bereits bestehender Produkte	fehlt	nicht möglich	nicht empfohlen
Gegenstromverfahren	Into and out of Company	erzielbaren Marktpreisen und technischen Gegebenheiten	möglich	möglich	möglich

Tab. 66: Varianten der Zielkostenfestlegung

211 Götze, U., Kostenrechnung und Kostenmanagement, 2010, S. 285.
212 In Anlehnung an Schmidt, A., Kostenrechnung, 2014, S. 250.

Da mit dem **Market-into-Company**-Ansatz am ehesten die angestrebte Marktorientierung des Target Costings erreicht wird, beschäftigen sich die folgenden Abschnitte detailliert mit dieser Vorgehensweise.

Beim **Market-into-Company**-Ansatz sind zunächst fundierte Marktanalysen erforderlich, um zu erfahren, welchen Wert die Kunden den von ihnen gewünschten Produkteigenschaften beimessen. Dafür eignet sich besonders die **Conjoint-Analyse**, die von Marktforschungsinstituten eingesetzt wird. Sie dient der Quantifizierung des Kundennutzens. Die Conjoint-Analyse versucht mithilfe von Kundenbefragungen herauszufinden, wie viel Kunden bereit sind, für ein Produkt zu bezahlen und wie viel ihnen dabei einzelne Produktmerkmale wert sind. Mit dieser Methode lässt sich der Kundennutzen messen und quantifizieren. Hierbei müssen die Befragungsteilnehmer Produktprofile priorisieren, welche sich aus den Ausprägungen mehrerer Produkteigenschaften zusammensetzen. Aus den Präferenzen der Kunden hinsichtlich Produktvarianten und Produktfunktionen wird indirekt versucht, das Kaufverhalten der Kunden im Hinblick auf den Preis abzuleiten.

Im Rahmen der Conjoint-Analyse werden die zu befragenden Personen nicht wie normalerweise üblich über einzelne Funktionen und Merkmale des Produkts befragt. Es werden ihnen vielmehr unterschiedliche Produktmodelle (z. B. Autos) mit verschiedenen Merkmalskombinationen (z. B. Lackierung, Ausstattung) und Funktionsausprägungen (z. B. Automatikgetriebe, Klimaanlage, Start-Stopp-Automatik, teilautomatisiertes/hochassistiertes Fahren) gezeigt, die sie daraufhin im Paarvergleich oder durch das Bilden von Rangfolgen beurteilen sollen. So ist es möglich, dass für jede Produkteigenschaft ein Teilnutzen ermittelt wird. Man kann nun feststellen, wie hoch der Beitrag dieser Produkteigenschaft am Gesamtnutzen ist und wie sich der empfundene Nutzen der einzelnen Kunden verändert, wenn ein Produktmerkmal ausgetauscht wird.

Da die Bestimmung des Kundennutzens nur dann sinnvoll und aussagefähig ist, wenn die Produktleistungen mit Preisen in Verbindung gebracht werden, müssen die befragten Personen auch ihre Preisvorstellungen zu jeder Produktvariante angeben. Aus diesen Preisvorstellungen wird der Zielverkaufspreis gebildet.

Von diesem ermittelten Zielverkaufspreis wird im nächsten Schritt ein angestrebter Gewinnanteil subtrahiert. Als Ergebnis erhält man die vom Markt erlaubten Kosten, die sogenannten »Allowable Costs«.

Allowable Costs	
	Zielverkaufspreis (Target Price)
-	angestrebte Gewinnspanne (Target Profit)
=	erlaubte Kosten (Allowable Costs)

Die Allowable Costs sind die maximalen Kosten, die ein Produkt während des gesamten Produktlebenszyklus verursachen darf, damit der geplante Produkterfolg erreicht wird. Sie können beim Market-into-Company-Ansatz als Zielkosten (Target Costs) angesetzt werden.

Häufig liegen die Allowable Costs jedoch weit unter den mit den aktuellen Verfahrensweisen erreichbaren Kosten, den sogenannten Drifting Costs. Diese werden auf Basis der technischen Spezifikationen und der vorhandenen fertigungstechnischen Möglichkeiten (Kapazitäten, Techniken und Verfahren) im Unternehmen geschätzt. Die Zielkosten werden dann gegebenenfalls zwischen den Allowable Costs und Drifting Costs festgelegt. Die Lücke (Target Gap) zwischen den Allowable Costs und Drifting Costs zeigt den Kostenreduktionsbedarf auf. Sie muss durch gezielte Maßnahmen geschlossen werden, sodass im Idealfall am Ende die Zielkosten den vom Markt erlaubten Kosten entsprechen.[213]

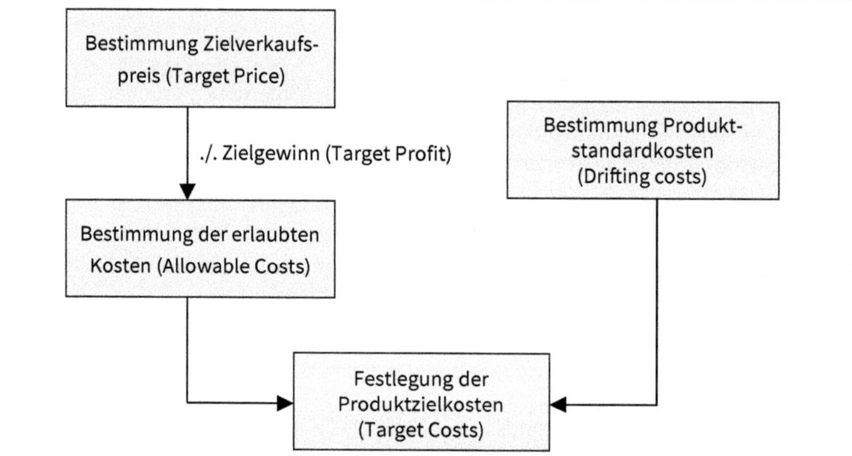

Abb. 102: Zielkostenbestimmung[214]

»Eine Überschreitung der Zielkosten führt dazu, dass der angestrebte Erfolg nicht erreicht wird.«[215] Die Differenz zwischen Target Costs und Drifting Costs entspricht dann dem Kostensenkungspotenzial bzw. -ziel.

Bevor im nächsten Schritt die Zielkostenspaltung durchgeführt wird, werden die Gemeinkosten abgezogen, die nicht komponentenbezogen sind. Somit werden in der Zielkostenspaltung nur komponentenbezogene Einzel- und Gemeinkosten betrachtet.[216]

213 Vgl. Fischer, J., Kostenbewusstes Konstruieren, 2008, S. 62.
214 Schmidt, A., Kostenrechnung, 2017, S. 247.
215 Kremin-Buch, B., Strategisches Kostenmanagement, 2007, S. 120.
216 Götze, U., Kostenrechnung und Kostenmanagement, 2010, S. 286.

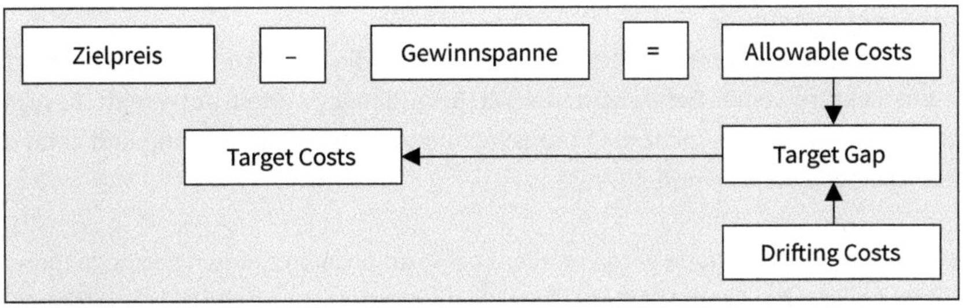

Abb. 103: Ermittlung der Zielkosten (Target Costs)[217]

8.2.2 Zielkostenspaltung und Kontrolle der Zielerreichung

Damit die Zielkosten für das Produkt im Bereich der Konstruktion und Gestaltung erreicht werden können, ist es wichtig sie in funktions-, komponenten- und teilespezifische Kosten aufzuteilen.[218] Das kann in mehreren Schritten durch zwei unterschiedliche Methoden geschehen.

Die Zielkostenspaltung liefert Ansatzpunkte dafür, wie die Kosten gesenkt werden können, damit die Zielkostenlücke geschlossen wird. Allerdings wäre eine ausschließliche Betrachtung auf Gesamtproduktebene ohne eine weitergehende Analyse der Kostenverursachung und der Funktionsbeiträge der einzelnen Produktkomponenten zu undifferenziert und würde keine detaillierten Lösungsansätze liefern. Aus diesem Grund ist es die Aufgabe der Zielkostenspaltung, die Produktzielkosten auf die Baugruppen-, Komponenten- und gegebenenfalls Teileebene zu verteilen. Ferner können so den Entwicklern und Konstrukteuren genauere Vorgaben für die einzelnen Produktkomponenten und deren Kosten geliefert werden.[219]

Allerdings können mittels der Zielkostenspaltung nicht alle Kosten, wie z. B. die Verwaltungs- und Vertriebskosten, sinnvoll auf die Produktkomponenten zugeordnet werden. Deshalb wird von den ermittelten gesamten Zielkosten ein bestimmtes Kostenbudget z. B. für Forschung und Entwicklung, Verwaltung und Marketing/Vertrieb abgezogen, wodurch man die Zielherstellkosten erhält, welche nun nach Funktionen und Komponenten aufgespalten werden können.[220]

Grundsätzlich unterscheidet man bei der Zielkostenspaltung zwischen zwei Methoden: der Komponentenmethode und der Funktionsmethode.

217 Vgl. Talanga, O., Target Costing, 2004, S. 10.
218 Götze, U., Kostenrechnung und Kostenmanagement, 2010, S. 286.
219 Vgl. Jung, H., Controlling, 2007, S. 88.
220 Vgl. Friedl, G. et al., Kostenrechnung, 2010, S. 499 f.

Komponentenmethode

Bei der einfacheren Komponentenmethode werden die Zielkosten anhand bekannter Kostenstrukturen eines Referenzmodells (z. B. Vorgängermodell) aufgeteilt. Diese Methode erfüllt allerdings nicht die Voraussetzung der Marktorientierung und setzt die Existenz eines Referenzmodells voraus.

Die Komponentenmethode wird vor allem bei Produkten mit einem geringen Innovationsgrad sowie bei Produkten, bei denen auf bereits vorhandene Kosteninformationen eines Vorgängermodells zurückgegriffen werden kann, angewendet.

Die Zielkosten werden hier direkt auf die jeweiligen Baugruppen nach Maßgabe der baugruppenbezogenen Kostenrelation (Gewichtungsfaktoren) aufgeteilt, wobei sich die Verteilung an der Kostenstruktur eines Referenzmodells orientiert, z. B. an einem Vorgängermodell, einem artverwandten Produkt oder auch, bei hinreichend genauen Informationen, an Konkurrenzprodukten. Da die Entwickler jedoch häufig dazu neigen, sich zu sehr auf Materialien und Konstruktionsdetails zu konzentrieren und häufig die kostenoptimale Erfüllung der Kundenwünsche außer Acht lassen, ist diese Methode lediglich bei geringer Modifikation der Produktkomponenten geeignet.[221]

Beispiel: Komponentenmethode[222]

Ein Küchengerätehersteller will nächstes Jahr ein neues Modell eines Dampfgarers entwickeln und auf den Markt bringen. Mithilfe einer Marktforschungsanalyse wurden die wichtigsten Funktionen des Dampfgarers sowie ein Zielverkaufspreis von 500 € pro Stück bestimmt. Das Unternehmen möchte für alle Produkte eine Umsatzrendite von 15 % pro Stück erwirtschaften sowie für Verwaltung und Vertrieb ein anteiliges Deckungsziel von 25,00 € pro Stück realisieren. Außerdem wird festgelegt, dass die Allowable Costs den Zielkosten entsprechen sollen.

Im ersten Schritt werden die Zielherstellkosten des Dampfgarers bestimmt:

	Zielverkaufspreis	500,00 €/St.
-	angestrebte Gewinnspanne (15 % vom Umsatz)	75,00 €/St.
=	gesamte Zielkosten	425,00 €/St.
-	Verwaltungs- und Vertriebskostenbeitrag	25,00 €/St.
=	**Zielherstellkosten**	**400,00 €/St.**

221 Vgl. Spidlen, W., Target Costing, 2007, S. 7 und Jung, H., Controlling, 2014, S. 90.
222 In Anlehnung an Schmidt, A., Kostenrechnung, 2014, S. 251.

Die ermittelten Zielherstellkosten betragen demnach 400,00 € pro Dampfgarer.

Der neu zu entwickelnde Dampfgarer besteht aus fünf Komponenten:

- Motor und der durch ihn betriebene Ventilator (K1),
- Heizspiralen (K2),
- Gehäuse (K3),
- elektrische Bestandteile (K4) wie Kontrolllampen, Funktionsschalter und Kabel sowie die
- Verpackung inkl. Bedienungsanleitung (K5).

Mithilfe der Kostenstruktur des Vorgängermodells werden die Zielherstellkosten der einzelnen Produktkomponenten des neu zu entwickelnden Dampfgarers ermittelt, indem die ermittelten Zielherstellkosten des neuen Dampfgarers (400,00 € pro Stück) mit dem jeweiligen prozentualen Kostenanteil der Komponente des Vorgängermodells multipliziert werden.

Für die einzelnen Komponenten ergeben sich folgende Werte:

Komponenten	Kosten des bisheriger Dampfgarers	bisheriger Kostenanteil	Zielherstellkosten des neuen Dampfgarers
K1 Motor/Ventilator	192 €/St.	45 %	180 €/St.
K2 Heizspiralen	108 €/St.	25 %	100 €/St.
K3 Gehäuse	75 €/St.	18 %	72 €/St.
K4 elektrische Bestandteile	35 €/St.	8 %	32 €/St.
K5 Verpackung/Bedienungsanleitung	20 €/St.	4 %	16 €/St.
Summe Herstellkosten	430 €/St.	100 %	400 €/St.

Funktionsmethode

Eine differenziertere, marktorientiertere Alternative zur Komponentenmethode ist die Funktionenmethode. Bei diesem Verfahren werden im ersten Schritt die gewünschten Produktfunktionen durch den/die Kunden gewichtet. Das Ergebnis ist die Kundengewichtungstabelle. Im zweiten Schritt wird mittels einer Funktionentabelle festgestellt, inwieweit die einzelnen Komponenten zur Funktionserfüllung beitragen. Im dritten Schritt wird die relative Gewichtung der einzelnen Komponenten für alle Funktionen ermittelt, indem die Kundengewichtung mit den Beiträgen zur Funktionserfüllung multipliziert und dann für jede Komponente addiert werden – dargestellt in der Komponententabelle. Im letzten Schritt erfolgt dann die Verteilung der Produktzielkosten anhand der Zielkostenanteile der Komponenten (%).[223]

223 Schmidt, A., Kostenrechnung 2017, S. 251 ff. und Stibbe, R., Kostenmanagement 2009, S. 96 ff.

Die Funktionsmethode basiert auf einer differenzierten Analyse der Produktfunktionen einerseits und der Komponenten mit ihrem Beitrag zu Erfüllung dieser Funktionen andererseits. Die Funktionsmethode ist durch ihren konsequenten Marktbezug sehr vorteilhaft, da Präferenzen der potenziellen Kunden in die Berechnung mit einbezogen werden. Ein Nachteil dieses Verfahrens ist allerdings, dass die Anwendung sehr aufwendig und die Ermittlung der Gewichtungen in hohem Maße subjektiv ist.[224]

Sie wird in der Regel für komplexe und hoch innovative Produkte angewandt und ermöglicht eine kunden- und marktorientierte Ausrichtung. Die Produkte werden hier zum einen hinsichtlich ihrer Funktionen und zum anderen ihrer technischen Komponenten und deren Beitrag zur Erfüllung der jeweiligen Funktion unterschieden. Zuerst werden die Zielkosten gemäß der Wertschätzung der Kunden auf die einzelnen Produktfunktionen verteilt. Anschließend werden die Kosten auf die Baugruppen und Komponenten aufgeteilt, welche zur Realisierung der Produktfunktionen benötigt werden.[225]

Die Vorgehensweise lässt sich in vier Schritte unterteilen:[226]

1. Schritt: Bestimmung der einzelnen Funktionen des Produkts sowie Gewichtung der ermittelten Funktionen gemäß der Kundengewichtung, die mithilfe von Marktforschung und konkreten Marktanalysen (z. B. Conjoint-Analyse) abgeleitet wurde. Da die Zielkosten entsprechend ihrem Anteil am Kundennutzen auf die Funktionen des Produkts verteilt werden, wird eine frühzeitige Orientierung der Konstrukteure am Markt und an den Kundenbedürfnissen sichergestellt. Es ist jedoch zu beachten, dass die technischen Aspekte bei der Funktionsbestimmung und Funktionsgewichtung nicht vernachlässigt werden, denn die Kunden sind sich oft der technischen Anforderungen (z. B. Sicherheitsvorschriften) oder der Konsequenzen ihrer Bewertung nicht bewusst.

2. Schritt: Davon unabhängig erfolgt durch die Konstrukteure und Entwickler eine Schätzung, in welchem Umfang verschiedene Produktkomponenten zur Erfüllung der Produktfunktionen beitragen. Die Ergebnisse der Schätzung werden in eine sogenannte Funktionstabelle übernommen. Diese Einschätzung erfordert jedoch ein gewisses Maß an Erfahrung und bleibt zwangsläufig subjektiv.

3. Schritt: In einer sogenannten Komponenten-Matrix werden die Beiträge der Komponenten mit den Funktionsgewichten multipliziert und jede Komponente über alle Funktionen aufsummiert. Das Ergebnis spiegelt die Bedeutung der Komponenten hin-

224 Vgl. Joos-Sachse, T., Controlling, Kostenrechnung und Kostenmanagement, 2006, S. 308.
225 Vgl. Friedl, G. et al., Kostenrechnung, 2010, S. 500.
226 Schmidt, A., Kostenrechnung, 2014, S. 252 f.

sichtlich der Funktionsgewichtung aus Kundensicht und den Beitrag der Komponenten zur Funktionserfüllung aus Expertensicht wider.

4. Schritt: Verteilung der Zielkosten des neu zu entwickelnden Produktes gemäß den Komponentengewichten auf die jeweiligen Komponenten.

Beispiel: Funktionsmethode[227]

1. Der neu zu entwickelnde Dampfgarer hat vier Gebrauchsfunktionen: die Kochleistung (F1), die Bedienfreundlichkeit (F2), in der die Reinigung des Dampfgarers mit integriert ist, die elektrische Sicherheit (F3) sowie das Design (F4).
   Laut einer Marktforschungsanalyse gewichten die potenziellen Kunden diese Funktionen wie folgt:

Funktion	F1 Kochleistung	F2 Bedienfreundlichkeit/ Reinigung	F3 Elektrische Sicherheit	F4 Design	Summe
Gewichtung	50 %	25 %	10 %	15 %	100 %

2. Die Entwickler und Konstrukteure schätzen, zu wie viel Prozent die einzelnen Komponenten zur Erfüllung der Funktionen beitragen. Die Ergebnisse werden in eine sogenannte Funktionstabelle eingetragen:

Funktion / Komponente	F1	F2	F3	F4
K1 Motor/Ventilator	55 %	12 %	30 %	-
K2 Heizspiralen	35 %	8 %	20 %	-
K3 Gehäuse	5 %	60 %	5 %	70 %
K4 elektrische Bauteile	5 %	13 %	45 %	20 %
K5 Verpackung/Bedienungsanleitung	-	7 %	-	10 %
Summe	100 %	100 %	100 %	100 %

3. Durch Multiplikation der Funktionsgewichtung aus der Kundenbefragung mit dem geschätzten Erfüllungsbeitrag der Komponenten je Funktion erhält man die Komponenten-Funktions-Matrix. Anschließend werden die einzelnen Werte je Komponente aufsummiert.

227 In Anlehnung an: Schmidt, A., Kostenrechnung, 2014, S. 252 f.

Funktion Komponente	F1 50 %	F2 25 %	F3 10 %	F4 15 %	Komponen-tengewicht (Nutzenan-teil) 100 %
K1	0,5x0,55 = 27,5 %	0,25x0,12 = 3,0 %	0,1x0,3 = 3,0 %	-	33,5 %
K2	0,5x0,35 = 17,5 %	0,25x0,08 = 2,0 %	0,1x0,2 = 2,0 %	-	21,5 %
K3	0,5x0,05 = 2,5 %	0,25x0,6 = 15,0 %	0,1x0,05 = 0,5 %	0,15x0,7 = 10,5 %	28,5 %
K4	0,5x0,05 = 2,5 %	0,25x0,13= 3,25 %	0,1x0,45 = 4,5 %	0,15x0,2 = 3,0 %	13,25 %
K5	-	0,25x0,07 = 1,75 %	-	0,15x0,1 = 1,5 %	3,25 %

4. Mittels der berechneten Komponentengewichte werden nun die Zielherstellkosten von 400,00 € auf die einzelnen Komponenten verteilt. Dies geschieht durch Multiplikation des relativen Gewichts jeder Komponente mit den Zielherstellkosten. Beispielsweise betragen die Zielherstellkosten für die Komponente K1 (Motor/Ventilator):
   400 € x 0,335 = 134,00 €.

Komponente	Nutzenanteil (Komponenten-gewicht) 100 %	Zielherstellkosten 400 €
K1	33,50 %	134,00 €
K2	21,50 %	86,00 €
K3	28,50 %	114,00 €
K4	13,25 %	53,00 €
K5	3,25 %	13,00 €

Bei den einzelnen Teilfunktionen wird unterstellt, dass den von den Kunden hoch eingeschätzten Funktionen auch höhere Kosten zugestanden werden können als den niedrig eingeschätzten.

8.2.3 Zielkostenkontrolle

Nachdem die Kosten auf die einzelnen Komponenten des Produkts aufgeteilt wurden, möchte man wissen, bei welchen Komponenten korrigierende Maßnahmen eingeleitet werden müssen. Das kann mithilfe des Zielkostenindex, einer »Kennzahl für die

Abweichung zwischen Marktbedeutung und Kostenverursachung«[228], durchgeführt werden. Dazu wird der Quotient aus dem Nutzenanteil der Komponente und ihrem Anteil an den derzeitigen gesamten Kosten ermittelt.

$$\text{Zielkostenindex (ZKI) einer Komponente} = \frac{\begin{array}{c}\text{Nutzenanteil der Komponente [\%]}\\ \text{(Komponentengewicht [\%])}\end{array}}{\text{Kostenanteil der Komponente [\%]}}$$

Dieser Zielkostenindex (ZKI) wird für jede einzelne Komponente errechnet. Im Optimalfall ist der »ZKI« eins. Dann entsprechen die Kosten dieser Komponente der relativen Bedeutung aus Marktsicht.[229]

Ein »ZKI« kleiner als eins bedeutet eine Zielkostenüberschreitung. Dies zeigt an, dass der Ressourceneinsatz des Unternehmens für diese Komponente aus Kundensicht zu hoch ist und hier Kostensenkungsmaßnahmen geprüft werden sollten. Ist der »ZKI« größer als eins, ist die Komponente im Vergleich zu den anderen Komponenten zu preiswert. Eine Zielkostenunterschreitung signalisiert, dass die Kundeneinschätzung dieser Komponente höher als ihr Kostenanteil ist. Durch einen höheren Ressourceneinsatz sollte eine Funktionsverbesserung dieser Komponente erreicht werden.

Der Zielkostenindex ist ein Maß für die Abweichung zwischen Marktbedeutung und Kostenverursachung, d. h., er zeigt, inwieweit die (zukünftig) realisierten Kosten der Komponente, den Marktanforderungen gerecht werden. Dadurch soll sichergestellt werden, dass der Ressourceneinsatz für die einzelnen Komponenten entsprechend ihrer Gewichtung bei der Funktionserfüllung erfolgt.[230]

Zielkostenindex = 1 → der Kostenanteil der Komponente entspricht der Bedeutung, die sie im Hinblick auf die Erfüllung der Marktanforderungen hat.

Ein Wert von Eins stellt den Idealfall dar. Dies bedeutet, dass die Kundenfunktionen optimal erfüllt sind. Somit entspricht der Kostenanteil einer Komponente genau der Bedeutung, die sie im Hinblick auf die Erfüllung der Marktanforderungen hat.

Zielkostenindex > 1 → Kostenanteil ist kleiner als Komponentenbedeutung

Ein Zielkostenindex größer als 1 sagt aus, dass das Komponentengewicht höher als der Kostenanteil ist, die Komponente also, trotz der hohen Gewichtung, zu wenige Ressourcen zur Realisierung erhält. Das Anspruchsniveau der Kunden ist höher als das der unternehmenseigenen Entwickler und Konstrukteure. Es müssen Produktwert-

228 Joos, T., Controlling, Kostenrechnung und Kostenmanagement, 2014, S. 316.
229 Vgl. Schmidt, A., Kostenrechnung, 2017, S. 254.
230 Vgl. Friedl, G. et al., Kostenrechnung, 2010, S. 507.

steigerungsmaßnahmen durchgeführt werden, da der Kunden die Lösung zu einfach finden wird.

Zielkostenindex < 1 → Kostenanteil ist größer als Komponentenbedeutung

Ein Zielkostenindex kleiner als 1 deutet auf eine zu teure und zu aufwendig gestaltete Komponente hin. Die Kosten der Komponente sind im Vergleich zum generierten Kundennutzen zu hoch. Es besteht ein Kostensenkungsbedarf, da die Komponente zu teuer ist.[231]

Mithilfe des **Zielkostenkontrolldiagramms** (Value Control Chart) können diese Zusammenhänge visualisiert werden. Das Diagramm hilft, diejenigen Komponenten zu identifizieren, bei denen am dringendsten korrigierende Maßnahmen erforderlich sind. Dazu wird in einem (x, y)-Koordinatensystem für jede Komponente der prozentuale Nutzenanteil auf der x-Achse und der prozentuale Kostenanteil auf der y-Achse aufgetragen. Die Winkelhalbierende (45-Grad-Linie) stellt die Ideallinie dar. Komponenten, die also auf dieser Linie liegen, haben den Zielkostenindex Eins. Da dieser Idealfall in der Praxis jedoch kaum auftritt, wird mittels eines Toleranzparameters q eine sogenannte Zielkostenzone definiert, innerhalb dieser der Zielkostenindex liegen darf. Je größer der Toleranzparameter q gewählt wird, desto stärker öffnet sich die Zielkostenzone und die zulässigen Abweichungen werden größer. Umgekehrt werden bei einem kleinen Toleranzparameter q die zulässigen Abweichungen kleiner. In der Praxis bewegen sich die Werte von q zwischen 10 % und 20 %. Die Zielkostenzone ist meist trichterförmig, weshalb bei Komponenten, die ein geringeres Gewicht haben, stärkere Abweichungen des Zielkostenindex toleriert werden können.[232]

Die obere und untere Grenze der Zielkostenzone werden durch die folgenden Funktionen bestimmt:

Obere Kostengrenze der Zielkostenzone: $Y_{ober} = \sqrt{x^2 + q^2}$ mit $0 < q < 1$

Untere Kostengrenze der Zielkostenzone: $Y_{unter} = \sqrt{x^2 - q^2}$ mit $0 < q < 1$

Es ist Aufgabe des Managements, den Toleranzparameter q festzulegen. Sein Wert ist davon abhängig, wie groß die Bedeutung des Target Costings im Unternehmen ist, wie stark die aktuellen Kosten vom Markt abweichen und wie wichtig die (Herstell-)Kosten im Wettbewerb sind. Die Bestimmung von q ist sehr stark von Erfahrungswerten geprägt.[233]

231 Vgl. Talanga, O., Target Costing, 2004, S. 13.
232 Vgl. Friedl, G. et al., Kostenrechnung, 2010, S. 508 f.
233 Vgl. Jung, H., Controlling, 2011, S. 89.

Liegt der Zielkostenindex einer Komponente außerhalb dieser Zielkostenzone, besteht Handlungsbedarf und es müssen frühzeitig Gegenmaßnahmen ergriffen werden. Komponenten, die oberhalb der Zielkostenzone liegen, weisen einen Zielkostenindex unter eins auf und sind relativ gesehen zu teuer oder zu aufwendig. Es müssen Maßnahmen zur Kostenreduzierung ergriffen werden, da die Baugruppe oder der Arbeitsgang vom Kunden nicht honoriert wird. Der entgegengesetzte Fall, d.h. Komponenten liegen unterhalb der Zielkostenzone (Zielkostenindex über eins), stellt lediglich eine Indikatorfunktion zur technischen Überarbeitung der betreffenden Produktkomponente dar. Hier muss überprüft werden, ob die Produktfunktionen der Komponente noch den Anforderungen der Kunden entsprechen oder ob die Komponente zu einfach ist, so dass ggf. technische Optimierungen oder Modifikationen durchzuführen sind.

Die nachfolgende Abbildung zeigt ein solches Zielkostenkontrolldiagramm.

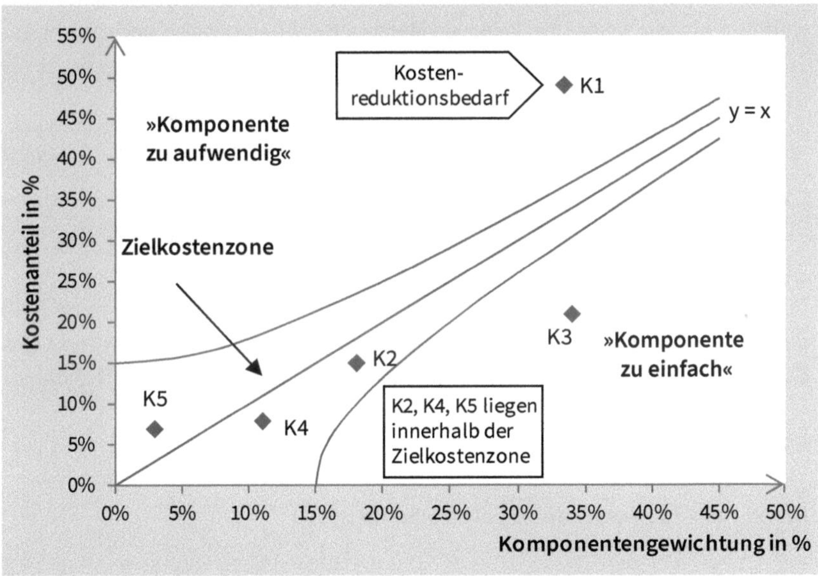

Abb. 104: Zielkostenkontrolldiagramm[234]

Für eine aussagefähige Kostenanalyse sind, neben den relativen Kostenanteilen, aber auch die absoluten Kostenwerte von Bedeutung. Denn der Zielkostenindex hat zwei wesentliche Nachteile: Zum einen bewirken Kostensenkungen bei einer Komponente das Ansteigen der Zielkostenindizes bei den übrigen Komponenten, obwohl sich deren Kosten nicht verändert haben. Somit kann also eine relative billige Komponente,

234 Vgl. Coenenberg, A. G. et al., Kostenrechnung und Kostenanalyse, 2009, S. 558.

ohne jegliches Zutun, zu einer relativ teureren Komponente werden. Außerdem ist es möglich, dass die Kostenstruktur und Zielkostenstruktur identisch sind, jedoch die Zielkosten insgesamt nicht erreicht werden. Trotzdem entspricht der Zielkostenindex in diesem Fall dem Idealwert von eins. Deshalb sollte für jede Komponente auf Basis der absoluten Zielkosten noch der modifizierte Zielkostenindex gebildet werden. Dieser stellt die Relation aus erreichten Kosten und Zielkosten dar.[235]

$$\text{modifizierter Zielkostenindex} = \frac{\text{erreichte Kosten der Komponenten}}{\text{Vorgabekosten der Komponenten}}$$

Beispiel Zielkostenkontrolle: Fortführung des Beispiels zur Funktionsmethode

Auf Basis von Erfahrungswerten der Vorgängermodelle des neu zu entwickelnden Dampfgarers und unter Berücksichtigung der Herstellungsmöglichkeiten wird eine Kostenschätzung der einzelnen Komponenten durchgeführt. Bei der Kostenschätzung wurden ferner die Kosten für die neuen Merkmale des Dampfgarers berücksichtigt.

Diese Schätzung liefert die folgenden Werte (Drifting Costs):

Komponenten	K1	K2	K3	K4	K5	Summe
Kostenschätzung (Drifting Costs)	162 €/St.	90 €/St.	108 €/St.	72 €/St.	18 €/St.	450 €/St.

Um nun den Zielkostenindex jeder Komponente ermitteln zu können, muss zuerst die Kostenstruktur des Produkts aufgestellt werden. Für die Komponente K1 lässt sich beispielsweise der folgende Kostenanteil und Zielkostenindex berechnen:

$$\text{Kostenanteil Komponente X} = \frac{\text{Drifting Cost der Komponente X}}{\text{gesamte Drifting Costs}}$$

Berechnung des Kostenanteils der Komponente K1

$$\text{Kostenanteil Komponente K1} = \frac{162\ €}{450\ €} \times 100 = 36\ \%$$

$$\text{Zielkostenindex} = \frac{\text{Nutzenanteil der Komponente [\%] (Komponentengewicht [\%])}}{\text{Kostenanteil jeder Komponenten [\%]}}$$

Berechnung des Zielkostenindex der Komponente K1

$$\text{Zielkostenindex Komponente K1} = \frac{33{,}5\ \%}{36\ \%} = 0{,}9306$$

235 Vgl. Schmidt, A., Kostenrechnung, 2014, S. 254.

Ergebnisgröße	Zielkosten		Kostenstatus		Zielkosten-index
Komponenten	Komponen-tengewicht	€/Stück	Kostenanteil	€/Stück	
K1	33,50 %	134 €/St.	36,0 %	162 €/St.	0,9306
K2	21,50 %	86 €/St.	20,0 %	90 €/St.	1,0750
K3	28,50 %	114 €/St.	24,0 %	108 €/St.	1,1875
K4	13,25 %	53 €/St.	16,0 %	72 €/St.	0,8281
K5	3,25 %	13 €/St.	4,0 %	18 €/St.	0,8125
Summe	100,00 %	400 €/St.	100,0 %	450 €/St.	

Die Kostensituation lässt sich nun in einem Zielkostendiagramm veranschaulichen. Dazu wurde ein Toleranzparameter von q = 15 % vereinbart. Die Ober- bzw. Untergrenze für den Zielkostenindex können Sie der folgenden Tabelle entnehmen:

Bedeutung (X)	Kostenobergrenze (Y_{ober})	Kostenuntergrenze (Y_{unter})
0,0 %	15,00 %	---
5,0 %	15,81 %	---
10,0 %	18,03 %	---
15,0 %	21,21 %	0,00 %
17,5 %	23,05 %	9,01 %
20,0 %	25,00 %	13,23 %
22,5 %	27,04 %	16,77 %
25,0 %	29,15 %	20,00 %
30,0 %	33,54 %	25,98 %
35,0 %	38,08 %	31,62 %
40,0 %	42,72 %	37,08 %
45,0 %	47,43 %	42,43 %
50,0 %	52,20 %	47,70 %

Entsprechend der gegebenen Daten erhält man folgendes Zielkostenkontrolldiagramm[236]:

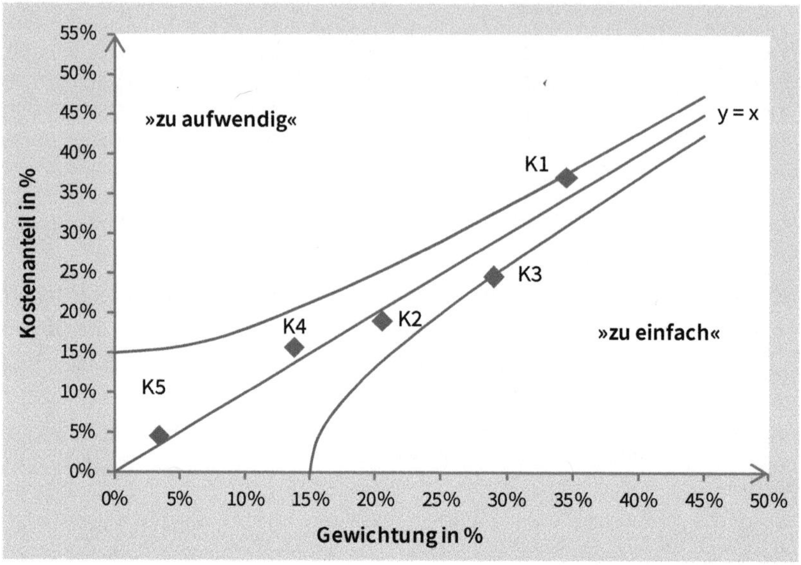

Aus dem Zielkostendiagramm lässt sich erkennen, dass alle Komponenten innerhalb der Zielkostenzone liegen.

Außerdem sollte für jede Komponente noch der **modifizierte Zielkostenindex** bestimmt werden. Er gibt die Relation der Drifting Costs zu den Zielherstellkosten an und verdeutlicht, ob eine Komponente absolut zu teuer oder zu günstig ist.

Der modifizierte Zielkostenindex wird folgendermaßen berechnet:

$$\text{modifizierter Zielkostenindex} = \frac{\text{erreichte Kosten der Komponenten}}{\text{Vorgabekosten der Komponenten}}$$

Für die Komponente K1 ergibt sich folgender modifizierter Zielkostenindex:

$$\text{modifizierter Zielkostenindex Komponenten K1} = \frac{162\text{ €/St.}}{134\text{ €/St.}} = 1{,}2089$$

236 Vgl. Schmidt, A., Kostenrechnung, 2014, S. 255.

Ergebnisgröße Komponenten	Zielkosten		Kostenstatus		modifizierter Zielkostenindex
	Komponentengewicht	€/Stück	Anteil	€/Stück	
K1	33,50 %	134 €/St.	36,0 %	162 €/St.	1,2089
K2	21,50 %	86 €/St.	20,0 %	90 €/St.	1,0465
K3	28,50 %	114 €/St.	24,0 %	108 €/St.	0,9474
K4	13,25 %	53 €/St.	16,0 %	72 €/St.	1,3584
K5	3,25 %	13 €/St.	4,0 %	18 €/St.	1,3846
Summe	100,00 %	400 €/St.	100,0 %	450 €/St.	

Anhand des modifizierten Zielkostenindex kann man erkennen, dass beispielsweise die Komponente K1 um 20 %, die Komponente K2 um 35 % und die Komponente K5 um 38 % zu teuer ist, obwohl alle Komponenten gemäß Zielkostendiagramm innerhalb der Zielkostenzone liegen. Bei K5 sind die Folgen der Abweichung wegen ihrer niedrigen Komponentengewichtung (Nutzanteil) und auch wegen des niedrigen Kostenanteils relativ gering.

8.2.4 Maßnahmen zum Erreichen der Zielkosten

Das Instrument des Zielkostenkontrolldiagramms, welches der laufenden Kostenkontrolle dient, zeigt grafisch die Kostenabweichungen auf und hilft, bei Überschreitungen des festgelegten Toleranzbereichs frühzeitig Gegenmaßnahmen einzuführen. Allerdings kann in der Praxis nicht allein auf das Zielkostenkontrolldiagramm als Wertgestaltungsinstrument zurückgegriffen werden, sondern es müssen weitere Instrumente eingesetzt werden, um ein Erreichen der Zielkosten zu unterstützen.

Eine Systematisierung der Modelle, Methoden und Instrumente des Target Costings führt zu drei Gruppen von Instrumenten, die dabei helfen, die Zielkosten erreichen zu können.

Dazu die folgende Übersicht:

Technologieorientierte Ansätze	Produkt-/prozessorientierte Ansätze	Organisatorische Ansätze
Wertanalyse	Benchmarking	Just-in-time/Kanban
Cost Tables	Prozesskostenrechnung	Simultaneous Engineering
Reverse Engineering	Quality-Function-Deployment	Gruppenarbeit
Design-to-Cost	Lifecycle-Costing	Projektkostenrechnung

Tab. 67: Instrumente zur Zielkostenerreichung[237]

237 Vgl. Arnaout, A., Target Costing in der deutschen Unternehmenspraxis, 2001, S. 54.

Exemplarisch werden im Folgenden ausgewählte Instrumente kurz beschrieben:

Im Bereich der technologieorientierten Ansätze ist besonders die **Wertanalyse** zu nennen. Sie stellt eine systematische Methode zur Kostensenkung von Produkten, Prozessen und Verfahren dar. Ziel der Analyse ist es, Funktionen des bisherigen Produktes nach Aufwand-Nutzen-Überlegungen zu verbessern. Dabei sind diejenigen Lösungsalternativen zu ermitteln, die entweder bei konstanten Kosten die Funktionsgestaltung mit dem maximalen Nutzen aufweisen oder bei gegebenem Nutzen minimale Kosten verursachen.[238]

Ein Instrument des produkt- und prozessorientierten Ansatzes ist das **Benchmarking**. Das Konzept basiert auf einer Vergleichsanalyse von Produkten, Prozessen und Methoden des eigenen Unternehmens mit denen des besten Wettbewerbers, um so eine bestehende Leistungslücke zum führenden Konkurrenten systematisch zu schließen.

Auf organisatorischer Ebene sind vor allem die Konzepte **Just-in-time** und **Kanban** zu nennen. Aber auch die Einbindung von Zulieferern spielt eine wichtige Rolle im Target Costing. So wird z. B. versucht, mithilfe des Simultaneous Engineering die Zulieferer bereits in den Entwicklungsprozess einzubinden.[239]

8.3 Was leistet das Target Costing?

Im Vordergrund des Target Costings steht, die Kosten bereits im Rahmen der Produktentwicklung zu beeinflussen. Target Costing verfügt über folgende Potenziale:[240]

- Durch die Einbeziehung von Kundenwünschen und deren Preisvorstellungen findet eine konsequente Marktorientierung statt, sowohl bei der Ermittlung von produktbezogenen Kostenobergrenzen (Zielkostenfestlegung) als auch beim Aufspalten der Zielkosten auf Funktionen und Komponenten gemäß den Kundenwünschen (Zielkostenspaltung).
- Die Zielkostenplanung beeinflusst die Gestaltung der Produkte, Programme und Prozesse.
- Das Target Costing ist vor allem bei der Entwicklung neuer Produkte, aber auch bei der Überarbeitung bereits existierender Produkte anwendbar. Besonders für komplexe Produkte mit großer Stückzahl eignet sich die Methode.
- Das Target Costing ermöglicht eine kostengerechte Produktgestaltung, da es bereits in den frühen Phasen der Produktentwicklung eingesetzt wird, in der die Kosten noch sehr stark beeinflusst werden können. Der Betrachtungszeitraum

238 Vgl. Schulte-Henke, C., Kundenorientiertes Target Costing, 2007, S. 59.
239 Vgl. Friedl, G. et al.: Kostenrechnung, 2010, S. 512.
240 Vgl. Friedl, G. et al., Kostenrechnung, 2010, S. 513 f.

erstreckt sich über den gesamten Produktlebenszyklus, so dass im Gegensatz zu traditionellen Instrumenten der Kostenrechnung eine langfristige Betrachtung stattfindet.
- Durch die Arbeit in funktionsübergreifenden Teams wird Wissen aus unterschiedlichen Bereichen zusammengeführt und kann bei der Entwicklung von Produkten systematisch genutzt werden. Dies wird auch durch die Einbeziehung von Lieferanten schon im Entwicklungsprozess erreicht.

Bei der Anwendung des Target Costings können jedoch einige Probleme auftreten bzw. wird die Aussagekraft der Ergebnisse durch verschiedene Aspekte beeinträchtigt:[241]
- Schwierigkeiten entstehen unter anderem bei der Datenermittlung, welche häufig sehr aufwendig und mit hohen Unsicherheiten behaftet ist. Besonders kritisch sind hierbei die Bestimmung des Marktpreises (vor allem bei Neuentwicklungen), die Festlegung des Gewinnanteils sowie die Ermittlung der Kundenwünsche im Hinblick auf die Produktfunktionen und den Anteil der Komponenten zur Funktionserfüllung.
- Der Fokus des Target Costings liegt sehr stark auf den produktbezogenen Herstellkosten. Kosten für Forschung und Entwicklung, Verwaltung und Vertrieb werden häufig in der Zielbildung zu wenig berücksichtigt. In Verbindung mit anderen Instrumenten, wie z.B. der Prozesskostenrechnung, kann diese Gefahr jedoch vermieden werden.
- Ein weiteres Problem liegt in dem Vollkostenansatz des Target Costings, denn den Produkten und Komponenten werden auch Gemeinkosten zugerechnet. Diese Zurechnung ist häufig jedoch nicht eindeutig und verursachungsgerecht, weshalb hier Ungenauigkeiten entstehen können. Für kurzfristige Entscheidungen ist das Target Costing daher eher ungeeignet.
- Ein weiterer Kritikpunkt am Target Costing ist dessen statische Ausrichtung. So wird zwar der gesamte Produktlebenszyklus über mehrere Perioden betrachtet, allerdings folgt die zugrunde liegende Rechenmethodik dem einperiodigen, statischen Ansatz. Dies bedeutet, dass sich zwar die Planungsgrößen auf den gesamten Lebenszyklus beziehen, diese jedoch Durchschnittswerte einer hypothetischen, repräsentativen Periode darstellen. Dies kann zu Fehlentscheidungen führen, falls die Daten nicht ausreichend repräsentativ sind.

Trotz der hier aufgeführten Probleme, die gerade aufgrund des frühen Einsatzes des Target Costings schon in den ersten Phasen des Produktlebenszyklus und der damit verbundenen schlechten Informationslage entstehen, können diese durch die großen Potenziale der Methode relativiert werden.

241 Vgl. Fischer, J., Kostenbewusstes Konstruieren, 2008, S. 68ff.

An vielen Praxisbeispielen wird ersichtlich, dass durch die Anwendung des Target Costings eine zielgerichtete Produktentwicklung sowie eine Steigerung des Kundennutzens erreicht wird und Target Costing somit auch zum Geschäftserfolg beiträgt.[242]

8.4 Fallbeispiel zum Target Costing

Der Elektronikgerätehersteller »Mediatools« hat mehrere Modelle von MP3-Playern auf dem Markt. Da es bei MP3-Playern oft neue Entwicklungen und Features gibt und die Konkurrenz bereits fortschrittlichere Modelle anbietet, beabsichtigt auch »Mediatools«, ein neues Modell zu entwickeln und auf den Markt zu bringen. Im Rahmen des Kostenmanagements soll das Target Costing genutzt werden. Das Unternehmen geht dabei in folgenden Schritten vor:

Schritt 1: Festlegen der Eigenschaften und Funktionen des Produkts
Als Erstes gibt das Unternehmen eine Marktstudie in Auftrag, um die wichtigsten vom Kunden gewünschten Produktfunktionen des MP3-Players zu ermitteln. Mittels einer Kundenbefragung wurde herausgefunden, dass die vier wichtigsten Produkteigenschaften Klangqualität (F1), Speicherkapazität (F2), Design/ Größe (F3) und Zuverlässigkeit (F4) sind, welche die Kunden wie folgt gewichten:

Funktion	F1 Klangqualität	F2 Speicher-kapazität	F3 Design/Größe	F4 Zuverlässig-keit	Summe
Gewichtung	40 %	25 %	20 %	15 %	100 %

Schritt 2: Bestimmen der Zielherstellkosten
Im Rahmen der Zielkostenfindung wird ein Zielverkaufspreis von 105 €/St. ermittelt. Das Unternehmen strebt eine Umsatzrendite von 15 % an und rechnet mit Verwaltungs- und Vertriebskosten von 9,25 €/St. Somit können nun im nächsten Schritt die Allowable Costs ermittelt werden:

Allowable Costs		
	Zielverkaufspreis	105,00 €/St.
-	Zielgewinn (15 % vom Umsatz)	- 15,75 €/St.
=	**Zielkosten (Allowable Costs im weiteren Sinn)**	**= 89,25 €/St.**
-	Verwaltungs- und Vertriebskosten	- 9,25 €/St.
=	**Zielherstellkosten (Allowable Costs im engeren Sinn)**	**= 80,00 €/St.**

242 Vgl. Fischer, J., Kostenbewusstes Konstruieren, 2008, S. 71.

Schritt 3: Bestimmen der Drifting Costs (= Kostenschätzung der Produktkomponenten)
Unternehmensintern werden nun die Drifting Costs für den neuen MP3-Player ermittelt. Dabei werden die Kosten der Vorgängermodelle sowie die Neuerungen des zu entwickelnden Produkts unter Berücksichtigung der technischen und fertigungstechnischen Gegebenheiten einbezogen. Der neue MP3-Player soll aus den Komponenten Display (K1), Flashspeicher (K2), Tonchip (K3) und Gehäuse (K4) bestehen.

Die Kostenrechnung des Elektronikgeräteherstellers hat ermittelt, dass es mit den gegenwärtigen Vorgehensweisen und Strukturen möglich ist, die Komponenten zu folgenden Kosten herzustellen:

Komponenten	Drifting Costs	Kostenanteile
K1 Display	7,60 €/St.	8 %
K2 Flashspeicher	39,90 €/St.	42 %
K3 Tonchip	36,10 €/St.	38 %
K4 Gehäuse	11,40 €/St.	12 %
Summe	**95,00 €/St.**	**100 %**

Schritt 4: Gegenüberstellung der Allowable Costs und der Drifting Costs
Die ermittelten Drifting Costs je Komponente werden nun mit den Allowable Costs (Zielherstellkosten) je Komponente verglichen. Die Allowable Costs je Komponente sollen hierbei mithilfe der Funktionsmethode ermittelt werden. Dazu schätzen Konstrukteure und Entwickler den Beitrag der einzelnen Produktkomponenten zur Realisierung der im Schritt 1 ermittelten Produktfunktionen wie folgt:

Funktion / Komponenten	F1 Klangqualität	F2 Speicherkapazität	F3 Design/Größe	F4 Zuverlässigkeit
K1 Display	-	10 %	30 %	28 %
K2 Flashspeicher	25 %	75 %	10 %	32 %
K3 Tonchip	75 %	15 %	5 %	15 %
K4 Gehäuse	-	-	55 %	25 %
Summe	**100 %**	**100 %**	**100 %**	**100 %**

Durch Multiplikation der Funktionsgewichtung aus der Kundenbefragung mit dem geschätzten Erfüllungsbeitrag der Komponenten je Funktion erhält man die Komponentengewichtung, welche in eine Komponenten-Funktions-Matrix eingetragen wird:

Funktion Komponenten	F1 40 %	F2 25 %	F3 20 %	F4 15 %	Komponentengewicht (Nutzenanteil) 100 %
K1 Display	-	0,25x0,10 = 2,5 %	0,2x0,3 = 6 %	0,15x0,28 = 4,2 %	12,70 %
K2 Flashspeicher	0,4x0,25 = 10,00 %	0,25x0,75 = 18,75 %	0,2x0,10 = 2,00 %	0,15x0,32 = 4,80 %	35,55 %
K3 Tonchip	0,4x0,75 = 30 %	0,25x0,15 = 3,75 %	0,2x0,05 = 1,00 %	0,15x0,15 = 2,25 %	37,00 %
K4 Gehäuse	-	-	0,2x0,55 = 11,00 %	0,15x0,25 = 3,75 %	14,75 %

Aus dieser Tabelle geht hervor, dass z. B. das Display (K1) für die Kunden einen Nutzenanteil von 12,7 % hat.

Die Zielherstellkosten werden durch Multiplikation des jeweiligen Komponentengewichts der Komponente mit den gesamten Zielherstellkosten (80 €/St.) auf die einzelnen Komponenten verteilt.

Komponenten	Komponentengewicht	Zielherstellkosten
K1 Display	12,70 %	10,16 €/St.
K2 Flashspeicher	35,55 %	28,44 €/St.
K3Tonchip	37,00 %	29,60 €/St.
K4 Gehäuse	14,75 %	11,80 €/St.
Summe	**100,00 %**	**80,00 €/St.**

Der Elektronikgerätehersteller weiß nun, wie viel die einzelnen Komponenten maximal kosten dürfen. So darf z. B. der Flashspeicher (K2) nicht mehr als 28,44 €/St. kosten. Um die absoluten Kostenabweichungen zu ermitteln, werden die Drifting Costs mit den Zielherstellkosten (Allowable Costs im engeren Sinn) je Komponente verglichen:

Komponenten	Drifting Costs	Kostenanteil	Zielherstellkosten	Komponentengewicht	Kostenüber-/ Kostenunterschreitung
	(a)		(b)		(c) = (b) – (a)
K1	7,60 €/St.	8 %	10,16 €/St.	12,70 %	-2,56 €/St.
K2	39,90 €/St.	42 %	28,44 €/St.	35,55 %	11,46 €/St.
K3	36,10 €/St.	38 %	29,60 €/St.	37,00 %	6,50 €/St.
K4	11,40 €/St.	12 %	11,80 €/St.	14,75 %	-0,40 €/St.
Summe	**95,00 €/St.**	**100 %**	**80,00 €/St.**	**100,00 %**	**15,00 €/St.**

Es wird deutlich, dass die Drifting Costs pro MP3-Player um 15 €/St. höher sind als die Zielherstellkosten (erlaubte Kosten im engeren Sinn). In Bezug auf die einzelnen Komponenten gibt es sowohl Kostenüberschreitungen als auch Kostenunterschreitungen. Die Kosten für K2 und K3 sind im Verhältnis zum Kundennutzen zu hoch. Hier müssen Kostenreduzierungsmaßnahmen gefunden werden (bspw. Verwendung anderer Materialien oder ein Lieferantenwechsel). Für K1 und K4 sind die Kosten im Vergleich zum Kundennutzen zu billig, d. h., die Komponenten sind u. U. zu einfach gestaltet. Es könnte versucht werden, durch einen höheren Ressourceneinsatz eine Funktionsverbesserung und damit einen Wettbewerbsvorteil zu erreichen. Die Kostenunterschreitung könnte aber auch beibehalten werden, um die Kostenüberschreitungen der anderen Komponenten auszugleichen.[243]

Schritt 5: Berechnung der Zielkostenindizes für jede Komponente

$$\text{Zielkostenindex} = \frac{\text{Komponentengewicht [\%]}}{\text{Kostenanteil der Drifting Costes jeder Komponente [\%]}}$$

Komponenten	Komponentengewichte	Kostenanteil	Zielkostenindex
K1 Display	12,70 %	8,00 %	1,587
K2 Flashspeicher	35,55 %	42,00 %	0,846
K3 Tonchip	37,00 %	38,00 %	0,974
K4 Gehäuse	14,75 %	12,00 %	1,229

Da bei den Komponenten K2 und K3 der Zielkostenindex kleiner 1 ist, sind die Kosten der Komponenten im Vergleich zum Kundennutzen zu hoch. Umgekehrt sind die Zielkostenindizes von K1 und K4 größer 1, was bedeutet, dass der Kundennutzen dieser Komponenten größer ist als die dafür geplanten Kosten.

Nun kann ein Zielkostenkontrolldiagramm erstellt werden. Mithilfe des Toleranzparameters q, dessen Wert auf 15 % festgelegt wurde, wird die Zielkostenzone ermittelt.

243 Vgl. Däumler, K.-D.; Grabe, J., Kostenrechnung 3, 2009, S. 221.

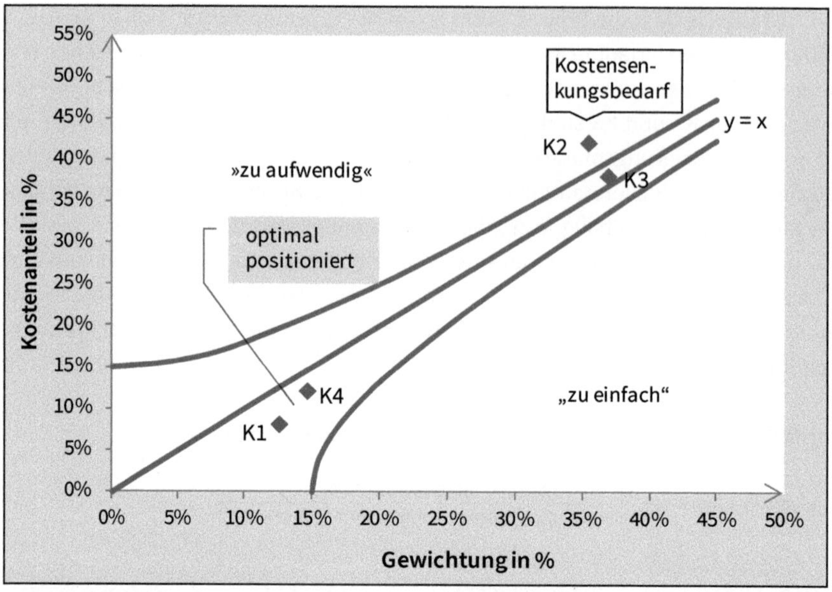

Abb. 105: Zielkostendiagramm[244]

Es zeigt sich, dass die Komponenten K1, K3 und K4 zwar nicht dem Idealwert entsprechen, aber innerhalb der Zielkostenzone liegen und somit tolerierbare Abweichungen aufweisen. Lediglich die Komponente K2, der Flashspeicher, liegt außerhalb der Zielkostenzone. Es muss versucht werden, K2 durch Kostensenkungsmaßnahmen in die Zielkostenzone zu bringen.

Schritt 6: Überprüfung der Ergebnisse und Maßnahmenfindung

Allgemein kann gesagt werden, dass die Zielkosten als erreicht gelten, wenn sich alle Zielkostenindizes innerhalb der Zielkostenzone befinden.[245] Es sollten jedoch nicht nur die relativen Kostenanteile, sondern auch die absoluten Kostenanteile beachtet werden, da es möglich ist, dass alle Zielkostenindizes einen Wert von 1 haben, die Drifting Costs aber die Allowable Costs trotzdem überschreiten. Deshalb werden die folgenden Daten ermittelt:

244 In Anlehnung an Schmidt, A., Kostenrechnung, 2014, S. 255.

245 Vgl. Däumler, K.-D. u. Grabe, J., Kostenrechnung 3, 2009, S. 223.

Komponenten	Drifting Costs	Anteil Drifting Costs an Zielherstellkosten	Komponentengewicht (Nutzenanteil) (%)	Abweichung absolut (%)	Abweichung in €
	a	b (= a : 80 €/St.)	c	d (= b – c)	e (= d x 80 €)
K1	7,60 €/St.	9,50 %	12,70 %	-3,2 %	-2,56 €/St.
K2	39,90 €/St.	49,875 %	35,55 %	14,325 %	11,46 €/St.
K3	36,10 €/St.	45,125 %	37,00 %	8,125 %	6,50 €/St.
K4	11,40 €/St.	14,25 %	14,75 %	-0,5 %	-0,40 €/St.
Summe	**95,00 €/St.**	**118,75 %**	**100,00 %**	**18,75 %**	**15,00 €/St.**

Die Gesamtabweichung der Drifting Costs von den Zielherstellkosten beträgt 15,00 €/St., was einer Abweichung von 18,75 % entspricht. Die Allowable Costs werden also erheblich überschritten. Außerdem wird hier bei den Komponenten K2 und K3 ein deutlicher Kostenreduzierungsbedarf ersichtlich, obwohl K3 in der Zielkostenzone liegt. K4 entspricht auch in Bezug auf die absoluten Kosten nahezu dem Idealwert. Für K1 sollte geprüft werden, ob sich Funktionsverbesserungsmaßnahmen als sinnvoll erweisen.

Der Elektronikgerätehersteller muss seine Möglichkeiten abwägen und Maßnahmen finden, mit denen die Kosten gesenkt werden können. Als unterstützende Konzepte könnten hierbei beispielsweise Cost Tables, die Prozesskostenrechnung oder Simultaneous Engineering dienen.

Aufgaben Kapitel 8

Aufgabe 1: Target Costing

Für die Entwicklung und Gestaltung eines Sportwagens wurden verschiedene Kundenbefragungen durchgeführt, um die Wünsche der Kunden berücksichtigen zu können. Zunächst wurde nach den wichtigsten Produktmerkmalen gefragt. Diese Umfrage lieferte folgende Werte:

Kundengewichtung der einzelnen Produktmerkmale:

	Gewichtung
Leistung	45 %
Design	25 %
Sound	5 %
Verarbeitung	10 %
Sicherheit	15 %

Ferner wurde gleichzeitig nach dem idealen Preis gefragt. Als Markteinführungspreis (netto) wurde ein Wert von 25.000 €/St. ermittelt, wobei von einer Absatzmenge von 10.000 Autos ausgegangen wird. Die angestrebte Umsatzrendite des Unternehmens beträgt 10 Prozent.

Zusätzlich fallen folgende Gemeinkosten an, die sich nicht auf die Produktkomponenten verteilen lassen.

- Forschung & Entwicklung: 650.000 €
- Marketing/Vertrieb: 750.000 €
- Verwaltung allgemein: 400.000 €

Nachfolgend ist der Beitrag der jeweiligen Produktkomponenten zur Erfüllung der erfragten Produktmerkmale aufgelistet:

Beitrag der einzelnen Komponenten zur Erfüllung der Produktmerkmale:

	Produktmerkmale				
Komponenten	**Leistung**	**Design**	**Sound**	**Verarbeitung**	**Sicherheit**
Motor	70 %		60 %	10 %	
Material	5 %	25 %	20 %	60 %	10 %
Bereifung	15 %	10 %	15 %	10 %	10 %
Form/Karosserie	10 %	65 %	5 %	10 %	
Sicherheitssysteme				10 %	80 %

Im Unternehmen selbst wurden die Drifting Costs ermittelt. Dies führte zu folgendem Ergebnis:

Verteilung der »Drifting Costs«:

	»Drifting Costs« pro Stück
Motor	7.900 €/St.
Material	3.000 €/St.
Bereifung	3.300 €/St.
Form/Karosserie	6.100 €/St.
Sicherheitssysteme	4.500 €/St.

a) Ermitteln Sie die gesamten »Allowable Costs« und die »Allowable Costs pro Stück« und stellen Sie diese den »Drifting Costs« (geschätzte Kosten) gegenüber.
b) Erstellen Sie eine Übersicht über den Teilnutzen der einzelnen Komponenten sowie eine Aufteilung der »Allowable Costs« nach Produktkomponenten.
c) Erstellen Sie die Zielkostenindizes nach der Funktionsmethode auf.

Weitere Aufgaben mit Lösungen finden Sie bei den digitalen Extras.

9 Life Cycle Costing

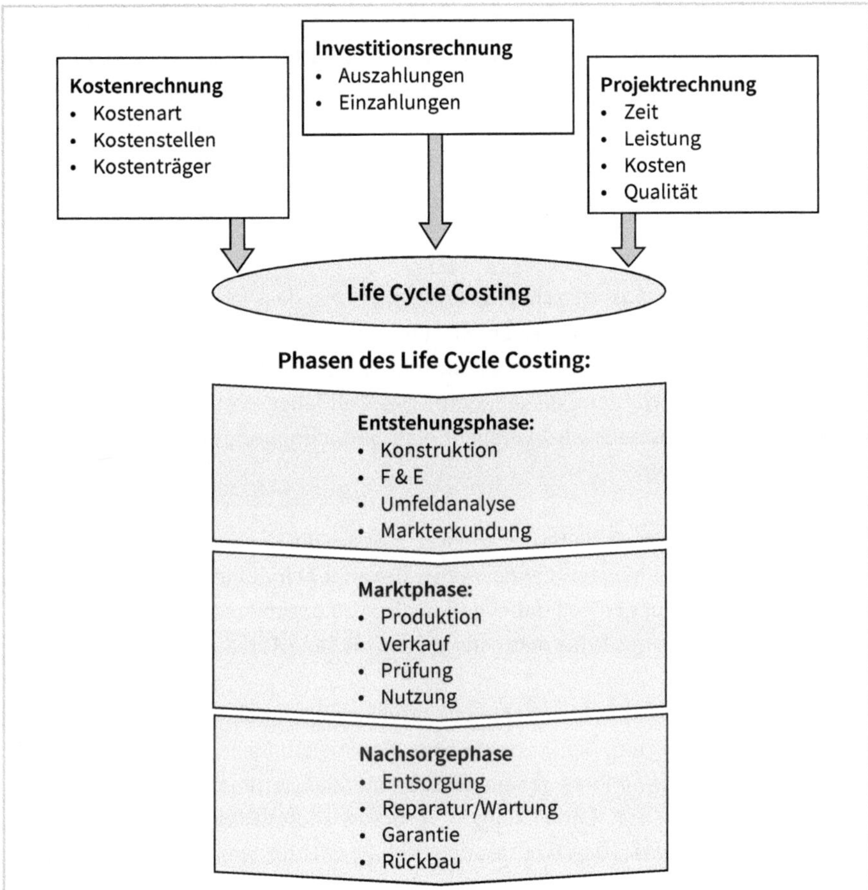

Abb. 106: Kapitelübersicht

Summary

Unternehmen müssen heutzutage auf den Märkten immer größere Herausforderungen meistern. Der steigende Preisdruck und die Frage bzgl. der Nachhaltigkeit erfordern kreative Strategien, um die Produkte erfolgreich am Markt platzieren zu können und gleichzeitig den Unternehmenserhalt langfristig zu sichern. Das richtige Produktportfolio am Markt führt ebenfalls dazu wettbewerbsfähig zu bleiben.

In den letzten Jahren erhielt das Konzept des Life Cycle Costing im Rahmen der Diskussion um Ökobilanzierung und Nachhaltigkeitsmanagement zunehmend größere Aufmerksamkeit.

Das Life Cycle Costing basiert auf der Grundauffassung, dass jedes Produkt einen sogenannten Lebenszyklus, von der Entwicklung bis zur Entsorgung, durchläuft. Das eine befindet sich gerade in der Entstehungsphase, während das andere bereits in der Nachsorgephase ist. Während dieser kompletten Zeit fallen Kosten, aber auch Erlöse an. Mit diesem Instrument wird versucht eine periodenübergreifende Optimierung der Kosten zu gestalten.

Um dem Preisdruck Stand halten zu können, müssen die Kosten und Erlöse der Produkte über deren kompletten Lebenszyklus bekannt sein. Eine detaillierte Analyse der Ein- und Auszahlungen soll dabei helfen diese zu optimieren. Das Life Cycle Costing greift innerhalb eines Unternehmens in verschiedene Abteilungen.

Mit dem Life Cycle Costing (deutsch: Lebenszykluskostenrechnung) werden alle relevanten Kosten ermittelt, die Produkte bzw. Dienstleistungen mit einer begrenzten Nutzungsdauer während ihres gesamten Lebenszyklus verursachen. Auch die »versteckten« Kosten, wie z. B. Entwicklungs-, Verbrauchs- und Entsorgungskosten, werden systematisch erfasst. Dies ist u. a. auch deshalb wichtig, weil Produkte zum einen immer stärker individualisiert werden und zum anderen die Nachsorgekosten immer mehr an Relevanz gewinnen, da Hersteller häufig zur Rücknahme und Entsorgung Ihrer Produkte verpflichtet sind.

Damit kann das Life Cycle Costing bei einem Innovations- oder Investitionsprojekt alle zuordenbaren Kosten wie Betriebs-, Instandhaltungs- und Folgekosten erfassen.

Ziele des Life Cycle Costing:

- Gesamte Kosten und Erlöse, die über die Lebenszeit anfallen, kennen.
- Analyse und Optimierung der Kosten und Erlöse innerhalb der Produktphasen.
- Einflussreichste Größen und Auswirkungen herausfiltern.

9.1 Einführung

Für das Life Cycle Costing (LCC) existieren im deutschen Sprachgebrauch mehrere Begrifflichkeiten mit gleicher Bedeutung. So wird das LCC auch Lebenszykluskostenrechnung, Lebenszykluskosten-Management und Lebenszykluskonzept genannt.

Beim Life Cycle Costing geht es darum, die richtigen Entscheidungen für verschiedene Produkte in unterschiedlichen Lebensphasen zu treffen, bspw. wann der richtige Zeitpunkt zur Einführung am Markt ist. In dieser Hinsicht ist es nicht hilfreich, die Kosten zu periodisieren, es ist vielmehr wichtig, die Kosten und Erlöse eines Produktes über seinen gesamten Lebenszyklus und in allen Lebensphasen zu kennen. Somit erfolgt beim LCC eine periodenübergreifende Erlös-, Kosten- und Erfolgsrechnung, bezogen auf einen bestimmten Kostenträger.[246] Der Lebenszyklus ist das »Zeitintervall zwischen der Konzipierung und Aussonderung eines Produktes«.[247]

Das Life Cycle Costing, bzw. die Lebenszykluskostenrechnung basiert auf der Grundidee, dass jedes Objekt ähnlich wie ein Lebewesen eine Art Lebenszyklus durchläuft. Das Life Cycle Costing »strebt die Optimierung der Kosten und Erlöse bestimmter Objekte über deren gesamten Lebenszyklus an.«[248] Ein betrachtetes Objekt kann z. B. ein Produkt sein.

9.2 Ziele und Aufgaben der Lebenszykluskostenrechnung

Es ist von zentraler Bedeutung, die gesamten Kosten und Erlöse eines Produktes über seine gesamte Lebenszeit zu kennen. Ziel des Life Cycle Costing ist es, diese Einzahlungen und Auszahlungen zu analysieren und zu optimieren. So können die Kosten optimal gestaltet und beeinflusst werden.[249] Ein weiteres Analyseziel ist, die einflussreichsten zahlungswirksamen Größen und die Auswirkungen von gewissen Entscheidungen über diese Größen herauszufiltern.[250] Um diese Analyse bestmöglich durchführen zu können, muss der Produktlebenszyklus in verschiedene Phasen unterteilt werden.

246 Vgl. Schmidt, A., Kostenrechnung, 2017, S. 258 und Jórasz, W., Baltzer, B.: Kosten- und Leistungsrechnung, 2019, S. 403.
247 Müller, D., Investitionsrechnung und Investitionscontrolling, 2019, S. 386.
248 Schmidt, A., Kostenrechnung, 2017, S. 258.
249 Vgl. Müller, D., Investitionsrechnung und Investitionscontrolling, 2019, S. 386.
250 Vgl. Müller, D., Investitionsrechnung und Investitionscontrolling, 2019, S. 387.

Dabei wird zwischen dem **klassischen** und dem **integrierten** Produktlebenszyklus unterschieden.

Der **klassische Produktlebenszyklus** ist ein Beschreibungs- und Erklärungsmodell, das sich im Laufe der Jahre zu einem Führungs- und Planungsmodell entwickelt hat. Er beschreibt die Phasen bzw. die Zeit, in der sich ein Produkt am Markt befindet und geht davon aus, dass diese Marktperiode begrenzt ist. Der betrachtete Zyklus startet mit dem Zeitpunkt, zu dem das erste Produkt am Markt angeboten wird, und endet mit der Verdrängung des Produktes durch Konkurrenzprodukte, neue Technologien oder mit der Absetzung des Produktes. Der **klassische Produktlebenszyklus** unterteilt sich in die fünf Phasen: Einführung, Wachstum, Reife, Sättigung und Degeneration.

- In der **Einführungsphase** muss sich das Produkt zunächst am Markt etablieren. Somit sind die Umsatzerlöse sehr gering. Dies hat zur Folge, dass keine Gewinne erwirtschaftet werden, da die Kosten höher als die Umsatzerlöse sind. Das Erreichen des Break-even-Point läutet das Ende der Markteinführung ein.
- In der **Wachstumsphase** steigen die Umsatzerlöse sehr stark an und es lassen sich für das am Markt etablierte Produkt höhere Preise erzielen. Zusätzlich sinken die Stückkosten. Diese Kosten- und Erlösveränderungen führen zu positiven Deckungsbeiträgen.
- In der **Reifephase** erreichen die Umsatzerlöse ihr Maximum und die Stückkosten ihr Minimum. Hinzu kommt in dieser Phase, dass für dieses Produkt kaum noch Investitionen getätigt werden müssen und somit hohen Erlösen geringe Kosten gegenüberstehen. Zu beachten ist, dass die Zuwachsraten am Ende der Reifephase gegen Null tendieren.
- In der **Sättigungsphase** sinkt die Nachfrage und somit sinken auch die Umsatzerlöse. Dies hat zur Folge, dass die Preise häufig gesenkt werden, Kunden durch Preisnachlässe gelockt werden müssen oder das Produkt aufgewertet, weiterentwickelt oder differenziert werden muss. Diese Maßnahmen verursachen zusätzliche Kosten. Die geringeren Stückzahlen und die unverändert gleichbleibenden Fixkosten führen zu höheren Stückkosten und somit zu niedrigeren Deckungsbeiträgen.
- Die **Degenerationsphase** ist dadurch geprägt, dass sich die Rückgänge der Sättigungsphase weiter fortsetzen und das Produkt nur noch geringe Gewinne oder sogar Verluste erwirtschaftet. Diese Phase dauert bis zur vollständigen Produktverdrängung oder Marktausscheidung.

Die folgende Abbildung zeigt das Phasenmodell des klassischen Produktlebenszyklus mit seiner Einteilung in Einführung, Wachstum, Reife, Sättigung und Degeneration:

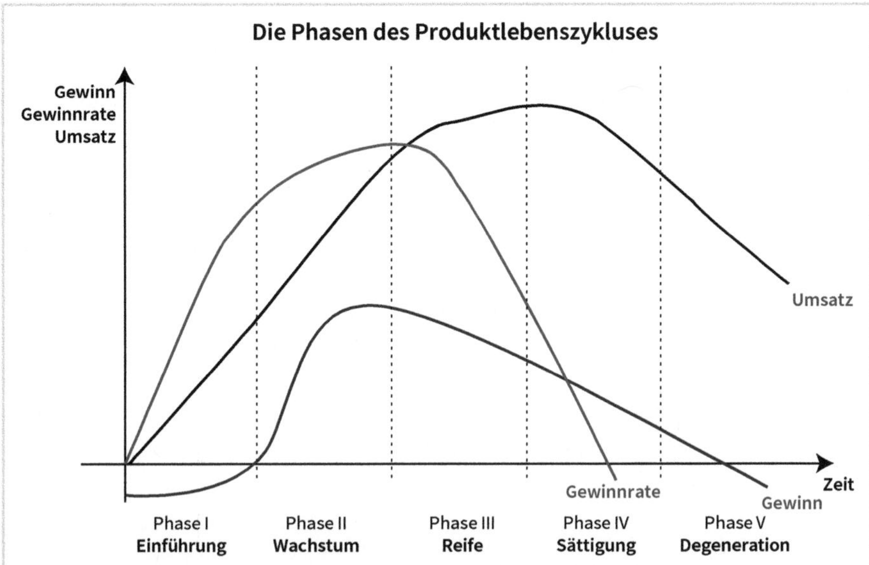

Abb. 107: Veranschaulichung des klassischen Produktlebenszyklus

Das **klassische Modell des Produktlebenszyklus** bezieht sich genau genommen nur auf eine Phase des gesamten »Lebens« eines Produktes, nämlich auf die Marktphase. Für das Kostenmanagement ist diese Phase allein nicht aussagekräftig genug, da bereits vor und auch nach der Zeit, die das Produkt auf dem Markt ist, Kosten anfallen. Gerade bei Veränderungen hin zu immer kürzeren Produktlebenszyklen, hoch technologisierten Produkten mit hohen Entwicklungskosten und umweltgerechter Entsorgung spielen die Entstehungs- und Nachlaufkosten eine immer größere Rolle, da die dort anfallenden Kosten in der immer kürzeren Marktphase mit überschüssigen Erlösen gedeckt werden müssen. Im Sinne eines **integrierten Produktlebenszyklus** kann eine Entstehungsphase und eine Nachlaufphase ergänzend eingeführt werden.

Der **integrierte Produktlebenszyklus** eines Produkts besteht aus drei Phasen:

- die Entstehungsphase,
- die Marktphase und
- die Nachlaufphase.

Diese drei Phasen laufen jedoch nicht immer abgegrenzt nacheinander ab, sondern überschneiden sich häufig, da es keinen eindeutigen Übergang zwischen den Phasen gibt. Anders ausgedrückt: Es können Überlappungen auftreten.

Beschreibt man die drei integrierten Lebenszyklusphasen eines Produktes, so wird es in der Entstehungsphase zum einen entwickelt, konzipiert und konstruiert, zum anderen wird aber schon der zugehörige Markt untersucht, um das Produkt auf die optimale Markteinführung vorzubereiten. In der Marktphase durchläuft das Produkt die typischen Stadien Einführung, Wachstum, Reife, Sättigung und zu guter Letzt die Degeneration. Die Nachlaufphase beginnt aber nicht erst mit dem allmählichen Rückzug des Produktes aus dem Markt. Sie startet vielmehr bereits beim Verkauf des ersten Produktes und endet erst, wenn das letzte verkaufte Produkt entsorgt bzw. zurückgenommen wurde. Die Nachlaufphase umfasst Reparatur-, Garantie- und Wartungsleistungen sowie Rückbau, Verschrottung, Rücknahme und Entsorgung.[251]

Nachfolgende Abbildung stellt die beschriebenen drei Phasen des integrierten Produktlebenszyklus und die in den jeweiligen Phasen anfallenden ihren Aufgaben dar.

Entstehung	▪ Umfeldanalyse und Ideensuche ▪ Konzeptionsauswahl ▪ Forschung und Entwicklung ▪ Konstruktion ▪ Vorbereitung von Produktion und Absatz
↓	
Markt	• Markteinführung • Marktdurchdringung • Marktsättigung • Marktdegeneration
↓	
Nachlauf	• Garantie • Wartung und Reparatur • Rücknahme • Entsorgung

Abb. 108: Beschreibung der integrierten Produktlebensphasen eines Produkts[252]

In der folgenden Tabelle sind mögliche Kosten und Erlöse, die innerhalb des Produktlebenszyklus entstehen, dargestellt.

251 Schmidt, A., Kostenrechnung, 2017, S. 262 f.

252 Vgl. Kremin-Buch, B., Strategisches Kostenmanagement, 2007, S. 181.

Phasen	Erlöse	Kosten
Entstehung	• Subventionen für F&E • Investitionszuschüsse • Steuervergünstigungen durch F&E	• Technologiekosten für Verfahrens- und Produktentwicklung • Vertriebskosten für Markterkundung und -erschließung • Genehmigungskosten • Kosten für Organisationsanpassung und Prozessgestaltung (Logistik) • Kosten der Produktionseinrichtung
Markt	• laufende Umsatzerlöse • Aktionserlöse • Schulungserlöse	• Einführungskosten • Herstellkosten für Material, Personal und Energie etc. • Vertriebskosten für Werbung, Kommunikation, Distribution etc.
Nachlauf	• Wartungs- und Reparaturerlöse • Ersatzteilerlöse • Lizenzgebühren • Verwertungserlöse aus Recycling • Verschrottungserlöse	• Garantiekosten • Wartungs- und Reparaturkosten • Kosten aus Produkthaftung • Rücknahme- und Entsorgungskosten • Rückbau- und Verschrottungskosten • Sonstige Nachlaufkosten (z. B. Ersatzteilbevorratung)

Tab. 68: Kosten und Erlöse innerhalb des Produktlebenszyklus[253]

9.3 Vier Funktionen der Lebenszykluskostenrechnung

Das Life Cycle Costing erfüllt grundsätzlich vier Funktionen. Dabei handelt es sich um die:

- **Abbildungsfunktion:** Es werden über den Lebenszyklus hinaus gehende reale Zusammenhänge und Strukturen erfasst und anhand von vereinfachten Modellen abgebildet.
- **Prognosefunktion:** Es sind über den gesamten Lebenszyklus für alle Phasen die Kosten und Erlöse zu prognostizieren.
- **Erklärungsfunktion:** Es sollen die Zusammenhänge und die Kausalketten bei der Entstehung der Kosten und Erlöse von lebenszyklusbezogenen Maßnahmen aufgedeckt und erkannt werden.
- **Gestaltungsfunktion:** Mithilfe von Modellen, die auf der Basis von prognostizierten Auswirkungen beruhen, und den damit verbundenen kausalen Zusammenhängen sollen optimale Maßnahmen entsprechend dem Lebenszyklus der Produkte abgeleitet werden.

253 Schmidt, A., Kostenrechnung, 2017, S. 262.

In seiner gesamtheitlichen Betrachtung des integrierten Lebenszyklus werden Zusammenhänge, Wechselwirkungen und Abhängigkeiten der Kosten- und Erlöswirkungen aufgezeigt und erklärt, damit gesamtoptimale Entscheidungen für den vollständigen Lebenszyklus sichergestellt werden können.[254] Es wird das Problem des zeitlichen Auseinanderfalls von Design, Entwicklung und Fertigung für die Kostenrechnung sichtbar und lösbar gemacht.[255] Das Life Cycle Costing bietet beispielsweise auch die Möglichkeit, verschiedene Szenarien mit unterschiedlichen Prämissen und mögliche Veränderungen aufzuzeigen und so auch zur Risikoabschätzung beizutragen.[256]

Da die Möglichkeit zur Kostenbeeinflussung zu Beginn eines Produktlebenszyklus am größten ist, sollen möglichst früh die gesamtoptimalen Entscheidungen für den kompletten Verlauf determiniert werden. Vor allem Wechselwirkungen und Austauschbeziehungen zwischen den einzelnen Phasen, sogenannte Trade-offs, müssen erkannt und berücksichtigt werden. So kann es z. B. effektiv und optimierend sein, wenn ein geringer Anstieg in den Entwicklungskosten eine starke Reduzierung der Kosten für die Produktion bewirkt.[257]

Allerdings steht diesem Ansatz ein entgegengesetzter Verlauf der Kosteninformationen entgegen, da diese zu Beginn nur begrenzt vorliegen. Deshalb sollte das Life Cycle Costing keinesfalls als einmalig anwendbares Instrument verwendet werden, sondern vielmehr immer wieder um neugewonnene Informationen ergänzt werden.

Wenn es darum geht, die Kosten und Erlöse für das Life Cycle Costing zu ermitteln, sollte beachtet werden, dass Kosten während des Lebenszyklus eines Produkts immer aus zwei Perspektiven anfallen, nämlich aus Produzenten- und Kundensicht.

»Ein erfolgreiches Kostenmanagement muss bei der Beeinflussung der Kosten- und Erlösstrukturen von zwei Sichtweisen ausgehen, d. h., es müssen:

- die Produktlebenszykluskosten aus Kundensicht sowie
- die Produktlebenszykluskosten und -erlöse aus Herstellersicht

in die Analysen und Maßnahmen mit einbezogen werden.«[258]

Beziehungszusammenhang zwischen Kostenfestlegung und Kostenanfall

Die Hauptaufgabe des Life Cycle Costing besteht in der frühzeitigen Planung, Steuerung und Überwachung der Lebenszykluskosten. Aus dieser frühzeitigen Planung und Steuerung heraus ergibt sich eine besondere Bedeutung des Entstehungszyklus. Es

254 Schmidt, A., Kostenrechnung, 2017, S. 258 f.
255 Coenenberg, A. G. et al., Kostenrechnung und Kostenanalyse, 2016, S. 32.
256 Riezler, S., Produktlebenszyklusmanagement, 2002, S. 218 f.
257 Schmidt, A., Kostenrechnung, 2017, S. 272.
258 Stibbe, R., Kostenmanagement, 2009, S. 167.

gibt einen Beziehungszusammenhang zwischen der Kostenfestlegung und den im gesamten Produktlebenszyklus tatsächlich anfallenden Kosten. Daraus ergibt sich eine besondere Bedeutung des Entstehungszyklus, weil in dieser der Produktion vorgelagerten Phase der Großteil der Kosten festgelegt wird, die im späteren Verlauf anfallen.[259] Die folgende Abbildung stellt diese Verteilung grafisch dar. Betrachtet werden an dieser Stelle die Produktselbstkosten.

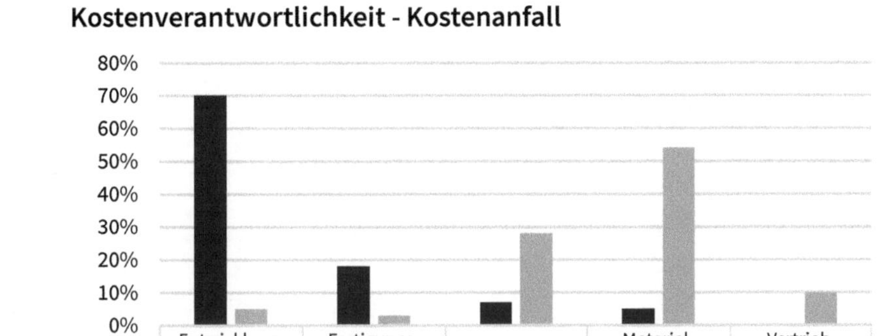

	Entwicklung, Kostruktion	Fertigungs-vorbereitung	Fertigung	Material-wirtschaft	Vertrieb, Verwaltung
Kostenfestlegung	70%	18%	7%	5%	0%
Kostenanfall	5%	3%	28%	54%	10%

Abb. 109: Kostenfestlegung versus Kostenanfall[260]

Darstellung der Wirkungszusammenhänge

Um die Notwendigkeit einer frühzeitigen Kostenbeeinflussung zu veranschaulichen, sind die Wirkungszusammenhänge zwischen den einzelnen Phasen des Lebenszyklus von Bedeutung, da ihre kostenrechnerischen Konsequenzen, sobald sie bekannt sind, analysiert und in die Entscheidungen mit einbezogen werden können. Problematisch bei dieser Betrachtung ist, dass es sich um sehr komplexe Zusammenhänge handelt, die nicht vollständig bekannt sind und nicht in einem endgültigen Rechenmodell dargestellt werden können. Somit werden diese Zusammenhänge oder auch Trade-offs im Folgenden auf verallgemeinerte Weise betrachtet. Die Wirkungszusammenhänge bestehen sowohl zwischen Entstehungskosten, Vorleistungskosten und Nachlaufkosten.[261] Die folgende Abbildung zeigt die Wirkungszusammenhänge gemäß der Unterteilung des integrierten Produktlebenszyklus, mit gesonderter Darstellung der Fertigung und des Servicebereichs im Marktzyklus.

259 Vgl. Zehbold, C., Lebenszykluskostenrechnung, 1996, S. 167.
260 Ederer, F., Life Cycle Costing, 2007, S. 19.
261 Zehbold, C., Lebenszykluskostenrechnung, 1996, S. 171.

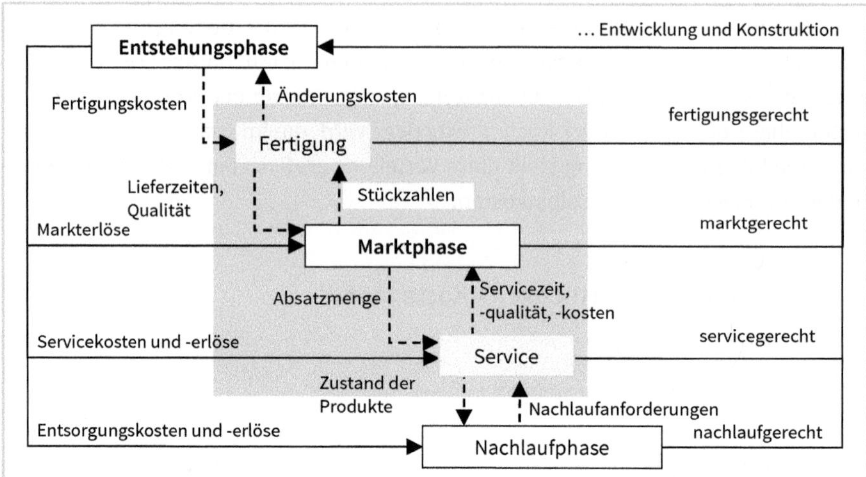

Abb. 110: Wirkungszusammenhänge der Lebenszykluskosten[262]

Die vollständige Betrachtung der relevanten Kosten stellt die Grundlage des Life-Cycle-Costing-Ansatzes dar. Welche Kosten allerdings relevant sind, hängt von der Betrachtungsperspektive ab. Hier kann unterschieden werden zwischen der Kundensicht, d. h. der nachfrageorientierten Betrachtung, und der Herstellersicht, die der anbieterorientierten Betrachtung entspricht.

9.3.1 Produktlebenszykluskosten aus Kundensicht

Aus dem Blickwinkel des Kunden fallen vier Kostenarten an. Die Anschaffungskosten stellen einen Hauptbestandteil der Produktlebenszykluskosten dar. Ferner sind Betriebs-, Unterhaltungs- und Entsorgungskosten zu berücksichtigen. Neben den Kosten spielt auch die Nutzungsdauer der Produkte bei Kundenentscheidungen eine Rolle. Es sollte darüber hinaus beachtet werden, dass für den Kunden nicht allein der günstigste Beschaffungspreis (Anschaffungskosten) ausschlaggebend für eine Kaufentscheidung ist, sondern er nach den minimalen Gesamtkosten strebt (Beispiel: Vergleich von Benzin- und Dieselfahrzeugen). Deshalb sollte ein Unternehmen die Nutzungs- und Folgekosten für Kunden in seine Betrachtung miteinbeziehen.[263] Die aus dem Life Cycle Costing gewonnenen Informationen können dann zur Optimierung des Verhältnisses von Kundennutzen und Lebenszykluskosten eingesetzt werden und das sollte dem Kunden anschließend auch als Kaufanregung kommuniziert werden.[264]

262 Kemminer, J., Lebenszyklusorientiertes Kosten- und Erlösmanagement, 1999, S. 203.
263 Stibbe, R., Kostenmanagement, 2009, S. 167 f.
264 Götze, U., Kostenrechnung und Kostenmanagement, 2010, S. 310.

Für die Berechnung der Lebenszykluskosten nutzt man die Verfahren der dynamische Investitionsrechnung, beispielsweise die Kapitalwertmethode. Die dynamischen Verfahren der Investitionsrechnung berücksichtigen den unterschiedlichen zeitlichen Anfall von Einzahlungen und Auszahlungen. Für die Lebenszykluskostenrechnung werden alle Zahlungen während der gesamten Nutzungsdauer erfasst. Die zu unterschiedlichen Zeitpunkten anfallenden Zahlungsströme werden mithilfe eines Diskontierungszinssatzes auf einen einheitlichen Vergleichszeitpunkt auf- oder abgezinst (diskontiert). Dadurch wird berücksichtigt, dass Zahlungen, die in der Vergangenheit geleistet wurden, anders zu bewerten sind, als Zahlungen, die heute oder erst in Zukunft geleistet werden. Für eine Beschaffung wird die Höhe aller Kosten zum Investitionszeitpunkt = t_0 bestimmt und alle zukünftigen Geldflüsse wie beispielsweise Energie- und Wartungskosten werden dann auf den sogenannten Barwert abgezinst. Die einzelnen ermittelten Barwerte können anschließend zu einer Gesamtkostensumme addiert werden.

Beispiel: Vergleich Benziner mit Diesel

Das mit Benzin angetriebene Fahrzeug hat einen geringeren Anschaffungspreis und verursacht nebenbei auch geringere Kosten für Steuern, Versicherung und Instandhaltung, als das mit Diesel angetriebene Fahrzeug. Allerdings weist dieses einen deutlich geringeren Verbrauch auf und es wird ein geringer Durchschnittspreis für den Kraftstoff prognostiziert. Ein weiterer Unterschied ergibt sich aus der längeren Laufleistung eines Dieselmotors, was sich positiv auf den Restverkaufserlös am Ende der Nutzungsdauer auswirkt: Er wird über dem des mit Benzin angetriebenen Fahrzeuges liegen.

Die Werte, die als Grundlage der Berechnung dienen, werden in der nachfolgenden Tabelle gezeigt. Die Laufzeit der beiden Fahrzeuge soll sieben Jahre betragen.

	Benziner	Diesel
Anschaffungskosten [Euro]	35.000	38.000
Restverkaufserlös am Ende der Nutzungsdauer [Euro]	5.000	6.500
Fahrleistung [km/Jahr]	30.000	30.000
Verbrauch [Liter/100 km]	9,50	6,00
Kraftstoffpreis [Euro/Liter]	1,80	1,60
Diskontierungszinssatz	6 %	6 %

Alle weiteren Daten können den nachfolgenden Berechnungstabellen entnommen werden, in der die Kosten mit negativem Vorzeichen dargestellt sind. Für eine vereinfachte Darstellung wird davon ausgegangen, dass die Zahlungen stets am Ende des betrachteten Jahres fällig sind.

Benziner (alle Angaben in €)

Jahre	00	01	02	03	04	05	06	07
Anschaffungs-kosten	-35.000							
Verbrauch		-5.130	-5.130	-5.130	-5.130	-5.130	-5.130	-5.130
Instandhaltung		-750	-750	-750	-750	-900	-900	-900
Versicherung		-680	-680	-680	-680	-680	-680	-680
Steuer		-130	-130	-130	-130	-130	-130	-130
Restverkaufs-erlös								+5.000
Summe	-35.000	-6.690	-6.690	-6.690	-6.690	-6.840	-6.840	-1.840
Barwert		-6.311	-5.954	-5.617	-5.299	-5.111	-4.822	-1.224
Kapitalwert	-35.000	-41.311	-47.265	-52.882	-58.181	-63.292	-68.114	-69.338

Der Barwert (BW) wird mit folgender Formel berechnet:

$$BW_t = \frac{E_t - A_t}{(1+i)^t} = (E_t - A_t) \times (1+i)^{-t}$$

$BW_t =$ Barwert zum Zeitpunkt t
$A_t =$ Auszahlungen zum Zeitpunkt t
$E_t =$ Einzahlungen zum Zeitpunkt t
$t =$ Betrachtungszeitraum
$t_0 =$ Anfangsjahr
$i =$ Diskontierungszinssatz

Der Kapitalwert (C_0) wird mit folgender Formel berechnet:

$$\text{Kapitalwert}\,(C_0) = \sum_{t=0}^{n}(A_t - E_t) \times \frac{1}{(1+i)^t}$$

Berechnung des Kapitalwerts (C_0) des mit Benzin angetriebenen Fahrzeugs:

$$C_0 = -35.000\,€ - \frac{6.690\,€}{1{,}06^1} - \frac{6.690\,€}{1{,}06^2} - \frac{6.690\,€}{1{,}06^3} - \frac{6.690\,€}{1{,}06^4} - \frac{6.840\,€}{1{,}06^5} - \frac{6.840\,€}{1{,}06^6} - \frac{1.840\,€}{1{,}06^7}$$

$$C_0 = -35.000\,€ - 6.311{,}32\,€ - 5.954{,}08\,€ - 5.617{,}05\,€ - 5.299{,}11\,€ - 5.111{,}25\,€ - 4.821{,}93\,€ - 1.223{,}71\,€ = -69.368{,}45\,€$$

Diesel (alle Angaben in €)

Jahre	00	01	02	03	04	05	06	07
Anschaffungskosten	-38.000							
Verbrauch		-2.880	-2.880	-2.880	-2.880	-2.880	-2.880	-2.880
Instandhaltung		-800	-800	-800	-800	-950	-950	-950
Versicherung		-780	-780	-780	-780	-780	-780	-780
Steuer		-290	-290	-290	-290	-290	-290	-290
Restverkaufserlös								+6.000
Summe	-38.000	-4.750	-4.750	-4.750	-4.750	-4.900	-4.900	+1.100
Barwert (BW)		-4.481	-4.227	-3.988	-3.762	-3.662	-3.454	+732
Kapitalwert (C_0)	-38.000	-42.481	-46.707	-50.696	-54.458	-58.120	-61.574	-60.842

Berechnung des Kapitalwerts (C_0) des mit Diesel angetriebenen Fahrzeugs:

$$C_0 = -38.000\,€ - \frac{4.750\,€}{1{,}06^1} - \frac{4.750\,€}{1{,}06^2} - \frac{4.750\,€}{1{,}06^3} - \frac{4.750\,€}{1{,}06^4} - \frac{4.900\,€}{1{,}06^5} - \frac{4.900\,€}{1{,}06^6} + \frac{1.100\,€}{1{,}06^7}$$

$$C_0 = -38.000\,€ - 4.481{,}13\,€ - 4.227{,}48\,€ - 3.988{,}19\,€ - 3.762{,}44\,€ - 3.661{,}57\,€ - 3.454{,}31\,€ + 731{,}56\,€ = -60.842{,}56\,€$$

Da bei der Berechnung keine Einzahlungen berücksichtigt wurden, ist das kostengünstigere Fahrzeug dasjenige mit dem niedrigeren negativen Kapitalwert. Die Berechnungen zeigen die Vorteilhaftigkeit des Dieselfahrzeugs gegenüber dem Benzinfahrzeug.

9.3.2 Produktlebenszykluskosten und -erlöse aus Herstellersicht

Aus der Sicht des Herstellers ist der gesamte Lebenszyklus mit allen drei Phasen von Bedeutung. Die Hersteller sollten sämtliche Ein- und Auszahlungsströme über die gesamten Lebenszyklusphasen kennen, um Entscheidungen vorbereiten zu können, die die Austauschbeziehungen (Trade off) zwischen den Phasen betreffen.

Für das Kostenmanagement ist die Marktphase allein nicht aussagekräftig genug, da – wie schon erwähnt – bereits vor und auch nach der Zeit, die das Produkt auf dem Markt ist, Kosten anfallen. Aufgrund der immer kürzeren Lebenszyklen, verbunden mit hohen Entwicklungskosten und umweltgerechter Entsorgung, haben die Entstehungs-

und Nachlaufkosten eine große Bedeutung, da die dort anfallenden Kosten in der immer kürzeren Marktphase mit überschüssigen Erlösen gedeckt werden müssen.[265]

Die nächste Abbildung zeigt einen typischen Verlauf von Ein- und Auszahlungen innerhalb der drei Phasen des integrierten Lebenszyklus von Serienprodukten. Dabei ist der Wechsel zwischen der Markt- und der Nachlaufphase deutlich zu erkennen. In der Marktphase übersteigen die Einzahlungen die Auszahlungen erheblich, was sich in der Nachlaufphase komplett wendet. Dort entstehen mehr Auszahlungen als Einzahlungen. Daraus ableitend kann man sagen, dass die Einzahlungsüberschüsse in der Marktphase entscheidend für die Rentabilität des Produktes sind.

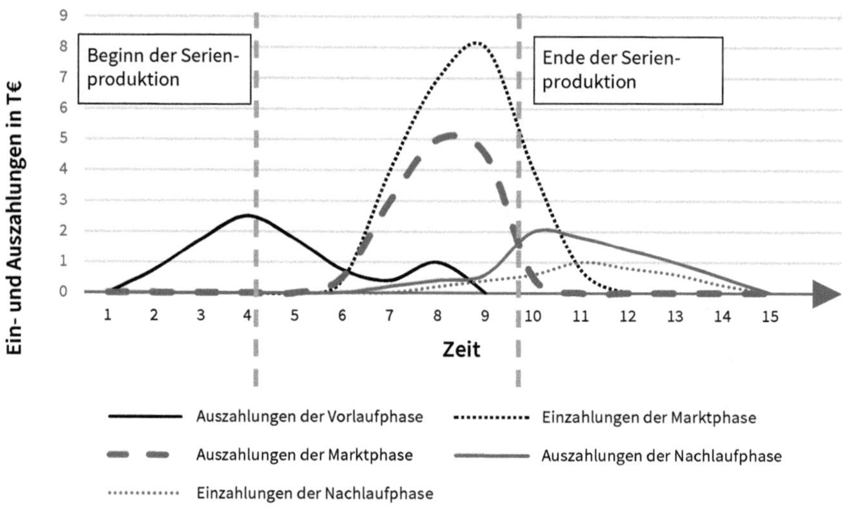

Abb. 111: Typischer Verlauf der Ein- und Auszahlungen bei Serienprodukten[266]

Die Lebenszyklusrechnung basiert auf der dynamischen Investitionsrechnung und betrachtet nicht, wie die Bezeichnung vermuten lässt, periodisierte Zahlungen im Sinne von Kosten und Erlösen wie in der traditionellen Kostenrechnung, sondern zeitpunktgenaue Aus- und Einzahlungen.[267] Grundsätzlich ist ein Produkt dann erfolgreich, wenn über den vollen Lebenszyklus die gesamten barwertigen Einzahlungen (E_t) die gesamten barwertigen Auszahlungen (A_t) übersteigen.[268] Dabei wird das Produkt als Investitionsobjekt betrachtet und eine zeitstrukturierte Planung der Zahlungsströme für die einzelnen Phasen aufgestellt. Demnach sind die möglichen Ergebnisse der Lebenszyklusrechnung: der Kapitalwert (C_0), der interne Zinsfuß (r) oder die dynamische Amortisationsdauer.[269]

265 Stibbe, R., Kostenmanagement, 2009, S. 164 ff.
266 Schmidt. A., Kostenrechnung, 2017, S. 263.
267 Schmidt, A., Kostenrechnung, 2017, S. 261.
268 Brecht, U., Kostenmanagement, 2005, S. 115.
269 Riezler, S., Produktlebenszyklusmanagement, 2001, S. 210.

Beispiel: Lebenszyklusrechnung aus Sicht des Herstellers

Die Entstehungsphase eines Kleinserienprodukts umfasst drei Jahre, in denen Auszahlungen für Entwicklung, Investitionen und Verwaltung anfallen. Die Summe ist insgesamt negativ. Die Marktphase dauert fünf Jahre, wobei die Auszahlungen für die laufende Produktion komplett von den Einzahlungen aus dem Verkauf und der Wartung gedeckt werden. Die Nachlaufphase umfasst zwei Jahre und durch die wegfallenden Auszahlungen für Herstellung und Vertrieb decken die Einzahlungen aus der Wartung vorher verkaufter Produkte die Auszahlungen für die Wartung, Entsorgung und Verwaltung.[270] Der positive Gesamtbetrag von 88 Mio. € sieht auf den ersten Blick wirtschaftlich gesehen vielversprechend aus, muss aber hinsichtlich des Barwerts beurteilt werden. Dieser kann mithilfe des Kapitalwerts (C_0) oder des internen Zinsfußes (r) ermittelt werden. Es wird unterstellt, dass die Zahlungen immer am Ende einer Periode anfallen.

Die folgende Tabelle zeigt die Zahlungsreihe eines Kleinserienprodukts von ca. 1.000 Stück pro Jahr, dessen Planungshorizont zehn Jahre umfasst.

i = 12 % (Angaben in Mio. €)	Entstehungsphase			Marktphase					Nachlaufphase		
Jahr	01	02	03	04	05	06	07	08	09	10	Σ
Einzahlungen											
Verkauf				94	99	87	77	89			446
Wartung				45	50	57	68	75	64	45	404
Auszahlungen											
Entwicklung	-11	-14	-18	-14	-28	-18	-5				-108
Investitionen		-12	-18	-19	-22						-71
Herstellung				-38	-40	-35	-30	-31			-174
Vertrieb				-20	-12	-27	-15	-8			-82
Wartung				-14	-17	-25	-18	-15	-12	-8	-109
Entsorgung									-11	-11	-22
Verwaltung	-15	-15	-15	-23	-23	-23	-23	-23	-18	-18	-196
$E_t - A_t$	-26	-41	-51	+11	+7	+16	+54	+87	+23	+8	+88
$E_t - A_t$ (kumuliert)	-26	-67	-118	-107	-100	-84	-30	+57	+80	88	+88
$E_t - A_t$ (diskontiert)	-23,21	-32,68	-36,3	6,99	3,97	8,11	24,43	35,14	8,29	2,57	-2,69
Kapitalwert	-23,21	-55,89	-92,19	-85,20	-81,23	-73,12	-48,69	-13,55	-5,26	-2,69	-2,69

Tab. 69: Zahlungsreihe des Beispiels Kleinserienprodukt (Angaben in Mio. €)[271]

270 Kremin-Buch, B., Strategisches Kostenmanagement, 2007, S. 188.
271 leicht modifiziert in Anlehnung an Kremin-Buch, B., Strategisches Kostenmanagement, 2007, S. 187 ff.

Kapitalwertmethode

Die gesamten Ein- und Auszahlungen der Zahlungsreihe des kompletten Produktlebenszyklus werden abgezinst (diskontiert), was ihren Barwerten entspricht. Als Diskontierungszinssatz (i) wird die geforderte Mindestverzinsung (i = 12 %) gewählt. Der Kapitalwert (C_0) wird errechnet, indem die Summe aller diskontierten Auszahlungen (A_t) von der Summe aller diskontierten Einzahlungen (E_t) abgezogen wird.

$$\text{Kapitalwert}\,(C_0) = \sum_{t=0}^{n}(A_t - E_t) \times \frac{1}{(1+i)^t}$$

Wendet man die Kapitalwertformel für das Beispiel an, erhält man einen negativen Kapitalwert – der hier dem Produkterfolg entspricht – von 2,69 Mio. €. Ein negativer Kapitalwert (C_0) zeigt an, dass die geforderte Mindestverzinsung von 12 % durch das Produkt nicht erreicht wird.[272]

$$C_0 = -\frac{26\text{ Mio. €}}{1{,}12^1} - \frac{41\text{ Mio. €}}{1{,}12^2} - \frac{51\text{ Mio. €}}{1{,}12^3} + \frac{11\text{ Mio. €}}{1{,}12^4} + \frac{7\text{ Mio. €}}{1{,}12^5}$$
$$+ \frac{16\text{ Mio. €}}{1{,}12^6} + \frac{54\text{ Mio. €}}{1{,}12^7} + \frac{87\text{ Mio. €}}{1{,}12^8} + \frac{23\text{ Mio. €}}{1{,}12^9} + \frac{8\text{ Mio. €}}{1{,}12^{10}} +$$

$$C_0 = -23{,}21\text{ Mio. €} - 32{,}68\text{ Mio. €} - 36{,}30\text{ Mio. €} + 6{,}99\text{ Mio. €} + 3{,}97\text{ Mio. €}$$
$$+ 8{,}11\text{ Mio. €} + 24{,}43\text{ Mio. €} + 35{,}14\text{ Mio. €} + 8{,}29\text{ Mio. €} + 2{,}57\text{ Mio. €}$$
$$= -2{,}69\text{ Mio. €}$$

Interne Zinsfußmethode

Die konkrete Verzinsung kann mithilfe der internen Zinsfußmethode ermittelt werden. Die geforderte Mindestverzinsung wird mit dem internen Zinsfuß (r) der Investition bzw. in diesem Fall des Produkts verglichen. Der interne Zinsfuß (r) stellt die tatsächliche Verzinsung dar und wird errechnet, indem die Formel des Kapitalwerts (C_0) gleich null gesetzt wird.

$$0 = \sum_{t=0}^{n}(A_t - E_t) \times \frac{1}{(1+r)^t}$$

Die Berechnung des internen Zinsfußes (r) erfolgt näherungsweise durch lineare Interpolation, da eine einfache Lösung der Gleichung aufgrund der ungleichmäßigen Rückflüsse nicht möglich ist. Hierfür werden zuerst zwei Versuchszinssätze betrachtet und die zugehörigen Kapitalwerte ermittelt. Anschließend werden Näherungslösungen berechnet.

272 Kremin-Buch, B., Strategisches Kostenmanagement, 2007, S. 188 ff.

Die rechnerische Ermittlung des internen Zinsfußes (r) erfolgt durch Interpolation mithilfe der folgenden Formel:

$$r = \left[i_1 + C_{01} \times \frac{i_2 - i_1}{C_{01} - C_{02}} \right] \times 100$$

$r =$ interner Zinsfuß
$i_1 =$ Versuchszinssatz 1 (niedriger Zinssatz: Ziel = positiver Kapitalwert)
$i_2 =$ Versuchszinssatz 2 (höherer Zinssatz: Ziel = negativer Kapitalwert)
$C_{01} =$ (positiver) Kapitalwert bei i_1
$C_{02} =$ (negativer) Kapitalwert bei i_2

Beim ersten Versuchszinssatz (i_2) wurde ein negativer Kapitalwert ermittelt. Als zweiter Versuchszinssatz (i_1) sollte ein niedrigerer Versuchszinssatz, z. B. $i_1 = 11\,\%$ gewählt werden. Es sollte dann ein positiver Kapitalwert ermittelt werden.

$$C_{01} = -\frac{26\text{ Mio. €}}{1{,}11^1} - \frac{41\text{ Mio. €}}{1{,}11^2} - \frac{51\text{ Mio. €}}{1{,}11^3} + \frac{11\text{ Mio. €}}{1{,}11^4} + \frac{7\text{ Mio. €}}{1{,}11^5}$$
$$+ \frac{16\text{ Mio. €}}{1{,}11^6} + \frac{54\text{ Mio. €}}{1{,}11^7} + \frac{87\text{ Mio. €}}{1{,}11^8} + \frac{23\text{ Mio. €}}{1{,}11^9} + \frac{8\text{ Mio. €}}{1{,}11^{10}}$$

$$C_{01} = -23{,}42\text{ Mio. €} - 33{,}28\text{ Mio. €} - 37{,}29\text{ Mio. €} + 7{,}25\text{ Mio.€} + 4{,}15\text{ Mio. €}$$
$$+ 8{,}55\text{ Mio. €} + 26{,}01\text{ Mio. €} + 37{,}75\text{ Mio. €} + 8{,}99\text{ Mio. €} + 2{,}82\text{ Mio. €}$$
$$= +1{,}53\text{ Mio. €}$$

$$r = \left[0{,}11 + 1{,}53\text{ Mio. €} \times \frac{0{,}12 - 0{,}11}{1{,}53\text{ Mio. €} - -2{,}69\text{ Mio. €}} \right] \times 100 = 11{,}36\,\%$$

In diesem Beispiel liegt der interne Zinsfuß (r) bei 11,36 %, was, wie mit der Kapitalwertmethode bereits festgestellt, unter der geforderten Mindestverzinsung von 12 % liegt.

Kapitalwertmethode mit geänderten Parametern

In der ersten Berechnung mit der Kapitalwertmethode wurde überprüft, wie wirtschaftlich das Kleinserienprodukt zu den momentanen Konditionen ist. Jetzt kann davon ausgehend versucht werden, gezielt Einflussfaktoren zu verändern bzw. zu verbessern. Eine Faustregel besagt, dass jede zusätzliche Geldeinheit in der Produktentwicklung später acht bis zehn Geldeinheiten in Produktion und Vertrieb spart.[273] Hier können also gegebenenfalls Veränderungen vorgenommen werden, die das Ergebnis positiv beeinflussen.

Gehen wir in dem Beispiel »Lebenszyklusrechnung aus Sicht des Herstellers« von der eben genannten Faustregel aus, dass eine verstärkte Entwicklungstätigkeit

273 Coenenberg et al., Kostenrechnung und Kostenanalyse, 2016, S. 614.

und eine damit einhergehende Steigerung der Entwicklungskosten um eine Geldeinheit zu Kosteneinsparungen in der Produktion und im Vertrieb führen kann, so ergeben sich folgende Änderungen:

Die grau unterlegten Felder von Entwicklung, Herstellung und Vertrieb stellen die geänderten Zahlenwerte dar.

i = 12 % (Angaben in Mio. €)	**Entstehungsphase**			**Marktphase**					**Nachlaufphase**		
Jahr	01	02	03	04	05	06	07	08	09	010	Σ
Einzahlungen											
Verkauf				94	99	87	77	89			446
Wartung				45	50	57	68	75	64	45	404
Auszahlungen											
Entwicklung	**-12**	-14	-18	-14	-28	-18	-5				-109
Investitionen		-12	-18	-19	-22						-71
Herstellung				**-37**	**-39**	**-34**	**-29**	-31			-170
Vertrieb				**-19**	**-11**	**-26**	**-14**	-8			-78
Wartung				-14	-17	-25	-18	-15	-12	-8	-109
Entsorgung									-11	-11	-22
Verwaltung	-15	-15	-15	-23	-23	-23	-23	-23	-18	-18	-196
$E_t - A_t$	-27	-41	-51	+13	+9	+18	+56	+87	+23	+8	+95
$E_t - A_t$ (kumuliert)	-27	-68	-119	-106	-97	-79	-23	+64	+87	+95	+95
$E_t - A_t$ (diskontiert)	-24,11	-32,68	-36,3	8,26	5,11	9,12	25,33	35,14	8,29	2,57	+0,74
Kapitalwert	-24,11	-56,79	-93,09	-84,83	-79,72	-70,60	-45,26	-10,12	-1,83	+0.74	+0,74

Tab. 70: Zahlungsreihe des Beispiels Kleinserienprodukt mit höheren Entwicklungskosten[274]

Es ergibt sich hieraus ein positiver Kapitalwert von 0,74 Mio. €, was zeigt, dass schon eine Erhöhung der Entwicklungskosten um eine Million, unter der Annahme, dass sich hieraus Kosteneinsparungen von acht Millionen bewirken lassen, ein positiver Kapitalwert und somit eine höhere als die geforderte Verzinsung erzielen lässt.

274 leicht modifiziert in Anlehnung an Kremin-Buch, B., Strategisches Kostenmanagement, 2007, S. 187 ff.

Die einerseits sinnvolle Verwendung von zeitgenauen Ein- und Auszahlungen in der Lebenszyklusrechnung macht es andererseits schwer, diese Größen zeitpunktgenau zu prognostizieren. Da am Anfang Informationen zu wichtigen Einflussfaktoren wie Komponenten, Prozessen, Absatzmengen, Preisen usw. nur eingeschränkt vorliegen, sollten die Zahlen nach dem derzeitigen Wissenstand so gut wie möglich bestimmt werden.[275] Allerdings zeigt dies auch, dass das Life Cycle Costing in erster Linie als Optimierungs- und Kontrollinstrument verwendet und durch neu gewonnene Erkenntnisse im Laufe der Zeit aktualisiert werden sollte.

Wenn man Entscheidungen über eine gesamtoptimale Gestaltung von Kosten und Erlösen treffen möchte, sollte man auf andere Instrumente des Kostenmanagements zurückgreifen. So können beispielsweise das Target Costing für eine optimale Marktausrichtung und die Zielkostenfindung verwendet werden, während sich die Prozesskostenrechnung zur Optimierung der Produkt- und Prozessgestaltung einsetzen lässt.

9.4 Beurteilung des Life Cycle Costing

Der größte Vorteil der Lebenszykluskostenrechnung für den Kunden liegt in der hierdurch entstehenden besseren Informationsgrundlage für Investitionsentscheidungen, um bei einem Vergleich die wirtschaftlichste Alternative zu wählen. Zu beachten ist, dass die prognostizierten Lebenszykluskosten von den tatsächlichen Kosten abweichen können und somit ein gewisses Risiko vorliegt, das in die Entscheidungen mit einzubeziehen ist. Darüber hinaus stellt sich die Frage, ob bei der Investitionsrechnung die Lebenszykluskosten und deren phasenspezifischer Anfall sowie die Wechselwirkungen des Handelns in der Entstehungs-, Markt- und Nachlaufphase ausreichend berücksichtigt werden. Die nicht kostenorientierten Kriterien müssen noch zusätzlich ausreichend in die Entscheidungen mit einbezogen werden.[276]

Ein weiterer Vorteil liegt in der Kommunikation und im Informationsaustausch mit dem Hersteller bzgl. Qualitäts- und Leistungsunterschieden, aber auch hinsichtlich der Beschaffungs-, Nutzungs-, Instandhaltungs-, Rückbau- und Entsorgungskosten.[277] Dies trägt bei einer längerfristigen Zusammenarbeit erheblich zum kontinuierlichen Verbesserungsprozess (KVP) bei, wodurch Mängel behoben werden können und eine Verbesserungsgrundlage für zukünftige Produkte geschaffen wird. Von dieser Zusammenarbeit und Kommunikation profitieren sowohl die Kunden als auch die Hersteller. Allerdings entsteht durch diesen notwendigen Informationsaustausch auch die Notwendigkeit der Datenoffenlegung. Der Hersteller, für den das Abschätzen der

275 Schmidt, A., Kostenrechnung, 2017, S. 276.
276 Götze, U., Kostenrechnung und Kostenmanagement, 2007, S. 307.
277 Schmidt, A., Kostenrechnung, 2017, S. 276.

Nachlaufkosten mit einer hohen Unsicherheit verbunden ist, liefert mit seiner Datenoffenlegung die Basis für die Lebenszykluskostenberechnungen des Betreibers. Dem steht beispielsweise bei Maschinen und Anlagen die Datenherausgabe des Betreibers über die detaillierte Nutzung und Auslastung, die einen erheblichen Einfluss auf die Ausfallrate und Wartung haben, gegenüber.[278]

278 Schweiger, S., Lebenszykluskosten optimieren, 2009, S. 105.

Aufgaben Kapitel 9

Aufgabe 1: Life Cycle Costing

Bei der Beschaffung eines Laserdruckers soll die Auswahl mithilfe des Life Cycle Costings erfolgen. Es stehen die folgenden Informationen zur Verfügung. Entscheiden Sie, welcher der beiden Laserdrucker der kostengünstigere ist.

	Laserdrucker A	Laserdrucker B
zu druckende Seiten pro Jahr	35.000	35.000
Farbdrucke in %	25%	25%
Anschaffungskosten	500€	1.450€
Energieverbrauch pro Jahr	120 kWh/Jahr	85 kWh/Jahr
Tonerkartusche-Kosten (schwarz)	110€	60€
Reichweite Tonerkartusche (schwarz)	6.500 Seiten	9.000 Seiten
Tonerkartusche-Kosten (farbig) jeweils für Cyan, Magenta und Yellow	135€	70€
Reichweite jeder Tonerkartusche (farbig)	4.500 Seiten	7.500 Seiten

Für die Berechnung der Lebenszykluskosten werden folgende Annahmen getroffen:

Nutzungsdauer	3 Jahre
Strompreis	0,30€/kWh
Preissteigerungsrate Strom	5,5%
Preissteigerungsrate allgemein	2,5%
Diskontierungszinssatz (i)	8%

Berechnen Sie die Lebenszykluskosten für die beiden Laserdrucker.[279]

279 In Anlehnung an: http://www.nachhaltige-beschaffung.info/DE/DokumentAnzeigen/dokument-anzeigen.html?idDocument=1788&view=knbdownload [Zugriff am 17.03.2022].

Übersicht über ausgewählte Kostenmanagementinstrumente

	Deckungsbeitragsrechnung	Target Costing
Zusammenfassung	Produktprofitabilität wird anhand des Deckungsbeitrags sichtbar	Markt bestimmt Zielkosten und Produktanforderungen
Vorteile	• relativ einfache Durchführung • dient als kurzfristige Entscheidungsgrundlage • Programmoptimierung • geeignet für Make-or-buy-Entscheidung • Bestimmung von Preisuntergrenzen	• Markt- und Kundenorientierung • verhindert Overengineering • kostengerechte Produktgestaltung • zeigt frühzeitig Kostensenkungspotenziale
Nachteile	• Prognoseschwierigkeiten • Die Vollkosten dürfen nicht außer Acht gelassen werden • Produktlebenszyklen werden nicht berücksichtigt • Verbundeffekte werden nicht berücksichtigt	• schwierige Ermittlung von Marktforschungsdaten • Ausklammerung von Gemeinkosten
Anwendung für Start-up-Unternehmen	• Produktportfolio • Preisgrenzen • Break-even-Analyse	• Preisfestlegung • Produkt-/Prozessgestaltung • Kostenorientierung an den Kundenwünschen des Zielmarktes • Erkennen von Kostensenkungspotenzialen

<table>
<tr><th></th><th>Life Cycle Costing</th><th>Prozesskostenrechnung</th></tr>
<tr><td>Zusammenfassung</td><td>Kostenoptimierung des Produkts über den gesamten Lebenszyklus</td><td>beanspruchungsgerechte Verteilung der Gemeinkosten durch Ermittlung von Kostentreibern</td></tr>
<tr><td>Vorteile</td><td>• ganzheitliche Betrachtung, d. h. periodenübergreifende, phasenorientierte Betrachtung aller Kosten und Erlöse
• Lebenszyklusperspektive
• verdeutlicht Trade-offs</td><td>• Kosten- und Leistungstransparenz
• Allokationseffekt (Höhe der Gemeinkosten wird durch die Anzahl der Prozesse bestimmt)
• Degressionseffekt (Prozesskosten sinken mit steigender Stückzahl der Produkte)
• Komplexitätseffekt (komplexeren Produkten kann ein höherer Gemeinkostenanteil zugerechnet werden)</td></tr>
<tr><td>Nachteile</td><td>• erheblicher Aufwand und Unsicherheit bei der Datenermittlung
• Prognoseschwierigkeiten
• Komplexität</td><td>• beschränkte Anwendung
• hoher Aufwand
• Vollkostenrechnung, die für kurzfristige Entscheidungen ungeeignet ist</td></tr>
<tr><td>Anwendung für Start-up-Unternehmen</td><td>• langfristige Produkterfolgsplanung
• Kontrolle durch Abweichungsanalysen</td><td>• prozesskostenorientierte Produktkalkulation</td></tr>
</table>

Wichtige Vokabeln: Deutsch – Englisch

Deutsch	Englisch
Abrechnungsperiode	accounting period
Absatzsteuerung	sales management
Abschreibung	depreciation
Abweichung	deviation oder variance
Abweichung höheren Grades	deviation of a higher degree
Abweichungsanalyse	variance analysis oder deviation analysis
Abweichungsüberschneidung	variance overlap
alternative Abweichungsverrechnung	alternative variance offsetting
alternative Abweichungsverrechnung auf Ist-Bezugsbasis	alternative variance allocation on an actual reference base
Alternative Abweichungsverrechnung auf Planbezugsbasis	alternative variance allocation on a plan reference base
Anderskosten	different calculated costs
Anlagevermögen	non-current assets oder fixed assets
Anschaffung	acquisition
Anschaffungskosten	acquisition cost oder historical costs
Anschaffungsnebenkosten	incidental acquisition costs
Äquivalenzziffernkalkulation	equivalence coefficient costing
auf Vollkostenbasis	on full cost basis
Aufwand und Ertrag	expense and revenue
Ausbringungsmenge	output quantity
Ausgaben	expenses oder expenditure
Ausreißer	aberration
Ausschuss	scrap
aussondern	to scrap
Auszahlung	disbursement oder outpayment oder payment
Barwert	cash value oder present value
Beschäftigung	activity level
beschäftigungsabhängig	activity-related
Beschäftigungsabweichung	activity volume variance
Beschäftigungsgrad	activity rate
Beschäftigungsschwankungen	activity fluctuations
Bestandsveränderungen fertige und unfertige Erzeugnisse	changes in finished goods inventories and work in progress
Bestellmenge	order quantity
Bestellzeitpunkt	time of order oder order day

betriebliche Leistung	operational performance oder operational output
betrieblicher Teilbereich	operating division oder operational section
Betriebsablauf	operating procedure
Betriebsabrechnung	operational accounting oder internal accounting
Betriebsabrechnungsbogen	operational accounting sheet
Betriebsergebnis	operating result
Betriebsbereitschaft	readiness for operation
Betriebsergebnisrechnung	operating income statement
Bewertung	valuation oder rating
Bezugsgröße	reference value
Bilanz	balance sheet
Deckungsbeitrag	contribution margin
Deckungsbeitragsrechnung	contribution margin costing oder direct costing
Degressionsbetrag	degression amount
degressive Kosten	degressive costs
degressive Abschreibungsmethode	diminishing balance method of depreciation
Dienstleistungskosten	cost of services
direkte (leistungsabhängige) Kosten	direct costs
Dispositionszweck	purpose of disposition
Divisionskalkulation	process costing
Durchschnittswert	average value
Effizienzsteigerung	efficiency increase
Eigenfertigung oder Fremdbezug	make or buy
Eigenleistung	own contribution
Einnahmen	revenue oder income
Einsparpotenzial	potential savings
Einzelkosten	direct costs
Engpass	bottleneck
Engpassfaktor	bottleneck factor oder congestion factor
erlaubte Kosten	allowable costs
Erlös	proceed oder sales revenue
erwartete Kosten	expected costs
Externes Rechnungswesen	financial accounting
Extraverbrauch	extra usage oder extra consumption
Fertigerzeugnisse	finished goods oder finished products
Fertigungseinzelkosten	direct production costs oder direct manufacturing costs

Fertigungsgemeinkostenzuschlagssatz	production overhead rate oder manufacturing overhead rate
Fertigungskosten	production costs oder manufacturing costs
feste Verrechnungssätze	fixed cost rates
Finanzanlagen	financial assets
fixe Kosten	fixed costs
Fixkostenanalyse	fixed cost analysis
Fixkostenbestandteil	fixed costs element
Fixkostenunterdeckung	fix costs deficit
Fixkostenverrechnung	fixed cost allocation
flexible Plankostenrechnung	flexible standard costing oder flexible planned costing
flexible Plankostenrechnung auf Teilkostenbasis	flexible planned costing on a partial cost basis
Forderungen	receivables
Fremdbezug	external procurement
Fremdkapital	debt capital oder borrowed capital
Fremdkapitalkosten	borrowing costs
Gemeinkosten	overhead costs oder overheads
Gemeinkostenzuschlagssatz	overhead rate
geplante Gesamtkosten	planned total costs
Gesamtabweichung	total deviation
Gesamtkosten	total costs
Gesamtkostenverfahren	total cost method oder nature of expense method
Gesamtleistung	total output
geschätzte Kosten	drifting costs oder estimated costs
Gewinn	profit oder earnings oder gain
Gewinnschwelle	break-even point
Gewinn-und-Verlust-Rechnung	profit and loss account oder income statement
Gewinnzone	profit zone
Gewinnzuschlag	profit markup
Grenzkosten	marginal costs
Grenzplankostenrechnung	standard direct costing
Großserienfertigung	large-scale production
Gültigkeit	validity
Halbfertigerzeugnis	semi-finished product
Handelsbilanz	commercial balanced sheet
Handelsspanne	trade margin
Handelsware	merchandise oder commercial goods

Hauptkostenstelle	main cost center oder direct cost center
Herstellkosten	production costs oder manufacturing costs
Herstellkosten des Umsatzes	cost of sales oder indirect cost center
Hilfskostenstelle	auxiliary cost center
Hilfslöhne	auxiliary wages oder indirect labour
Hilfsstoffe	auxiliary materials
innerbetriebliche Leistungen	internal services
innerbetriebliche Leistungsverrechnung	internal activity allocation oder internal cost allocation
interne Zinsfußmethode	internal rate of return method
internes Rechnungswesen	cost accounting
Inventur	inventory
Ist-Beschäftigung	actual activity
Ist-Kalkulation	actual costing
Ist-Kosten	actual costs
Ist-Kosten der Ist-Kostenrechnung	actual costs of actual cost system
Ist-Kosten der Plankostenrechnung	actual costs of standard cost accounting
Ist-Kostenrechnung	actual cost system
Ist-Preis	actual price
Ist-Verbrauchsmenge	actual consumption quantity
Ist-Wert	actual value
kalkulatorische Kosten	input costs
Kalkulation	calculation oder cost estimate
Kalkulationssätze	costing rates
Kapitalwert	net present value
konjunkturelle und saisonale Marktpreisschwankungen	cyclical and seasonal market price fluctuations
Kosten	cost oder costs
Kosten- und Leistungsrechnung	cost accounting and results account oder costs and perfomance accounting
Kostenabweichung	cost variance
Kostenabweichungsanalyse	cost variance analysis
Kostenänderungsfaktor	factor of cost change
Kostenarten	cost types
Kostenartenrechnung	cost type accounting
Kostenauflösung	cost resolution
Kostenbestimmungsfaktor	cost determinant
Kostenkontrolle	cost control
Kostenplanung	cost planning
Kostenrechner	cost calculator
Kostenrechnung	cost accounting

Kostenrechnungssystem	cost-calculation system
Kostenremanenz	cost remanence
Kostenstelle	cost center
Kostenstellenleiter	cost center manager
Kostenstellenplan	cost center plan
Kostenstellenrechnung	cost center accounting
Kostenträger	cost unit oder cost object
Kostenträgerrechnung	cost unit accounting oder cost object accounting
Kostenträgerstückrechnung	cost object unit accounting oder unit costing
Kostenträgerzeitrechnung	cost unit period accounting
Kostentreiber	cost driver
Kostenumlage	cos allocation
Kostenverrechnung	cost allocation
Kostenvorgaben	cost targets
kumulative Abweichungsverrechnung	cumulative allocation of the deviation
Kundennutzen	customer benefit
Kuppelkalkulation	joint-product costing
Leerkosten	idle-capacity costs
Lieferantenauswahl	supplier selection
Lieferantenwechsel	change of supplier
lineare Kosten	proportional costs
lineare Gesamtkostenverlauf	linear total cost performance
Maschine	machine
Maschinenstundensatz	machine hour rate
Maschinenstundensatzrechnung	machine hourly rate calculation
Materialkosten	material costs
Materialeinzelkosten	direct material costs
Materialgemeinkosten	material overheads
Materialgemeinkostenzuschlag	materials overhead rate
Massenfertigung	mass production
Mehrverbrauch	increased consumption
Mengenabweichung	quantity deviation
Montagekosten	assembly costs
Nachkalkulation	post calculation
Normalkapazität	normal capacity
Normalkostenrechnung	normal costing
Nullbeschäftigung	zero-employment
Nutzkosten	used-capacity costs
Opportunitätskosten	opportunity costs
optimale betriebliche Planung	optimal operating procedure

optimales Produktionsprogramm	optimal production program
Personalkosten	employee benefit expense oder personnel costs
Planbeschäftigung	planned activity level
Plandaten	planned data
Plan-Fertigungseinzelkosten	standard individual production costs
Plan-Fertigungsgemeinkosten	standard manufacturing overhead costs
Plan-Fertigungskosten	standard conversion costs
Plan-Herstellkosten	standard cost of production
Plan-Ist-Vergleich	comparison of planned and actual figures
Plankalkulation	standard cost estimate
Plankalkulation auf Teilkostenbasis	standard cost estimate on partial cost basis
Plankalkulation auf Vollkostenbasis	standard cost estimate on full cost basis
Plankalkulationssatz	plan costing rate
Plankosten	standard costs oder planned costs
Plankostenrechnung	standard cost accounting
Plankostensysteme	standard cost systems
Plankostenverrechnungssatz	cost rate of standard cost accounting
Plan-Materialeinzelkosten	standard costs of direct material
Plan-Materialgemeinkosten	standard materials overhead
Plan-Materialkosten	standard materials costs
Planpreis	planned price
Plan-Selbstkosten	standard cost price
Plan-Sondereinzelkosten der Fertigung	standard special direct manufacturing costs
Plan-Sondereinzelkosten des Vertriebs	standard special direct sales cost
Planungsperiode	planning period
Planverbrauchsmenge	planned volume of consumption
Plan-Vertriebsgemeinkosten	standard sales overhead
Plan-Verwaltungsgemeinkosten	standard administration overhead
Planwert	planned value
Planzahlen	target figures
Preisabweichung	price variance
Preisuntergrenze	lowest price limit
Primärabweichung	primary deviation
Primärkostenrechnung	primary cost accounting
Produktfixkosten	fixed product costs
Produktlebenszyklusrechnung	product life cycle calculation
proportionale Abweichungsverrechnung	proportional allocation of the deviation
Prozesskosten	activity based cost
Prozesskostenrechnung	activity-based costing

Rabatt	rebate oder discount
Rentabilität	profitability
Roh-, Hilfs- und Betriebsstoffe	raw materials and supplies
Rohergebnis	gross profit or loss
Sachanlagen	property, plant and equipment
Sekundärabweichung	secondary deviation
Sekundärkosten	secondary costs
Selbstkosten	cost price
Serienfertigung	series production
Soll-Ist-Vergleich	target-performance comparison oder variance analysis
Sollkosten	ideal standard costs
Sollwert	Ideal value
Sondereinzelkosten der Fertigung	special direct costs of production
Sortenfertigung	variety production
sprungfixe Kosten	semi-fixed costs oder jumped fixed costs
starre Plankostenrechnung	fixed-budget cost accounting
Steuerungsinstrument	control instrument
Stückkosten	unit cost
symmetrische Abweichungsverrechnung	symmetrical allocation of the deviation
Teilabweichung	partial deviation
Teilkosten	partial costs
Teilkostenansatz	partial cost approach
Teilkostenbasis	partial cost basis
Teilkostenrechnung	direct costing
Umlaufverfahren	method of cost allocation
Umsatz	revenue oder sales
Umsatzkosten	cost of good sold oder cost of sales
Umsatzkostenverfahren	cost of sales method
Umsatzrentabilität	return on sales
Umlaufvermögen	current assets
unfertige Erzeugnisse	work-in-progress goods
Unterbeschäftigung	underemployment
variable Kosten	variable costs
Variatorenrechnung	variator calculation
Verantwortungsbereich	area of responsibility
Verbindlichkeiten	liabilities oder debts
Verbrauchsabweichung	usage variance oder consumption variance
Verfahrensauswahl	process selection
verrechnete Kosten	absorbed costs
verrechnete Plankosten	absorbed standard costs

verrechnete variable Plankosten	absorbed variable standard costs
Verrechnungspreis	transfer price oder internal price
Vertriebskosten	distribution costs
Vertriebsgemeinkosten	distribution overheads
verursachungsgerecht	according to source
Verursachungsprinzip	causation principle
Verwaltungsgemeinkosten	administrative overheads
Verwaltungskosten	administration costs
Vollkosten	full cost
Vollkostenansatz	full cost approach
Vollkostenbasis	full cost basis
Vollkostenrechnung	full cost accounting
Vollkostensysteme	full cost systems
Vollkostenverrechnungssatz	full-cost calculation rate
Vorkalkulation	estimated cost calculation oder preliminary costing
Vorräte	inventory
Werkzeugmaschinenbau	machine tool building
Wiederbeschaffungskosten	replacement costs
Wirtschaftlichkeitskontrolle	economy efficiency control
Zeitbezug	time reference
Zielkosten	target costs
Zielkostenrechnung	target costing
Zinsen	interests
Zinssatz	interest rate
Zusatzauftrag	additional order
Zuschlagskalkulation	job costing
Zuschlagssatz	allocation rate oder surcharge rate oder costing rate
Zusatzkosten	additionally absorbed costs
Zwischenkalkulation	interim calculation oder interim costing

Glossar

Abschreibungen, kalkulatorische: Dies ist die planmäßige Wertminderung für abnutzbare Anlagegüter für die substanzielle Kapitalerhaltung.

Abweichung: Differenz zwischen Plan-/Soll- und Ist-Werten.

Abweichungsanalyse: Untersuchung von Kostenabweichungsursachen, die dazu geführt haben, dass Planwerte und Ist-Werte voneinander abweichen.

Abweichungsüberschneidung: Problem der Kostenkontrolle bei multiplikativer Verknüpfung mehrerer Abweichungsarten.

Allokationseffekt: Dies ist ein Kalkulationseffekt bei der Prozesskostenrechnung. Die entstehende Kostenverzerrung der Gemeinkosten bei einer Zuschlagsverrechnung im Gegensatz zur Prozessverrechnung bezeichnet man als Allokationseffekt.

Allowable Costs: Vom Markt erlaubte Kosten unter Berücksichtigung des Zielgewinns, d. h. sie stellen die Kostenobergrenze dar.

Anderskosten: Dies sind Kosten, denen in der Finanzbuchhaltung Aufwendungen in anderer Höhe gegenüberstehen. Z. B. kalkulatorische Abschreibungen, kalkulatorische Zinsen.

Äquivalenzziffern: Dies sind Gewichtungsfaktoren, die angeben, in welchem Verhältnis die Kosten eines Produktes (Sorte) zu den Kosten eines Einheitsproduktes stehen.

Aufwendungen: Sie stellen den gesamten Werteverzehr im Unternehmen an Gütern, Diensten und Abgaben während einer Periode dar.

Auszahlungen: Sie führen zu einem Zahlungsmittelabfluss des Unternehmens.

Beschäftigung: Die Auslastung der Kapazität einer Kostenstelle bzw. die quantitativ erfasste Ausbringung eines Unternehmens wird als Beschäftigung bezeichnet.

Beschäftigungsabweichung: Differenz zwischen den verrechneten Plankosten und den Sollkosten bei Ist-Beschäftigung. Sie gibt Hinweise auf Unterbeschäftigung oder Überkapazität und kann bei der flexiblen Plankostenrechnung auf Vollkostenbasis auftreten.

Beschäftigungsgrad: Ist das Verhältnis aus tatsächlicher Auslastung der Kapazität (Ist-Beschäftigung) und der Planbeschäftigung.

Betriebsabrechnungsbogen (BAB): Dient im Rahmen der Kostenstellenrechnung der Verteilung der Gemeinkosten, der Kostenstellenumlage sowie der Ermittlung der Gemeinkostenzuschlagssätze.

Betriebsergebnis: Leistungen (Erlöse) minus Kosten = Betriebsergebnis

Bezugsgröße: Messgröße eines Kostenbestimmungsfaktors. Leistungsart z. B. Stück oder Fertigungszeit. Sie ist der Maßstab der Leistung einer Kostenstelle.

Break-even-Point: Der Break-even-Point (oder auch die Gewinnschwelle genannt) ist der Punkt, an dem Erlöse und Kosten einer Produktion (oder eines Produktes) gleich sind und damit weder Verlust noch Gewinn erwirtschaftet werden (Gewinnschwelle). Wird der Break-even-Point überschritten, erreicht man die Gewinnzone, entsprechend wird bei Unterschreitung ein Verlust realisiert.

Break-even-Point = [Erlös (p x X) = Kosten (k_{var} x X + K_{fix})]

Conjoint-Analyse: Die Conjoint-Analyse ist ein Instrument der indirekten Kundenbefragung. Sie soll helfen, Anforderungen und Vorstellungen der Kunden zu erkennen und dient zum Messen und Quantifizieren des Kundennutzens. Die Ergebnisse werden verwendet, um eine marktgerechte Produktgestaltung zu erhalten.

Cost Tables: Datenbanken mit detaillierten Kosteninformationen über verschiedene Funktions- und Produktelemente. Sie unterstützen die konstruktionsbegleitende Kalkulation durch die Bewertung des Einsatzes unterschiedlicher Materialien und Fertigungsverfahren. So können kostenminimale Lösungen gefunden werden.

Deckungsbeitrag: Differenz zwischen den Umsatzerlösen und den variablen Kosten. Gesamtdeckungsbeitrag (DB) = (p x X) – K_{var}. Der Deckungsbeitrag stellt den Teil der Erlöse dar, der zur Deckung der Fixkosten beiträgt. Sobald der Deckungsbeitrag die Fixkosten übersteigt, wird ein positives Betriebsergebnis erzielt.

Deckungsbeitragsrechnung: Dies ist eine Form der Kostenrechnung, die über die Differenzen zwischen Umsatzerlösen und den variablen Kosten (Deckungsbeiträge) informiert.

Design to Cost: Eine Methode in der Produktentwicklung, bei der nach Kostengesichtspunkten Produkte konstruiert und entworfen werden und bereits in der Entwicklung die kostengünstigste Lösung für die Produktkomponenten gesucht wird. Mit einbezogen werden auch die Folgekosten wie z. B. Vertriebs- und Servicekosten.

Direct Costing: Eine Form der Teilkostenrechnung, bei der konsequent zwischen fixen und variablen Kosten unterschieden wird. Den Kostenträgern werden ausschließlich variable Kosten zugerechnet. Die Fixkosten werden als Block bei der Ermittlung des Periodenerfolgs abgezogen.

Divisionskalkulation: Form der Kalkulation die sich für eine undifferenzierte Massenfertigung (einfache Divisionskalkulation) und wenig differenzierte Sortenprogramme (Äquivalenzziffernkalkulation) geeignet. Man unterscheidet zwischen einstufigen und mehrstufigen Divisionskalkulationen.

Drifting Costs: Die unternehmensintern ermittelten prognostizierte Standardkosten.

Durchschnittskosten: Die Durchschnittskosten (k) sind nichts anderes als die durchschnittlichen Stückkosten (k).

Durchschnittsprinzip: Prinzip einer nicht verursachungsgerechten Kosten- bzw. Erlösverteilung, bei dem die Gemeinkosten bzw. -erlöse durchschnittlich auf die Leistungseinheiten oder eine sonstige Bezugsgröße aufgeteilt werden.

Einzelkosten: Kosten, die sich unter Beachtung des Kostenverursachungsprinzips direkt auf einen Kostenträger (Produkt, Produktgruppe, Auftrag) eines Unternehmens verteilen lassen.

Engpassplanung: Eine Methode zur Festlegung der Planbeschäftigung unter Berücksichtigung der zuerst eintretenden Beschränkung.

Erlöse: Bewertete, sachzielbezogene Güterentstehung einer Abrechnungsperiode, die zu einer Zunahme des Vermögens führt.

Erträge: Sie stellen den gesamten erfolgswirksamen (Eigenkapital erhöhenden) Wertezufluss in einem Unternehmen innerhalb einer Abrechnungsperiode dar.

Fertigungskosten: Sie bestehen aus den Fertigungseinzel-, den Fertigungsgemeinkosten und den Sondereinzelkosten der Fertigung.

Fixe Kosten: Sind die bei gegebener Kapazität von der Beschäftigungshöhe unabhängigen Kosten, die sich kurzfristig nicht ändern. Fixkosten werden auch als Bereitstellungskosten bezeichnet.

Flexible Plankostenrechnung: Bei dieser Form der Plankostenrechnung wird zwischen variablen und fixen Kostenbestandteilen unterschieden. Dadurch ist es möglich, Sollkosten für eine bestimmte Ist-Beschäftigung zu ermitteln. Somit kann eine Aufspaltung der Kostenabweichung in eine Beschäftigungsabweichung (signalisiert nicht ausgelastete Kapazitäten) und eine Verbrauchsabweichung (Hinweis auf einen nicht wirtschaftlichen Faktoreinsatz) vorgenommen werden.

Gemeinkosten: Diese Kosten können den Produkten eines Unternehmens nicht direkt, sondern nur über Hilfsgrößen zugeordnet werden. Die Gemeinkosten werden im Rahmen der Vollkostenrechnung mithilfe von Schlüsselgrößen auf die Kostenstellen verteilt und nach der innerbetrieblichen Leistungsverrechnung über Gemeinkostenzuschlagssätze auf die Kostenträger verrechnet.

Gesamtkostenabweichung: Differenz zwischen den Ist- und Plankosten. Bei einer weitergehenden Abweichungsanalyse ist zu untersuchen und aufzuteilen in Preis-, Verbrauchs- und ggf. Beschäftigungsabweichung.

Gesamtkostenverfahren: Ein Verfahren der kurzfristigen Erfolgsrechnung. Beim Gesamtkostenverfahren werden die gesamten Leistungen (Absatz-, Lager- und Eigenleistungen) den gesamten Kosten einer Periode gegenübergestellt.

Gewinnschwellenmenge: Menge, bei der die Gewinnzone erreicht wird, d. h. der Deckungsbeitrag deckt die fixen Kosten.

Grenzkosten: Das Ausmaß der Kostenänderung bei Variation einer Kosteneinflussgröße um eine Einheit.

Grundkosten nach Grenzplankostenrechnung: Grundkosten werden auch als aufwandsgleiche Kosten bezeichnet. Aufwandsgleiche Kosten sind Kosten, die den Aufwendungen der Finanzbuchhaltung entsprechen.

Grenzplankostenrechnung: Flexible Plankostenrechnung auf Teilkostenbasis.

Hand-am-Markt-Analyse: Methode der Marktforschung. Sie ist eine Art der Kundenbefragung bei der unter Einbeziehung des Unternehmensumfelds, vor allem der Händler, die Wünsche und Vorstellungen der Kunden ermittelt werden.

Hauptkostenstellen: In den Hauptkostenstellen werden die betrieblichen Leistungen erstellt und die Gemeinkosten auf die Kostenträger verrechnet.

Hauptprozess: Alle Teilprozesse, die sich zu einem typischen betrieblichen Ablauf verknüpfen lassen, stellen einen Hauptprozess dar.

Herstellkosten: Summe aus Materialkosten, Fertigungskosten und Sondereinzelkosten der Fertigung.

Herstellkosten der Produktion: Dies sind die Herstellkosten der produzierten Menge.

Herstellkosten des Umsatzes: Dies sind die Herstellkosten der abgesetzten Menge.

Herstellungskosten: Sie umfassen gemäß Handels- und Steuerrecht mindestens die Einzelkosten (Fertigungsmaterial, Fertigungslöhne, Sondereinzelkosten der Fertigung), die Fertigungsgemeinkosten sowie den fertigungsbedingten Werteverzehr des Anlagevermögens. Darüber hinaus können noch die allgemeinen Verwaltungsgemeinkosten, die Aufwendungen für soziale Einrichtungen des Betriebs, für freiwillige soziale Leistungen, für betriebliche Altersversorgung und herstellungsbezogene Fremdkapitalzinsen mit in die Herstellungskosten einbezogen werden.

Hilfskostenstellen: Sie unterstützen den betrieblichen Leistungsprozess, sie erbringen die zur betrieblichen Leistungserstellung notwendigen Vorleistungen. Die Kosten der Hilfskostenstellen werden im Rahmen der innerbetrieblichen Leistungsverrechnung auf die Hauptkostenstellen verteilt.

Ist-Beschäftigung: Beschäftigung, die innerhalb eines vorgegebenen Zeitraums tatsächlich realisiert wurde.

Ist-Kosten: Sind die in einer Abrechnungsperiode für ein Bezugsobjekt (Kostenträger, Kostenstelle) auf Basis der Ist-Beschäftigung tatsächlich angefallenen Kosten als Produkt der Ist-Verbrauchsmengen und der Ist-Preise der Produktionsfaktoren.

Ist-Kostenrechnung: Dies ist ein vergangenheitsorientiertes Kostenrechnungssystem, bei dem die tatsächlich in einer Periode angefallenen Kosten erfasst und verrechnet werden.

Kalkulation: Entspricht der Kostenträgerstückrechnung.

Kalkulatorische Abschreibungen: Kalkulatorische Kosten sind Zusatzkosten oder Anderskosten, die sich von der bilanziellen Abschreibung unterscheiden.

Kalkulatorische Kosten: Dies sind Kosten, denen ein Aufwand in anderer Höhe (Anderskosten) oder überhaupt kein Aufwand (Zusatzkosten) gegenübersteht.

Kalkulatorischer Unternehmerlohn: Zusatzkostenart, mit der das Entgelt für leitende Tätigkeit der Unternehmer, die ohne feste Entlohnung sind, erfasst wird.

Kapazitätsplanung: Methode zur Festlegung der Planbeschäftigung, indem sich an der vollen Nutzung der realisierbaren Kapazität orientiert wird.

Kapitalwert: Er wird berechnet, indem zu den (negativen) Investitionsauszahlungen die diskontierten Einzahlungsüberschüsse des Projekts addiert werden. Wenn der Kapitalwert positiv ist, ist die betreffende Investition vorteilhaft.

Komplexitätseffekt: Ein Kalkulationseffekt bei der Prozesskostenrechnung. Er drückt aus, dass die Produktkomplexität und die Produktvarianten die gemeinkostenverursachenden Prozesse in Art und Umfang stark ansteigen lassen mit einer dementsprechenden Zunahme der Prozesskosten.

Kosten: Unter Kosten versteht man im Allgemeinen den leistungsbezogenen bewerteten Verbrauch von Gütern und Dienstleistungen der typischen betrieblichen Tätigkeit innerhalb einer Periode.

Kostenartenrechnung: Sie ist der erste Schritt in der Kostenrechnung. In ihr werden die innerhalb einer Abrechnungsperiode angefallenen Kosten nach ihren Arten (z. B. Personal-, Material- und kalkulatorische Kosten) erfasst. Nach ihrer Art der Zurechenbarkeit auf die Produkte werden sie grundsätzlich in direkt zurechenbare Kosten »**Einzelkosten**« und nicht direkt zurechenbare Kosten »**Gemeinkosten**« differenziert. Die Einzelkosten gehen direkt in die Kostenträgerrechnung ein und die Gemeinkosten werden in die Kostenstellenrechnung übertragen.

Kostenauflösung: Trennung der Kosten in fixe und variable Bestandteile.

Kostenkontrolle: Vergleich von Kosten zur Beurteilung der Wirtschaftlichkeit. Sie kann erfolgen durch Zeitvergleich, Betriebsvergleich und Soll-Ist-Vergleich. In der PKR wird bevorzugt der Soll-Ist-Vergleich verwendet, da so die Ist-Kosten an den selbst gesetzten Vorgabewerten gemessen werden.

Kostenmanagement: Durch eine aktive systematische Gestaltung der Kosten nach Art, Höhe, Struktur und Zeit können frühzeitig Kostensenkungspotenziale und Leistungsverbesserungspotenziale entdeckt und umgesetzt werden.

Kostenplanung: Bestimmung der Kosten einer zukünftigen Planungsperiode.

Kostenrechnung: Ein Instrument zur Erfassung, Verrechnung, Planung und Kontrolle von Kosten und Leistungen.

Kostenremanenz: Zeitlich verzögerte Reaktion der Kostenanpassung bei sinkender Beschäftigung.

Kostenreagibilität: Die Reagibilität zeigt, wie sich eine einzelne Kostenart ändert, falls sich ein Kostenbestimmungsfaktor (i. d. R. die Beschäftigung) ändert. Sie gibt an, um wie viel Prozent sich die Kosten ändern, wenn sich die Beschäftigung um einen Prozentpunkt ändert.

Kostenstellen: Organisatorische Einheiten, denen in der Kostenrechnung zum Zwecke der Budgetierung, Steuerung und Kontrolle Kosten zugerechnet werden können.

Kostenstellenrechnung: Sie ist der zweite Schritt der Kostenrechnung. Hier erfolgt die Verteilung der durch die Kostenartenrechnung ermittelten Gemeinkosten auf diejenigen Kostenstellen, in denen sie entstanden sind, zum Zwecke der Budgetierung, Steuerung und Kontrolle sowie zur Ermittlung der Verrechnungssätze für die innerbetriebliche Leistungsverrechnung und der Gemeinkostenzuschlagssätze für die Kostenträgerrechnung.

Kostenträger: Ein Kostenträger stellt die betriebliche Leistung dar, die die verursachten Kosten tragen muss. Sowohl die für den Absatz bestimmten Leistungen als auch die innerbetrieblichen Leistungen gelten als Kostenträger.

Kostenträgerstückrechnung: Sie ist ein Kalkulationsverfahren zur Ermittlung der Herstellkosten und der Selbstkosten der betrieblichen Produkte, insbesondere zur Feststellung der Preisuntergrenze, der Kostenkontrolle sowie der Bestandsbewertung.

Kostenträgerzeitblatt: Das Kostenträgerzeitblatt, auch Betriebsabrechnungsbogen II genannt, ist ein Hilfsmittel in tabellarischer Form. In ihm werden die Kostenträgerzeitrechnung sowie das Betriebsergebnis erfasst.

Kostenträgerzeitrechnung: Durch die Gegenüberstellung der Kosten mit den erzielten Erlösen kann eine kurzfristige Erfolgsrechnung für ein Unternehmen durchgeführt werden.

Kostentreiber (Cost Driver): Der Kostentreiber bestimmt die Ausführungshäufigkeit und Kostenverursachung eines PKR-Teil- oder Hauptprozesses.

Kuppelkalkulation: Bei der Kuppelkalkulation werden die Erlöse aus wirtschaftlich verwertbaren Nebenprodukten, die bei der Produktion der Hauptprodukte entstehen, mit den Gesamtkosten verrechnet.

Leerkosten: Differenz zwischen Fixkosten und Nutzkosten; Teil der Fixkosten, der auf nicht genutzte Kapazität entfällt.

Leistungen: Wert aller erstellten Güter und Dienstleistungen einer Periode im Rahmen der typischen betrieblichen Tätigkeit.

Leistungsmengeninduzierte (Teil-)Prozesse: Dies sind Prozesse, die sich mengenvariabel in Bezug auf das vorgegebene Leistungsvolumen verhalten.

Leistungsmengenneutrale (Teil-)Prozesse: Dies sind Prozesse, die sich mengenfix in Bezug auf das vorgegebene Leistungsvolumen verhalten.

Life Cycle Costing: Ist eine Methode des Kostenmanagements und dient der Kostenkontrolle. Betrachtet wird der komplette Lebenszyklus eines Produkts von der Idee bis zum Marktaustritt. Ziel ist es, die gesamten Kosten und Erlöse eines Produkts und die damit verbundenen Aktivitäten und Prozesse über den gesamten Lebenszyklus zu optimieren.

Make-or-Buy: Entscheidung, ob ein Produkt oder eine Dienstleistung selbst hergestellt (make) oder eingekauft (buy) wird.

Maschinenstundensatzrechnung: Hier wird ein Teil der Fertigungsgemeinkosten auf die Maschinenlaufzeiten umgelegt. Entsprechend der Beanspruchung der Maschinen werden die Gemeinkosten auf die Kostenträger verrechnet.

Materialkosten: Summe aus Materialeinzel- und Materialgemeinkosten.

Nachkalkulation: Sie ist eine Kontrollrechnung, den Normal-/Plankosten der Vorkalkulation werden die tatsächlichen Kosten (Ist-Kosten) gegenüberstellt.

Normalkosten: Dies sind die in einer betrachteten Abrechnungsperiode für ein Bezugsobjekt aus den Ist-Kosten der vergangenen Perioden abgeleiteten Durchschnittskosten.

Normalkostenrechnung: Sie dient der Vorkalkulation und Wirtschaftlichkeitskontrolle in den einzelnen Kostenstellen. Sie basiert auf den Ist-Einzelkosten und wendet auf diese die Normal-Zuschlagssätze an. Die Normal-Gemeinkostenzuschlagssätze basieren auf den Durchschnittswerten der vergangenen Perioden.

Nutzanteil: Beitrag einer Komponente zur Erfüllung der Funktionen.

Nutzkosten: Differenz zwischen den fixen Plangemeinkosten und den Leerkosten.

Opportunitätskosten: Sie stellen den entgangenen Nutzen dar, der daraus resultiert, dass ein knapper Produktionsfaktor in einer bestimmten Weise eingesetzt wird und er dadurch für einen anderen möglichen nutzen bringenden Einsatz nicht mehr zur Verfügung steht.

Planbeschäftigung: Vorgegebene Beschäftigung für eine künftige Periode.

Plankosten: Dies sind die in einer Abrechnungsperiode für ein Bezugsobjekt bei geplantem Produktionsprogramm und Produktionsverfahren auf der Basis der Planbeschäftigung geplanten Kosten als Produkt der Planverbrauchsmengen und der Planpreise der Produktionsfaktoren. Plankosten haben Vorgabecharakter.

Plankostenrechnung: Ein zukunftsorientiertes Kostenrechnungssystem, das künftige Kosten prognostiziert und als Kalkulationsgrundlage für unternehmerische Entscheidungen dient. Sie unterstützt die Wirtschaftlichkeitskontrolle durch den Vergleich von geplanten und tatsächlichen Kosten.

Plankostenverrechnungssatz: Ergebnis aus Plankosten dividiert durch Planbezugsgröße. Er wird für die innerbetriebliche Leistungsverrechnung und die Plankalkulation verwendet.

Preisabweichung: Differenz zwischen Ist-Kosten der Ist-Kostenrechnung und Ist-Kosten der Plankostenrechnung

Preisuntergrenze: Der Angebotspreis sollte die Preisuntergrenze nicht unterschreiten, da die Kosten gerade noch gedeckt sind.

Primäre Kosten: Dies sind Kosten für bezogene Güter und Dienstleistungen von fremden Unternehmen.

Projektkostenrechnung: Sie ist eine spezielle Form der Kostenrechnung und ein Instrument des Projektmanagements. Sie stellt der Organisation die benötigten Ist-Kosten des Projekts zur Verfügung.

Prozesskostenrechnung: Strategisch ausgerichteter Kostenrechnungsansatz. Kostenverursachende Faktoren wie Variantenvielfalt und Produktkomplexität sollen identifiziert und reduziert werden. Ziel ist die Verbesserung der Gemeinkostenverrechnung, indem als Bezugsgrößen Leistungen nicht Kosten verwendet werden. Die Prozesskostenrechnung basiert auf der Überlegung, dass Tätigkeiten (= Aktivitäten) Gemeinkosten verursachen.

PKR-Hauptprozess: Sachlich zusammenhängende und voneinander abhängig anfallende Teilprozesse aus unterschiedlichen Kostenstellen werden zu einem PKR-Hauptprozess zusammengefasst.

PKR-Tätigkeiten: Sie bilden die unterste Ebene in der Prozesskostenrechnung und stellen einen Arbeitsschritt innerhalb einer Kostenstelle dar.

PKR-Teilprozesse: In einem Teilprozess werden mehrere innerhalb einer Kostenstelle logisch im Ablauf miteinander zusammenhängende und homogene PKR-Tätigkeiten zusammengefasst, die einem oder mehreren Hauptprozessen zugeordnet werden können. Teilprozesse werden zudem in leistungsmengeninduzierte (lmi) und leistungsmengenneutrale (lmn) Prozesse untergliedert.

Prozesskostensatz: Teilprozesskostensatz + Umlagesatz = Prozesskostensatz.

Quality Function Deployment: Verfahren und Bestandteil der Qualitätssicherung. Wird zur Produktdefinition eingesetzt, indem Kundenanforderungen und ihre direkte Umsetzung in notwendige technische Lösungen ermittelt werden. Es soll verhindert werden, dass Produkte oder Produktbestandteile entstehen, die nicht den Kundenwünschen entsprechen.

Relativer Deckungsbeitrag: Er bezeichnet den Deckungsbeitrag je Engpasseinheit.

Retrograde Rechnung: Sie ist eine Rückrechnung, um den Sollverbrauch einer Materialart in einer Periode zu ermitteln. Ausgehend von Stücklisten wird der Materialbedarf pro Stück ermittelt und mit der Ausbringungsmenge multipliziert.

Residualkosten: Differenz zwischen Gesamtkosten und den mit der Beschäftigung multiplizierten Grenzkosten.

Reverse Engineering: Prozess, um Systeme oder Produkte zu analysieren, indem diese methodisch zerlegt werden, um Komponenten und deren Beziehungen zu identifizieren. Wird oft im Zusammenhang mit Benchmarking verwendet. Ergebnisse sind z. B. Baupläne für Prototypen. Ziel ist es, Kostensenkungs- und Qualitätsverbesserungspotenziale ausfindig zu machen.

Sekundäre Kosten: Dies sind Kosten für den Verzehr von innerbetrieblichen (selbst erstellten) Leistungen (z. B.: Kosten der Kantine oder Kosten für die Nutzung der intern geleisteten Reparaturdienste).

Sekundärabweichung: Abweichung zweiten Grades. Ihr kann keine bestimmte Abweichungsursache zugewiesen werden.

Selbstkosten: Dies sind die Summe aller durch den Leistungsprozess eines Betriebes entstandenen gesamten Kosten für einen Kostenträger (Produkt, Auftrag). Sie enthalten neben den Herstellkosten (Material und Fertigungskosten) auch die Entwicklungs-, Verwaltungs- und Vertriebskosten.

Soll-Ist-Vergleich: Technik der Kostenkontrolle zur Ermittlung der Differenz zwischen Soll- und Ist-Kosten.

Sollkosten: Dies sind die in einer Abrechnungsperiode für ein Bezugsobjekt geplanten Kosten als Produkt der Planverbrauchsmengen auf der Basis der Ist-Beschäftigung und der Planpreise der Produktionsfaktoren. Wenn die Ist-Beschäftigung der festgelegten Planbeschäftigung entspricht, sind die Sollkosten gleich den Plankosten.

Simultaneous Engineering: Verfahren in der Produktentwicklung, um Entwicklungszeiten zu verkürzen und die Abstimmung zwischen Entwicklung und Produktion zu verbessern. Der Grundgedanke ist die Parallelisierung sämtlicher Arbeitsabläufe, die mit der Produktentstehung verbunden sind.

Standardkosten: Dies sind die für ein Produkt ermittelten und möglichst für einen längeren Zeitraum konstanten Vorgabekosten.

Standardkostenrechnung: Hat die Plankostenrechnung Budget-, Norm- und Vorgabecharakter, so bezeichnet man diese Form als Standardkostenrechnung. Die Standardkosten sind aufgrund der festen Preiskomponente ein Maß für die Wirtschaftlichkeit.

Starre Plankostenrechnung: Sie ist dadurch gekennzeichnet, dass die Kostenplanung für eine einzige Beschäftigung, nämlich die Planbeschäftigung erfolgt.

Stückkosten: Unter Stückkosten versteht man im Vergleich zu den Gesamtkosten allgemein die Kosten je Stück eines Produkts (auch als Durchschnittskosten bezeichnet). Die Stückkosten sind die auf eine Mengen- oder Volumeneinheit bezogenen Selbstkosten.

Stückdeckungsbeitrag: Dies ist die Differenz zwischen dem Preis für ein Produkt und den variablen Stückkosten dieses Produkts.

Stufenleiterverfahren (Treppenverfahren): Ein Verfahren der innerbetrieblichen Leistungsverrechnung, bei dem die Anordnung der Hilfskostenstellen im Betriebsabrechnungsbogen von Bedeutung ist, da nur Leistungsbeziehungen von vor- an nachgelagerte Kostenstellen berücksichtigt werden.

Stufenweise Fixkostendeckungsrechnung: Eine auf dem Direct Costing basierende Form der Teilkostenrechnung, die eine Differenzierung des Fixkostenblocks vornimmt.

Target Costing: Eine Form der Preisfindung für ein Produkt, bei dem von den Gegebenheiten des Absatzmarkts ausgegangen wird. Falls der geplante Verkaufspreis, den ein Kunde für ein Produkt zu bezahlen bereit ist, unterhalb des laut der unternehmensinternen Kalkulation zur Kostendeckung erforderlichen Preises liegt, sind schon im Vorfeld Maßnahmen zur Kostensenkung zu ergreifen.

Teilkostenbasis: Es werden nur die variablen Kosten auf die Kostenträger verrechnet.

Teilprozesse: Teilprozesse fassen solche Tätigkeiten zusammen, die einen Arbeitsablauf strukturieren.

Teilkostenrechnung: Hier werden nur die direkten bzw. die variablen Kosten verrechnet.

Umsatzkostenverfahren: Beim Umsatzkostenverfahren werden den Umsatzerlösen einer Periode die für die abgesetzten Produkte angefallen Kosten gegenübergestellt. Bestandsveränderungen werden nicht berücksichtigt.

Unternehmensergebnis: Erträge minus Aufwendungen = Unternehmensergebnis

Variable Kosten: Sie sind der Teil der Gesamtkosten, die sich mit dem Beschäftigungsgrad ändern.

Variator: Kostenveränderungskennziffer zur Erleichterung der Kostenauflösung und Errechnung der Sollkosten. Gibt die Höhe des Anteils der variablen Kosten an den Gesamtkosten an und zeigt, um wie viel Prozent sich die Plankosten bei einer 10%igen Abweichung der Ist-Beschäftigung von der Planbeschäftigung ändern.

Verbrauchsabweichung: Differenz zwischen den Sollkosten, bewertet zu Verrechnungspreisen der Plankostenrechnung, und den Ist-Kosten der Plankostenrechnung. Ist auf Unterschiede zwischen geplanten und realisierten Verbrauchsmengen zurückzuführen.

Vollkosten: Sind die einem Bezugsobjekt (Produkt, Produktgruppe, Auftrag, Kostenstelle, Betriebsbereich) zugerechneten gesamten Kosten einer Abrechnungsperiode (sowohl variable als auch fixe Kosten bzw. Einzel- und Gemeinkosten).

Vorkalkulation: Sie wird auch Angebotskalkulation genannt und ermittelt die Kosten eines Kundenauftrags vor Auftragserteilung und vor Beginn der Leistungserstellung.

Wertanalyse: Systematische Methode bei der in Wirkungen und Funktionen gedacht wird. Sie wird zur Entwicklung von Produkten und Abläufen eingesetzt und soll Kosten aufdecken, die keinen Nutzbeitrag liefern. Ziel ist eine Wertsteigerung des Produkts oder Prozesses bei gleichzeitiger Kostensenkung.

Wiederbeschaffungswert: Anschaffungspreis, der die im Zeitraum bis zur Wiederbeschaffung erwartete Preissteigerung berücksichtigt.

Zielkosten: Zu erreichende Kostenvorgabe; sie haben Plankostencharakter.

Zielpreis (Zielverkaufspreis): Legt fest, welcher Preis für ein Produkt und dessen Funktionen in einem bestimmten Marktsegment durchsetzbar ist.

Zusatzkosten: Kalkulatorische Kosten, die es nur in der Kostenrechnung gibt und denen keine Aufwendungen in der Finanzbuchhaltung gegenüberstehen.

Zuschlagskalkulation: Sie wird bei der Einzel- und Serienfertigung von Produkten angewandt und unterscheidet zwischen Einzel- und Gemeinkosten.

Zweckaufwand: Aufwand, dem Kosten in gleicher Höhe gegenüberstehen.

Zwischenkalkulation: Ermittlung der Kosten eines Kundenauftrags zu bestimmten Zeitpunkten während des Leistungserstellungsprozesses, jedoch vor Abschluss der Leistungserstellung.

Abkürzungsverzeichnis

a_t	Abschreibungsbetrag pro Periode
A_t	Auszahlung in der Periode t
A	Abschreibungsbasis (Anschaffungs-, Herstellungs- oder Wiederbeschaffungskosten)
a. H.	auf Hundert
a. o.	außerordentlich
AB	Anfangsbestand
Abb.	Abbildung
ABC	Activity Based Costing
AbF	Abzinsungsfaktor
ÄZ	Äquivalenzziffer
AfA	Absetzung für Abnutzung
AG	Aktiengesellschaft
AHK	Anschaffungs- oder Herstellungskosten
AK	Anschaffungskosten
AktG	Aktiengesetz
AV	Anlagevermögen
AW	Anschaffungswert
BAB	Betriebsabrechnungsbogen
BEP	Break-even-Point
BEP	Bareinkaufspreis
BG	Beschäftigungsgrad
BGA	Betriebs- und Geschäftsausstattung
BLVP	Brutto-Listenverkaufspreis
BNK	betriebsnotwendiges Kapital
BNV	betriebsnotwendiges Vermögen
BV	Bestandsveränderung
C_0	Kapitalwert
D	Degressionsbetrag
DAX	Deutscher Aktienindex
DB	absoluter Deckungsbeitrag (€/Periode)
db	Stückdeckungsbeitrag (= Deckungsspanne) (€/Stück)
db_{rel}	relativer Deckungsbeitrag
DGK	durchschnittlich gebundenes Kapital
E_t	Einzahlung in der Periode t
E	Erlöse (€/Periode)
EB	Endbestand
EK	Eigenkapital
EK	Einzelkosten
EP	Einstandspreis

EPE	Engpassbelastungseinheit
ERP	Enterprise Ressource Planning
Erz.	Erzeugnisse
F	Framework
FE	Fertigerzeugnisse
FEK	Fertigungseinzelkosten
FGK	Fertigungsgemeinkosten
Fibu	Finanz- und Geschäftsbuchhaltung
Fifo	First–in–first-out
FK	Fremdkapital oder Fertigungskosten
F&E	Forschung und Entwicklung
g	Stückgewinn
G	Gewinn
GK	Gesamtkosten oder Gemeinkosten
GuV	Gewinn- und Verlustrechnung
GKV	Gesamtkostenverfahren
GPK	Grenzplankostenrechnung
GWG	Geringwertige Wirtschaftsgüter
HF	Halbfertigerzeugnisse
HGB	Handelsgesetzbuch
Hifo	Highest-in-first-out
HiKST	Hilfskostenstelle
HK	Herstellkosten oder Herstellungskosten
HK_{Prod}	Herstellkosten der Produktion
HKST	Hauptkostenstelle
HK_{Umsatz}	Herstellkosten des Umsatzes
HP	Hauptprozess
i	Kalkulationszinssatz
i. H.	in Hundert
IKR	Ist-Kostenrechnung
ILV	innerbetriebliche Leistungsverrechnung
IOSCO	International Organisation of Securities Commissions
Ist-GK	Ist-Gemeinkosten
IT	Informationstechnik
K	Gesamtkosten, Kosten (€/Periode)
k	Stückselbstkosten
K`	Grenzkosten
kalk.	kalkulatorisch
kalk. Skz	kalkulatorischer Sozialkostenzuschlag
KapG	Kapitalgesellschaft
KAR	Kostenartenrechnung
KBF	Kostenbestimmungsfaktoren

K_{fix}	gesamte Fixkosten
k_{fix}	fixe Stückkosten
KG	Kapazitätsgrad
k_{HkH}	Stückherstellkosten des Hauptprodukts H
K_{HK}	gesamte Herstellkosten (€/Periode)
k_{HK}	Stückherstellkosten (€/Stück)
k_{HKn}	Stückherstellkosten in der Produktionsstufe n
k_{HKFE}	Stückherstellkosten der Fertigerzeugnisse
k_{HKUFE}	Stückherstellkosten der unfertigen Erzeugnisse
K^{Ist}	Ist-Kosten
K^{Ist}_{IKR}	Ist-Kosten der Ist-Kostenrechnung
K^{Ist}_{PKR}	Ist-Kosten der Plankostenrechnung
K^{Leer}	Leerkosten
KLR	Kosten- und Leistungsrechnung
K^{Nutz}	Nutzkosten
K^{Plan}	Plankosten, Planverrechnungskosten
K^{Plan}_{fix}	fixe Plankosten
K^{Plan}_{var}	variable Plankosten
k_{RE}	Kosten je Rechnungseinheit
K^{Soll}	Sollkosten
KstGK	Kostenstellengemeinkosten
K_{var}	variable Gesamtkosten
k_{var}	variable Stückkosten
K^{verr}	verrechnete Plankosten
K^{verr}_{var}	verrechnete variable Plankosten
K^{verr}_{fix}	verrechnete fixe Plankosten
kWh	Kilowattstunde
KZ	Kalkulationszuschlag
LCC	Life Cycle Costing
Lifo	Latest-in-first-out
lmi	leistungsmengeninduziert
lmn	leistungsmengenneutral
Lofo	Lowest-in-first-out
LVS	Lagerverwaltungssystem
Masch-GK	maschinenabhängige Gemeinkosten
MDAX	Mid Cap DAX
ME	Mengeneinheit
Me	Bestandsmehrung
MEK	Materialeinzelkosten
MGK	Materialgemeinkosten
Mi	Bestandsminderung
MK	Materialkosten

n	wirtschaftliche Nutzungsdauer
ND	Nutzungsdauer
NLEP	Netto-Listeneinkaufspreis
o.ä.	oder ähnliches
p	prozentualer Abschreibungssatz
PF	Produktionsfaktoren
P^{Ist}	Ist-Preis
PKR	Plankostenrechnung oder Prozesskostenrechnung
PKS	Prozesskostensatz
PNK	Personalnebenkosten
P^{Plan}	Planpreis
PW	Produktionswert
q	Toleranzparameter beim Target Costing
r	interner Zinsfuß
RW	Restwert (Restverkaufserlös)
RBW	Restbuchwert
RE	Rechnungseinheiten
REWE	Rechnungswesen
RFGK	Restfertigungsgemeinkosten
RHB	Roh-, Hilfs- und Betriebsstoffe
RW	Restwert
S	Sicherheitskoeffizient
SAV	Sachanlagevermögen
SB	Schlussbestand
SBK	Schlussbilanzkonto
SDAX	Smallcap DAX
SEK_{Fert}	Sondereinzelkosten der Fertigung
SEK_{Vertr}	Sondereinzelkosten des Vertriebs
SK	Selbstkosten
SKP	Selbstkostenpreis
SK_{Umsatz}	Selbstkosten des Umsatzes
Tab.	Tabelle
T_G	gesamte Maschinenlaufzeit (h/Periode)
T_L	tatsächliche Maschinenlaufzeit (Stunden/Periode)
T_{ST}	Stillstandszeit (Stunden/Periode)
T_{IH}	Instandhaltungszeit (h/Periode)
TC	Target Costing
TCO	Total Cots of Ownership
TP	Teilprozess

U	Umsatz
U_{BEP}	Umsatz im Break-even-Point
U_{CP}	Cash Point
UFE	unfertige Erzeugnisse
UKV	Umsatzkostenverfahren
usw.	und so weiter
UV	Umlaufvermögen
V	Variator
VDMA	Verband Deutscher Maschinen- und Anlagenbau e. V.
VG	Vermögensgegenstände
v. H.	von Hundert
VS	Plankostenverrechnungssatz
VS_{fix}	fixer Plankostenverrechnungssatz
VS_{var}	variabler Plankostenverrechnungssatz
VtGK	Vertriebsgemeinkosten
VtK	Vertriebskosten
VwGK	Verwaltungsgemeinkosten
VwK	Verwaltungskosten
WBW	Wiederbeschaffungswert
X	Ausbringungsmenge, Stückzahl
X_H	Menge des Hauptproduktes H
X^{Ist}	Ist-Beschäftigung
X_P	produzierte Menge
X^{Plan}	Planbeschäftigung
X^{Soll}	Sollmenge
X_V	verkaufte Menge
ZKD	Zielkostendiagramm
ZEP	Zieleinkaufspreis
ZKI	Zielkostenindex
z_t	kalkulatorischen Zinsen in der Periode t (t = 1, …, n)
ZW	Zeitwert
ΔB	Beschäftigungsabweichung
ΔG	Gesamtabweichung
ΔP	Preisabweichung
Δp	Preisdifferenz
ΔS	Sekundärabweichung
ΔV	Verbrauchsabweichung
ΔX	Mengendifferenz

Literaturverzeichnis

Arnaout, A., Target Costing in der deutschen Unternehmenspraxis, München, 2001.

Barth, T.; Barth, D., Controlling, 2. Aufl., München, 2008.

Barth, T.; Ernst, D., Kosten- und Erlösrechnung Schritt für Schritt, Konstanz und München, 2018.

Baus, J.; Birker, K., Controlling, 2. Aufl., Berlin, 2000.

Becker, W./Holzmann, R., Kosten-, Erlös- und Ergebnisrechnung. Einführung für Bachelor-Studierende, 2. Aufl., Wiesbaden, 2016.

Birker, K., Kosten- und Leistungsrechnung, Berlin, 1996.

Bleis, C., Kostenrechnung und Kostenrelevanz, München, 2007.

Bögler, W., Integration der Prozesskostenrechnung in eine geschlossene Kostenrechnungsstandardsoftware, in Männel, W. (Hrsg.): Prozesskostenrechnung – Standpunkte, Branchen-Erfahrungen, Software-Lösungen, Kostenrechnungspraxis, Sonderheft 1, 1994.

Brecht, U., Kostenmanagement – Neue Tools für die Praxis, Wiesbaden, 2005.

Buggert, W.; Wielpütz, A., Target Costing, Grundlagen und Umsetzung des Zielkostenmanagements, München, Wien, 1995.

Coenenberg, A. G., Kostenrechnung und Kostenanalyse, 5. Aufl., Stuttgart, 2003.

Coenenberg, A. G., Kostenrechnung und Kostenanalyse, 6. Aufl., Stuttgart, 2008.

Coenenberg, A. G.; Fischer, T. M.; Günther, T., Kostenrechnung und Kostenanalyse, 7. Aufl., Stuttgart, 2009.

Coenenberg, A. G.; Fischer, T. M.; Thomas, G., Kostenrechnung und Kostenanalyse, 8. Aufl., Stuttgart, 2012.

Coenenberg, A. G.; Fischer, T. M.; Günther, T., Kostenrechnung und Kostenanalyse, 9. Aufl., Stuttgart, 2016.

Coenenberg, A. G., Kostenrechnung und Kostenanalyse – Aufgaben und Lösungen, 3. Aufl., Stuttgart, 2003.

Corsten H., Lexikon der Betriebswirtschaftslehre, München, 2000.

Däumler, K.-D.; Grabe, J., Kostenrechnung 1, Grundlagen, 7. Aufl., Herne/Berlin, 1996.

Däumler, K.-D.; Grabe, J., Kostenrechnung 1, Grundlagen, 8. Aufl., Herne/Berlin, 2000.

Däumler, K.-D.; Grabe, J., Kostenrechnung 1, Grundlagen, 10. Aufl., Herne/Berlin, 2008.

Däumler, K.-D.; Grabe, J., Kostenrechnung 2, Deckungsbeitragsrechnung, 9. Aufl., Herne/Berlin, 2009.

Däumler, K.-D.; Grabe, J.: Kostenrechnung 3, Plankostenrechnung und Kostenmanagement, 8. Aufl., Herne/Berlin, 2009.

Däumler, K.-D.; Grabe, J., Kostenrechnungs- und Controllinglexikon, 2. Aufl., Herne/Berlin, 1997.

Deimel, K.; Erdmann, G.; Isemann, R.; Müller, S., Kostenrechnung. Das Lehrbuch für Bachelor, Master und Praktiker, Hallbergmoos, 2017.

Dittmar, J., Konzeptioneller Weiterentwicklungsbedarf bei der Zielkostenplanung; In: Zeitschrift für Planung, Heft 2, 1996, S. 181-192.

Djanani, C.; Schöb, O., Grundlagen der Kosten- und Erlösrechnung, 1997.

Ebert, G., Kosten- und Leistungsrechnung, 10. Aufl., Wiesbaden 2004.

Ederer, F., Life Cycle Costing, Kissing, 2007.

Ehrlenspiel, K., Kiewert, A. und Lindemann, U., Zielkostenorientierte Produktentwicklung. In Franz, K.-P. und Kajüter, P. (Hrsg.), Kostenmanagement. Wertsteigerung durch systematische Kostensteuerung, Stuttgart, 2002, S. 109-133.

Eisele, W.; Knobloch A. P., Technik des betrieblichen Rechnungswesens, 9. Aufl., München, 2019.

Ewert, R.; Wagenhofer, A., Interne Unternehmensrechnung, 6. Aufl., Berlin/Heidelberg, 2005.

Ewert, R.; Wagenhofer, A., Interne Unternehmensrechnung, 7. Aufl., Berlin/Heidelberg, 2008.

Ewert, R.; Wagenhofer, A., Interne Unternehmensrechnung, 8. Aufl., Berlin/Heidelberg, 2014.

Fandel, G.; Fey, A.; Heuft, B.; Pitz, T., Kostenrechnung, 3. Aufl., Berlin/Heidelberg, 2009.

Fischbach, S., Grundlagen der Kostenrechnung, 6. Aufl., München, 2013.

Fischbach, S., Grundlagen der Kostenrechnung: Mit Prüfungsaufgaben und Lösungen, 7. Aufl., München, 2018.

Fischer, J., Kostenbewusstes Konstruieren, Berlin, 2008.

Fischer, T. M.; Möller, K. und Schultze, W., Controlling. Grundlagen, Instrumente und Entwicklungsperspektiven, 2. Aufl., Stuttgart, 2015.

Foit, K.; Lorberg D., Kostenrechnung, Herne, 2015.

Frei, J.; Lubinger, M. und Slacik, J.: Kostenmanagement – Einführung, 2. Aufl., Wien, 2020.

Freidank, C.-C., Kostenrechnung – Grundlagen des innerbetrieblichen Rechnungswesens und Konzepte des Kostenmanagements, 9. Aufl., München, 2012.

Freidank, C.-C.; Sassen, R., Kostenrechnung – Grundlagen des Management Accounting, Konzepte des Kostenmanagements und zentrale Schnittstellen, 10. Aufl., Berlin/Boston, 2020.

Friedl, G.; Hofmann, C.; Pedell, B., Kostenrechnung – Eine entscheidungsorientierte Einführung, München, 2010.

Friedl, G.; Hofmann, C.; Pedell, B., Kostenrechnung – Eine entscheidungsorientierte Einführung, 2. Aufl. München, 2013.

Friedl, B., Kostenrechnung, 2. Aufl., München, 2010.

Götze, U., Kostenrechnung und Kostenmanagement, 4. Aufl., Berlin/Heidelberg, 2007.

Götze, U., Kostenrechnung und Kostenmanagement, 5. Aufl., Berlin/Heidelberg, 2010.

Graumann, M., Kostenrechnung und Kostenmanagement – mit Kontrollfragen, Übungsaufgaben, Fallstudien und Musterklausuren, 7. Aufl., Herne, 2021.

Griga, M., Kosten- und Leistungsrechnung für Dummies, Weinheim, 2010.

Gsänger, U.; Seeba, M., Kosten- und Leistungsrechnung, Stuttgart, 2015.

Gutemann, C., Kennzahlen und Kennzahlensysteme als Instrumente des Controllings, München, 2005.

Haberstock, L., Kostenrechnung 1, 14. Aufl., Berlin, 2020.

Haberstock, L., Kostenrechnung II, (Grenz-)Plankostenrechnung, 10. Aufl., Berlin 2008.

Hamann, H., Informationsversorgung in transnationalen Unternehmungen. Konzeptionelle Grundlagen – Anforderungen – Technologie, Wiesbaden, 2004.

Heinhold, M., Kosten- und Erfolgsrechnung in Fallbeispielen, 2. Aufl., Stuttgart, 2001.

Hiller, S., Target Costing, Norderstedt, 2008.

Holtbrügge, D., Management multinationaler Unternehmungen: Festschrift zum 60. Geburtstag von Martin K. Welge, Heidelberg, 2003.

Horsch, J., Kostenrechnung. Klassische und neue Methoden in der Unternehmenspraxis, Wiesbaden, 2010.

Horváth, P., Internationalisierung des Controlling, Stuttgart, 1989.

Horváth, P., Controlling, 10. Aufl., München, 2006.

Horváth, P., Controlling, 11. Aufl., München, 2008.

Horváth, P., Controlling, 12. Aufl., München, 2011.

Horváth, P., Gleich, R., & Seiter, M., Controlling, 14. Aufl., München, 2020.

Horváth, P.; Mayer, R., Prozesskostenrechnung – Der neue Weg zu mehr Kostentransparenz und wirkungsvollen Unternehmensstrategien, in: Controlling, 1. Jg., Heft 4, 1989.

Horváth, P.; Niemand, S.; Wolbold, M., Target Costing – State of Art; aus: Target Costing, Marktorientierte Zielkosten in der deutschen Praxis; Horváth, P. (Hrsg.), Stuttgart 1993.

Horváth, P.; Seidenschwarz, W., Zielkostenmanagement; in: Controlling, Heft 3, 1992, S. 142-150.

Hummel, S.; Männel, W., Kostenrechnung 1, 4. Aufl., Wiesbaden, 1990.

Jakob, F., Target Costing im Anlagenbau – das Beispiel der LTG Lufttechnische GmbH; aus: Target Costing; Marktorientierte Zielkosten in der deutschen Praxis; Horváth, P. (Hrsg.), Stuttgart, 1993.

Jandt, J, Trainingsfälle Kostenrechnung, Herne/Berlin, 2003.

Joos-Sachse, T., Controlling, Kostenrechnung und Kostenmanagement, 3. Aufl., Wiesbaden, 2004.

Joos-Sachse, T., Controlling, Kostenrechnung und Kostenmanagement, 4. Aufl., Wiesbaden, 2006.

Joos-Sachse, T., Controlling, Kostenrechnung und Kostenmanagement, 5. Aufl., Wiesbaden, 2014.

Jórasz, W., Kosten- und Leistungsrechnung, 4. Aufl. Stuttgart, 2008.

Jórasz, W. und Baltzer, B., Kosten- und Leistungsrechnung. Lehrbuch mit Aufgaben und Lösungen, 6. Aufl., Stuttgart, 2019.

Jossé, G.: Basiswissen Kostenrechnung: Kostenarten, Kostenstellen, Kostenträger, Kostenmanagement, 7. Aufl., München, 2018.

Jung, H., Controlling, 2. Aufl., München, 2007.

Jung, H., Controlling, 4. Aufl., München, 2014.

Jung, H., Allgemeine Betriebswirtschaftslehre, 13. Aufl., München, 2016.

Kalenberg, F., Kostenrechnung, Grundlagen und Anwendungen – Mit Übungen und Lösungen, 3. Aufl., München, 2013.

Kaplan, R.; Cooper, R., Prozesskostenrechnung als Managementinstrument, Frankfurt, 1999.

Kaufmann, L.; Ridder, C.; Schmidt, D., Steuerung internationaler Organisationsstrukturen durch beschleunigte und verbesserte Produktkalkulation. In: Controlling, Heft 8/9, August/September 2005.

Kemmetmüller, W.; Bogensberger, S., Handbuch der Kostenrechnung, 8. Aufl. Wien, 2004.

Kemminer, J., Lebenszyklusorientiertes Kosten- und Erlösmanagement, Wiesbaden, 1999.

Kilger, W.; Pampel, J.; Vikas, K., Flexible Plankostenrechnung und Deckungsbeitragsrechnung, 12. Aufl., Wiesbaden, 2007.

Knauer, M., Informationssysteme – eine Notwendigkeit für ein effizientes Controlling? – München, 2005.

Kremin-Buch, B., Strategisches Kostenmanagement. Grundlagen und moderne Instrumente, 4. Aufl., Wiesbaden, 2007.

Küpper, H.-U., Controlling – Konzeption, Aufgaben, Instrumente, 5. Aufl., München, 2008.

Küpper, H.-U.; Friedl, G.; Pedell, B., Übungsbuch zur Kosten- und Erlösrechnung, 4. Aufl., München, 2003.

Küpper, H.-U.; Friedl, G.; Hofmann, C.; Pedell, B., Übungsbuch zur Kosten- und Erlösrechnung, 6. Aufl., München, 2011.

Küting, K.; Heiden, M., Controlling in internationalen Unternehmen, in: Küpper, H.-U./ Wagenhofer, A. (Hrsg.), Handwörterbuch Unternehmensrechnung und Controlling, Stuttgart 2002.

Lörch, A., Verhaltensorientierte Aspekte des Target Costing, München, 2011

Lojewski U. und Thalenhorst J., Kostenrechnung, Stuttgart, 2001.

Macha, R., Grundlagen der Kosten- und Leistungsrechnung, 5. Aufl., München, 2010.

Männel, W. (Hrsg.), Handbuch Kostenrechnung, Wiesbaden, 1992.

Mayer, E. et al., Kostenrechnung, 7. Aufl., Stuttgart, 1997.

Mayer, R., Prozesskostenrechnung – State of the Art, in Horváth, P. & Partner: Prozesskostenmanagement – Methodik und Anwendungsfelder, 2. Aufl., München 1998.

Meckl, R., Controlling im internationalen Unternehmen: erfolgsorientiertes Management internationaler Organisationsstrukturen, München, 2000.

Michel, R.; Torspecken, H.-D.; Jandt, J., Neuere Formen der Kostenrechnung mit Prozesskostenrechnung, 4. Aufl., München/Wien, 1998.

Müller, D., Investitionsrechnung und Investitionscontrolling, 2. Aufl., Berlin, 2019.

Mumm, M.: Kosten- und Leistungsrechnung. Internes Rechnungswesen für Industrie- und Handelsbetriebe, 3. Aufl., Wiesbaden, 2019.

Niemand, S., Target Costing – Konsequente Marktorientierung durch Zielkostenmanagement; in: Fortschrittliche Betriebsführung und Industrial Engineering, Heft 3, 1992, S. 118-123.

Olfert, K., Kostenrechnung, 15. Aufl., Ludwigshafen, 2008.

Olfert, K., Kostenrechnung, 16. Aufl., Ludwigshafen, 2010.

Olfert, K., Kostenrechnung, 17. Aufl., Herne, 2013.

Olfert, K., Kostenrechnung, 18. Aufl., Herne, 2018.

Olfert K., Kompakt-Training Kostenrechnung, 9. Aufl., Herne, 2021.

Olshagen, C., Prozesskostenrechnung: Aufbau und Einsatz, Wiesbaden, 1994.

Pflieger, H.; Reichle, W., Das Rechnen mit Maschinenstundensätzen, 7. Aufl., Frankfurt, 1993.

Plötner, O., Sieben, B. und Kummer, T.-F., Kosten- und Erlösrechnung. Anschaulich, kompakt, praxisnah, 2. Aufl., Berlin/Heidelberg, 2010.

Preißner, A., Praxiswissen Controlling – Grundlagen, Werkzeuge, Anwendungen, 6. Aufl., München, 2010.

Reichmann, T., Controlling mit Kennzahlen – Die systemgestützte Controlling-Konzeption mit Analyse- und Reportinginstrumenten, 8. Aufl., München, 2011.

Reim, J., Kosten- und Leistungsrechnung: Instrumente, Anwendung, Auswertung. Anschaulicher Einstieg für Studium und Praxis, Wiesbaden, 2019.

Remer, D., Einführen der Prozesskostenrechnung, 2. Aufl., Stuttgart, 2005.

Riebel, P., Einzelkosten- und Deckungsbeitragsrechnung, 1982.

Riezler, S., Produktlebenszykluskostenmanagement. In Franz, K.-P. und Kajüter, P. (Hrsg.), Kostenmanagement. Wertsteigerung durch systematische Kostensteuerung, Stuttgart, 2002, S. 207-223.

Rollwage, N., Kosten- und Leistungsrechnung, 6. Aufl., 2006.

Rüth, D., Kostenrechnung, Band II, München, 2009.

Schierenbeck, H., Grundzüge der Betriebswirtschaftslehre, 17. Aufl., München, 2008.

Schmalenbach, E., Kostenrechnung und Preispolitik, 8. Aufl., Köln, Opladen, 1963.

Schmidt, A., Kostenrechnung – Grundlagen der Vollkosten-, Deckungsbeitrags- und Plankostenrechnung sowie des Kostenmanagements, 5. Aufl., Stuttgart, 2008.

Schmidt, A., Kostenrechnung – Grundlagen der Vollkosten-, Deckungsbeitrags- und Plankostenrechnung sowie des Kostenmanagements, 7. Aufl., Stuttgart, 2014.

Schmidt, A., Kostenrechnung – Grundlagen der Vollkosten-, Deckungsbeitrags- und Plankostenrechnung sowie des Kostenmanagements, 8. Aufl., Stuttgart, 2017.

Schmolke, S; Deitermann, M., Industrielles Rechnungswesen, 50. Aufl. Köln, 2021.

Scholz, H.-G., Kosten-Management, München/Wien, 2001.

Schulte-Henke, C., Kundenorientiertes Target Costing, Wiesbaden, 2007.

Schweiger, S., Lebenszykluskosten optimieren – Paradigmenwechsel für Anbieter und Nutzer von Investitionsgütern, Wiesbaden, 2009.

Schweitzer, M.; Küpper H.-J., Systeme der Kosten- und Erlösrechnung, 9. Aufl., München 2008.

Schweitzer M.; Küpper H.-J., Systeme der Kosten- und Erlösrechnung, 10. Aufl., München 2011.

Seuring, St., Supply Chain Costing – Kostenmanagement in der Wertschöpfungskette mit Target Costing und Prozesskostenrechnung, München, 2001.

Steger, J., Kosten- und Leistungsrechnung, 3. Aufl., München, 2001.

Steger, J., Kosten- und Leistungsrechnung, 4. Aufl., München, 2006.

Steger, J., Kosten- und Leistungsrechnung, 5. Aufl., München, 2010.

Steinle, C.; Bruch, H., Controlling: Kompendium für Controller/innen und deren Ausbildung, 4. Aufl., Stuttgart, 2007.

Stibbe, R., Kostenmanagement – Methoden und Instrumente, 3. Aufl., München, 2009.

Stoi, R., Prozessorientiertes Kostenmanagement in der deutschen Unternehmenspraxis: eine empirische Untersuchung, München, 1999.

Syska, A., Produktionsmanagement, Wiesbaden, 2009.

Tanne M., Kostenrechnung, Stuttgart, 2007.

Thommen, J.-P.; Achleitner, A.-K., Allgemeine Betriebswirtschaftslehre, 6. Aufl., Wiesbaden, 2009.

Thommen, J.-P.; Achleitner, A.-K.; Gilbert, D. U.; Hachmeister, D.; Jarchow, S.; Kaiser, G., Allgemeine Betriebswirtschaftslehre – umfassende Einführung aus managementorientierter Sicht, 9. Aufl., Wiesbaden, 2020.

Von Lojewski, U.; Thalenhorst, J., Kostenrechnung, Stuttgart, 2002.

Weber, J.; Schäffer, U., Einführung in das Controlling, 16. Aufl., Stuttgart, 2020.

Weber, J.; Weißenberger, B. E., Einführung in das Rechnungswesen, 9. Aufl., Stuttgart, 2015.

Wedell, H.; Dilling, A.: Grundlagen des Rechnungswesens – Lehrbuch und Online-Training mit 50 Aufgaben, 16. Aufl., Herne, 2018.

Wöhe, G.; Döring, U.; Brösel, G., Einführung in die Allgemeine Betriebswirtschaftslehre, 27. Aufl., München, 2020.

Wöltje, J., Kostenrechnung – Trainer, 2. Aufl., Planegg, 2009.

Wöltje, J., Betriebswirtschaftliche Formelsammlung – Praxisratgeber –, 7. Aufl., Freiburg, 2020.

Wöltje, J., Betriebswirtschaftliche Formeln, 6. Aufl., Freiburg, 2021.

Wöltje, J., Schnelleinstieg Rechnungswesen, 2. Aufl. Freiburg, 2017.

Wöltje, J., ABC des Finanz- und Rechnungswesens, Freiburg, 2010.

Zdrowomyslaw, N., Kosten-, Leistungs- und Erlösrechnung, 2. Aufl., München, 2001.

Zehbold, C., Lebenszyklusrechnung, Wiesbaden, 1996.

Ziegenbein, K., Controlling, 10. Aufl., Herne, 2012.

Zimmermann, G., Grundzüge der Kostenrechnung, Wien, 2001.

Zimmermann, J., Die flexible Plankostenrechnung und Deckungsbeitragsrechnung als Entscheidungs- und Kontrollorientiertes System der Kosten- und Leistungsrechnung – Probleme und Entwicklungsmöglichkeiten, Würzburg, 1990.

Internetquellen

http://www.wirtschaftslexikon24.net/d/flexible-normalkostenrechnung/flexible-normalkostenrechnung.htm

http://www.wirtschaftslexikon24.net/d/starre-normalkostenrechnung/starre-normalkostenrechnung.htm

http://www.wirtschaftslexikon24.net

http://www.wikipedia.de

http://www.fds-limburg.de/uploads/media

http://www.controllingportal.de

http://www.teialehrbuch.de/Kostenlose-Kurse/BWL/23373-Funktionen-der-Kosten-und-Leistungsrechnung.html

http://www.it-infothek.de/fhtw/semester_3/rewe_3_01.html

http://209.85.129.104/search?q=cache:6_53nSTVT_wJ:www.ba-ravensburg.de/~whd00a/downloads/Klr/KLR.doc+funktionen+und+aufgaben+der+kostenrechnung&hl=de&ct=clnk&cd=7&gl=de

http://www.koopiworld.de/studium/downloads3/klr2.htm

http://de.wikipedia.org/wiki/ABC-Analyse

http://www.wirtschaftslexikon24.net/d/platzkostenrechnung/platzkostenrechnung.htm

http://pbueche.de/wissen/bkfh/klr.pdf

http://tbw-ma.verbundstudium.de/faecher/documents/LE4.pdf

http://www.it-infothek.de/fhtw/semester_3/rewe_3_07.html

http://www.competence-site.de/controlling.nsf

http://www.winfobase.de

Spidlen, W: Target Costing: abrufbar unter: http://www.controlling.bwl.uni-muenchen.de/studium/ws0708/interne_rechnung/seminararbeiten/8_spidlen.pdf Abruf am 10.11.11

Talanga, O.: Target Costing: abrufbar unter: http://www.controllingportal.de/upload/old/pdf/fachartikel/Instrumente/TargetCostingHerstellkosten.pdf2004; Abruf am 04.11.11

Volkmann, M: Target Costing: abrufbar unter: http://imihome.imi.uni-karlsruhe.de/ntarget_costing_b.html; Abruf am 10.11.11.

Stichwortverzeichnis

Mit digitalen Extras:
Exklusiv für Buchkäufer!

Ihre Arbeitshilfen zum Download:

- **http://mybook.haufe.de/**
- **Buchcode:** PGN-2785
